现代测绘工程典型案例

Typical Cases of
Modern Surveying and Mapping Engineering

主编 宋伟东 李恩宝

《现代测绘工程典型案例》编写委员会

主 编：宋伟东 李恩宝

编 委：（以姓氏笔画为序）

丰 勇 王 峰 宋伟东 张志超 李国忠

李恩宝 周涌波 赵向方 秦志伟 黄 欣

鹿 罡 符韶华 敦力民 韩国超 蓝 海

技术审校：夏春林

校稿编辑：于 航 史轩竹 贾雪婷 蒋欣洪

武汉大学出版社

图书在版编目(CIP)数据

现代测绘工程典型案例/宋伟东,李恩宝主编.—武汉:武汉大学出版社,2024.7
ISBN 978-7-307-24364-4

Ⅰ.现… Ⅱ.①宋… ②李… Ⅲ.工程测量—案例 Ⅳ.TB22

中国国家版本馆 CIP 数据核字(2024)第 075541 号

责任编辑:杨晓露　　责任校对:鄢春梅　　版式设计:马　佳

出版发行:**武汉大学出版社**　（430072　武昌　珞珈山）
（电子邮箱:cbs22@whu.edu.cn 网址:www.wdp.com.cn）
印刷:武汉贝思印务设计有限公司
开本:787×1092　1/16　印张:26　字数:730 千字　插页:1
版次:2024 年 7 月第 1 版　2024 年 7 月第 1 次印刷
ISBN 978-7-307-24364-4　　定价:92.00 元

版权所有,不得翻印;凡购买我社的图书,如有质量问题,请与当地图书销售部门联系调换。

测绘地理信息已经成为重要的数字基础设施，对国家经济建设、国防建设、社会发展和生态保护等起着重要的服务支撑作用。以地理信息资源开发利用为核心，从事地理信息获取、处理、应用的测绘地理信息产业已经形成并逐步壮大。产业稳定发展需要技术人才的支撑，测绘类高校承担着现代测绘技术人才培养的重任，但现行的测绘人才培养体系存在许多问题需要解决，主要表现在：

人才培养方案亟须调整。现代测绘地理信息技术的发展需要跨界融合，要拓展服务领域和服务内容，要融合物联网、大数据、云计算、人工智能等现代信息技术，提升测绘技术服务能力，这需要重构测绘专业课程体系和改革传统教学模式。但目前国内多数测绘专业培养方案对此体现还不够充分、落实还不够到位，需要不断优化调整和持续改进。

工程实践教学环节亟待加强。目前专业培养方案普遍存在工程实践内容碎片化现象，以测绘产品生产为导向的工程训练缺失，加上高校教师特别是青年教师本身的工程实践能力不足，导致学生在校学习期间实践技能训练不够，对行业技术现状了解不多，对测绘工程项目立项招标、技术设计、组织实施、验收总结等全过程知之甚少，技术文档编写能力差，毕业生不能完全胜任岗位工作。这是目前测绘人才培养最大的痛点和难点。

行业专家在教学中的作用需进一步发挥。学科和专业建设不仅需要高水平的学者，也需要高水平的行业专家。目前各高校都聘请了多名行业专家作为兼职教师，但是受教学计划及专家时间的限制，教学活动以技术报告、指导实习等方式为主，对学生工程实践能力提升作用有限。校企联合共建的产学研基地也往往形式大于内容，能够有效运行的不多，行业企业专家在人才培养中的作用并未得到真正的发挥。

经过深入思考和广泛调研，我们似乎找到了解决上述问题的"抓手"，就是让企业结合真实的生产任务，以工程项目的视角提炼形成一个个完整的工程案例。案例包括项目的核心技术文档和部分工程数据，案例嵌入现有的专业课程及实践教学环节中，企业专家带着这个案例进入高校课堂。真实且富有创新的案例可以开阔学生的专业视野，提高学生对测绘工程项目的认知水平，同时案例文档也为课程设计、毕业设计提供了参考模板。辽宁工程技术大学在省内遴选出了行业管理部门和测绘地理信息企业十余家，聘请了其中十五位专家，组织论证编写《现代测绘工程典型案例》，旨在以这些典型案例为抓手推进产教融合、协同育人工作的深入开展，提升人才培养的质量。

《现代测绘工程典型案例》收录案例13个，涉及工程测量、摄影测量与遥感、地理信息服务等现代测绘技术，涵盖了当前行业普遍关注的自然资源动态监测、新型基础测绘、实景三维中国建设、时空信息服务等典型现代测绘工程项目，技术先进、服务面宽广，具有很好的示范引领作用。此外，案例还包括测绘成果质量检查内容，填补了传统测绘教学上的空白。

衷心感谢李恩宝教授，作为辽宁测绘界资深专家，他长期以来心系测绘教育，是辽宁多所高校的兼职教授。本次案例编写工作从想法的提出，到案例选题审核、模板的设计、结集出版，无不饱含着他的辛勤付出，谨向李恩宝教授致以崇高的敬意！感谢参与案例编写的各位企业专家，你们无私地贡献了企业及个人的技术成果，体现了对测绘事业的忠诚、对测绘教育的关心、对测绘学子的关爱，体现出了辽宁测绘人的情怀！

案例的编制是一次教学改革的尝试，效果有待进一步检验，案例的数量还需不断扩充，案例的质量也需进一步提高，让我们一起努力、共同期待！

宋伟东
2024年3月

前言

近年来,测绘技术快速发展,与大数据、云计算、人工智能、互联网深度融合,地理信息数据采集能力不断提高,卫星遥感技术、倾斜摄影测量技术和激光点云技术等新型测量技术广泛应用,智能化时空信息处理水平不断提升。一批具有创新能力的生产单位和软硬件公司先行研究应用新型测绘技术,涌现出大批新型项目成果,拓宽了测绘地理信息服务领域,为行业技术进步积累了经验。

我国测绘地理信息教育蓬勃发展,开设相关专业的院校数量不断增加,专业社会认知度显著提高,人才培养能力不断增强,为社会输送了大量的专业技术人才。与此同时,部分院校测绘专业使用的教材在新技术应用方面相对滞后,缺乏新技术应用的生产案例,理论教学与生产实践结合不够,造成部分毕业生的专业技能与社会需求存在一定程度的脱节。

测绘生产单位是产业发展的主体,是测绘地理信息服务社会的主要贡献者。多数生产单位特别是中小测绘单位,业务大多集中在数据采集和加工环节,受企业规模、人才状况和装备条件等的限制,技术创新能力不强,产业转型升级困难,服务领域逐渐萎缩,单位发展缺乏后劲。组织相关人员参加社会上的技术培训,听报告看演示,收效不够显著,迫切需要内容翔实的新技术应用案例。

为深化"校企联合、产教融合",辽宁工程技术大学测绘学科聘请了一批社会专家为客座教授。这些客座教授具有较高的专业技术能力和丰富的生产实践经验,新技术应用思路清晰,对测绘项目认识透彻,了解毕业生的专业能力。为发挥客座教授优势,将其丰富的实践经验融入教学环节,系统展示现代测绘技术的应用成果,宋伟东教授牵头组织了现代测绘工程典型案例的编写工作,在案例目标制定、编写人员组织和文档质量把关等全过程倾注了大量的心血。

客座教授发挥岗位优势,从众多的真实测绘项目中优选出12个生产案例和1个质检案例组成本书的主体内容。这些案例涵盖了采用新测绘技术完成的多源信息获取、数据加工处理、成果质量检验和时空信息服务等项目,重点反映了遥感影像获取、影像信息解译、倾斜摄影数据加工、点云数据处理、陆海一体测绘、地理信息系统建设等技术应用,其中新型基础测绘和实景三维建设占有相当大的比重,涉及较宽的社会服务面。

前 言

案例编写保持真实项目原貌，力求全面完整，突出技术操作流程，具有较好的科学性、条理性和可读性。案例与其依托的项目资料在编写体例、详略程度和编写质量等方面存在差异，需要进行凝练和整理，部分案例在很大程度上是再创作。编写者把握项目技术脉络，关注重点工序操作，撰写提纲、提炼目录、起草文档、编制图表，努力使案例可借鉴、可复制。编写人员工作事务繁忙，大多是利用业余时间组织材料，展示了测绘科技工作者的情怀。

辽宁省测绘地理信息学会杨国范理事长对案例的编写给予了大力支持，并提议把案例作为学会技术培训教材。辽宁工程技术大学夏春林教授对案例进行了全面技术审校，从宏观和微观层面提出了很多建设性的意见。辽宁工程技术大学测绘与地理科学学院2022级研究生于航、史轩竹、贾雪婷、蒋欣洪对案例进行了校稿和编辑。现将系列案例汇编成书，可作为测绘地理信息专业教学参考用书，亦可作为测绘生产单位技术培训教材。

案例汇编对照当下新技术在测绘生产中的应用，在选题上还不够全面。局限于辽宁客座教授工作单位的项目，就常用技术手段而言缺少SAR技术应用，就常见测绘项目方面缺少地下空间测绘、高精地图测制等。由于受编写者理论知识和业务水平的限制，案例中还有很多不尽如人意的地方，肯定存在着不足甚至错误，请读者批评指正。

李恩宝

2024年3月

目录

第 1 篇　现代测量技术在高速公路改扩建工程中的应用 …………… 鹿 罡(1)
 1.1　案例说明 ……………………………………………………………（1）
 1.2　项目概况 ……………………………………………………………（1）
 1.3　基本技术要求 ………………………………………………………（4）
 1.4　技术路线 ……………………………………………………………（7）
 1.5　项目组织实施 ………………………………………………………（8）
 1.6　成果提交 ……………………………………………………………（28）
 1.7　体会与思考 …………………………………………………………（28）

第 2 篇　武汉市城区道路全要素采集建库与三维建模 …………… 韩国超(29)
 2.1　项目概况 ……………………………………………………………（29）
 2.2　基本技术要求 ………………………………………………………（30）
 2.3　技术路线 ……………………………………………………………（31）
 2.4　项目组织实施 ………………………………………………………（32）
 2.5　项目生产组织管理 …………………………………………………（58）
 2.6　成果提交 ……………………………………………………………（59）
 2.7　附录 …………………………………………………………………（60）

第 3 篇　1∶10000 基本比例尺地形图更新与建库 ………… 丰 勇　李 爽(61)
 3.1　案例背景 ……………………………………………………………（61）
 3.2　基本技术要求 ………………………………………………………（63）
 3.3　技术路线 ……………………………………………………………（65）
 3.4　项目组织实施 ………………………………………………………（67）
 3.5　项目管理与技术质量控制 …………………………………………（88）
 3.6　安全生产与保密管理 ………………………………………………（89）
 3.7　成果提交归档 ………………………………………………………（90）

第4篇 沈阳市文物保护测绘和档案制作 ……………………………… 符韶华(92)

- 4.1 项目概况 ……………………………………………………… (92)
- 4.2 技术路线 ……………………………………………………… (93)
- 4.3 项目组织实施 ………………………………………………… (97)
- 4.4 过程控制 ……………………………………………………… (110)
- 4.5 成果质量 ……………………………………………………… (111)
- 4.6 提交归档 ……………………………………………………… (112)

第5篇 新型基础测绘建设技术研究与实践 …… 张志超 杜志学 李旭光 刘玉庆(113)

- 5.1 研究概述 ……………………………………………………… (113)
- 5.2 技术方案 ……………………………………………………… (116)
- 5.3 关键技术 ……………………………………………………… (120)
- 5.4 地理实体生产 ………………………………………………… (127)
- 5.5 试点案例 ……………………………………………………… (144)
- 5.6 结束语 ………………………………………………………… (153)

第6篇 太平湾港区地形及航道水深测量 ……… 蓝 海 蓝歆玫 薛国坤 王铁福(154)

- 6.1 项目概述 ……………………………………………………… (154)
- 6.2 基本技术要求 ………………………………………………… (156)
- 6.3 技术路线 ……………………………………………………… (159)
- 6.4 项目组织实施 ………………………………………………… (160)
- 6.5 过程控制 ……………………………………………………… (173)
- 6.6 成果质量 ……………………………………………………… (175)
- 6.7 上交成果 ……………………………………………………… (178)

第7篇 沈阳市土地利用变化遥感监测 ……………………………… 敦力民(179)

- 7.1 项目概况 ……………………………………………………… (179)
- 7.2 基本技术要求 ………………………………………………… (181)
- 7.3 项目组织实施 ………………………………………………… (184)
- 7.4 过程控制 ……………………………………………………… (210)
- 7.5 成果质量 ……………………………………………………… (211)
- 7.6 成果提交归档 ………………………………………………… (213)

第 8 篇　大连市黄渤海排污调查 ······ 李国忠（214）

- 8.1　项目概况 ······ （214）
- 8.2　项目技术要求 ······ （215）
- 8.3　影像获取与正射影像制作 ······ （216）
- 8.4　入海排污口监督管理平台系统建设 ······ （225）
- 8.5　排污口调查 ······ （228）
- 8.6　项目质量控制 ······ （235）
- 8.7　项目验收和成果提交 ······ （236）

第 9 篇　辽宁省海域海冰分类研究 ······ 秦志伟　韩婷婷（238）

- 9.1　项目概况 ······ （238）
- 9.2　资料收集与分析 ······ （239）
- 9.3　技术依据 ······ （240）
- 9.4　工作内容和技术流程 ······ （240）
- 9.5　数据获取与预处理 ······ （241）
- 9.6　海冰分类 ······ （245）
- 9.7　特征变化规律和影响因素分析 ······ （263）
- 9.8　图件制作 ······ （269）
- 9.9　成果提交归档 ······ （269）
- 9.10　总结与展望 ······ （270）

第 10 篇　盘锦湿地时空变化监测与分析 ······ 王　峰（271）

- 10.1　案例说明 ······ （271）
- 10.2　项目背景 ······ （272）
- 10.3　资料收集与分析 ······ （274）
- 10.4　监测范围 ······ （276）
- 10.5　作业依据 ······ （279）
- 10.6　工作内容与技术流程 ······ （280）
- 10.7　湿地监测内容与技术指标建立 ······ （281）
- 10.8　湿地监测数据采集制作 ······ （284）
- 10.9　盘锦市域三期监测数据统计分析 ······ （289）
- 10.10　双台河口自然保护区监测数据统计分析 ······ （295）
- 10.11　附表 ······ （316）

第 11 篇 基于高分影像的农村道路普查与建库 ………… 周涌波 董 山(317)

- 11.1 项目概述 …………………………………………………… (317)
- 11.2 基本技术要求 ……………………………………………… (318)
- 11.3 技术路线 …………………………………………………… (323)
- 11.4 工作流程及调查方法 ……………………………………… (326)
- 11.5 组织实施 …………………………………………………… (340)
- 11.6 项目生产组织管理 ………………………………………… (343)
- 11.7 成果提交 …………………………………………………… (347)

第 12 篇 沈阳市地理市情分项指标监测 ………………………… 黄 欣(348)

- 12.1 项目概况 …………………………………………………… (348)
- 12.2 技术要求 …………………………………………………… (349)
- 12.3 技术路线 …………………………………………………… (350)
- 12.4 组织实施 …………………………………………………… (352)
- 12.5 分项指标基本统计 ………………………………………… (364)
- 12.6 分项指标综合分析 ………………………………………… (371)
- 12.7 过程控制 …………………………………………………… (381)
- 12.8 成果质量 …………………………………………………… (382)
- 12.9 成果提交 …………………………………………………… (382)
- 12.10 成果应用 ………………………………………………… (383)

第 13 篇 数字测绘成果质量检查与验收 ………………………… 赵向方(385)

- 13.1 检查验收概述 ……………………………………………… (385)
- 13.2 测区概述 …………………………………………………… (387)
- 13.3 基本技术要求 ……………………………………………… (388)
- 13.4 检验方法与组织 …………………………………………… (389)
- 13.5 检验实施 …………………………………………………… (390)
- 13.6 质量综述 …………………………………………………… (403)
- 13.7 质量管理存在的问题与应对方法 ………………………… (404)
- 13.8 附件 ………………………………………………………… (405)

第 1 篇
现代测量技术在高速公路改扩建工程中的应用

鹿 罡

1.1 案例说明

我国自20世纪80年代修建高速公路以来，高速公路建设发展迅猛。截至2021年底，全国高速公路总里程达到16.91万千米，高速公路通车里程位居世界第一。国家在政策层面上，要求加大高速公路沿线的生态环境保护力度，提倡开展绿色公路建设，因此高速公路的建设向智能化、智慧化方向发展；数字化成图、地质遥感、计算机辅助设计和虚拟仿真、北斗系统、激光雷达扫描测量、倾斜摄影与三维建模等为代表的测绘地理信息先进技术在高速公路的勘察设计中得到了广泛应用。

时下我国高速公路建设中，改扩建工程项目占比逐渐增多，而这类项目在其建设期特别是在前期勘测工作中存在着一定的安全生产风险。高速公路的改扩建方式可采用原有路段单向拼宽、双向拼宽、局部新建等。本案例介绍的项目则与传统改扩建方式有较大差异，即将原有路段做局部改造成为市政道路，在原有路段两侧新建双向八车道多跨连续桥梁作为高速公路，这种含新建长大连续桥梁的改扩建项目给工程测量带来了新的问题与挑战。

1.2 项目概况

1.2.1 工程概况

拟建项目G15沈海高速公路(国家高速公路网11条北南纵线之一)鄞州姜山北枢纽至宁海麻岙岭段是浙江省高速公路网"九纵九横五环五通道多连"中的重要一纵，是浙江东部沿海地区的交通动脉和经济纽带。其建成对于贯彻落实"十四五"规划，加快推进"大湾区大花园大通道大都市区"建设，加快长三角城市群和宁波都市圈建设，加快浙江宁波海洋经济发展示范区建设国家战略实施，加快建设现代化滨海大都市，缓解甬台温高速通道的交通压力，满足快速发展的交通需求，提高国家高速公路运输效率，扩容战备通道，保障国防运输等具有重要意义。

拟建项目共划分为两个设计标段，一标段为G15沈海高速宁波姜山至西坞段改扩建工程(以下简称"本项目")，该标段设计工作由辽宁省交通规划设计院有限责任公司(简称"辽宁院")承担。浙江

鹿罡，正高级工程师，副总工程师，辽宁省交通规划设计院有限责任公司。

数智交院科技股份有限公司(简称浙江院)负责二标段的设计工作。

本项目起点位于宁波市鄞州区 G15 沈海高速与宁波绕城高速交叉处的姜山北枢纽,起点桩号 K0+000(国高网桩号 K1503+365),自北向南沿既有沈海高速(甬台温高速)老路两侧拼宽,经鄞州区姜山镇东北侧抬升高架、进行鄞州南(姜山)互通改造,继续沿老路两侧抬升高架至奉化界、跨鄞奉江、大成东路,最后达到西坞街道西南侧,终点桩号 K14+089(国高网桩号 K1517+454),路线全长 14.089km。

全段共新建和拼宽桥梁 4 座,桥梁总长度为 13502m(含互通区主线桥),其中特大桥(13249m)1 座,中桥(232m)1 座,涵洞 1 道,桥梁占路线总长的 95.83%。本段设改造枢纽立交 1 处(姜山北枢纽)、改造互通立交 1 处(鄞州南)。

该段原有道路现状为双向 4 车道高速公路,设计速度 120km/h,道路标准宽度 26m。道路横断面布置如下:中央分隔带 2.0m,中间路缘带 2×0.75m,行车道:2×2×3.75m,两侧硬路肩 2×3m(含 2×0.5m 两侧路缘带),土路肩 2×0.75m,如图 1.2.1 所示。

本项目改扩建采用双向 8 车道高速公路建设标准,设计速度 120km/h,道路标准宽度 37.5m。断面布置如下:中间路缘带 2×0.75m,行车道:2×4×3.75m,两侧硬路肩 2×3.0m(含 2×0.5m 两侧路缘带),中间原 4 车道高速公路作为市政道路,设计效果图见图 1.2.2。

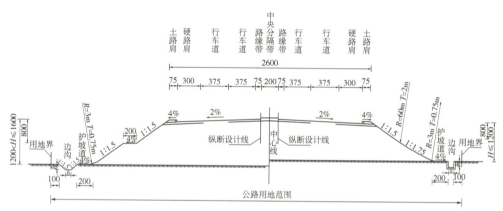

图 1.2.1 道路横断面图

图 1.2.2 高速公路改扩建设计效果图

1.2.2 测区自然地理概况

1. 地形地貌特征

本项目位于宁波鄞州区和奉化区,主要地貌为鄞奉冲积海积平原,地势平坦,地面高程 2~3m,上部成分主要为粉土,下部成分多为高压缩性软土。原有高速公路见图 1.2.3。

图 1.2.3 原有高速公路影像图

2. 气象特征

项目所在地区为浙江省东南沿海,处于欧亚大陆与太平洋之间的过渡地带,属亚热带季风气候区,兼受海洋对气候的调节作用,具有季风显著、四季分明、温暖湿润、冬无严寒、夏无酷暑、光照充足、雨量丰富、台风灾害频繁的气候特点。

年平均气温 16.3~17.9℃,极端最高气温 40℃,极端最低气温 -4.6℃。工程区域冰冻日数、高温日数少。年平均降水量在 1310~1740mm 之间,平均降水日数在 150~171d 之间。降雨量集中在春、夏季,6 月和 8 月为降水高峰期。

3. 水文特征

本项目沿线无大江大河,主要河流为奉化东江,其余为山谷径流,水位季节性变化较为明显。

4. 地质特征

地层岩性主要为上侏罗统高坞组、西山头组中酸性、酸性火山碎屑岩、流纹质凝灰岩、凝灰岩、凝灰岩夹沉凝灰岩(沉积岩)等。熔结凝灰岩、凝灰岩呈块状,致密坚硬,抗风化能力较强,工程性质良好,其所夹的沉积岩如凝灰质角砾岩、砂岩、泥质粉砂岩、粉砂质泥岩等岩质较软,易风化、软化,属软弱夹层,工程地质条件较为复杂。

1.2.3 项目特点

(1)改扩建项目交通量大,施工期需通车运营,施工组织及人身财产安全保证难度大;
(2)桥梁规模大,跨径种类多,重要节点桥型结构复杂,控制测量等级高;
(3)项目区处于深厚软土地区,软土连续、广泛分布,路基拼宽沉降大,要求测绘精度高;
(4)管线数量众多,对设计影响大;
(5)路线经过地区土地资源稀缺。

1.2.4 测绘主要工作任务及工作量

本项目的工程测量是为设计提供基础资料,为施工建立测量基准。工作内容包括:建立公路二等控制网、激光雷达航测获取精准数字高程模型(DEM)、倾斜摄影建立实景三维模型、1:2000 地形图修补测、管线探测及路线工点测量(即对路线沿线的桥梁、涵洞、互通立交、服务设施等建筑物、构造物所进行的测量)等。表 1.2.1 是计划工作量和实际完成工作量的统计情况。

表 1.2.1　　　　　　　　　　工程测量计划工作量与实际完成工作量统计

项目	内容	计划工作量	完成工作量	备注
平面控制测量	GNSS 控制点选埋	14 座	14 座	
	起算点检核	3 座	3 座	
	二等网测量	14 座	14 座	不含起算点
	四等加密控制测量及联系测量	2 座	13 座	含临标 GIV02、GIV03
高程控制测量	与平面控制点同名点位	14 座	14 座	
	起算点	2 座	4 座	
	二等水准测量	50km	35.63km	
航空测量	数字高程模型(DEM)	—	7.02km²	中线两侧各 150m
地形图更新、正射影像、倾斜摄影	1:2000 地形图	10.2km²	16.4km²	中线两侧 300m
工点测量	桥墩台测量	14 座	25 座	断面测量
	河床断面测量	5 处	26 处	河堤采点等水文测量
	涵洞通道测量	17 处	52 处	纵断面测量
	高压线测量	10 处	17 处	塔座及悬高测量
	平交路测量	10 处	10 处	中线、边线等测量
	立体交叉与被交路测量	2 处	2 处	中线、边线、桥梁、墩台、梁底标高等测量
管线探测	正线	14.089km	14.089km	

1.3　基本技术要求

1.3.1　采用的技术标准和规范

（1）JTG C10—2007《公路勘测规范》；

（2）JTG/T C10—2007《公路勘测细则》；

（3）JTG C30—2015《公路工程水文勘测设计规范》；

（4）Q/CCCC LQ001—2016《公路工程激光扫描测量规范》；

（5）T/CECS G：H11-01—2020《公路工程激光扫描测量技术规程》；

（6）CH/T 2009—2010《全球定位系统实时动态测量(RTK)技术规范》；

（7）CH 8016—1995《全球定位系统(GPS)测量型接收机检定规程》；

（8）GB/T 12897—2006《国家一、二等水准测量规范》；

（9）GB 50167—2014《工程摄影测量规范》；

（10）GB/T 20257.1—2017《国家基本比例尺地图图式 第1部分：1:500 1:1000 1:2000 地形图图式》；

（11）CH/T 3007.1—2011《数字航空摄影测量测图规范 第1部分：1:500 1:1000 1:2000

数字高程模型 数字正射影像图 数字线划图》；
（12）CH/Z 3004—2010《低空数字航空摄影测量外业规范》；
（13）CH/Z 3003—2010《低空数字航空摄影测量内业规范》；
（14）CH/T 8024—2011《机载激光雷达数据获取技术规范》；
（15）CH/T 8023—2011《机载激光雷达数据处理技术规范》；
（16）GB/T 14912—2005《1∶500 1∶1000 1∶2000 外业数字测图技术规程》；
（17）DB 3302/T 1079—2018《管线探测技术规程》；
（18）CH/T 9008.3—2010《基础地理信息数字成果 1∶500 1∶1000 1∶2000 数字正射影像图》；
（19）CH/T 9008.2—2010《基础地理信息数字成果 1∶500 1∶1000 1∶2000 数字高程模型》；
（20）GB/T 24356—2009《测绘成果质量检查与验收》；
（21）GB/T 18316—2008《数字测绘成果质量检查与验收》；
（22）CH 1016—2008《测绘作业人员安全规范》。

1.3.2 定位基准与精度指标

1. 平面坐标系统

本项目采用基于 CGCS2000 坐标系的公路独立坐标系，其投影中央子午线为 121°30′，投影至椭球面，本项目的设计与施工均采用该坐标系。

2. 高程基准

1985 国家高程基准。

3. 二等控制网技术指标

二等控制网技术指标包括平面控制网技术指标及高程控制网技术指标，见表 1.3.1 和表 1.3.2。

表 1.3.1　　　　　　　　　　　　平面控制网主要技术指标

平均边长/km	固定误差 a/mm	比例误差 b/(mm/km)	最弱边的相对中误差	最弱相邻点相对点位中误差/mm	最弱点点位中误差/mm
≤3	≤5	≤1	≤1/100000	≤±30	≤±50

表 1.3.2　　　　　　　　　　　　高程控制网主要技术指标

最弱点高程中误差/mm	每千米高差中数中误差		测段往返高差不符值/mm	附合或环线闭合差/mm	检测已测测段高差之差/mm
	偶然中误差/mm	全中误差/mm			
≤±25	±1.0	±2.0	$±4\sqrt{L}$	$±4\sqrt{L}$	$±6\sqrt{L}$

注：L 为线路长度，单位：km。

4. 地形图技术指标

成图比例尺为 1∶2000，基本等高距为 1m；图上一般地物点点位中误差≤±0.8mm；重要地物点点位中误差≤±0.6mm；等高线插求点高程中误差不大于 1/3 基本等高距。

5. 激光点云技术指标

相对航高 120m，数据采集路面点密度高于 2000 点/m^2，辅以靶标纠正后平面精度优于 0.05m，路面高程点精度不低于 0.02m。

6. 倾斜摄影技术指标

相对航高 150m，影像分辨率优于 0.03m。航向重叠度不小于 80%，旁向重叠度不小于 60%。

这里需要重点指出：

本项目平面与高程控制测量等级均采用二等，主要依据是公路勘测规范的规定，见表 1.3.3、表 1.3.4。

表中的使用值是根据桥梁跨径和长度结合实际应用的经验确定的。

对于桥梁长度施工控制，各等级控制测量所规定的精度指标一般能满足精度要求，但对于控制桥墩的中心精度却不易达到。欲使桥墩处于较佳传力状态，桥墩、台应尽可能地减少偏心，一般规定桥墩中心的点位中误差应小于 ±15mm，这个精度要求相当高，不容易达到。在实际生产中应采取有效措施提高控制网的精度，如选择有利的观测时间以提高观测精度、增加高精度的基线边、采用强制对中装置强制归心、加强控制点基础的稳定性等。

表 1.3.3 平面控制测量等级选用

测量等级	高架桥、路线控制测量	多跨桥梁桥总长 L/m	单跨桥梁 L_K/m	隧道贯通长度 L_G/m
二等	—	$L \geqslant 3000$	$L_K \geqslant 500$	$L_G \geqslant 6000$
三等	—	$2000 \leqslant L < 3000$	$300 \leqslant L_K < 500$	$3000 \leqslant L_G < 6000$
四等	高架桥	$1000 \leqslant L < 2000$	$150 \leqslant L_K < 300$	$1000 \leqslant L_G < 3000$
一级	高速公路、一级公路	$L < 1000$	$L_K < 150$	$L_G < 1000$

表 1.3.4 高程控制测量等级选用

测量等级	高架桥、路线控制测量	多跨桥梁桥总长 L/m	单跨桥梁 L_K/m	隧道贯通长度 L_G/m
二等	—	$L \geqslant 3000$	$L_K \geqslant 500$	$L_G \geqslant 6000$
三等	—	$2000 \leqslant L < 3000$	$300 \leqslant L_K < 500$	$3000 \leqslant L_G < 6000$
四等	高架桥，高速公路、一级公路	$L < 1000$	$L_K < 150$	$L_G < 1000$
五等	二、三、四级公路	—	—	—

表中的"高架桥"是指跨越建筑物群、地质不良地段等的小跨径简单结构旱地桥梁。该类型桥梁由于跨径较小、结构简单、施工测量条件相对较好，因此控制网精度要求不必太高，但考虑到桥梁施工相对路基部分要求较高，所以根据实际应用经验确定高架桥的平面控制测量的等级应达到四等。

本项目特大桥梁长度超过了 13km，采用的是高架桥形式，因此在测量等级选择上有的技术人员甚至专家认为采用四等即可，这里他们忽略了一个重要的因素就是大桥的细部结构组成。本项目桥梁采用了多种不同跨径桥梁组合，最大跨径达到 195m，因此本项目桥梁严格意义上应为多跨径桥梁；另外桥梁建设区的地质条件较差，多为软土地质。综合这些因素应根据表中多跨桥梁的总长度来决定平面和高程控制测量的等级，而不是按高架桥来作决定。由于多跨桥梁总长度多达 13km，对应表中规定，控制测量等级应采用二等。

1.3.3 投影变形值计算分析

项目区路线大致走向由北向南，东西介于121°28′—121°34′之间；平面坐标系投影中央子午线为121°30′，投影至椭球面。经核查计算，项目所在区域的长度综合投影变形值满足不大于10mm/km的要求。投影变形值计算详见表1.3.5。

表1.3.5　　投影变形值计算

桩号	路线运行高程 H_m/m	高程异常值/m	经度	Y_m值/km	平面投影变形值/mm	高程投影变形值/mm	平高投影变形值/mm
K0+000 起点	5.34	10	121°33′24″	5.10	0.3	−2.4	−2.1
K5+000	24.49	10	121°31′43″	2.37	0.1	−5.4	−5.3
K10+000	16.18	10	121°29′55″	0.55	0.0	−4.1	−4.1
K15+085 终点	17.22	10	121°28′13″	2.86	0.1	−4.3	−4.2

1.4 技术路线

以事先技术指导书为技术依据，以设计人员提出的实际需求兼顾为施工提供精准测绘基准为工作导向，以宁波市自然资源部门提供的城市高等级控制点为起算数据，采用GNSS静态定位和精密水准测量技术建立项目二等控制网；采用无人机航摄技术，通过激光雷达扫描和倾斜摄影测量技术手段获取三维点云数据、数字高程DEM、数字正射影像DOM和实景三维模型等数字化产品；以收集到的宁波市城市1:2000地形图为工作底图，以本次生产制作的正射影像DOM为修正依据，进行1:2000地形图的更新；采用GNSS-RTK、宁波CORS、千寻定位等方式，获取测区工点特征点空间信息；通过物探与测绘相结合的方式，采用综合法开展地下管线的探测工作，获取地下管线空间及属性信息。技术路线框架如图1.4.1所示。

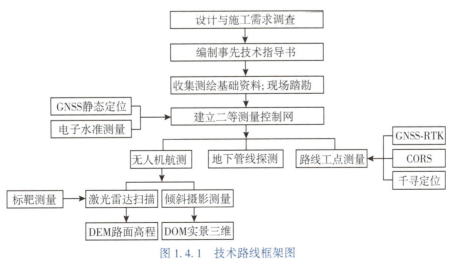

图1.4.1　技术路线框架图

1.5 项目组织实施

项目的生产组织流程见图1.5.1。

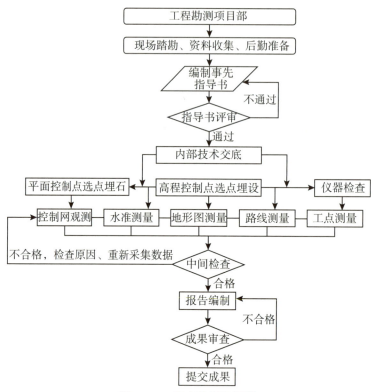

图1.5.1 生产组织流程图

1.5.1 组建工程测量项目组

辽宁院收到中标通知书后，立即组织编写事先技术指导书。接到进场通知后，配置了15名技术人员及GNSS接收机、数字水准仪、全站仪、无人机、激光雷达系统等测绘软硬件装备，组织人员设备分批进场，并对仪器设备进行了测试、标定和校正，以保证其处于良好工作状态。向业主提交了项目部机构组成、人员编制、资质情况和现场仪器设备清单、仪器检定报告等资料。

1.5.2 现场踏勘、资料收集

组建工程测量项目组的同时，由现场技术负责人组织人员完成现场踏勘及收集相关技术资料等工作。经现场踏勘后完成14个二等控制点的位置选定。收集资料包括：路线中线设计图、测区附近国家C级控制点3个、二等水准点4个以及其他相关资料。

1.5.3 作业进度情况

2022年5月16日—2022年6月15日，完成二等控制网选点、埋石以及相关控制点资料的申请及资料收集。

2022年6月15日—2022年7月10日,完成二等平面控制网及高程控制网测量、航空影像及点云数据获取、地形图修补测和工点测量等工作。

2022年7月1日—2022年7月15日,完成内业成果资料整理。

1.5.4 控制测量的实施

1.5.4.1 控制网布设

1. 平面控制网

平面控制网布设见图1.5.2。

图1.5.2 平面控制网布设图

控制网布设时重点考虑了以下注意事项:

(1)控制点选点时,充分征求当地乡镇土地权属方的意见,与土地承包人(权属人)进行沟通,获得允许后方进行施工;

(2)控制点点位根据地质情况适当进行基础处理,点位埋设在基础稳定,易于长期保存的地点,保证控制点具有足够的稳定性;

(3)与相邻标段控制点进行了联测,确保不同标段工程顺利衔接;

(4)加强对起算点稳定性和兼容性检核,起算点检核情况见表1.5.1。

表1.5.1　　　　　　　　　　起算点稳定性及兼容性检查

序号	点号	差值/m	边长相对中误差
1	GJ49	0.0058	1/2400000
2	GJ53	0.0248	1/434000
3	GJ74	0.0143	1/1300000
4	GJ49		

由表1.5.1可见三个起算点的精度良好，满足要求。

这里需要重点提及：

GNSS 静态相对定位已经成为平面控制测量的首选技术手段。对于 GNSS 控制点而言，选点工作格外重要。

到达工作现场后，首先查看点位周边环境是否满足接收卫星信号和进行仪器观测的条件；其次从点位保存稳定性、交通便利性、施工难易性等方面进行考虑。

要特别留意所选控制点点位附近是否存在磁铁矿、地下高强输电线缆等不可见因素。

GNSS 控制成果的最终质量水平，点位因素约占 50%，可以认为如果 GNSS 点位选取成功，意味着平面控制测量质量合格的可能性基本达到五成。

2. 高程控制网

高程控制网采用与首级平面控制网的同名点位，水准标志设置在观测墩下方，见图1.5.3。

图1.5.3　观测墩建造实景图

1.5.4.2　选点埋石编号

控制点埋设永久性测量标志，埋设成强制对中测量标志形式。相关测量标志规格及埋设样式参照图1.5.4。

点位的命名方式为：原有控制点点位命名保持不变，新埋点位命名包括点名和编号，平面控制点点号按"GII××"编号，其中 G 代表 GNSS 点，II 代表二等，×× 为顺序号。每个测量标志埋设完毕后，均绘制点之记。

1.5.4.3　控制网观测

1. 二等平面控制网观测

1）观测技术指标

公路二等平面控制网测量与国家 B 级网测量在外业观测技术指标上存在着一定的差异，

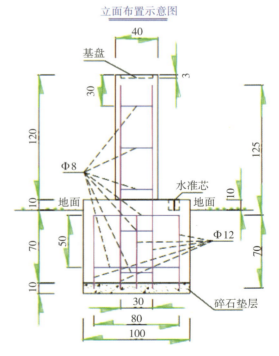

图1.5.4　测量标志规格及埋设示意图（单位：cm）

不能简单地认为 B 级网测量就是公路二等测量。表 1.5.2 清晰地展示了二者的差异。

表 1.5.2　　　　　公路二等平面控制网与国家 B 级网外业观测主要技术指标对比

测量等级项目		公路二等	国家 B 级
卫星高度角/(°)		≥15	≥10
时段长度	静态	≥240min	≥23h
平均重复设站数次/每点		≥4	≥3
同时观测有效卫星数		≥4	≥4
数据采样率/s		≤30	≤30
GDOP 值		≤6	—

2）仪器设备及准备工作

控制网采用标称精度不低于 $5mm+1×10^{-6}$ 的双频接收机进行外业观测，采用同步时段进行观测，多数时段同步观测仪器数量为 6 台，个别时段为 8 台。

观测前对所有投入使用的仪器进行了检查，包括：检定情况、外观、电池耐用度、天线连接线、光学对中器、水准气泡等，并调查仪器的使用近况，确保仪器满足使用条件。设置各项数据采集参数，根据天气、星历预报、分组情况等制订作业计划，并编制外业观测调度表。

3）观测时段安排

平面控制网外业观测时间为 2022 年 7 月 3—12 日，观测了 16 个时段，共设站 101 次，平均重复设站数为 5.9，满足规范要求。网中每点至少有 3 条独立基线与之相连接，控制网图形强度较高。每个时段的观测时间均大于 240min，历元采样间隔为 30s，卫星截止高度角为 20°，仪器高测前测后测量之差不超过 2mm，仪器对中误差不大于 2mm。

4）二等平面控制网联测

二等平面控制网联测详见图 1.5.5。

5）加密平面控制网测量

在首级控制网下进行平面控制点加密布网，以方便使用。加密控制网的标石埋设、观测、计算等技术要求按公路四等平面控制相关技术要求执行。加密控制网共布设 11 个点，并对相邻设计二标段布设的四等控制点 GIV02、GIV03 进行了平面联测。

2. 高程控制网观测

1）观测技术指标

高程控制网采用二等水准测量的方式进行，其主要技术要求见表 1.5.3。

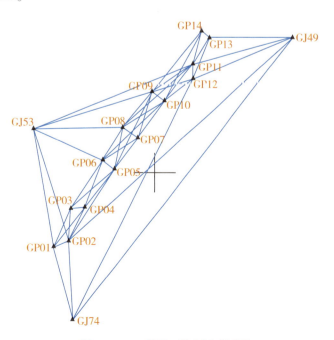

图 1.5.5　二等平面控制网联测图

表1.5.3　　　　　　　　　　　　　　水准测量主要技术要求　　　　　　　　　　　　　（单位：m）

等级	视线长度	前后视距差	任一测站上前后视距差累积	视线高度	重复测量次数
二等	≤50	≤1.0	≤3.0	≥0.3	≥2次

2）仪器设备及准备工作

二等水准采用数字水准仪和因钢条形码水准标尺施测，整个作业期间在每天开测前采用仪器内置的"A×B×"方法进行仪器 i 角测定，每次检定的 i 角小于15″时方进行当天测量。

测定 i 角的"A×B×"检验方法：仪器首先架设在相距30m的两标尺中间（偏差±1m），先测量A尺，再测量B尺；然后将仪器架设在距离B标尺大于2.5m的位置，先观测B尺，再观测A尺，检验方法的测站设置如图1.5.6所示。

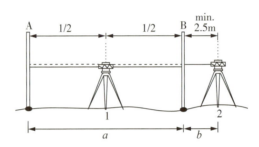

图1.5.6　A×B×检验方法测站设置示意图

3）外业观测

高程控制网以宁波市二等水准点BM65、BM62、Ⅱ甬奉25、Ⅱ甬鄞54-1为起算点，按照二等水准测量要求进行测量。观测时间为2022年6月17—28日，水准线路总长度35.63km，测段平均长度0.96km，最短测段0.02km，最长测段3.15km。

每一测段采用往返观测，使用同一类型的仪器和5kg转点尺承沿同一路线进行。同一测段的往测（或返测）与返测（或往测）分别在上午与下午进行。当在日间气温变化不大的阴天和观测条件较好时，若干里程的往返测同在上午或下午进行。但这种里程的总站数控制在该区段总站数的30%以内。

水准测量均在标尺成像清晰而稳定时进行。观测时，测站观测数据超限，仪器报警后立即重测该测站。

观测中重点注意了以下观测环节：

（1）观测前半小时，将仪器置于露天阴影下，仪器与外界气温趋于一致，在观测开始前，对仪器进行预热，预热次数不少于20次单次测量。在设站、迁站时做好仪器防晒工作。

（2）水准仪和水准标尺的圆水准器严格置平。

（3）在连续各测站上安置水准仪的三脚架时，使其中两脚与水准路线的方向平行，而第三脚轮换置于线路方向的左侧与右侧，如图1.5.7所示。

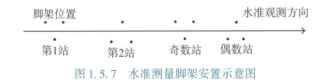

图1.5.7　水准测量脚架安置示意图

（4）除线路转弯处外，每一测站上的仪器与前后视标尺的三个位置，尽可能接近一条直线。

（5）每一测段的往测与返测，其测站数均为偶数，即测段起点、终点为同一标尺。由往返测转换时，两标尺互换位置。

（6）尽量避免视线被遮挡以及望远镜直对太阳。

4）水准路线联测

水准路线联测情况见图1.5.8。

这里需要特别提示：本项目受建设工期限制，控制点观测墩建造后未经雨季和冬季的稳定期就进行了首次测量，严格意义上不符合规定。

为了保证控制点成果的可靠性与准确性，采取的应对措施如下：

第一，控制网在施工图定测阶段要开展全面复测，并与初步设计阶段获取的控制网成果进行对比分析，确认控制点是否发生位移。

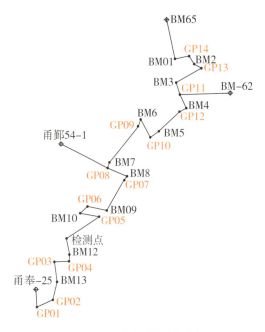

图1.5.8 水准路线联测图

第二，由于测区为软土地质区，因此控制网观测墩未经稳定期易发生变形，主要为沉降变形。在观测墩建造前曾进行了沉降量估算，预计沉降量在15~50mm之间。为了监测观测墩的沉降量，首次观测时在每个观测墩附近都特意选留了较为稳固的房屋地基、桥头等处，进行处理后作为水准点，将这些水准点作为工作基点，定期观测工作基点与观测墩的高差即可判断出观测墩是否发生沉降位移。

1.5.4.4 控制网数据处理

1. 平面控制网数据处理

1）起算点成果分析

通过宁波政务平台申请到GJ49、GJ53、GJ74共3座C级平面控制点，对控制点完好程度进行了实地踏勘，平面控制点保存完好且使用方便。在使用前对其进行了1个时段的静态联测，通过联测数据分析点位稳定性，联测结果见表1.5.4。

表1.5.4　　　　　　　　　　　已知点检查表

序号	点号	已知点坐标/m		自由网平差坐标/m		已知边长/m	检查边长/m	差值/m
1	GJ49	**538.818	**181.938	**538.658	**184.372			
						14110.810	14110.816	0.006
2	GJ53	**494.736	**003.463	**494.601	**005.881			
						10755.343	10755.367	0.025
3	GJ74	**924.015	**987.714	**923.854	**990.125			
						19212.827	19212.841	0.014
4	GJ49	**538.818	**181.938	**538.658	**184.372			

通过上表可以看出，三条基线满足二等精度要求，证明起算成果可靠性较强，兼容性较好，可作为项目平面起算点。

2）基线精度统计

二等网全部观测文件总数 101 个，站点数 17 个。

(1) 重复基线精度统计。

重复基线的长度较差符合下式要求：

$$d_s \leq 2\sqrt{2}\delta$$

$$\delta = \sqrt{a^2 + (b \cdot d)^2}$$

式中：δ——标准差，即基线向量的弦长中误差（mm）。

a——固定误差（mm），取值 5。

b——比例误差系数（1×10^{-6}），取值 1。

d——相邻点间的距离（km）。

全网共有重复基线 272 条，所有重复基线的长度较差均小于限差，满足设计和规范要求。

(2) 同步环、异步环精度统计。

经过统计，同步环、异步环的精度均满足规范要求。

3）平差计算

二等控制网首先进行 CGCS2000 坐标系下的三维无约束平差，再进行二维约束平差，计算得到各控制点的坐标成果。

(1) 三维无约束平差。

三维无约束平差时，将全部独立基线构成闭合图形，以三维基线向量及其相应方差协方差阵作为观测信息，以一个点的现有三维坐标作为起算数据，在 CGCS2000 坐标系中进行三维无约束平差，并提供 CGCS2000 坐标系的三维坐标、坐标差观测值的改正数、基线边长及点位和边长的精度信息。

(2) 二维约束平差。

二维约束平差在公路独立坐标系中进行约束平差及精度评定，并输出独立坐标系中的坐标、基线向量改正数、基线边长、方位角以及相关的点位中误差、边长相对中误差等精度信息。

基线向量的改正数与同名基线无约束平差相应改正数的较差满足规范相关要求。

经平差计算，x、y 坐标分量差值均不超过 ±2mm，满足相关要求。

二维约束平差最弱点为 GII01，最弱边为 GII13—GII14，最弱点、最弱边的精度见表 1.5.5。

表 1.5.5　　　　　　　　　　最弱点最弱边精度统计

基线名	N 方向中误差 DN/mm	E 方向中误差 DE/mm	边长中误差/mm	边长相对误差
GII13—GII14	0.47	0.48	0.67	1∶802954
站点名	N 方向中误差/mm	E 方向中误差/mm	点位中误差/mm	
GII01	1.11	1.28	1.7	

2. 高程控制网数据处理

1）起算点兼容性分析

本项目使用已知水准点 BM62、BM65、II 甬奉 25、II 甬鄞 54-1 四座水准点作为高程起算点。在平差计算之前对四个起算点的兼容性进行了检核，满足起算要求。起算点数据全部为 1985 国家高程基准二期成果。

2）网平差计算及精度统计

水准网计算首先进行二等水准概算，进行尺长、正常水准面不平行改正等相应改正数计算。由于重力异常改正、固体潮改正以及海潮负荷改正均为微小量，对最终高差影响可忽略不计，因此不考虑加入这3项改正。

高程控制网采用严密平差，共构成6条附合水准路线，2条闭合水准路线。闭合差统计见表1.5.6。

表1.5.6　　二等水准路线闭合差统计表

路线序号	路线长度/km	高差闭合差/mm	高差闭合差限差/mm
附合路线1	3.896	1.98	7.90
附合路线2	27.951	9.66	21.15
附合路线3	9.249	-2.64	12.16
附合路线4	31.847	7.69	22.57
附合路线5	13.145	-4.62	14.50
附合路线6	18.702	-12.31	17.30
闭合路线1	2.633	1.23	6.49
闭合路线2	4.014	1.87	8.13

经统计计算，每千米高差偶然中误差为±0.45mm，满足限差≤±1.00mm的要求；最弱点高程中误差为±3.40mm，最弱测段高差中误差为±2.39mm，均满足限差要求。

3. 控制联系测量

本项目终点与设计二标段G15沈海高速公路宁波西坞至麻岙岭段改扩建工程对接。对浙江院布设的控制点GIV02、GIV03进行平面联测，平面较差均小于"最弱相邻点相对点位中误差不大于±3cm"的规定，对其GIV01（Ⅳ水01）点位进行高程联测，高程较差为-0.005m，满足设计要求，具体联测结果见表1.5.7和表1.5.8。

表1.5.7　　平面控制点联测独立坐标对比表

点名	测量成果（辽宁院）		测量成果（浙江院）		较差/m		
	X/m	Y/m	X/m	Y/m	ΔX	ΔY	ΔP
GIV02	**122.442	**227.7041	**122.448	**227.692	0.006	-0.012	0.014
GIV03	**638.792	**448.5289	**638.793	**448.516	0.001	-0.013	0.013

表1.5.8　　高程控制点联测成果对比表

点名	测量成果（辽宁院）	测量成果（浙江院）	较差
	平差后高程/m	平差后高程/m	$\Delta H/m$
GIV01（Ⅳ水01）	*4.309	*4.304	-0.005

1.5.5 无人机低空航空测量

1.5.5.1 测量目的和内容

根据设计要求及测区内地势、地物、植被覆盖等情况,为了提高设计质量特别是为 BIM 制作提供现场实景三维模型,同时有效保证安全施工,项目使用无人机激光扫描测量系统获取测区路面高精度点云数据以及原有道路中线两侧各 150m 内数字高程模型 DEM 成果。使用无人机航空摄影系统测量获取测区倾斜摄影模型和数字正射影像 DOM,并通过正射影像对测区地形图地物现势性进行更新。

1.5.5.2 设备参数

激光点云采集使用大黄蜂无人机及 AA2400 激光雷达。AA2400 激光雷达测程 2150m,发射频率达 1800kHz。本次数据采集航高 120m,数据采集路面点密度高于 2000 点/m^2,采用夜间飞行进行激光扫描测量,该时段高速公路车辆较少且自然光源影响较低,使数据质量得以保证。激光雷达设备及无人机参数见表 1.5.9。

表 1.5.9　　AA2400 激光雷达系统技术参数表

AA2400 激光雷达设备参数	
相机尺寸	190mm×170mm×80mm
重量	800g
激光扫描仪尺寸	340mm×164mm×206mm
重量	5.05kg
测量范围/m	1200m≥20%反射率
	1900m≥60%反射率
	2150m≥80%反射率
搭载相机总像素	4200 万
激光点测量频率(点/s)	150 万
测量精度/mm	5cm@100M,15cm@400m
旋翼无人机主要参数	
机身结构	碳纤维复合材料,对称电机轴 1570mm
飞机空机重量	10.9kg
载荷重量	7.0kg
最大起飞重量	25kg
飞行时间	1kg 载荷,55min
	5kg 载荷,40min

倾斜摄影采用 M300 无人机搭载 D2 相机，飞行高度 150m，下视相机分辨率优于 0.03m，航向重叠度不小于 80%，旁向重叠度不小于 60%。设备具体参数见表 1.5.10。

表 1.5.10　　　　　　　　　　　　　　**倾斜摄影设备主要参数表**

	M300 主要参数
尺寸	展开，不包含桨叶：810mm×670mm×430mm（长×宽×高）
	折叠，包含桨叶：430mm×420mm×430mm（长×宽×高）
对称电机轴距	895mm
重量(含下置单云台支架)	空机重量(不含电池)：3.6kg
	空机重量(含双电池)：6.3kg
最大载重	2.7kg
最大起飞重量	9kg
RTK 位置精度	10mm+1×10^{-6}（水平）
	15mm+1×10^{-6}（垂直）
最大飞行海拔高度	5000m(2110 桨叶，起飞重量≤7kg)
	7000m(2195 高原静音桨叶，起飞重量≤7kg)
最大可承受风速	15m/s（7 级风）
最大飞行时间	55min
GNSS	GPS+GLONASS+BeiDou+Galileo
	D2 相机主要参数
预处理软件	Skyscanner
重量	800g
传感器尺寸	23.5mm×15.6mm
单相机像素	6000×4000
外部尺寸	190mm×170mm×80mm
CCD 数量	5
总像素	1.2 亿
曝光间隔	1.2s
焦距	20/35mm
角度	45°
供电	统一供电
挂载平台	建议挂载 M300 旋翼
准备时间	5min 起飞准备
作业效率	2cm 分辨率作业效率：0.35km^2；一天可作业 10~15 架次

1.5.5.3 像控点和靶标点测量

1. 地面像控点

采用规则区域网布点,且均布设成平高点,在道路转折处与架次相接处,增设像控点。本次航飞45架次,像控点约300m布设一个。航摄前进行地面"L"形状像控点布设,根据设计的航线间隔相应的基线数布设像控点,以满足测图平面与高程精度需求。整个测区像控点整体均匀分布,确保最外侧像控点覆盖航摄范围。

具体布标满足如下要求:
(1)地面标志的位置根据飞行航线和像片控制点的布设方案确定;
(2)地面标志点的布设要易于判读、便于联测;
(3)城镇建筑区、工业厂区和隐蔽区地面标志的对空视角不小于45°;
(4)地面标志的颜色根据敷设处地物光谱的特征选定,与周围地物或地面具有较大反差;
(5)地面标志的材料因地制宜,并根据色调、价格、携带方便程度、附着力等因素确定。

除进行地面布标外,像控点的布设还充分考虑了测区内地物的特征点作为像控点,如地面斑马线点作为像控点,见图1.5.9。

图1.5.9 像控点布设与测量示意图

像控点测量采用GNSS-RTK方式进行。测量像控点前仪器进行初始化,得到固定解后方进行测量,每个像控点测量2测回并取平均值作为最终成果。

2. 既有路面靶标测量

按设计需要,项目K0—K7段的路面成果精度要求较高,为进一步提高平面和高程精度,需进行靶标布设与测量。其主要原理是通过对靶标进行平面和水准测量,获取其高精度空间位置,然后利用这些靶标点作为纠正基准点,对点云数据分段进行平面和高程的改正,达到提高点云空间位置精度的目的,其联测方式见图1.5.10。

对K0—K7段靶标按单侧间隔200m(双向交叉间隔100m)进行布置,并进行四等水准联测,见图1.5.11。对K7—K16段原有高速公路设置路面靶标,按单侧间隔400m(双向交叉间隔200m)进行布置,对局部需要改建的匝道也进行了靶标布设。

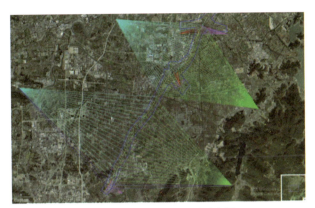

图 1.5.10　靶标点联测示意图

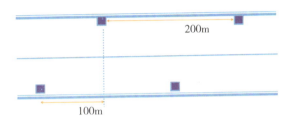

图 1.5.11　靶标点布设位置示意图

靶标点基于点云中记录的地物灰度信息进行识别。为此，以在应急车道内距离隔离护栏约 1.5m 处涂刷白色快干醇酸油漆的方式布设，布设尺寸为一个 50cm×50cm 的正方形，测量角点在前进方向的左前方，钉子钉入路面尽量与地面齐平，稍微高出几毫米，以便于后期水准测量时安放水准尺，见图 1.5.12。

图 1.5.12　靶标点布设工作现场及点位实景图

1.5.5.4　航空测量的实施

1. 无人机航空测量实施

本项目无人机航空测量主要分为激光雷达扫描和倾斜摄影。激光雷达扫描主要是获取高精度点云数据，经靶标纠正后提取道路矢量线、路面高程等信息，实施流程见图1.5.13。

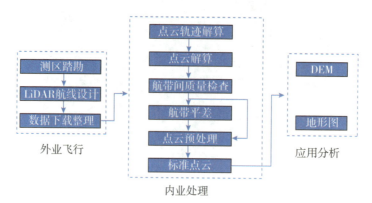

图1.5.13 机载激光雷达扫描测量实施流程图

为满足设计进度需求，提高工作效率以及克服客观因素对飞行的制约和精度影响，无人机倾斜摄影测量在白天进行；而激光雷达扫描测量则选择在晚上进行，现场实施过程部分场景如图1.5.14所示。

图1.5.14 现场航测工作实景图

2. 飞行数据质量检查

对飞行获取的数据从以下2个方面进行质量检查。

1）POS数据检查

外业结束后，利用软件提取得到机载原始扫描数据文件，并利用数据处理软件进行POS数据解算，解算出传感器的运动轨迹和姿态参数。IMU/GNSS数据的精度直接影响点云数据的精度。本项目激光雷达共计飞行7架次，POS双向解算飞行位置较差（测线）的平面精度优于10cm；位置精度在三个方向均优于0.05m；卫星信号较好，断点少。数据达到了规定精度要求。部分解算精度如图1.5.15和图1.5.16所示。

2）影像质量检查

主要检查影像是否清晰、层次是否丰富；是否存在云、云影、大面积反光和漏洞；像点位移是否大于1个像素等。

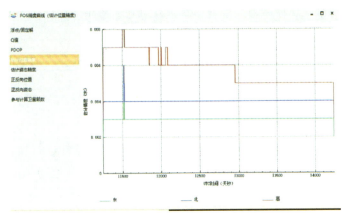

图 1.5.15　POS 位置精度图

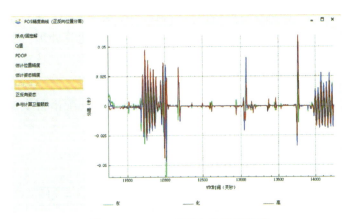

图 1.5.16　POS 正反向位置解算图

1.5.5.5　航空飞行数据处理

1. 点云数据处理

激光雷达扫描测量的点云数据处理主要包括数据预处理、数据坐标转换、激光点云分类以及数据精化处理等过程。

数据预处理主要包括 POS 数据处理、点云处理解算以及点云拼接平差。上述工作已在数据质量检查时完成。

激光点云的分类主要包括激光点云分类预处理、自动分类、人工编辑分类和分类检查工作。激光点云分类预处理主要是为了对激光数据进行去噪处理，剔除错误点、高程异常点等噪声点，如空中飞行中的鸟或杂质，在此基础上，通过软件进行自动分类。

激光点云自动分类一般能达到 90% 以上的分类准确率。对于自动分类难以正确分类的地区，参考相应的影像数据，并采用人工编辑的方式，对分类错误的激光点重新进行检查和进一步精细分类处理。

激光点云分类完成后，对激光点云数据进行了如下分类检查：

（1）点云数据分类成果可靠性检查。按点云类别采用高程显示、三维透视及晕渲等方法，目视检查分类后激光点云。对模型不连续、不光滑处，重新核实地面点分类的可靠性，对有疑问处用剖面图进行查询、分析。

（2）点云数据分类成果一致性检查。将点云分类结果与影像作叠加处理，分析所分激光点云类别与影像显示是否一致。

（3）点云数据分类符合性检查。利用野外实测检查点与激光点云分类的地面点进行断面形态的高程符合性检查。

2. 倾斜摄影数据处理

首先根据外业像控点，采用 ContextCapture 空中三角测量加密软件进行加密；其次利用像控点成果、调绘资料，采用全数字摄影测量工作站对高程点进行数据采集和地物判调；最后采用 CASS10.1 软件进行数据编辑。

三维模型生产使用空三成果作为数据源，空中三角测量处理得到的特征点较多，模型制作的计算任务量较大，为提高数据处理速度，处理过程中将摄区分割成多个模型单元进行处理。

使用 ContextCapture 软件，根据获取的影像数据制作三维模型成果。软件空三模块经过提取特征点、提取同名像对、相对定向、匹配连接点、区域网平差等步骤运算处理，得到摄区空中三角测量成果。为提高空中三角测量的成果精度，利用软件对摄区进行二次空三计算，最终得到更精确的摄区空三结果，并生成空中三角测量成果报告。

根据空三密集匹配生成的点云数据，倾斜模型制作软件自动匹配出密集的三角网，然后对三角网进行自动纹理贴图。

无人机倾斜摄影数据处理流程如图 1.5.17 所示。

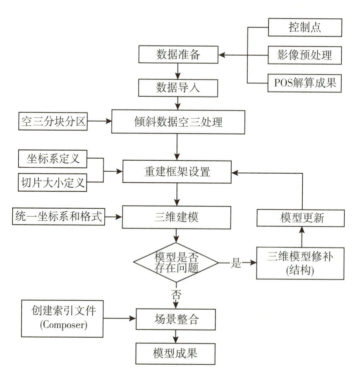

图 1.5.17　无人机倾斜摄影数据处理流程图

处理后的部分模型场景见图 1.5.18。

图 1.5.18 倾斜模型场景图

3. 倾斜摄影及点云数据成果的应用

本项目通过倾斜摄影，获取了项目区直观生动的地表地理要素资料，为后续公路设计和 BIM 建模等工作提供了丰富翔实的基础数据。

同时，原有高速公路经过多年运营，路面呈现不规则变形，拟合既有道路纵横断面困难，容易产生线路衔接不顺畅的情况。

机载激光雷达测量技术是集激光扫描、全球导航卫星系统 GNSS、惯性导航系统 INS、摄影测量、计算机等多种技术于一体的空间测量技术，一次飞行即可快速精确地获取地表三维信息及影像数据，具有精度高、穿透茂密树木能力强等优点，可获取高精地面模型。后期基于激光点云成果，精确还原了既有路面模型，为高速公路改扩建设计提供了精准的三维数字模型及环境影像数据。

对于高速公路改扩建项目，需要准确地拟合出既有高速公路平面线形和纵横断面，以及精确计算相关路面工程量，而三维激光点云数据不仅可以生成路面高精度数字高程模型，还能精确地提取路面车道线等特征点位，因此被广泛应用于高速公路改扩建工程路线平纵横设计。利用激光雷达测量技术，可为数字公路建设、三维建模、BIM 公路设计等提供丰富的基础数据。

这里特别强调：

目前，倾斜摄影技术在高速公路勘察设计中的应用逐渐增多，特别是随着 BIM 设计方法的引入，倾斜摄影的基础作用越发重要。但数据量过大、单体模型需要重新构建等因素也导致该项技术的拓展应用具有一定的局限。

本项目利用倾斜摄影影像制作实景三维模型时，在 BIM 设计模型加载后发现，原有高速公路两侧的树木模型的高度明显高于设计桥梁模型，展示效果不协调。为此，需要将实景三维模型中这些树木作一定程度的压平处理。但目前的建模软件中，压平后的模型只能展示而不能存储，也就无法与 BIM 模型叠加。为此，我公司联合国内某知名软件公司进行了该难题的攻关，经过半个月的努力，成功解决问题，得到了较为理想的设计效果图。

1.5.6 地形图更新测绘

1.5.6.1 地形图更新流程

DLG 的修补测与其正常生产方式一致，根据空三加密成果建立立体像对新增添的地上物进行

DLG 采集，其流程见图 1.5.19。当只进行地物更新时，DLG 的修补测工作也可依据最新的 DOM 成果来完成。

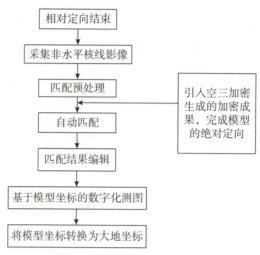

图 1.5.19　DLG 数据采集流程

1. 采集要求

采集地物、地貌要素做到无错漏，不变形、不移位。采集依比例尺表示符号时，以测标中心切准其定位点或定位线，着重于道路两边设施无丢漏，测量精确。

1）采集时按分层和分类代码进行采集

分层和分类代码以方便最终成果 dwg 文件实体的类型分类（道路层、地貌层、地物层、电讯层、辅高线、高程层、计曲线、等高线、居民地、控制层、水系层、图廓层、植被层、注记层、陡坎层等）为原则，每个层的颜色不同，等高线用绿色，计曲线用红色，其他层颜色可自定义。

2）各要素采集要求

居民地：标注楼层，标示名称。

道路：各种道路的边线，图上长度大于 10mm 的堤、堑、陡坎、斜坡、陡崖、梯田等均精确定位。

建筑在陡坎和斜坡上的建筑物：按实际立体影像测绘，当陡坎无法准确测定时，可移位表示，并留 0.3mm 的间隔。

双线道路与房屋、围墙等高出地面的建筑物边线重合时，用建筑物边线代替道路边线，道路边线与建筑物的接头处，间隔 0.3mm。

公路路堤（堑）分别测出路边线与堤（堑）边线，两者重合时，将其中之一移动 0.3mm。

公路路中、道路交叉口、桥面等要测注高程，涵洞要测注底面高程。

跨河的桥梁，实测桥头、桥身和桥墩位置，加注建筑结构。

道路通过居民地尽量不中断，按真实位置绘出。

水涯线按航测立体影像准确测绘。

河流遇桥梁、水坝、水闸等时，水涯线中断。

水涯线与陡坎线在图上投影距离小于 1mm 时，用陡坎边线代替水涯线。水涯线与斜坡坡脚重合时，在坡脚将水涯线绘出。

水渠测注渠顶和渠底高程。

堤、坝测注顶部及坡脚高程。

池塘测注池塘顶及塘底高程。

地貌各项要素的表示方法和取舍原则按 GB/T 20257.1—2017《国家基本比例尺地图图式 第 1 部分：1∶500　1∶1000　1∶2000 地形图图式》相应规定执行。

2. 调绘要求

调绘作业，遵循走到、看到、问到以保证调绘质量，做到判读准确、描绘清晰、符号运用恰当，注记准确无误。

重点注意事项如下：

(1) 地面、地下及架空管线进行标示，并注记输送性质。

(2) 永久性电力线、通信线、地下电缆指示桩均标示，高压电线、高压铁塔注明电压。

(3) 农田、植被等各种地类界均进行调绘。在密林区，调绘平均树高，并且在平均树高有变化的地方分别量注，以供内业立体测图时改正。多种植被混生于同一范围内时，只选择其主要的标示。

(4) 地理名称注记按 1∶2000 图式要求调查核实，正确注记。教堂、墓地、政府机构、学校等公共设施要进行详细调绘。调绘过程中，遇到私人领地，应先取得同意或通过当地政府机关与领地所有人沟通后再行调绘。

(5) 河流、湖泊等水涯线绘在摄影时的水位处。池塘的水涯线与岸边线在图上距离小于 1mm 时，水涯线绘在岸边线位置上；水渠、贮水池的水涯线则以坎沿为准。水中和岸边的附属要素调绘齐全，河流和沟渠标明流向；河流名称通过当地居民了解，并结合影像资料上的标注进行确认。

(6) 路堤、路堑、冲沟、陡坎、梯田坎等不能用等高线表示的天然或人工地貌元素以相应符号在调绘影像上表示。

(7) 公路、大车路、渡口、桥涵等均进行调绘。对于等级公路，调绘时注明公路的等级、路基和路面的宽度以及铺面材料。主要道路调绘其名称。

(8) 所有地名、河流名称、社区名称，均调查清楚，书写全称。

1.5.6.2　地形图质量检查

地形图质量检查的方式、方法较多，包括巡视法、影像套合法、内业特征点提取法、设站散点检查法以及设计调查资料比对法。

巡视法可分为图面检查法和现场巡视法。图面检查法即通过目视图面内容检查其表达内容的合理性，或通过与影像图套核后检查图面表达内容的完整性。而现场巡视法即通过输出的纸质图或平板电子图到现场进行巡视，查看图面与实地的吻合程度，从而检查图面是否存在漏错现象。

影像套合法是将完成的电子版地形图与相同比例尺的影像图叠加在一起，检查二者的一致性，从而检查地形图是否存在漏错现象的方法。

内业特征点提取法实际上是一种同精度检测法，即通过内业作业的方式二次提取立体影像下的特征地物点和高程点，将其结果与制作的地形图图面对应位置和高程进行比对，得到差值，从而计算出平面位置和高程中误差的方法。

设站散点检查法是地形图检查最为常用的一种方法。即在控制点或图根点上架设仪器，实地测量现场的地物特征点坐标和地形特征点高程，然后与地形图相应的位置或高程进行比较，得到差值，通过误差公式计算出平面或高程中误差的一种方法。

设计调查资料比对法是公路项目专用方法。在进行地形图测绘的同时，还要进行路线中桩和横断面测量并记录测量位置的属性信息。因此，有时对地形图的检查也常常将中桩和横断面测量结果叠加至地形图上，一方面可以检查二者表达位置与高程的一致性和符合性，同时也可通过图面与记录或调查获取的属性对比，进行地形图属性检查。

本项目地形图质量检查中采用了巡视法、影像套合法以及设站散点检查法。现场设站通过 GNSS-RTK 的方式采集地形图检查点，共检查平面点 130 个，计算得到点位中误差±0.157m；检查高程点 40 个，得到高程中误差±0.056m。上述结果均远远小于 JTG C10—2007《公路勘测规范》的限差规定，满足设计需要。

1.5.7　路线与工点测量

1.5.7.1　路线测量

1. 中桩、横断面测量切模

该项目路线中桩位于高速公路路面位置，上路测量具有很大的安全隐患。中桩测量、横断面测量通过高精度的 DEM 切模方式来完成。高精度 DEM 由激光雷达扫描测量获取的高密度地面点云制作而成。为保证数据精度，数据采集前在应急车道每隔 100m 布设一个靶标点，靶标点的高程采用四等水准测量的方式获取，通过靶标点高程对数模进行高程修正。

2. 切模精度验证

为验证断面高程精度，在贴近路线的普通道路上，采用四等水准进行中桩高程测量，作为检查点进行精度验证，确保中桩及横断面数据成果可靠。

实际工作中选取了与主线交叉并设置互通立交的鄄城大道一段道路，任意划定了一条设计轴线（即设计路线中线的平行线，基本位于慢车道，对交通影响不大，与靶标点不重合）进行切模精度验证。设计轴线中桩分为两部分，第一段 BK0+020—BK0+300，长度 280m，为上跨主线的跨线段落，主线布设了靶标点。第二段 BK0+780—BK1+394.432，长度 614.432m，此段位于互通平交口附近，也进行靶标布设。通过对上述选定路线的中桩（20m 间距）分别进行数模切取和四等水准测量，将两套数据进行对比，结果为平均较差 0.017m，小于 0.02m 的限差，满足设计需要。

1.5.7.2　工点测量

工点测量主要是满足设计所需，为其提供基础资料。测量方法采用 GNSS-RTK 方法以及全站仪极坐标法，测量内容主要包括：

（1）实测高压线悬高，利用全站仪的悬高测量方式实现；

（2）实测对路线方案有影响的重要建筑物三维坐标，如加油站、高压线塔等；

（3）实测与线位相交的既有道路、沟渠、河流的特征点三维坐标，如道路边线、沟渠及河流的堤岸线等；

（4）实测既有桥涵特征点位三维坐标，如桥梁的墩台、涵洞的洞顶及洞底高程；

（5）实测河道行洪断面。

测量成果主要以文本文件或 dwg 图件形式提供。

1.5.8 管线调查与探测

1.5.8.1 管线调查与探测技术方法

1. 探测对象

埋地管线、铁路、民航、军用等专用管线、污水沉井。

2. 探测范围

管线探测范围为路线两侧各50m，互通立交部分为匝道外边缘以外50m，满足工程设计、施工需求。

3. 探测精度要求

地下管线点分为明显管线点与隐蔽管线点。各类地下管线的专用窨井、露出地表的点(段)及与管线相连的附属物、建筑物等为明显管线点，而那些无法从资料中获取或目视识别出来的管线点为隐蔽管线点。

(1)明显管线点埋深测量中误差不得超过±25mm。
(2)隐蔽管线点的探查精度：
平面位置限差 $\delta_{ts} \leqslant 0.10h$；埋深限差 $\delta_{th} \leqslant 0.15h$。
式中，h 为地下管线的中心埋深，单位为m，当 $h<1m$ 时则以1m代入计算。
地下管线点的测量精度：
平面位置中误差 $M_S \leqslant 50mm$，高程测量中误差 $M_h \leqslant 30mm$，上述限差均是相对于邻近控制点的中误差。
地下管线图测绘精度：地下管线与邻近的建筑物、相邻管线以及规划道路中心线的间距中误差 M_C 不得大于图上±0.5mm。

4. 实施方法

采用调查、物探、测量等手段进行综合管线探查：金属管线采用直接法、夹钳法或电磁感应法测定；非金属管线采用示踪法、电磁波法(即地质雷达法)等方法测定；盲探管线采用电磁波法或直接法平行或圆形搜索，直接法追踪定位，夹钳法或电磁感应法进行探测。

管线点的平面位置和高程测量采用GNSS-RTK测量方法实施。

5. 数据处理

地下管线数据处理和地下管线图编绘包括管线数据录入、逻辑检查、编辑修改、建立地下管线数据库、生成地下管线图、管线图编辑、成果输出等工作内容。

地下管线数据、成果文件为.mdb格式；图形数据为AutoCAD的.dwg文件格式；管线点成果表数据为Excel的.xls格式。上述数据及成果文件均存储至Access数据库。

1.5.8.2 管线调查与探测成果资料

通过调查、探查、测量、数据处理、数据入库等工作，完成正线14.089km，折合面积1.8km²、长度104.18km，共计1195点明显点、2639点隐蔽点的各类管线的管线类型、平面位置、埋深、埋设年代、管顶(底)高程、管径、孔数或根数、材质、权属单位及重要窨井的位置、深度(结构内、外底)、断面形状、尺寸等调查与测绘内容。经内业复核及外业设站检查，成果满足规范要求。

1.6 成果提交

本项目成果包括控制测量成果、控制点点之记、1∶2000地形图、1∶2000正射影像DOM、1∶2000数字高程模型DEM、激光点云、倾斜摄影、实景三维模型、工点测量成果、纵横断面数据、管线探测成果和技术文档资料等。

1.7 体会与思考

(1)现代工程测量技术不再是一种或几种测绘技术的简单应用，而是多种学科、专业、设备和技术的集成应用。在本项目的实施过程中，常规测量技术与先进测量技术都得到了充分应用，说明测绘技术在重大工程项目中发挥着重要基础作用。

(2)在工程项目中，技术标准的采用宜坚持行业标准为主、国家标准为辅的原则；在执行技术标准的过程中应从工程项目的规模、结构、设计、施工、运维等多方面综合考虑。

(3)应根据工程项目的具体特点、实际需求等，因地制宜采用安全、可行、经济、先进的技术方法。

(4)测绘地理信息技术快速发展，发挥新技术优势，可为公路的规划、勘察、设计提供更优质的服务。

(5)在测绘地理信息生产和应用过程中，要注重数据安全，加强保密意识，用先进的科技手段来提高涉密数据的安全性与使用的便捷性。

第 2 篇
武汉市城区道路全要素采集建库与三维建模

韩国超

2.1 项目概况

2.1.1 项目来源

按照武汉市"十四五"基础测绘安排,以建设"实景三维武汉"为目标,加快推进新型基础测绘产品生产,武汉市于2021年启动"中心城区范围主要道路三维激光扫描和实景影像采集更新"工作。经公开招投标,辽宁宏图创展测绘勘察有限公司中标。

2.1.2 项目内容

对武汉市汉阳区、硚口区、江汉区、江岸区、洪山区、青山区和武昌区共810km² 范围内的约4000km 城市道路,进行激光点云和实景影像数据采集、360°可量测街景地图制作、道路及附属设施信息采集与建库和道路三维模型制作工作。具体范围见图 2.1.1。

图 2.1.1 项目生产范围图

韩国超,正高级工程师,总经理,辽宁宏图创展测绘勘察有限公司。

2.1.3 道路交通及周边情况

2.1.3.1 道路及交通情况

武汉是长江经济带核心城市、中部崛起战略支点,历来被称为"九省通衢"之地,是中国内陆最大的水陆空交通枢纽。以汉口区为代表的老城区呈"重纵轻横"的道路布局,南北向道路相对较少。武昌区由于江河、东湖、沙湖、南湖以及山体的地理阻隔未形成完整的道路网结构,基本上呈带状轴线的交通格局。

武汉市早晚交通高峰分别为:上午7时—9时、下午17时—19时。中心城区交通高峰期车流集中,通达性较为脆弱,稍有异常情况,极易造成交通堵塞。

2.1.3.2 道路两侧情况

武汉中心城区的行道树主要为樟树、悬铃木、复羽叶栾树,树高集中在5~10m,树冠茂盛。老城区主要集中在内环线以内,建筑密集,街巷狭窄,导致GNSS接收信号高度截止角增大,可见卫星数较少,影响定位测量。武昌滨江、青山滨江、汉口滨江商务区、汉阳滨江、四新国博、白沙洲及光谷中心城等地区高楼林立,城市峡谷效应明显。

2.1.4 已有资料情况

(1)路网资料,是本项目生产的基础资料,用于道路采集路线规划。

(2)控制资料,武汉市连续运行卫星定位系统(WHCORS)覆盖整个作业区域,该系统平面坐标系为武汉2000坐标系(WH2000),高程基准为1985国家高程基准,作为像片控制测量外业像控点的测量基础,用于CGCS2000坐标系点云数据及全景影像的坐标转换。

(3)道路红线资料,可作为道路采集范围的依据。

(4)三维模型数据,作为本次三维模型生产的参考资料。

2.2 基本技术要求

2.2.1 采用的技术标准和规范

(1)CH/T 6003—2016《车载移动测量数据规范》;

(2)CH/T 6004—2016《车载移动测量技术规程》;

(3)GB/T 13923—2016《基础地理信息要素分类与代码》;

(4)GB/T 20258.1—2019《基础地理信息要素数据字典 第1部分:1:500　1:1000　1:2000基础地理信息要素数据字典》;

(5)GB/T 20257.1—2017《国家基本比例尺地图图式 第1部分:1:500　1:1000　1:2000地形图图式》;

(6)DB42/T 651—2018《武汉市系列比例尺地形图要素分类编码及时空数据库标准》;

(7)CH/T 9015—2012《三维地理信息模型数据产品规范》;

(8) CJJ/T 8—2011《城市测量规范》;
(9) CJJ/T 157—2010《城市三维建模技术规范》;
(10) CH/T 1004—2005《测绘技术设计编写规定》;
(11) CH/T 1001—2005《测绘技术总结编写规定》;
(12) GB/T 24356—2009《测绘成果质量检查与验收》。

2.2.2 成果主要技术指标和规格

2.2.2.1 数学基础

(1) 平面坐标系：武汉 2000 坐标系(WH2000)。
(2) 高程基准：1985 国家高程基准。

2.2.2.2 精度指标

道路及附属设施、街道景观、临街建(构)筑物及附属设施等地形成果数据的平面精度不低于 10cm，高程精度不低于 15cm。

道路三维模型成果数据的平面位置及高程精度不低于 20cm；地块和建筑物模型成果数据的平面位置及高程精度不低于 50cm。

因树木、房屋等遮挡严重导致 GNSS 卫星信号较差的道路，以及高架桥下的道路在上述精度的基础上放宽 1 倍。

2.2.2.3 成果规格

1. 扫描数据成果规格

(1) 车载移动全景影像：数据格式为 JPEG，影像尺寸为 2048×2448，影像拼接处错位误差 10 个像素以上的比例小于 5%，水平视场角为 360°，垂直视场角为 330°。
(2) 车载激光点云：数据格式为 LAS1.2。

2. 矢量数据成果规格

(1) 制图数据：采用 AutoCAD 的 .dwg 文件格式，矢量不做分幅，以行政区为基本单位。
(2) 数据库数据：采用 ArcGIS 的 .mdb 库文件格式，矢量不做分幅，以行政区为基本单位。

3. 三维模型数据成果规格

(1) 常规平台的 3DS Max 模型采用 .max 文件格式，纹理贴图采用 .jpg 文件格式，透贴图片采用 .tga 文件格式。
(2) 虚幻引擎的 3DS Max 模型采用 .max 文件格式，虚幻引擎工程文件采用 .uproject 文件格式。

2.3 技术路线

利用车载移动测量系统，采集道路的激光点云和实景影像数据，获取道路及附属设施的空间几何纹理及属性信息，利用实测纠正点将点云匹配到正确坐标后整理点云及实景影像数据，制作 360°

可量测街景地图。利用纠正后的激光点云，对道路及附属设施的三维矢量要素空间及属性信息进行采集，按机动车道、非机动车道、人行道、绿化带等功能区进行路面构建，形成道路全息测绘基础数据，进而建立道路及其附属设施的全要素三维模型。项目总体技术流程见图 2.3.1。

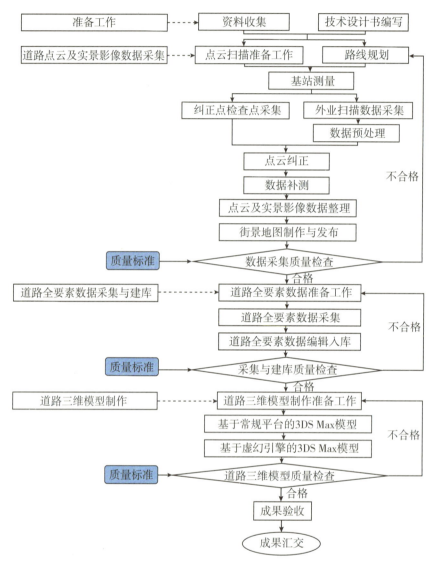

图 2.3.1　项目总体技术流程图

2.4　项目组织实施

2.4.1　准备工作

1. 现场踏勘

（1）实地了解测区自然地理、人文及交通情况；
（2）根据测区情况选择采集行车路线及基准站布设位置；
（3）重点踏勘高架桥、隧道以及其他信号遮挡严重的区域。

2. 硬件准备

投入的硬件设备及型号见表 2.4.1。

表 2.4.1　　　　　　　　　　　　硬件设备及型号表

序号	设备类型	设备型号
1	GNSS 接收机、全站仪	华测 170II、南方等
2	车载激光雷达系统	AS-900HL
3	全景相机	Ladybug
4	高清运动相机	索尼黑卡

本项目使用的车载移动测量采集系统集成了 AS-900HL 激光雷达传感器和 Ladybug5 plus 全景相机以及 HG4930 惯性测量单元,可实现全景影像与点云数据精准匹配。车载移动测量采集系统见图 2.4.1。

图 2.4.1　车载移动测量采集系统

硬件设备在检验完成后安装在扫描车上,进行稳定性和通电测试,保障硬件设备正常运作,保证设备内有足够的存储空间。

1) AS-900HL 激光扫描仪

AS-900HL 激光扫描仪将 GNSS、位移传感器、计数器有效结合在一起,外部计时脉冲信号被实时传输给扫描仪,同步脉冲信号进入扫描仪的管理系统被使用。1GB 的网络接口可实现与外部电脑的实时数据传输。该扫描仪主要技术参数见表 2.4.2。

表 2.4.2　　　　　　　　　　　　　**AS-900HL 激光扫描仪主要技术参数表**

激光等级	1 级激光
激光线数	单线
最大测距	920m
最小测距	3m
测量精度	10mm，重复精度 5mm
视场角	330°
扫描频率	10～200Hz
重量	3.75kg
激光发射频率	550000 点/s

2）Ladybug5 plus 全景相机

Ladybug5 plus 全景相机主要由成像模块、采集控制模块和机械防水外壳组成。Ladybug5 plus 全景相机主要技术参数见表 2.4.3。

表 2.4.3　　　　　　　　　　　　**Ladybug5 plus 全景相机主要技术参数表**

型号	LD5P-U3-51S5C-R
像元大小	3.45μm×3.45μm
芯片	Sony ICX264 CMOS，2/3″
最大分辨率	单 CCD 2448×2048；全景 8000×4000
帧速	满分辨率 JPEG 压缩：30FPS 半分辨率 JPEG 无压缩：60FPS
数据接口	USB 3.1
数据输出	8-bit、12-bit raw 格式原始彩色图像
快门形式	全局快门
光学镜头	4.4mm 定焦镜头，覆盖率 90%
GPIO 口	12-pin GPIO，可用于外触发、外部电源等
尺寸	160mm×139mm
外壳	铝合金，防水
功耗	13W，12V
工业指标	IP65

3）HG4930 惯性测量单元

本系统集成了 HG4930 惯性测量单元，惯导主要由 MEMS 陀螺仪、加速度传感器和磁力计等组成。HG4930 惯导的主要技术参数见表 2.4.4。

表 2.4.4　　　　　　　　　　**HG4930 惯性测量单元主要技术参数表**

零偏稳定性	0.05(°)/h
角度输入量程	±490(°)/s
加速度计量程	±10g
加速度计零偏	7.5mg
后处理姿态精度	Roll/Pitch：0.005°，Heading：0.017°
后处理位置精度	水平：0.01m，高程：0.02m
GNSS	可接收三个频段 L-Band、SBAS、QZSS 的 GPS、GLONASS、Beidou 星历数据，支持单天线和双天线工作

3. 软件准备

投入的软件类型及名称见表2.4.5。

表 2.4.5　　　　　　　　　　　　**软件类型及名称表**

序号	软件类型	软件名称
1	车载点云数据轨迹处理软件	Inertial Explorer
2	车载点云预处理软件	Copre、Corefine、Microstation V8i、Terrasolid
3	全要素地形数据生产软件	MappingFactory
4	三维模型制作软件	3DS Max
5	图片处理软件	Photoshop
6	辅助软件	AutoCAD、ArcGIS

本项目采用自主研发的 MappingFactory 进行矢量数据生产，该系统基于采集自动化、要素全息化、表达实体化的设计理念，顺应新型测绘发展，支持卫星影像、航空影像、激光点云、倾斜模型等多源数据，按"采编一体、图库一体、内外一体"的方式生产作业，可根据项目需求进行定制化开发，本次针对道路全要素采集建库和三维模型项目，开发以下功能提升作业效率和成果质量：

（1）基于道路点云数据，一键切换裸眼三维与真立体两种测图模式，提升数据获取速度；
（2）半自动采集杆状地物拟合圆心、道路标线边线，自动录入牌状地物长宽属性；
（3）通过点云数据与全景影像叠加后数据融合，实现全景影像的可量测作业；
（4）根据点云高程值给矢量赋高程值，降低矢量线划节点跳点问题；
（5）编写点云与矢量贴合检查、地物合理性检查等多个质检程序，检核、处理矢量数据精度问题；
（6）利用属性计算器，根据杆状物上下高程检核高度属性的正确性。

2.4.2　激光点云及实景影像采集

2.4.2.1　采集的内容与方法

根据已有资料及现场踏勘情况，开展项目准备工作，规划并制定扫描路线图。为保证点云数据精度，选用后差分方式开展基站测量工作。使用 AS-900 移动测量系统配合 Ladybug 全景相机，对道路进行点云和全景照片的采集。使用 Inertial Explorer 软件预处理定位测姿数据，采用华测 Copre 软件进行点云数据和全景影像数据预处理。结合轨迹与地图对扫描成果的完整性进行检查，对数据不完整的进行补测。使用 GNSS-RTK 和图根导线测量方法，完成外业控制点和检查点坐标测量。利用 Corefine、Microstation V8i、Terrasolid 软件对点云数据的绝对位置和相对位置进行纠正。通过外业测量的检查点对点云成果进行精度验证。

2.4.2.2 采集的路线规划

利用路网资料、正射影像图、市区交通图及互联网地图进行扫描路线规划，规划内容主要包括采集时间、初始化地点、停车地点和行车路线四个方面。

(1)时间规划：以曝光效果为结果导向，充分利用日出后日落前满足曝光条件的时间段，将日常扫描准备和转站工作安排在不满足曝光采集要求的时间段，同时参考大数据道路拥堵信息避开道路拥堵高峰期。

(2)初始化地点规划：选择 GNSS 信号良好、地物特征丰富、距离测区较近的地点进行初始化。

(3)停车地点规划：选择 GNSS 信号良好、符合交通规则、距离驻地较近的地点。

(4)行车路线规划：为规范扫描作业过程，尽可能减少重复路段和无效路段扫描，将测区划分为多个子区，并根据子区编号制定扫描作业顺序及成果组织形式。测区扫描结束后，统一进行轨迹完整性检查。车辆行驶时需注意以下 8 个问题，各种扫描路线规划正确、错误情形见图 2.4.2。

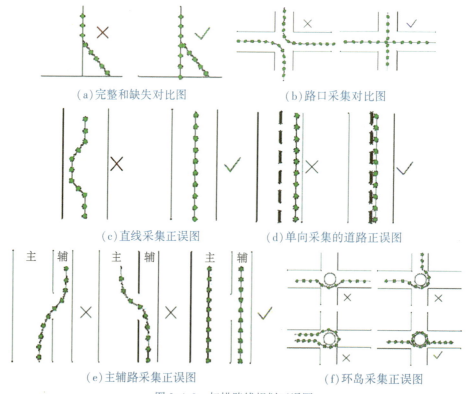

图 2.4.2　扫描路线规划正误图

①需将道路采集完整，不能出现缺失的情况。
②优先沿直路采集，尽量避免左右转弯或转圈采集的情况。

③直路减少换道，尽量保持直线采集。

④双向道路须双向采集，双向道路包含：高速、快速、城市环城路、城市主干道；双向六车道（含六车道）以上道路；双黄实线隔离或物理隔离（栅栏或花坛等隔离）的道路；高架路、立交桥的道路；道路被水系隔开或上下行道路不在同一平面的道路。

⑤单向采集的道路，在采集时，尽量沿道路中心线采集。

⑥双向采集的道路，在采集时，尽量沿每侧的中心线采集。

⑦存在主辅路时，优先采集主路，其中高速、高架、环路的辅路必须采集，主辅路要分开采集，不能主路辅路交叉采集，主辅路连接路不需要采集。

⑧环岛采集时，必须保证环岛封闭，即车辆需要在环岛最内侧车道沿环岛行驶一周，采集环岛实际形状。

2.4.2.3 基站选址与测量

基站点相对均匀布设，相邻基站距离最大不超过20km，距离施测区域不超过10km。

1. 基站位置选择

基站点尽量选择在地势较高、四周开阔、卫星信号接收良好、架站安全、地表坚固的区域，视场内障碍物的高度角不超过15°；附近不应有强烈反射卫星信号的物件，如大型建筑物等；远离大功率无线电发射源（如电视台、电台、微波站等），其距离不小于200m；远离高压输电线和微波无线电传送通道，其距离不小于50m；尽可能使测站附近的局部环境与周围的大环境保持一致，以减少气象元素的代表性误差。

2. 基站三维坐标测量

基站点坐标利用 WHCORS 采用 RTK 方式进行测量，施测满足 GB/T 39616—2020《卫星导航定位基准站网络实时动态测量（RTK）规范》技术要求。

1）基站点平面位置测量要求

（1）每次作业开始前，进行一个以上同等级或高等级已知点的检核，平面点位较差不大于7cm；

（2）网络 RTK 观测前设置的平面收敛阈值不大于2cm；

（3）网络 RTK 观测每测回观测历元数不少于20个，采样间隔在2~5s。观测4个测回，各测回的平面坐标较差不大于4cm；

（4）取各测回的坐标平均值作为测量的最终结果。

2）基站点高程测量要求

（1）网络 RTK 观测前设置的高程收敛阈值不大于3cm；

（2）网络 RTK 高程测量，流动站要进行已知点大地高的检核，大地高检核较差不大于5cm。观测4个测回，每测回观测历元数不少于20个，采样间隔在2~5s，各测回的大地高较差不大于4cm；

（3）取各测回的大地高平均值作为最终结果。

2.4.2.4 外业扫描数据采集

1. 基站架设

车载激光扫描测量时，至少有一个基站进行同步观测，且观测时间对车载数据采集时间全覆盖。GNSS 基站架设在控制点上，对中整平后，在天线互为120°的三个方向上量取仪器高，取平均值得到天线高度。GNSS 基站的采样频率使用 1Hz，采用静态模式，数据格式使用 RINEX3.02 版本，后差分数据处理方式。基站观测过程中，安排专人看护，确保在整个采集作业过程中设备工作正常，准确记录卫星信号数据。若作业过程中发现静态基站工作状况不正常，须及时告知外业扫描组，及时停止采集作业，待基站恢复正常后再接续采集。

2. 激光点云与全景影像采集

1) 车载采集参数设置

采集车速设置为 40km/h，点云密度满足 400 点/m²，扫描频率设置为 550kHz，扫描距离为 300m，Ladybug 全景相机拍摄频率设置外触发每 10m 拍摄 1 张。

2) 设备初始化

选择测区附近较为开阔的停车场，待设备安置完成后，开启系统，测试全景相机拍照效果，在 Ladybug Capture 软件中设置照片在平板电脑上的保存路径，初始化时检查平板电脑上仪器界面下 Capture 软件中 GNSS、惯导和激光信号灯为绿色。进行静止初始化，时长大于 5min。

静止初始化完成后，行驶出停车场，开始进行动态初始化，至少包括一段直线和两次转弯。完成动态初始化后，在进入目标区域前开启激光雷达进行扫描，同时全景相机将自动触发开启。

3) 采集道路点云与影像

扫描车时速尽量控制在 40km/h 以下，尽量匀速行驶，避免急刹、急转弯，保证点云密度。数据采集过程中查看惯导、GNSS、激光扫描记录的数据量是否按采集时间正常增加，Ladybug Capture 软件中照片数量是否按照约 10m 拍一张的距离在跳转。完成数据采集后，关闭激光雷达和全景相机，驶入停车场静止超过 5min，最后关闭惯导和整个设备系统。

3. 采集作业注意事项

(1) 在进行外业采集之前先进行设备测试，设备正常方进场作业。

(2) 在晴天、多云等空气可见度高的天气采集，阴雨天气不作业。采集时避开阳光过强或过弱的时段，避开黄昏、清晨等日照光线不足的时段。地面有积水时停止作业。

(3) 根据设计的采集时间、采集模式、行车路线等进行数据采集。

(4) 拍摄时保持与其他车辆的距离，尤其是与大货车的距离，尽量使镜头不被遮挡。

(5) 在高架桥下方等对 GNSS 信号存在遮挡的区域，尽量减少 GNSS 信号中断的时间，努力使组合定位定姿系统正常工作。

(6) 在扫描车停止前进期间，视情况关闭全景以及激光传感器，降低数据冗余，避免重复测量对后期处理带来影响。

2.4.2.5 纠正点和检查点测量

车载激光扫描系统直接获取的点云难以满足精度要求，要利用纠正点来提升点云数据定位精度。

1. 纠正点选点要求

(1) 空旷且 GNSS 信号良好的地区，按 300~400m 布设一个纠正点。

(2) 一般性建筑的城区每 100~150m 布设一个纠正点，在路口等处适当加密。

(3) 在高楼密集区域道路、高架桥下道路和绿化遮蔽道路等 GNSS 信号较差区域，每 150~300m 布设一个纠正点。

(4) 通常车辆行进车道的点云最清晰，对于双向 2~3 车道，选择中间车道处的特征点为纠正点；

对于双向4~6车道，选择一来一回车行方向中间车道处的特征点为纠正点。

(5)纠正点点位宜选取具有一定宽度和长度的道路标线，选定行进方向的停车线外角、人行横道线边角、道路分割线外角、道路标线箭头等特征点；没有道路标线的区域，应选择点云中容易辨识的地物特征点。

(6)纠正点点位应方便竖立标尺。

2. 检查点选点要求

车载点云纠正后需要利用检查点进行精度验证，检查点参照纠正点相关要求进行选点和测量。

检查点应均匀分布在测区中，检查点数量不应小于纠正点数量的3%，应均匀分布在道路纠正点之间及路口位置。

3. 纠正点检查点的记录与命名

(1)使用相机记录每个纠正点的远景和近景，远景要保证有周围标志物可判读纠正点相对位置，近景要保证纠正点及其所附的地物清晰完整，确保内业不会错误判读。点号信息体现在照片中，照片jpg文件用点号命名。

(2)纠正点命名为"JZ+行政区+道路名称首字母+数字序号"。

(3)检查点命名为"JC+行政区+道路名称首字母+数字序号"。

4. 测量方法

在GNSS信号良好区域，纠正点和检查点的三维坐标采用网络RTK方法进行测量，每点独立初始化四次，取四组坐标的平均值作为最终观测成果。

重复抽样检查点数不少于纠正点数的3%，重复抽样检查在临近收测时或隔日进行，且重新进行独立初始化，重复抽样采集与初次采集点位对比之差应小于5cm，当检测误差超过上述规定时，重新测定和检核。

对于建筑密集等GNSS信号较差地区，纠正点和检查点采用图根控制测量方法进行测量，技术指标符合CJJ/T 8—2011《城市测量规范》的规定。

2.4.2.6 数据预处理

外业数据采集后，须及时进行数据预处理，包括系统定位定姿数据处理、全景影像预处理和点云数据平差计算。

1. 定位定姿数据处理

使用Inertial Explorer软件对GNSS基站和GNSS/IMU数据进行定位测姿数据的融合解算，形成轨迹POST文件，解算时选择WGS84坐标系统，114°中央子午线和3°带高斯投影，输入GNSS基站坐标和标定的杆臂值，解算完成后格式化输出载体的时间、位置和姿态信息，检查轨迹的解算参数是否正确、轨迹质量是否达标。

2. 全景影像预处理

全景影像数据预处理满足以下要求：

(1)同一位置不同视角的多张影像拼接为全景影像时，拼接错位误差10个像素以上的比例应小于5%；

(2)预处理后的全景影像应包含坐标信息、时间信息和姿态信息;
(3)预处理后的全景影像文件存放组织符合《车载移动测量数据规范》的要求。

3. 点云数据平差计算

联合定位测姿数据、原始激光数据和系统参数,通过 Copre 软件进行点云解算。点云解算时选择 WGS84 坐标系统、114°中央子午线和 3°带高斯投影,单个 LAS 文件大小设置为 300M。

距离滤波值按照实际道路宽度设置,至少要能覆盖人行道两侧,一般道路可设置为 200~300m。距离采集车 50m 范围内的点云平均间距不大于 8cm,道路范围内不大于 5cm。

联合定位测姿数据、全景相机数据和系统参数,通过 Copre 软件生成实景影像(*.jpg)和全景相机曝光点坐标文件(inspose.dd)。具体解算步骤如下:

(1)在 Copre 软件中,新建 prj 解算工程。
(2)进入自定义参数面板,设置坐标系统、中央子午线、投影方式等信息。
(3)点击工程向导,对解算参数进行编辑。
(4)进入工程向导界面,设置点云输出距离为 300m,灰度范围为 800~65535,LAS 文件每 300M 输出一个点云数据,设定静态数据过滤为 0.01m/s。
(5)在工程向导中勾选解算点云、照片整理、全景拼接,同时运行 3 个步骤,加快解算速度,提升解算效率。

激光点云数据进行预处理后要结合轨迹、点云和地图对扫描成果的完整性进行检查,不完整数据要进行补测。

2.4.2.7 激光点云纠正

由于 GNSS 信号遮挡和车辆颠簸等因素,解算后的原始点云数据难以满足项目精度要求,需要使用纠正点对点云数据进行纠正。

(1)制作纠正点 CTR 文件。采用高斯平面直角坐标值和大地高。
(2)外存点云解算:在 Corefine 软件中打开需纠正的项目,在扩展功能菜单下选择转换成外存点云,选择解算点云数据,选取线程数,开始转换。
(3)加载外存点云数据:加载点云数据主要有两种方式,一种是按照行车轨迹加载,一种是按照逐个点云数据加载,不能同时加载多层重复点云数据。
(4)在 Corefine 中直接从左边点云列表中逐个勾选点云文件,然后开始刺点。
(5)刺点全部完成后,统一导出控制点。在 Corefine 软件中使用"POS 修正轨迹"功能,利用刺点结果纠正原始轨迹 POST 文件,得到纠正后的轨迹 RePost 文件。
(6)将纠正后的轨迹导入 Copre 中重新解算点云数据。
(7)对重新解算的点云进行数据检查。首先将经过一次纠正的点云数据转换为 .mylas 数据格式,在 MappingFactory 软件中相对均匀每隔 100~150m 选取纠正点,通过纠正点计算点云坐标改正数。
(8)以行政区为单位,用外业检查点对纠正后的点云数据进行精度统计并生成报告,作为点云质量检查依据。

2.4.2.8 外业采集数据补测

1. 检查点与纠正点补测

纠正点和检查点出现下列情况时,进行补测。

(1)影像纠正时发现纠正点或检查点密度不够；
(2)影像纠正时发现纠正点或检查点被严重遮挡。

2. 外业扫描数据补测

当扫描数据出现下列情况时，进行补测。
(1)扫描丢漏，特别注意匝道、多车道、高架桥等易丢漏位置；
(2)大面积遮挡，多源数据采集过程中遇到大面积遮挡情况需要进行补测，例如长时间跟车等；
(3)数据质量不合格，例如轨迹数据丢失、基站故障、影像不清晰等。

2.4.2.9 点云及实景影像数据整理

点云及实景影像数据以区为单位进行文件整理。

1. 外业扫描原始数据

原始扫描数据以扫描时间命名：例如"@@2021-12-16-013932"，对车载激光扫描系统和GNSS基站进行数据传输和文件整理。

2. 扫描成果数据

数据以道路命名，包括LAS和CCD文件，LAS文件夹中存放点云数据，CCD文件夹中存放全景照片。

2.4.2.10 扫描数据质量控制

激光点云和影像数据质量控制及成果检查的内容如下。

1. 激光点云数据

(1)坐标系统的选择是否符合要求；
(2)点云数据是否完整覆盖待测目标；
(3)点云密度是否满足要求；
(4)同一区域不同车次获取的点云同名点匹配误差是否满足要求；
(5)点云平面精度和高程精度是否满足要求。

2. 影像数据

(1)影像曝光点是否完整覆盖规划路线；
(2)影像采集间隔是否均匀，有无丢失和重复；
(3)影像是否存在过度曝光、曝光不足、污点、光晕、模糊等情况；
(4)影像的相对测量精度和绝对测量精度是否满足要求。

2.4.3 街景地图制作

街景地图是通过三维移动测量系统获取街道及两侧360°影像和激光点云数据，经加工处理形成的一种实景地图。

在统一的POS定位定姿数据支持下，将连续的全景影像与三维激光点云数据进行配准；发挥影像直观可视化的特性，将连续的360°全景影像用于街景浏览；运用激光点云数据便于量测的特点，用其进行目标量测。制作的街景地图浏览和量测功能如下：

(1)实现空地一体360°全景浏览、场景缩放、场景旋转、快速转换，可与二维地图联动，实时显示当前所在位置等功能。位置显示情形见图2.4.3。

图2.4.3　街景地图位置显示图

(2)实现选中目标的距离测量、角度测量和面积测量，并对量测结果进行标注，也可根据需要随时删除这些标注。距离测量功能见图2.4.4。

图2.4.4　街景地图距离量测图

2.4.4　道路全要素内业数据采集

本测区道路及其附属设施内业数据采集要素较多，手工操作成分大，参与作业人员多，是技术设计执行和质量控制的重点工序。采集方法以文字和图片相结合的方式进行描述，内容篇幅较长，编制案例时将该部分的详细内容作为附录列出，详见附录A"道路及附属设施内业数据采集方法"。

2.4.4.1　采集前的准备工作

(1)制作点云分布结合表、道路红线结合表和采集分工结合表。
(2)整理纠正后的点云数据、轨迹点、全景照片。

(3)制作全息道路采集模板。
(4)编写作业指导书,组织作业人员进行采集培训。

2.4.4.2 采集方法

利用纠正后的车载 LiDAR 点云,对道路及附属设施的三维矢量要素空间及属性信息进行采集,并按机动车道、非机动车道、人行道、绿化带等道路功能区进行路面构建,形成道路全息测绘成果。

2.4.4.3 采集的基本要求

(1)道路施测范围:采集到临街第一排建筑或围挡边线,没有建筑物或围挡时,参考道路红线范围。
(2)要素属性采集:依照点云及全景影像采集要素的属性。
(3)构面要求:道路按名称、机动车道数、路幅形式进行分段构面。机动车道、非机动车道、院落出入口、交叉路口、人行道分别构面。
(4)线状要素采集:线状要素主要包括道路边线、车路标线、人行横道线、路侧设施、分隔设施、停车位、减速带、公交车棚、树池和安全岛等地物。采集线状地物时,要求吸附地面,注意避免点云噪点对地物高程的影响。
(5)点状要素采集:点状要素主要包括交通标志、杆类、箱体类、亭类、行道树、警示桩、限高杆、新能源车充电桩、新能源车充电站等要素。各类要素采集要求差异较大,详见附录 A。

2.4.4.4 内业采集质量检查

本部分检查的依据有两部分内容,首先检查成果是否按照附录 A"道路及附属设施内业数据采集方法"开展工作,同时按照下列要求开展检查工作。

按照逐条道路、逐图层、逐要素对照点云及全景影像进行全面检查,保证地物表示正确,精度符合要求,属性值填写正确,符合制图标准。

1. 精度检查方法

(1)采用人工配合软件进行逐条道路检查,高程应贴合地面点云,不允许出现超限现象。如图 2.4.5 所示。

 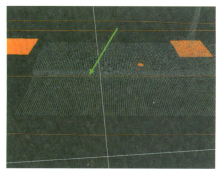

高程精度修改前　　　　　　　高程精度修改后
图 2.4.5　高程精度问题修改前后对比图

(2)采用人工的方法进行逐条道路检查,不允许出现平面精度超限现象。如图 2.4.6 所示。

 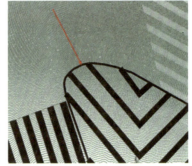

平面精度修改前　　　　　　　　平面精度修改后

图 2.4.6　平面精度修改前后对比图

2. 要素丢漏检查方法

参考全景图片，检查是否存在丢漏或错误问题，丢漏比例不能超过 5%。如图 2.4.7 所示。

要素丢漏修改前　　　　　　　　要素丢漏修改后

图 2.4.7　要素丢漏修改前后对比图

3. 属性字段检查

打开属性表对属性字段的填写进行详细检查，查看是否有空值和错层，属性名称与属性值是否匹配，是否存在不合理的长度及高度值等。如图 2.4.8 所示。

（1）属性漏填。

属性填写修改前　　　　　　　　　　属性填写修改后

图 2.4.8　属性丢漏修改前后对比图

(2)属性填写要正确。如图2.4.9所示。

属性填写错误修改前　　　　　　　　　属性填写错误修改后

图 2.4.9　属性错误修改前后对比图

4. 地物关系合理性检查

利用软件的三维模块，对地物要素逐条排查，不出现飞点或飞线等现象，要求线段的接点处为同一高程值，保证在三维空间内的数据逻辑排列关系正确。

(1)线段连接处需要三维咬合。
(2)拓扑关系要合理表达，如图2.4.10所示。
(3)图层使用要正确。

 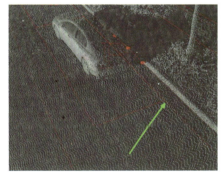

拓扑关系不合理修改前　　　　　　　　拓扑关系不合理修改后

图 2.4.10　拓扑问题处理对比图

2.4.5　外业调绘

2.4.5.1　调绘的总体要求

(1)外业调绘主要是进行实地检查、修改和补测等工作。调绘人员坚持做到"走到、看到、量到、绘到"，并在调绘图上标绘清楚。调绘要求判读准确、描绘清楚、图式符号运用恰当、注记全面准确，不遗漏需修补测的地物。

(2)调绘应反映现状,调绘人员应重点调查内业采集中的丢漏及不确定地物的属性。

(3)调绘时实地已不存在的地物用"×"号删除,并加以说明。

(4)对图形测绘错误、新建、改造等地物进行实地测量上图。

(5)调绘的信息用红色笔标绘,需要补测的信息用蓝色笔表示。

2.4.5.2 道路附属设施调绘

(1)道路附属设施调绘主要包括路灯、图像监控点、探头、路牌、路标、交通指示信号灯。

(2)表示主干道上的停车位,内业采集看不到编号的,需要外业调绘。

(3)调注公交停车站站点名称。

(4)所有的桥需要调绘名称、结构、限重、限高、限宽、限轴重。

2.4.5.3 外业补测

内业采集后要素发生变化需要补测的,利用 GNSS RTK、全站仪进行实地补测,个别零星地物采用钢尺量测法进行。

2.4.6 数据编辑入库

2.4.6.1 命名规则

按行政区域分幅,并以行政区划代码为图号。

2.4.6.2 要素编码规则

本项目依据《基础地理信息要素分类与代码》《基础地理信息要素数据字典 第1部分:1∶500 1∶1000 1∶2000 基础地理信息要素数据字典》及《国家基本比例尺地图图式 第1部分:1∶500 1∶1000 1∶2000 地形图图式》(简称《图式》)进行编码,小类码和子类码进行了扩充。采用线分类法,根据分类编码通用原则,要素分类代码由8位数字码组成,见图2.4.11。

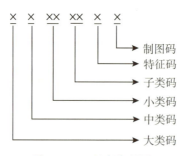

图 2.4.11 要素代码图

2.4.6.3 要素几何特征划分

基础地理信息要素由空间信息和属性信息组成,其中空间信息是地理要素的几何特征描述,属性信息是地理要素的质量和数量描述。基础地理信息数据的几何特征划分见表2.4.6。

表 2.4.6　　　　　　　　　　　　基础地理信息要素几何特征划分表

要素的几何特征划分		特征码	说　　明
点	定位点(SP)	1	指定点位插入点符号
	有向点(DP)	2	指定点位按《图式》规定为起始方向表示
	标注点(LP)	3	无实体对应的点要素
线	简单线(SL)	4	不需要确定要素的采集方向，要素的符号由系统生成
	中心线(ML)	5	指线状要素的中心定位线
	有向线(DL)	6	需要确定要素的采集方向
面	范围线构面(RG)	7	不具有明确边界的面要素
	轮廓线构面(AG)	8	具有明确边界的面要素
注记	注记点(TX)	9	图面的注记，在数据库中用点的形式管理

2.4.6.4　要素图层

本测区基础地理信息地形要素数据共分为 6 个地形要素类共 22 个数据层。数据分层的命名采用 4 个字符，第一个字符代表数据分类，第二、三个字符是数据内容的缩写，第四个字符代表要素的几何类型(A：面，L：线，P：点)。要素图层原则上按国家标准设置，因其表格内容较多，未在此列出。

2.4.6.5　图面信息检查内容

图面数据的分层、属性项定义、属性项内容、几何特征、要素分类名称及代码严格按照"采集模板"执行。要素能够真实反映实地地物分布特征，要素间的空间位置关系，要求协调合理，因立体相交存在上下投影压盖的要素不同层分别表示完整。

1. 线状要素检查

(1) 有向线表示在线状要素中心线或定位线位置。
(2) 编辑线状要素时，点的密度以几何形状不失真为原则，保证线条光滑，数据中不得有多余悬挂存在，不得自相交、粘连、打结和重复。
(3) 不同要素之间共线时，公共部分应严格重合。
(4) 实际连续的线状要素被其他要素隔断时应连续表示。
(5) 构建拓扑时各层应合理设置容限值，以保证数据精度。数据重叠、相交等空间关系的拓扑容差为 0.01m。

2. 属性信息检查

采用人工和软件自动交互检查要素成果必填属性是否存在漏赋值、错赋值问题。

3. 接边检查

数据采集、编辑完成后，相邻数据进行接边处理。接边处理掌握的原则如下：
(1) 偏差在限差范围内，优先考虑要素的几何形状，允许接边点在限差范围内移动。接边偏差若大于限差，应分析原因，排除粗差后再作处理；

(2)相邻数据之间对同一要素进行接边,要做到位置正确、高程正确、形态合理、属性一致;
(3)形态接边,同一要素接边后应保持合理的几何形状,如人行道、路边线、路侧设施不应在接边处出现转折;
(4)属性接边,同一要素接边后应保证属性一致。

4. 最终成果输出

按要求将成果转换为*.dwg 和*.mdb 格式数据,并将转换前与转换后的数据进行对比,避免丢漏数据。

2.4.6.6 数据编辑入库质量检查

1. 属性字段检查

打开数据的属性表,逐个检查要素是否存在漏赋值、错赋值问题。同类要素的属性信息应该是相同的,按照属性列表筛查,有空项必须补充。

2. 地物关系合理性检查

逐项对错层、多线、冗余、交叉、悬挂等进行标准化检查。具体检查项见表2.4.7。

表2.4.7 地物关系合理性检查项目表

编码、层码标准	
编码标准检查	地物和注记编码
层码标准检查	层名是否符合规范
空间关系检查	
重叠对象检查	地物编码、图层、位置等相同的重复地物
自相交检查	检查所有地物的自相交错误
空间逻辑检查	检查地物数据的空间逻辑性是否正确。具体包括: 1. 线对象只有一个点 2. 一个线对象上相邻点重叠 3. 一个线对象上相邻点往返等
线交叉检查	检查植被填充面与线类地物相交,行道树与道路类线状地物相交,桥梁与道路、门顶和围墙、垣栅类地物自相交
面交叉检查	检查面与面之间是否存在相互交叉的关系
悬挂点检查	检查图中地物是否存在悬挂点。悬挂点是指应该重合而未重合、两点之间或点线之间的限距很小的点
结构类要素不闭合检查	检查所有指定类型的要素是否闭合
高程类检查	
高程异常检查	检查高程点的范围

3. 接边检查

数据入库前,要对各种要素进行完备的接边检查,检查要求与"图面信息检查"中的接边要求一致。

2.4.7 三维道路模型制作

三维道路模型制作的工作内容是建立路面、道路附属设施、临街建(构)筑物和地块街道景观等对象的模型并进行纹理贴图，进行模型单体化。考虑到模型制作技术相对较新，质量要求较高，因而制作方法以文字和图表结合的方式进行描述，内容较多，将其以附录形式附于文后。常规三维道路模型制作方法见附录 B"常规三维模型制作方法"；基于虚幻引擎模型制作方法见附录 C"基于虚幻引擎的 3DS Max 模型制作方法"。

2.4.7.1 常规三维道路模型的制作流程

以采集的矢量数据、全景影像数据为基础，使用 3DS Max 软件并开发相应建模插件，开展道路全要素三维建模工作，建立常规平台 3DS Max 道路模型。建模工作流程见图 2.4.12。

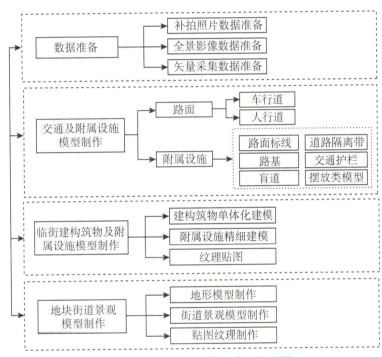

图 2.4.12　3DS Max 模型建立流程图

2.4.7.2 模型制作的技术要求

作业范围内的所有道路及道路附属设施进行全要素三维建模，提供三维 Max 模型数据和基于虚幻引擎工程数据各一套。

1. 常规平台的 Max 模型制作要求

以"米"为单位，制作道路及附属设施、地块街道景观、临街建(构)筑物及附属设施在内的 Max 模型，保证成果完整，坐标正确，数据无缝衔接，不存在冲突、空洞、重叠、重复和遗漏，效果整体一致，颜色饱和，色彩鲜明，色调统一，光影效果过渡自然。

2. 基于虚幻引擎的 Max 模型制作要求

以"厘米"为单位,在常规平台的 Max 模型制作基础上,将路灯、信号灯、摄像头等设施对象化,灯头与灯杆分离,每个模型单独为一个物体,不与同类型物体合并。将模型导入虚幻引擎,用实体树替换面片树,用动态绿植替换绿化草坪;制作天空球及物理材质;反映真实的日照效果和材质效果。

2.4.7.3 模型制作的总体标准

利用采集的矢量数据,制作三维 Max 模型,并对模型进行纹理贴图。模型可概略分为道路及两侧的大型景观和城市小品。大型景观主要包括:道路面、交叉路口、桥梁、隧道、轻轨、人行天桥、地下通道、隔离带、行道树和公交站台等。城市小品主要包括:路灯、栏杆、信号灯、指示牌和监控探头等。采用 3DS Max 软件进行制作,主要包括以下四个步骤:

(1) 所有小品类模型使用模型库内同类模型,模型的复制、镜像、阵列使用 Copy 方式,去掉 Instance 属性;
(2) 模型中任意两点之间的距离不得小于 0.1m;
(3) 对不可见面、重叠面和 Helper 物体进行删除;
(4) 利用 3DS Max 软件对所有模型进行拼合检查。

2.4.7.4 数据存储要求

模型单元数据存储结构见图 2.4.13。

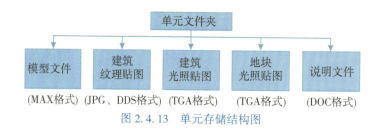

图 2.4.13 单元存储结构图

2.4.7.5 贴图命名要求

所有的材质名称应与贴图名称一致,类型编码、对应类型和使用范围见表 2.4.8。

表 2.4.8 贴图类型编码对照表

类型编码	对应类型	适用范围
BS	栏杆	栏杆等镂空物体
LH	景观小品	雕像、垃圾箱等
GR	草地	一般城市绿地、土地、工地
TR	树木	含十字面片树、结构面片树、直接插入 3DS Max 内使用
RD	路	路面、路标、交通标示、道路标线等
RL	市政	电话亭、路灯、交通灯等
FS	无缝铺砖	地面铺砖,可重复使用
LN	花色铺砖	主要景观园林道路中心区域的铺砖,不能重复,形状单一
WD	木质	木质贴图
SN	水泥	地块用的纹理铺砖

贴图形状编码对照见表 2.4.9。单元贴图文件命名如 HK01_BU_BB_001 方式。

表 2.4.9　　　　　　　　　　　贴图形状编码对照表

贴图形状编码	对应形状
A	长 = 宽
B	长 > 宽
C	长 < 宽

2.4.7.6　模型命名要求

模型文件名称命名如 HK_01.max 方式，模型对象命名如 HK01_RD_FA_001.max 方式。模型分类编码见表 2.4.10。

表 2.4.10　　　　　　　　　　　模型分类编码对照表

模型分类编码	模型类别
RD	交通设施
DK	地形
BU	建筑

模型包含的要素与分类编码对照情况见表 2.4.11。

表 2.4.11　　　　　　　　　　　要素分类编码对照表

模型类别	要素类别	要素分类编码
路面附属设施	路面、交叉路口、隔离带	FA
	桥梁	BR
	隧道	TU
	轻轨	BG
	标线	BX
	交通信号灯	LT
	路牌	TS
	监控	MO
	路标	GU
	汽车停车站	XI
	立柱(点)	CV
	交通信息指示杆	II
	龙门吊	LM

续表

模型类别	要素类别	要素分类编码
地块	草地、花圃、花坛	GR
	车库入口	DP
	地下人行入口	DR
	地铁入口	DT
	球场	CO
	水面	WA
	地面及其他未分类地表模型	PL
其他附属设施	乔木行道树	TR
	路灯	LA
	杆式照射灯符号	SL
	栏杆	LG
	篱笆	BF
	活树篱笆	LF
	围墙	WQ
	院落出入口	GA
	垃圾分拣点(箱、桶)	GS
	单柱的宣传橱窗、广告牌	BI
	假山	XJ
	加油站	XY
	收费站	XF
	雕塑	XD
	旗杆	XQ
	岗亭	XE
	廊道	XL
	不依比例尺的移动通信塔、微波传送塔、无线电杆	MT
	街头座椅	SS
	不依比例尺的岗亭、岗楼	SE
	出入口人行、车行闸机	XA
	以上未指定的城市小品	XP

2.4.7.7 贴图制作标准

(1)纹理贴图做到清晰可辨、过渡自然，反映出实际图案、颜色、透明度、光滑度、反光度、质感等，能区别出砖、木头、玻璃、金属、石头、粉刷纹理、油漆纹理、釉面等不同材质。

(2)贴图尺寸须为 2 的 N 次方× 2 的 N 次方，其中纹理贴图尺寸不大于 1024×1024，光照贴图尺寸不大于2048×2048。

（3）无缝贴图使用"UVW Mapping"贴图坐标，并采用Box方式，贴图文件的Box各方向重复间隔统一。

（4）模型初次贴图时赋予标准材质，需补充其他贴图时再选择面赋予多维材质。

（5）道路面、桥梁和隧道模型的贴图与实地相似，符合逻辑，不与隔离带冲突。

（6）两车道及以上的道路面需制作车道线、斑马线、导流带、导向车道、转向箭头。

2.4.7.8 道路及附属设施分类和建模要求

1. 道路及附属设施分类

道路主要包括铁路和公路。铁路不再分子类。公路分为快速路、主干道、次干道和小区路，参考规划红线进行道路等级划分。道路附属设施包括桥梁、路牌、车站、栅栏、交通岗亭和道路指示标志等。

2. 建模要求

铁路按实际位置表达。快速路、主干道按现状数据进行建模，贴图采用统一公共材质。快速路、主干道的人行道根据实际情况详细表示。

过街天桥、立交桥全部表示。对称形状的灯做单片十字交叉模型即可，如果无法制作成单片十字交叉的灯模型，则实际建模，但面片数量尽量少，控制在150个面以内。道路中间的隔离带或绿化带全部表示，道路中间的栅栏按实际表示，贴透明纹理即可。

路牌、路标、交通指示标志牌等按实际形状、位置表示，方向指示保证正确。制作路牌时文字表示要清晰。公交车站按实际建模。

公路和街道路面主要包括水泥路面、沥青路面、砂石路面和方砖路面，根据相似路面的公共材质贴图。十字路口的道路中心线、斑马线等根据实际情况贴图，道路中心线、斑马线的尺寸、间距要基本准确、比例协调，沥青路面纹理色调一致。

2.4.8 三维道路模型成果检查

2.4.8.1 检查的技术流程

常规三维道路模型质量检查包括道路及附属设施、建构筑物及附属设施、地块街道景观及常规平台纹理贴图检查；虚幻引擎模型检查包括物理材质、天空球及绿植优化检查。数据检查包括模型数据、模型命名、虚幻场景效果以及数据的正确性、完整性等，技术流程见图2.4.14。

2.4.8.2 模型数据检查

（1）模型数据正确性、模型与矢量数据一致性的检查。

（2）模型数据有无错、漏情况。

（3）模型数据的准确性、合理性检查，包括模型数据的平面位置、高度、形状、比例等几何精度的准确性，模型逻辑的正确性及优化制作的合理性等。

（4）模型数据纹理、贴图的准确性、完整性、协调性检查，包括模型数据纹理的准确性、清晰度以及纹理与几何模型数据的一致性等。

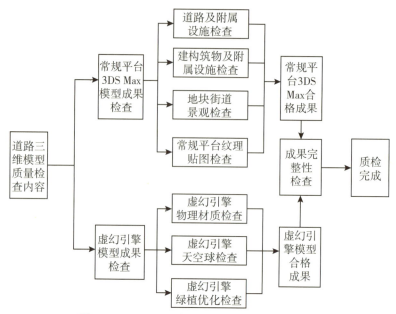

图 2.4.14　三维道路模型质量检查技术流程图

(5) 各单元接边的正确性、合理性检查。

(6) 模型数据及纹理数据命名的正确性、规范性检查。

2.4.8.3　虚幻场景检查

(1) 交通设施表现真实无误，可准确反映建模物体的高度、形状、色彩及明暗关系；交通附属设施表现真实、完整，模型数据准确反映出建模物体的形状。

(2) 建筑物表现真实无误，可准确反映出建模物体的高度、形状、质感、色彩及明暗关系。

(3) 道路沿线植被及各类绿地中的公共景观植被表现真实，模型数据能准确反映建模物体的位置、高度、分布、样式及色彩等。

(4) 其他模型数据要素真实、完整，模型数据应准确反映出建模物体的位置、分布等。

(5) 场景整体色彩、光照效果协调一致。

2.4.8.4　模型正确性检查

(1) 检查模型平面及高程精度是否满足设计要求，如图 2.4.15 所示。

标线高程不合格样例

标线高程调整方式

图 2.4.15　标线高程精度调整图

(2)首先进行模板库检查,在此基础上进行道路及部件的模型构建。

(3)道路模型分为道路要素和部件要素。道路要素包括道路、桥梁等;部件要素包括与交通相关的牌类、杆类、箱类以及探头、信号灯、标牌等。

(4)进行道路的完整性检查,包括道路边线、道路交通标线、道路交通标志、道路中心线、车道面、路口以及交通附属设施的位置、形状及相应属性。

(5)机动车道、非机动车道、人行道、标志标线、桥梁、护栏、道路分隔设施、安全岛以及各类交通部件及其构件应进行单体化制作,交通部件及其构件的样式、类型和朝向应该与实地保持一致。

(6)道路表示类别和等级,车道线表示类别和宽度,车道线中虚线与实线表达完整。

(7)导向箭头应表示其类别,其形状和实地一致。

(8)其他道路交通标线的类别和宽度,交通标牌表示全面准确。

(9)在高程变化较大的区域添加特征点、线,以真实反映道路面的起伏情况,保证路面上的标志、标线以及文字等与路面贴合,部件模型与道路模型自然贴合。

2.4.8.5 街道景观检查

景观模型基本要求:模型平面精度优于0.2m,高程精度优于0.5m。

1. 产品的纹理要求

(1)模型主体结构完整、无大面积拉花;
(2)树木的高度及轮廓表示正确;
(3)立交桥三维模型其正面及侧面纹理连续自然、外轮廓清晰;
(4)水面保持平整、纹理清晰无接缝;
(5)模型底部无多余碎片模型;
(6)测区边缘裁切整齐,不存在三角形锯齿。

2. 植被模型基本要求

(1)花坛建模与矢量数据一致;
(2)树木建模时表示大类的类型要正确;
(3)道路中间的绿化带按实际范围、尺寸建模。

3. 水域模型基本要求

(1)建模的水域主要包括江、河、湖、水池、沟渠、水库等;
(2)水域模型与矢量采集数据一致。

4. 景观模型基本要求

景观包括地面(地块、道路、人行道、分车带、堤岸、绿地、水域、花坛、地下通道、停车场等)、树木、灯(路灯、交通信号灯等)、牌(路牌、交通指示牌等)、桥(天桥、立交桥等)、部件(石凳、石桌、垃圾箱、公交车站、健身设施、雕塑、亭子等),建模与矢量数据保持一致。

5. 市政设施模型要求

(1)临街的围墙、栅栏与矢量数据一致,且与临街围墙相连的侧面围墙衔接无误;
(2)大型停车场、主、次干道周边的停车位与矢量采集数据一致;

(3)沿街和公园重要位置的异形部件制作简模,人像、动物等与矢量数据一致;

(4)政府机关、工厂、小区内门口的旗杆等与矢量数据一致;

(5)路灯和公交站台建模与矢量数据一致;

(6)道路中间、两侧的栅栏、包围绿地或隔离带的围栏与矢量数据一致,纹理使用透明表现。

2.4.8.6 常规平台纹理贴图检查

所有纹理数据均存储为 JPG、TAG 格式。烘焙纹理的大小控制在 1024×1024 以内。纹理尺寸的长、宽均是 2 的 N 次幂像素大小,纹理不得小于 32×32,保证纹理的清晰度,保证主干道临街部分纹理清晰。

2.4.8.7 虚幻引擎成果检查

1. 对象化模型检查

1)模型合理性检查

(1)参数化建模完成后,根据全景影像判断对象的分离状态是否符合实际,确认模型各个部位均赋予初始材质属性;

(2)材质名称与 3DS Max 整合模型文件内的材质名称是否冲突;

(3)导出 .fbx 模型成果是否存在材质丢漏现象。

2)模型完整性检查

(1)模型合并后坐标及单位是否正确;

(2)模型合并到整合文件后,是否存在超数量的三角碎面。

2. PBR 材质特性检查

PBR 是基于物理条件的渲染,渲染包括灯光、阴影、材质、贴图以及它们之间的交互影响。

真实世界的属性包括光源、折射率/反射率、线性、微表面、漫反射和镜面反射、颜色、绝缘体和导体、能量保存等。

不同属性会带来不同的观感,为保证与实景最大程度地契合,对照全景影像,对同类型材质进行 PBR 材质特性检查,具体检查内容为:

(1)是否存在材质重叠,即本不应为统一材质的两种模型,定义成统一材质;

(2)是否存在材质丢漏,即模型未定义材质;

(3)材质属性理解错误,如定义模型应为金属特性,被定义成非金属特性;

(4)色盲检查,全景照片存在不同光照或视角下的颜色偏差,根据不同角度的全景照片,对比颜色渐变的区别,从而判断真实的颜色。

3. 天空球检查

(1)天空球日照检查,日照环境根据测区的经纬度、季节、时间段来确定,在动态的日照环境下,会体现出不同的环境反射效果,因此对于光照部分检查内容如下:

①工程文件的地理定位是否准确;

②日照时间的设定是否符合季节性;

③云雾效果是否与动态日照效果相匹配。

(2)天空球云雾检查,根据武汉市的气候特点,参照近 5 年的天气预报,模拟出符合当地实际的云雾特效。

2.4.8.8 成果完整性检查

1. 成果输出

为保证纹理关联性，在模型完成后将贴图和成果文件保存在一个文件夹中。见图 2.4.16。

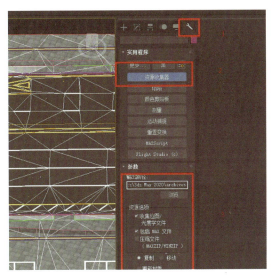

图 2.4.16　成果文件输出示意图

2. 冗余数据检查

(1) 查看是否存在多余的 CAD 数据。
(2) 利用公司开发的模型检查插件进行冗余数据检查和清理。

3. 模型检查

模型检查包括物体同名检查、物体命名检查和多余物体清除。如图 2.4.17 所示。

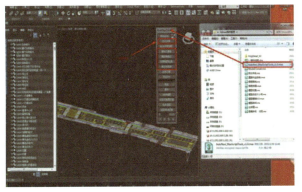

综合检查插件　　　　　　　　　　　　　模型检查插件

图 2.4.17　模型检查项示意图

2.5 项目生产组织管理

本项目中标后,公司按照生产需要成立项目组织机构,确定项目负责人和技术负责人,成立扫描组、外业测量组和地形制作组,明确各组的生产责任,协同作业。项目组织机构组成见图 2.5.1。

做好进度和质量控制,及时调整作业力量,保证人员和设备投入。针对三维道路模型制作的要求,加强技术培训,开展第一批成果检查,总结经验教训,开发系列加工插件,保证技术设计得到全面执行。

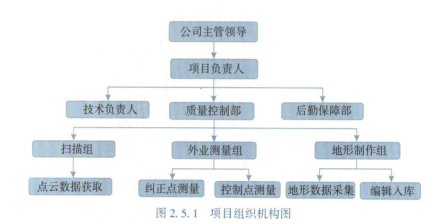

图 2.5.1 项目组织机构图

2.5.1 落实任务明确责任

项目负责人全面负责生产组织、进度控制、安全管理和后勤保障;技术负责人负责项目全流程技术管理和质量控制;质量控制部负责项目质量控制;后勤保障部负责安全管理和后勤保障工作。组织落实和责任落实保证了项目的正常开展。

2.5.2 加强安全生产管理

1. 保障人员设备安全

本项目工作量大、工期长、路上车辆多,作业中加强安全生产教育,强化安全组织管理,保证了人员、设备的安全。

2. 保障成果数据安全

作业中遵守测绘成果保密规定,做好生产全过程的保密管理,保证了数据安全。

2.5.3 强化质量控制措施

坚持做好小组级与公司级两级检查,两级检查独立进行,保证质量控制有效。

各作业组及时对完成的成果进行检查,努力把各类质量问题控制在作业过程中。外业扫描数据及时进行预处理,外业纠正点和检查点测量及时进行解算,第一时间进行点云纠正,发现问题,及时处理。内业数据采集、三维模型制作,前一天作业员提交测绘成果,第二天即安排质量检查,第一时间反馈,及时处理发现的质量问题。

加强公司级检查工作。公司级检查由公司质量控制部负责组织,按照技术设计书的规定对最终成果进行全面检查。

2022年11月,本项目成果通过省级测绘质检机构的质量检验,成果质量合格。

2.5.4 项目生产进展情况

按照本项目合同约定,公司制订了完备的生产计划并组织实施,历时一年完成项目全部工作内容,项目进展情况见表2.5.1。

表2.5.1　　　　　　　　　　　项目进度表　　　　　　　　　　（单位:km）

任务名称	1月	2月	3月	4月	5月	6月	7月	8月	9月	10月	11月	12月
设备人员组织准备工作												
激光扫描	500	1000	1500	1000								
纠正点和检查点测设		500	1000	1000	1000	500						
点云纠正			500	500	1000	1000	1000					
道路全要素采集与建库					500	1000	1000	1500				
道路三维模型制作							500	500	1000	1000	1000	
成果整理和资料上交												—

2.6 成果提交

本项目成果包括激光点云和全景影像、道路设施采集与建库、三维道路模型成果和文本资料。至2022年12月,项目资料已全部提交委托方。成果资料名称和提交的成果形式详见表2.6.1。

表2.6.1　　　　　　　　　　　成果提交内容表

成果类型	成果名称	成果形式
点云及实景影像数据采集成果	GNSS/IMU数据、影像、点云基站观测等原始数据资料	txt、pgr、rxp、hcn等格式
	道路点云数据成果	las格式
	纠正点、检查点成果	csv格式
	道路全景影像成果	jpg格式
	道路视频影像成果	mp4格式
全要素数据制作与建库成果	道路及附属设施全要素制图成果	dwg格式
	道路及附属设施全要素数据库成果	mdb格式

续表

成果类型	成果名称	成果形式
三维模型成果	基于常规平台的三维模型	max 格式
	基于虚幻引擎的三维模型	max 格式
	虚幻引擎工程文件及输出成果	uproject 格式及相关文件
文本资料	技术设计书	纸质及电子(doc 格式)
	技术总结	纸质及电子(doc 格式)
	质量检查报告	纸质及电子(doc 格式)
	省级测绘产品质量检验报告	纸质及电子(pdf 格式)

2.7 附录

本附录包含附录 A、附录 B、附录 C 三个部分，请扫二维码查看。

第 3 篇
1∶10000 基本比例尺地形图更新与建库

丰 勇 李 爽

3.1 案例背景

3.1.1 案例编制说明

1∶10000 基本比例尺地形图更新与建库是省级基础测绘的主要任务之一，综合应用了测绘航空摄影、卫星大地测量、水准测量、数字摄影测量、地图制图、数据库和地理信息系统等多个领域专业技术，是最具有代表性的传统测量项目之一，开展相关案例教学，有助于读者从总体上更好地理解和把握各领域技术的综合应用。

2012—2015 年，原辽宁省测绘地理信息局组织局属事业单位，采用航空摄影测量方法，对全省约 6516 幅 1∶10000 基本比例尺地形图和数字正射影像图（DOM）进行了全要素更新，大幅提高了我省基础测绘数据现势性。此后，按照《辽宁省测绘地理信息条例》要求，逐年开展核心要素更新，年更新数量维持在 1500~2500 幅。

近年来，随着遥感卫星技术的快速发展，卫星数量、卫星数据质量以及影像地面分辨率都有了大幅度提高，影像数据采集成本也快速下降。为此，2015 年以来，原辽宁省测绘地理信息局、辽宁省自然资源厅先后开展了基于高分二号、高分七号、资源三号等系列遥感卫星数据更新地形图的精度测试，以验证国产 1m 级卫星数据用于 1∶10000 比例尺地形图平面更新的可行性，试验结果表明精度完全满足更新要求。

据此，在综合考虑数据精度和质量、卫星重访周期、费用等多重因素后，辽宁省将高分二号卫星影像数据作为 1∶10000 基本比例尺地形图平面更新的主要数据源，不足部分以北京二号、吉林一号、资源三号等影像作为补充。

3.1.2 项目来源

辽宁省自然资源厅依据《辽宁省地理信息管理条例》，结合《辽宁省基础测绘"十四五"规划》主要

丰勇，正高级工程师，处长，辽宁省自然资源厅。
李爽，正高级工程师，辽宁省自然资源事务服务中心。

任务安排，下达了《2021年度省级基础测绘项目生产计划和任务书》，安排在辽东地区开展1∶10000基本比例尺地形图更新与建库项目，任务由省自然资源事务服务中心承担。

3.1.3　作业内容及任务量

项目目标为基于高分辨率卫星遥感影像和已有数字高程模型（DEM）成果，完成2021年度辽东地区348幅1∶10000基本比例尺地形图更新与建库工作，主要内容包括：

（1）利用任务区2020年下半年以来优于1m地面分辨率卫星遥感影像开展1∶10000比例尺DOM更新工作，包含DOM及其元数据的更新及入库。

（2）基于上述DOM成果，开展任务区348幅1∶10000数字线划图（DLG）更新及入库工作。具体包括DLG（含非符号化数据和符号化数据两种）及其元数据的更新及入库，地形图更新内容为除高程点、等高线外的其他全部要素。

3.1.4　任务区范围及自然地理概况

任务区地处辽宁省东南部，介于39°42′30″N—40°50′00″N、123°18′45″E—125°18′45″E之间，东与朝鲜新义州隔江相望，南临黄海，西接鞍山市，西南与大连市毗邻，北与本溪市接壤，属长白山脉西南余脉，地势由东北向西南逐渐降低。任务区共涉及348幅1∶10000地形图。

任务区内水系较多，主要有鸭绿江水系、大洋河水系和沿海水系。区内交通网络发达，主要铁路有丹大快速铁路、沈丹客运专线等。公路由高速G1113、G11、G16，国道G228、G201、G331，省道S308、S309、S205、S207以及其他县乡公路组成。

3.1.5　已有资料情况

已有资料包括控制资料、卫星影像资料、基础地理信息数据资料和专题资料。

1. 控制资料

任务区内有历年"1∶10000地形图更新与建库项目"和"地理国情普查项目"像控点成果资料，数学基础为2000国家大地坐标系、1985国家高程基准。

辽宁省卫星导航定位基准站系统（LNCORS）可以为野外测量提供坐标基准。

任务区内已有2013年左右生产的1∶2000 DOM，可用于DOM生产过程中基本定向点、多余控制点的选取或作为DOM纠正的参考影像使用。

2. 卫星影像数据资料

收集任务区2020年下半年以来的高分二号卫星影像作为主要影像数据源。影像数据存在漏洞的部分，以资源三号、高分一号或者其他0.5~1m分辨率商业卫星影像作为补充。

3. 基础地理信息数据成果

任务区有2013—2015年"1∶10000地形图更新与建库项目"生产的DEM成果，用于影像正射纠正。

上一版1∶10000地形图为2018年更新，作为本轮地形图更新与入库的工作底图。

4. 专题资料

(1)国家统计局公布的统计用区域代码和城乡代码(截至2021年10月)。
(2)辽宁省民政厅编制的《辽宁省行政区划手册2020》。
以上资料由权威部门发布,作为行政代码和行政名称更新的依据。

5. 其他参考资料

将2020年"辽宁省基础性地理国情监测项目"的地表覆盖及地理国情要素数据库成果,作为DLG更新的参考数据。

3.2 基本技术要求

3.2.1 技术依据

(1)CH/T 9006—2010《1∶5000 1∶10000 基础地理信息数字产品更新规范》;
(2)GB/T 40766—2021《数字航天摄影测量控制测量规范》;
(3)GB/T 13977—2012《1∶5000 1∶10000 地形图航空摄影测量外业规范》,简称《航外规范》;
(4)GB/T 13990—2012《1∶5000 1∶10000 地形图航空摄影测量内业规范》,简称《航内规范》;
(5)CH/T 1015.3—2007《基础地理信息数字产品 1∶10000 1∶50000 生产技术规程 第3部分:数字正射影像图(DOM)》;
(6)CH/T 9009.3—2010《基础地理信息数字成果 1∶5000 1∶10000 1∶25000 1∶50000 1∶100000 数字正射影像图》;
(7)CH/T 3007.2—2011《数字航空摄影测量 测图规范 第2部分:1∶5000 1∶10000 数字高程模型 数字正射影像图 数字线划图》;
(8)GB/T 39608—2020《基础地理信息数字成果元数据》;
(9)GB/T 13989—2012《国家基本比例尺地形图分幅和编号》;
(10)GB/T 14268—2008《国家基本比例尺地形图更新规范》;
(11)CH/T 1015.1—2007《基础地理信息数字产品 1∶10000 1∶50000 生产技术规程 第1部分:数字线划图(DLG)》;
(12)GB/T 33177—2016《国家基本比例尺地图 1∶5000 1∶10000 地形图》;
(13)CH/T 39616—2020《卫星导航定位基准站网络实时动态测量(RTK)规范》;
(14)GB/T 20257.2—2017《国家基本比例尺地图图式 第2部分:1∶5000 1∶10000 地形图图式》,简称《图式》;
(15)GB/T 13923—2006《基础地理信息要素分类与代码》,简称《分类代码》;
(16)GB/T 20258.2—2019《基础地理信息要素数据字典 第2部分 1∶5000 1∶10000 比例尺》,简称《数据字典》;
(17)GB/T 18316—2008《数字测绘成果质量检查与验收》;
(18)GB/T 17941—2008《数字测绘成果质量要求》;
(19)GB/T 24356—2009《测绘成果质量检查与验收》;

(20)《辽宁省1∶10000基础地理信息数据库DLG入库数据生产规定》(辽宁省自然资源事务服务中心发布，2021年修订)，简称《入库数据生产规定》；

(21)项目技术设计书。

3.2.2 主要技术指标和规格

3.2.2.1 数学基础

平面基准：CGCS2000国家大地坐标系，高斯-克吕格投影，按3°分带，中央经线为123°、126°。
高程基准：1985国家高程基准。

3.2.2.2 地形类别

地形类别按图幅范围内大部分的地面坡度和高差划分。当高差与地面坡度矛盾时，以地面坡度为准，具体标准见表3.2.1。

表3.2.1　　　　　　　　　　　　　　　地形类别分类标准表

地形类别	地面坡度/(°)	高差/m
平地	<2	<20
丘陵地	2~<6	20~<150
山地	6~<25	150~<500
高山地	≥25	≥500

3.2.2.3 DOM相关技术指标

1. 地面分辨率

DOM成果地面分辨率统一为1.0m。

2. 标准图幅DOM影像裁切范围

DOM按《国家基本比例尺地形图分幅和编号》规定的图幅内图廓线最小外接矩形向四边扩展(图上约10mm)的矩形范围裁切，计算方法见图3.2.1。

起止点坐标计算公式如下：

$X_{起} = \text{Int}((\max(X_1, X_2, X_3, X_4) + D)/d) \times d$

$Y_{起} = \text{Int}((\min(Y_1, Y_2, Y_3, Y_4) - D)/d) \times d$

$X_{止} = \text{Int}((\min(X_1, X_2, X_3, X_4) - D)/d) \times d$

$Y_{止} = \text{Int}((\max(Y_1, Y_2, Y_3, Y_4) + D)/d) \times d$

式中：X_1，Y_1，X_2，Y_2，X_3，Y_3，X_4，Y_4——

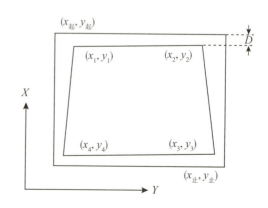

图3.2.1　DOM角点与地形图图廓关系示意图

内图廓点高斯坐标，单位为 m；

$X_起$，$Y_起$，$X_止$，$Y_止$——影像起止点高斯坐标，单位为 m；

D——DOM 裁切时外扩地面尺寸，单位为 m，本项目 $D=100$m；

d——DOM 地面分辨率，本项目为 1，单位为 m。

3. DOM 精度指标

依据《基础地理信息数字成果 1∶5000 1∶10000 1∶25000 1∶50000 1∶100000 数字正射影像图》的规定，本项目 DOM 的平面位置中误差在平地、丘陵地区不大于 5.0m，山地、高山地不大于 7.5m，明显地物点平面位置中误差的两倍为其最大误差。

3.2.2.4 DLG 相关技术指标

1. DLG 图幅命名

DLG 一般沿用原图幅名称，原图中作为图名的单位或地名发生变化不宜再继续使用的，按规定重新确定图幅名称。DOM 图幅名称与 DLG 保持一致。

2. DLG 精度指标

DLG 成果中地物点相对邻近野外控制点的平面位置中误差，平地、丘陵地区不大于 5.0m，山地、高山地不大于 7.5m，特别困难地区平面位置中误差按相应地形类别放宽 0.5 倍。最大误差为 2 倍中误差。

3.2.2.5 成果格式

DOM：由影像数据、影像定位信息文件、元数据组成，其中影像数据为 TIFF（无压缩 24bit）格式；影像定位信息文件为 TFW 格式；元数据为 Access 的 MDB 格式。

DLG：由非符号化数据集、符号化数据集和元数据组成。其中非符号化数据为 ESRI 的 Personal Geodatabase(MDB)格式；符号化数据分为矢量数据和打印出图用栅格数据两种，矢量数据为 GEOWAY 的 GWD 格式及相关矢量、工程配置文件，栅格数据为 PDF 格式；元数据为 Access 的 MDB 格式。

文档资料：包括技术设计书、检查报告、技术总结、工作报告、检验报告等，以 DOC 和 PDF 格式提交。

3.3 技术路线

依据《1∶5000 1∶10000 基础地理信息数字产品更新规范》的规定，确定本次数字产品及数据库更新类型为修测更新。其中，DLG 更新综合应用 DOM 采集法、外业实测法等完成。

3.3.1 总体技术路线

项目总体技术路线为：利用满足要求的卫星影像数据生产 DOM 成果，参考行业专题数据，采用 DOM 采集法结合外业实测法，开展 1∶10000 比例尺 DLG 更新与建库工作。任务区存在影像漏洞且无其他更高分辨率卫星数据补充的，采用资源三号或高分一号等卫星影像代替，但成果精度仍需保证满足 3.2.2.4 指标参数要求。总体技术路线见图 3.3.1。

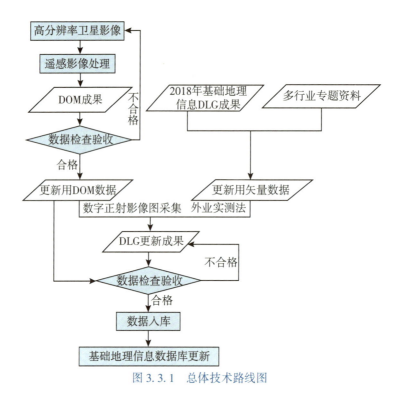

图 3.3.1 总体技术路线图

3.3.2 DOM 数据更新技术流程

基于收集到的任务区内的像控点成果以及 1∶10000 DEM，利用 Pixel Factory（像素工厂）系统，采用影像匹配及控制点方式纠正，制作 DOM。

DOM 数据更新的基本流程见图 3.3.2。

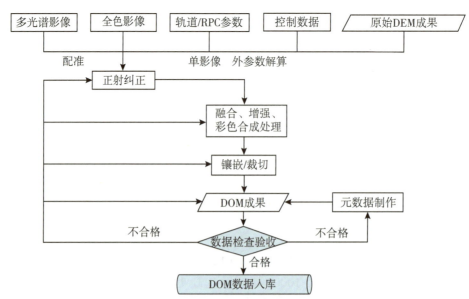

图 3.3.2 利用卫星遥感影像更新 DOM 数据作业流程图

3.3.3 DLG 数据更新技术流程

DLG 数据更新具体流程见图 3.3.3。

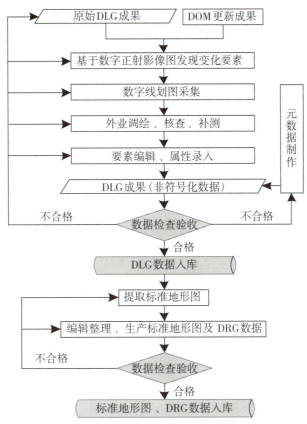

图 3.3.3　DLG 数据更新作业流程图

3.4　项目组织实施

3.4.1　项目生产软件和硬件准备

3.4.1.1　软件配置

1. DOM 生产软件

Pixel Factory 遥感影像自动化处理系统、Photoshop 等。

2. DLG 非符号化数据生产软件

清华山维 EPS、ArcGIS 等地理信息数据采编软件。

3. 外业调绘核查软件

电子平板调绘系统。

4. DLG 符号化数据生产软件

GEOWAY Mapping（地理信息数据处理软件）、GEOWAY MapEditor（地图编辑出版软件）。

5. 成果质检软件

IGCES 软件（信息化地理信息产品检查与评价系统）。

3.4.1.2 主要软件简介

1. Pixel Factory

Pixel Factory 是由欧洲空客公司推出的一款海量航空、航天遥感数据处理系统，具备强大的并行运算处理能力和开放式架构，可以自动处理来自不同的主流航空、航天传感器数据，系统核心软件采用模块化结构以满足不同用户的个性化需求，具有集中的产品管理中心、图解式用户界面和远程接入模式，支持多种格式的栅格数据和矢量数据的导入导出，产品包括多种制图数据（DSM、DOM、TDOM）。Pixel Factory 面向不同需求用户提供大中型系统（图 3.4.1）和移动系统（图 3.4.2）两种配置方案。

Pixel Factory 提供了超过 200 种数据处理算法，主要包括：
(1) 探测器矫正；
(2) 多种传感器的快速空三计算；
(3) 快速自动生成和过滤同名点；
(4) 半自动提取 DSM；
(5) 真正射和传统正射的几何校正；
(6) 自动从 DTM 提取等高线；
(7) 自动镶嵌；
(8) 影像增强技术；
(9) 工作流程编辑器等。

图 3.4.1 大中型像素工厂系统

图 3.4.2 移动像素工厂系统

2. GEOWAY Mapping

GEOWAY Mapping 地理信息数据处理软件（主界面如图 3.4.3 所示），是 GEOWAY3.6 之后全新推出的用于地理空间数据处理的系列工具软件。GEOWAY Mapping 地理信息数据处理软件集数据采集、编辑、质检和包装为一体，有着较强的空间数据处理能力，能对不同来源、不同标准的数据进行流程化处理，在很大程度上提升了数据更新处理的自动化能力，尽可能地减少人工编辑的工作量，总体上提高了生产效率。

3. GEOWAY MapEditor

GEOWAY MapEditor 地图编辑出版软件（主界面如图 3.4.3 所示），是继 GEOWAY4.0 之后全新推出的面向新型测绘数据生产的工具软件。

GEOWAY MapEditor 地图编辑出版软件集数据采编、质检、制图表达为一体，空间数据处理和表达能力较强，能对不同来源、不同标准的数据进行流程化处理，在很大程度上提升了数据及制图成果更新处理的自动化能力，在数据编辑过程中可实时查看符号化效果，也可以通过符号化效果判断数据情况进行同步调整，总体上提高了生产效率。

图 3.4.3　GEOWAY Mapping 系统和 GEOWAY MapEditor 系统

4. 信息化地理信息产品检查与评价系统（IGCES）

IGCES 是四川省测绘产品质量监督检验站基于局域网和专业数据库环境开发的集测绘产品质量检查功能与质量评价功能于一体的地理信息产品质量检验系统，系统支持各种比例尺及形式的 DLG、DEM、DOM，可以为国家、省市基础测绘、专题地理信息等各种矢量、栅格、影像数据提供质量检验技术服务。系统的主要特点是支持算子化的构建策略，模型、算子、规则可以灵活组合、自由定制，能够在不同的技术要求下快速定制有效的检验方案；具备网络化部署功能，检验数据、检验方案、质量模型等资源共享，保障质量检验尺度的统一。

3.4.1.3　硬件配置

（1）高性能计算机和工作站；
（2）GNSS-RTK 设备、电子调绘平板；
（3）磁盘阵列、绘图仪等。

3.4.2　DOM 更新

3.4.2.1　资料准备

1. 卫星影像数据源选取原则

在任务区的多源卫星影像数据中，优先选用空间分辨率高、时相靠近生长季、现势性好的影像用于正射影像生产。对卫星影像有云、雾、雪的区域,利用其他来源的影像进行补充替换。卫星影像的选取保证景与景之间有重叠。

2. 基本定向点及多余控制点

基本定向点和多余控制点的选取以满足卫星影像纠正需要、保证数据采集精度为基本原则。在收集到的像控点成果中根据实际需要选取,已有像控点资料不满足的部分,采用 RTK 野外实地采集或者在任务区内已有的 0.2m DOM 在图上解析像控点坐标。

3. 收集已有成果

收集整理任务区内已有 1∶10000 DEM 成果。

3.4.2.2 数字空三加密

数字空三加密参照《数字航天摄影测量控制测量规范》的要求执行。本项目使用像素工厂对影像进行处理、空三加密及正射纠正。任务区采用区域网平差的方法进行卫星遥感影像纠正,控制点均匀分布在区域网内,密度要求为 1 幅 1∶10000 标准图幅内布设不低于 1 个像控点,地形复杂区域适当增加,相邻加密分区接边区域布设 2 个以上公共控制点,并利用公共控制点进行接边检查。个别特殊情况需采用单景影像纠正的,每景像控点个数不少于 9 个(按 3×3 排列)。

区域网平差解算精度超限的,重新对像控点进行调整和调试,以保证精度指标满足表 3.4.1 的要求。

表 3.4.1 区域网平差精度指标表

地形类别	点　　别	平面限差/m
平地、丘陵地	基本定向点	3.0
平地、丘陵地	多余控制点	3.5
平地、丘陵地	网间公共点	7.0
山地、高山地	基本定向点	4.0
山地、高山地	多余控制点	5.0
山地、高山地	网间公共点	10.0

3.4.2.3 影像正射纠正

1. 全色波段影像正射纠正

利用 1∶10000 DEM 和原始卫星全色波段影像、RPC 参数及解算的影像外方位元素,对影像进行正射纠正处理。纠正方法采用双线性插值或卷积立方算法。纠正过程中不对影像的灰度和反差进行拉伸,不改变像素位数。

2. 多光谱影像与全色波段影像配准

以纠正好的全色波段影像为基准影像,选取同名点对多光谱影像进行纠正,以统一两者坐标系统,配准后的效果如图 3.4.4 所示。多光谱与全色影像间的同名点量测精确到 1 个像素以内。纠正后对多光谱影像和全色波段影像进行套合检查,两种影像之间的配准精度不大于多光谱影像上1个像素,典型地物和地形特征(如山谷、山脊)处无重影。

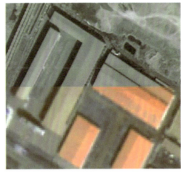

图 3.4.4　多光谱影像配准前后效果图

3. 多光谱影像与全色波段影像融合

使用像素工厂融合功能(Pansharpening),对纠正后的全色波段影像(图 3.4.5(a))和多光谱影像(图 3.4.5(b))进行融合。数据融合一般只在同一种卫星影像的多光谱数据和全色波段数据之间进行。融合后的影像(图 3.4.5(c))达到色彩自然,层次丰富,反差适中;影像纹理清晰,无影像发虚和重影现象;融合影像与多光谱影像的色彩基本一致。

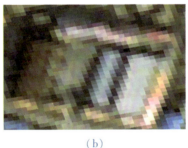

(a)　　　　　　　　　　(b)　　　　　　　　　　(c)

图 3.4.5　全色与多光谱影像融合效果图

4. 影像重采样

影像融合后,使用软件将正射影像地面分辨率统一重采样为 1.0m。

3.4.2.4　影像镶嵌

进行影像镶嵌时,保持景与景之间接边处色彩过渡自然,地物合理接边,无重影和发虚现象。景与景之间的接边限差不超过 DOM 平面位置限差的规定,不同传感器数据的正射影像之间的接边限差放宽至 1.5 倍。

在镶嵌区内有人工地物时,使用手工勾画拼接线(镶嵌线)绕开人工地物以保持镶嵌结果中人工地物的完整性和合理性。镶嵌线勾绘如图 3.4.6 所示。

图 3.4.6　影像镶嵌示意图

镶嵌后的影像，内部色彩有明显差异时须对其进行手工调整，使正射影像的直方图大致成正态分布，影像清晰，反差适中，色彩自然。

3.4.2.5　影像图接边与分幅裁切

1. 影像图接边

DOM 在保证本图幅精度情况下与已成图不做接边处理。任务区之间及本任务区内部的图幅，负责与本图幅东、南图幅之间的接边，接边精度按"3.2.2.3 DOM 相关技术指标"执行。DOM 制作工序完成后，对生产过程中出现的问题、处理方法及结果予以记录，作为元数据更新和技术总结编写的重要依据。

2. 图幅裁切

按计算的 DOM 内图廓坐标裁切纠正好的影像图，生成分幅 DOM。内图廓线角点坐标按 3.2.2.3 节相关规定计算获得。DOM 裁切时，以西北角的像元中心作为 DOM 定位起算点。

3.4.2.6　图像增强处理

根据需要，对分幅 DOM 成果进行增强处理。分幅正射影像数据灰度图像为单通道 8 位，彩色影像为 3 通道 24 位，波段（通道）不是 8 位编码的，做降位处理，每个像元统一转换为 Unsigned 8-bit，影像灰度值在 0~255 之间。

1. 增强方法

图像增强方法主要有以下几种，按照影像的实际情况单独或组合使用。

（1）去薄雾处理。降低多光谱影像和全色影像因薄雾造成的模糊。常见算法有 Retinex 算法（根据成像原理，消除反射分量的影响，以达到图像增强去雾的效果）、直方图均衡化算法（使图像的像素分布更加均匀，放大图像的细节）、偏微分方程算法（将图像视作一个偏微分方程，通过计算梯度场提高对比度）及小波变换算法（对图像进行分解，放大有用的部分）。

（2）对比度/色彩饱和度调整。采用滤波和直方图拉伸的方法，对影像的对比度和色彩饱和度进行调整。

（3）匀光处理。采用直方图均衡化和直方图匹配方法，用非线性对比拉伸重新分配像元值，使一幅图像的直方图与参照图像的直方图相匹配，达到分景或分幅图像的色彩均衡。

(4)锐化处理。在不影响图像专题信息的前提下,快速聚焦模糊边缘,提高图像中某一部位的清晰度或者聚焦程度,使图像特定区域的色彩更加鲜明,并增强整个图像的清晰度。

2. 增强质量要求

(1)影像直方图尽量呈正态分布。

(2)增强后的影像纹理清晰、色彩饱和,地物的表现力更加明显,无显著噪声,不影响地物的目视解译效果。

(3)分幅影像之间灰度或色彩均衡,过渡自然。

3.4.3 DLG 更新

DLG 更新是基本比例尺地形图更新的核心内容,主要包括数据整理、采集、调绘、编辑及质量控制等几个工序。

3.4.3.1 底图数据整理

(1)底图数据所依据的技术标准为 2006 版的《图式》和《数据字典》(已被现行技术标准替代),因此在正式生产前还应按照现行的技术规范及《入库数据生产规定》对数据予以全面检查和修正。主要包含以下两个方面:

①现行技术规范中对要素进行重新分类和要素定义有调整的,按规定予以修改,如:底图数据中道路与道路立体相交处表示为下跨道,现行技术规范为涵洞;底图数据中明礁要素,现行技术规范为海岛、水中岛要素等。

②现行技术规范中对要素属性结构进行调整的,依据《入库数据生产规定》要求进行修改,需要外业调绘补充的属性项内容,在数据预采集时进行标注。如加油(气)站、地铁、快速路、高速铁路、过街天桥等要素属性。

(2)底图数据中存在不符合本项目数据库质量要求的情况,予以全面检查和修正。

(3)底图数据中居民地内部及周围等位置的合理留白区域,只在数据接边处予以修改以保证 DLG 成果接边,其他的不做处理。

3.4.3.2 更新要素预采集

1. 数据采集总体要求

(1)要素采集前,将底图数据(DLG)与 DOM 进行套合检查,DLG 成果与 DOM 成果的套合偏差须满足 DLG 平面位置中误差 $\sqrt{2}$ 倍精度指标,才可进入采集工序,否则应查找原因并进行修正。

(2)将底图数据叠加 DOM,按照影像纹理判读地物要素的新增、变化及灭失等状态,依据影像能准确判绘的地物要素,几何位置依据 DOM 采集,要素属性按《入库数据生产规定》执行。

(3)结合 DOM、底图数据、行业专题数据等资料进行内业判读采集,影像中地物轮廓全部或部分可见的,切准地物外轮廓和定位点采集,做到不变形、不移位、不遗漏。阴影遮挡无法准确判读的要素,作出标识由外业实地补测、补调。

(4)线状要素按照中心线或定位线连续采集,曲线处保持地物几何形状不失真,有向线采集时保持要素符号右侧生成。

(5)线要素与线要素、线要素与面要素重合时保持所有节点完全重合。面状要素跨图幅时,以内图廓线为边线各自形成封闭多边形。

2. 陆地水系要素的采集

(1) 河流、湖泊、水库水涯线按影像获取时的水位采集，部分影像获取时期为枯水期或洪水期的，按常水位测定。双线常年河采集中心线，单线河流及双线河流中心线采集时线绘制前进方向应与水流方向一致，双线河流边线无方向要求。河流中心线、水涯线采集方法及位置如图3.4.7所示。

图3.4.7 陆地水系要素采集示意图

(2) 水库以水涯线为边线采集为闭合多边形。水库、湖泊、河流相连接时的技术处理方法具体见《入库数据生产规定》。

(3) 河流、湖泊、水渠等水系遇桥梁、涵洞、瀑布、水闸、渡槽等，面要素及中心线直接通过，保证水系要素贯通。通过居民地的河流准确采集，不移位，当与街道产生压盖时，可适当改变街道的宽度。

(4) 水库堤坝用拦水坝表示。坝坡侧面的投影宽度大于图上0.5mm时采集坡底线。简易修筑的挡水坝体用一般堤表示。

(5) 堤分干堤和一般堤两种。有重要防洪、防潮作用或堤顶宽度大于图上0.5mm或基底宽大于图上1mm或堤高大于3m的用干堤符号表示，其他为一般堤。干堤采集时按复合要素表示，堤顶宽度大于图上0.5mm时，表示为依比例尺干堤，堤顶边线按实地采集；堤顶宽度小于图上0.5mm时，表示为不依比例尺干堤，按照0.5mm采集。干堤采集中心线，堤坡的投影宽度在图上大于0.5mm的，采集堤脚线(范围线)。

(6) 沟渠、池塘的水涯线以坎沿为准。高于地面的基塘区，外围用坎表示，内部表示池塘边线，边线采集上口线。池塘图上面积小于$4mm^2$的不采集。

3. 海洋要素的采集

(1) 海岸线一般以底图海岸线为准，由于填海造地等人为因素造成的海岸线变化依据影像采集。受潮汐影响的河口地段水涯线按海岸线表示。

(2) 图上长度大于5mm、比高大于1m的陡岸予以表示，比高大于2m的由外业测注比高。

(3) 沿海地带的岛屿全部表示。

(4) 干出滩上的潮水沟，图上只表示固定的和长度大于图上5mm的。

4. 居民地及设施要素的采集

(1) 任务区内的居民地分为街区式居民地和散列式居民地，居民地的采集以准确反映居民地轮廓、分布特征、连通性以及与其他要素关系为原则，影响居民地外围轮廓形状的房屋准确采集；居民地的综合取舍合理,既能正确显示各种居民地的特征,又不使图面的承载量过大。

单幢房屋区分不依比例尺、半依比例尺和依比例尺。农村行列式居民地内的不依比例尺厢房不表示,外围影响街区轮廓的厢房予以表示。

(2)街区式居民地凹凸部分图上距离小于 1mm 的予以综合取舍。同行房屋间距图上距离小于 1.5mm 时综合表示,不同行房屋图上距离小于 1.5mm 时,如果中间没有通道的可综合表示。朝向不同的不综合。综合后的街区一般不大于图上 2~3cm²。主房周围的棚房不表示;单幢房屋凹凸小于图上 0.4mm 时综合取舍。采集及取舍效果如图 3.4.8 所示。

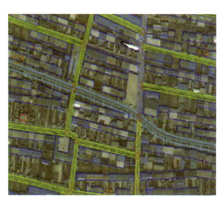

图 3.4.8 居民地的采集表达示意图

(3)散列式居民地分为分散式和行列式两种,采集时真实反映出房屋的疏密程度,不过大综合成街区。密集居民区外围的房屋按真实位置采集,内部予以取舍但不综合。

(4)零散的房屋其院落图上面积大于 25mm² 的,院落外围线以街区轮廓线表示,院落图上面积小于 25mm² 的,只表示房屋,不表示外轮廓线。

(5)当房屋紧靠双线河、湖泊等岸边时,其图上距离小于 0.2mm 且无主要通道时,以房屋边线代替水涯线;否则房屋进行移位表示,与水涯线保留 0.2mm 的间距,与干沟、水渠等关系也按照相同方式处理。

(6)围墙总体长度小于图上 5mm、无方位意义的不表示。栅栏、铁丝网、篱笆图上总体长度小于 5mm 的或高度低于 1m 的不表示。

(7)温室大棚中的看护房,仅表示依比例尺的。毗连成片、密集的机井房及鱼塘旁边的独立房屋取舍表示。

5. 交通要素的采集

(1)交通要素采集以正确反映道路网的结构特征、通行状况及与其他要素的关系为原则。

(2)铁路分为普通铁路和高速铁路。普通铁路、高速铁路又分为单线铁路、复线铁路、建筑中铁路。当铁路在一条路基上可以以真实位置表示时,以单线铁路符号分别表示,但两条线路间距不应小于图上 0.3mm。架空的高速铁路实地路面宽度大于 12m 时,依据影像采集高架铁路边线,中间表示高速铁路符号。实地路面宽度小于 12m 时,按 12m 表示。建筑中铁路的附属建筑物,已定型的用相应要素表示,未定型的不表示。

(3)车站内的候车室、检车室、巡道房、机车库等按实际情况以房屋要素表示。车站内的站台和货台不单独表示,但站台和货台上的房屋单独表示。

(4)当站线间距大于图上 0.5mm 时逐条表示;不能逐条表示的,外侧站线准确表示,中间站线均匀配置，站线间距不小于图上0.5mm。

（5）道路连续采集，公路遇乡镇以下级别的居民地连续通过，不采集为街道。遇乡镇以上（包括乡镇）街区式居民地，如果无绕城公路连接，将其变换为街道采集通过（如图3.4.9所示）。机耕路（大路）、小路的取舍以是否形成道路网为原则，保留村村相连、到河边、到山头等处的，部分通至田间的断头大路，在地物密集地区舍去，在地物稀少地区予以保留。

图3.4.9　道路通过街区式居民地表达示意图

（6）线状道路、面状道路的面要素和中心线在遇到桥梁等附属设施时直接通过形成路网。路与常年河、时令河等相交时绘出桥梁、涵洞等附属设施。机耕路及以下道路附属的涵洞不采集。

（7）道路立交的上下层次表达分明，中心线相交处不保留节点；道路平交的中心线在相交处增加节点。

（8）公路两侧的路堤、行道树和边沟等线状地物较多时，行道树、边沟适当取舍；当路与路堤之间的行道树与地物相互压盖的，将行道树移至堤坎下表示。道路两侧修路挖掘的路边沟（水渠除外）一般不表示，图上宽度大于0.5mm时以人工坎表示。

（9）路基已经基本形成的铁路、高速公路、等级公路及桥涵等用相应建筑中道路和桥涵符号表示，不能准确判定时整体施工范围按施工区采集。

（10）公园、工矿、机关、学校等内部有铺装材料的内部道路，路宽大于图上1mm的依比例尺表示，小于图上1mm时，保留路网特征择要表示。

6. 管线的采集

影像上能准确判断走向的高压输电线，采集电线塔；无法准确判断的内业标记后交由外业人员补测、补调。

能依据影像准确判读的架空管道、地面上管道，按照影像采集；无法准确判读的不采集。

7. 地貌要素的采集

（1）道路仅一侧有坎的用人工坎采集，不表示为路堤、路堑。

（2）陡岸、冲沟、陡坎等要素与道路、水系、房屋等要素距离过小又无法表示为完全重合时，适当移位采集，保留图上0.2mm空隙。

（3）露岩地在其边缘处适当多配置石块符号以示其概略范围。

8. 植被及土质要素的采集

（1）依据影像纹理区分不同植被间的分界线，分界线与道路边线、围墙、陡坎、房屋边线等实地存在的线状或面状要素边线重合时，不重复采集。与等高线、高压输电线、境界线等实地不存在的线状或面状要素边线重合时，将地类界移位采集，保留图上 0.2mm 以上的空隙。

（2）零星树木，按实地位置择要表示。田间和居民地内、外的零星树木无方位意义的不表示。

（3）沿道路、沟渠和其他线状地物一侧或两侧成行种植的树木或灌木用行道树表示，居民地内的行道树不采集。

3.4.3.3 外业调绘及补测

外业调绘采用电子平板调绘方式实施。内业预采集的矢量数据叠加正射影像图和图廓，作为外业调绘的工作底图。补测一般采用 GNSS-RTK 方式测量。

1. 调绘底图制作

通过数据准备、数据预处理等工序完成电子调绘底图制作。电子调绘底图中记录调绘人、调绘日期、接边者、接边日期、检查者、检查日期等信息。调绘底图及图廓整饰如图 3.4.10 所示。

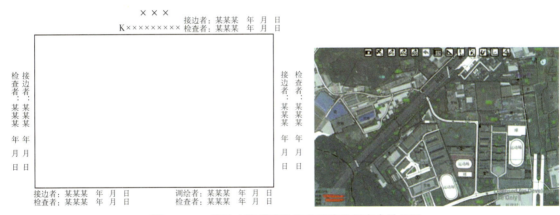

图 3.4.10 调绘底图图廓整饰及影像线划套合效果图

2. 外业调绘基本技术要求

（1）实地开展调绘工作前，将收集到的各类行业专题资料叠合底图数据及内业预采集数据进行充分分析，尽量减少外业实地核查的工作量。对底图与资料不一致的要素进行重点实地核查，实地无法确认的以资料为准。

（2）外业调绘以影像获取时间为准，其后新增和变化的地物不予补测、补调。调绘遵循内业定位、外业定性的原则。

（3）调绘工作按《航外规范》和《图式》执行。调绘时对内业采集的要素进行核查、纠错、补调和补测，核实由于影像原因内业漏采和错采的情况。内业未更新采集的要素也需实地核查。外业调绘时确保各类要素及其之间关系表达完整、准确。

（4）外业对内业预采集阶段标明需核实的内容做重点调绘，对内业漏采集的要素进行补调，补调时确保定位、定性准确。对内业无法判明或阴影遮盖的要素补调、补测时，根据需要绘制放大图，以注明相关距离。

（5）要素的属性内容按《入库数据生产规定》《航外规范》和《图式》等规定进行调注，居民地、单位等名称调注全称。《入库数据生产规定》中规定的必填属性项外业全部调绘，有取值范围的按取值范围调注。

(6)军事设施、国家保密单位以及相关要素的表示方法按《航外规范》附录G规定执行。

(7)调绘成果经接边处理、检查合格后再移交内业编辑。电子调绘成果为可导入数据编辑平台的矢量数据,矢量数据完整、准确记录要素的属性信息,要区分出补测数据与调绘数据。

3. 外业调绘详细技术要求

1)陆地水系要素的调绘

(1)外业重点核查内业预采集的河流、沟渠、湖泊、水库及其他水系要素、水利及附属设施位置及相互关系是否正确,外业根据实际情况进行必要的补调、补测,并将属性标注完整。

(2)水库及其附属设施调绘属性注记。水库调绘溢洪道、泄洪洞、堤坝、水闸等,容量在1000万立方米以上的水库和重要的小型水库,调注正常水位的水库容量(以万立方米为单位)。

(3)有固定流向的河流(含时令河)和沟渠调绘流向,干河床不调绘流向及名称。通航河段调绘起止点并调注流速。

(4)河流、湖泊的岸滩调注土质类型(沙泥滩、沙砾滩、沙滩、泥滩),有植被的配置植被符号,有名称的调注名称。

(5)未利用池塘调注"塘",已利用的填写相应的性质,如:"鱼""虾""蟹"等。

(6)水闸调绘时区分能通车和不能通车。抽水站、扬水站用相应符号表示,设备安置在房屋内进行给、排水管理的抽水站和扬水站以房屋符号表示,分别调注"抽""扬"。

(7)助航标志只表示灯塔、灯桩、岸标、信号杆,其他不表示。

2)海洋要素的调绘

(1)沿海地带重点核查海岸线的轮廓和位置,核查根据当地的海蚀阶地、海滩堆积物或海滨植物确定;潮浸地带重点调绘干出滩的性质和分布范围。

(2)沿海地带和国境线附近的岛屿,全部核查,准确表示。

3)居民地及设施的调绘

居民地的调绘主要核查内业预采集的要素是否满足以下要求,并进行补充和修正。

(1)准确反映居民地的特征,分清主次街道,正确反映街区式居民地、散列式居民地等不同类型居民地的特点。综合房屋标注"Z"、单幢房屋标注"D"、高层房屋(10~18层)标注"G"、超高层房屋(19层及以上)标注"C"、棚房标注"P"。对高层以上房屋调绘时同时确定墙角位置以统一改正投影差,如图3.4.11所示。

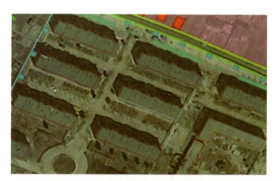

图3.4.11 需要改正投影差的房屋图

居民地内图上面积大于9mm²的表面硬化、无建筑物但有特定用途的公共场所调绘范围并注"空地""广场""市场"等。户外进行健身或娱乐活动的设施及场所，图上面积大于10mm²时，调绘范围并调注"娱"字。

（2）10层以上的高层及超高层建筑与10层以下普通建筑相连时，普通建筑为裙楼且图上宽度小于0.4mm的舍去普通建筑，图上宽度大于0.4mm时普通建筑单独表示。

（3）独立地物与其他地物在影像上不能同时按真实位置表示时，以独立地物为主，其他地物视具体情况移位表示或舍去。

（4）以煤、光、风等能源发电的发电厂（站），调注名称，固定的风力发电站、水力发电站及光伏电站分别加注"风""水""光"等字。

（5）矿井井口区分开采的和废弃的；开采的矿井调注产品名称，如："锌""硼""石油"等，废弃的调注"废"，矿井有名称的调注名称。矿区的调绘如图3.4.12所示。

图3.4.12 矿区调绘示意图

（6）露天采掘场、乱掘地加注开采品种说明，如："沙""石""煤""锰矿石"等，有专有名称的采掘场调注名称。

（7）液、气贮存设备调注贮存物的名称，如："油""液化气"等注记。

（8）各种用于散热、蒸馏、瞭望的塔形建筑物，调注相应的"散热""蒸馏""瞭"等，依比例尺表示的以实线表示轮廓，其内配置符号。

（9）窑场区分台式、堆式、屋式并调注产品名称，如："砖""炭"等，有名称的窑调注名称。

（10）较固定的分别用于饲养、打谷、贮草、贮煤等场地以及水泥预制场等场所分别调注"牲""谷""草""煤""砼预"等注记。较固定的晾晒粮食的地方表示为打谷场，当球场和打谷场兼用时，表示为球场。居民地内家庭用于饲养的建筑不表示为饲养场。

（11）栅栏、篱笆、铁丝网、电网等，调注"栅栏""篱笆""铁丝网""电"，垣栅与街道边线重合时，只表示垣栅符号。临时性的墙体及围挡、栅栏不表示。

（12）露天存放集装箱或堆放木材、钢材等物资的用于货运的专用场地调绘范围并调注"货栈"。用水泥、石块砌有正规的高出地面平台时，用实线表示其轮廓范围；无平台的用地类界表示其范围。固定用于存放煤、钢材等材料的场地确定范围并调注材料品种。

（13）机井房按照房屋要素调绘，调注"机"，比较密集时适当取舍。

4）交通要素的调绘

（1）铁路分为普通铁路、高速铁路。调绘时还须注意区分单线铁路、复线铁路。正在修建中且路基已基本形成的铁路线路，不区分单线或复线用建筑中铁路表示，同时须调绘桥梁等附属建筑物，附属建筑物已定型的用相应符号表示，未定型的不表示。

（2）火车站、机车转盘、车挡、进出站的信号灯柱均需表示。火车站名称调注为"××站"的形式，如"丹东站"。

(3)对道路的名称、技术等级、编码等属性信息参考相关专题资料进行核实,有疑问进行实地调绘。公路的技术等级以资料为准,如资料中存在不合理的情况,实地核实或结合其他权威资料核实。调绘时准确定义道路的类别、技术等级和行政等级。新版《图式》对公路的行政等级增加了村道,删除了其他道路的分类,调绘时应注意区分。

(4)铁路、高速公路两侧的铁丝网不表示。高速公路收费站除用符号表示外,另调注名称,如"丹东西收费站"。铁路、道路两侧的路堤、行树和排水沟等线状地物较多符号相互压盖时,舍去排水沟。

(5)准确区分桥、涵洞。四级及以上等级的公路上的桥梁调注桥的承载量,不调绘建筑材料。百米以上的公路桥梁调注桥梁名称,其他的桥梁择要调注名称。

(6)街道按照其路面宽度、通行情况等综合指标或有关资料区分为主干道、次干道和支线。地级市以上的城区分主次干道,地级市以下的城区不区分主次干道,街道最高级别为次干道。居民地内有名称的胡同或街巷应表示。

(7)县级及以上居民地内的主要街道以名称进行调注,乡镇及以下居民地内的街道不调注名称。

5)管线要素的调绘

(1)实地核查内业采集的高压输电线、架空管道、地面上管道是否正确,与实地不符的进行调注。充分利用内业采集的高压电塔、电杆等外业核查高压输电线走向,未利用的做删除标记。

(2)外业仅调绘用以输送35kV以上且固定的高压输电线路。两条及以上高压输电线共线时,标注最高kV值。外业在内业采集的基础上对高压输电线的转折点、分岔点、起始点准确调绘。底图数据中的10kV高压输电线调绘核实后做删除标记。

(3)管道区分架空的、地面上的、地面下的,分别用相应的符号表示,并调注输送物质名称(油、气、水等),街区及厂矿内和图上长度小于1cm的管道不表示。

6)地貌的调绘

一般仅表示高于1m的坎,坎高不足1m的大面积梯田坎为了显示其特征,可择要表示。对内业漏采集的梯田坎应进行补调。

7)植被与土质的调绘

(1)同一地块上有多种植被时,小面积的只表示主要的植被;大面积的多种植被符号配合表示时不超过三种,超过三种时,舍去其中经济价值较低或数量较少的。符号的配置与实地植被的主次和疏密相适应。

(2)成林区分针、阔、针阔混交林等种类。幼林、苗圃在图上面积大于$25mm^2$时表示,并调注"幼""苗"。

(3)具有良好方位意义或著名的独立树应表示,按类型分为针叶、阔叶,著名的加注名称。

(4)经济作物与其他作物轮种的,不按经济作物地表示;经济林品种、经济作物地的品种调注至大类。

(5)专门种植草坪的经营性用地用旱地表示。旱地临时改变用途处仍确定为旱地,如腌菜土坑、晒粪场地等。但已变成专业晒粪的场地(下面已铺砖或水泥构面),可调绘出范围,并注"晒粪"。

8)地理名称的调绘

《入库数据生产规定》中要素[NAME]属性项为必填时,外业需进行调注。对居民地名称、地理名称、道路名称、水系名称等以相关资料结合实地核查的手段进行调绘。跨图幅的要素名称,相邻图幅中均调注。

(1)地理名称调查和注记内容。

①居民地:包括城市、集镇、村庄以及机关、学校、企业、事业、工矿和主要街道等。无独立

院落的单位一般不调绘名称。

②山地：包括山脉、山岭、山峰、山隘、山口、山谷、山坡、独立山、山洞、高地等名称。

③水系：包括江河、渠道、湖泊、水库、池塘、海洋、海峡、泉、井等名称。

④其他：包括沼泽、岛屿、礁石、道路、桥梁、码头、渡口、名胜古迹、行政区划、著名独立地物以及其他专有名称等。

(2)地理名称的确定原则。

①居民地名称。

a. 居民地的名称，以民政部门确认的为准。调绘时应用2020年国家统计局网站公布的《统计用区划代码和城乡划分代码》、2020年出版的《行政区划手册》等资料，结合实地调查确定居民地名称。居民地名称调绘时应区分不同行政等级调注在所对应的居民地范围内，同时应调绘行政区政府所在地位置。

b. 乡、镇所在地的名称与自然名称相同时，只调注乡、镇名称。如不相同时，以乡、镇名称为主，自然名称调注为副名。

c. 行政村村委会所在自然村庄与行政村同名时，不再另注该居民地名称；不同名时行政村名称作为正名调注，自然村庄名称作为副名调注。村委会独立在其他地点时，行政村名称调注在村委会所在地处，其所属居民地名称均调注为自然村名称。

d. 邻近几个居民地只有一个名称时只调注一个，注于面积较大居民地或居民地几何中心处。当居民地跨图幅时，在不同的图幅中同时注记地名。

e. 军事设施和国家保密单位的图面表示处理严格执行《航外规范》附录G，并由调绘人员进行处理。

②山地名称。

注意调绘山脉、山谷、山岭等的名称。比较著名的地貌特征点也应调注名称。

③水系名称。

a. 凡有固定名称的河流(水渠)均须调注。

b. 同一条河流不同河段的不同名称，按实际情况调注，当不能一一注出时，优先取下游名称，其次按中、上游顺序选注。

c. 著名的泉和井的名称一般需调注。

d. 地理名称的取舍原则。

地理名称的密度，在保证用途需要和不影响地形图判读的前提下，尽量详细调注，一般图上$1.5\sim2.0cm^2$调注一个。

4. 外业补测

针对影像中无法准确判读空间位置的要素，在外业调绘时综合应用RTK及测距仪、钢尺等工具，根据实际需要进行数据补测。

补测前为RTK统一申请LNCORS账号并接入省CORS网。使用RTK设备采集要素坐标和高程时，由于RTK无法在外业直接获取测量点正常高，需要内业统一利用辽宁省似大地水准面精化模型对测量数据予以转换处理获得。

利用RTK获取要素的坐标和高程，具体方法及要求按《基础地理信息数字产品 1∶10000 1∶50000生产技术规程 第1部分：数字线划图(DLG)》中4.3.1.4.2的规定执行。野外实地测量获取的数据以图幅为单位整理为DWG格式的矢量数据，与调绘成果一并提交。

3.4.3.4 DLG 编辑

1. 内业编辑基本技术要求

(1) 在 EPS 平台中，依据外业调绘资料，参考专题数据，对 DLG 进行编辑，编辑过程中对调绘成果存疑的主动与调绘人员沟通。

(2) 除外业补测数据外，内业只依据影像确定要素的空间位置。

(3) 按《入库数据生产规定》进行 DLG 成果的数据分层、要素属性结构的编辑，填写相应的属性值，合理处理点、线、面状要素之间的相互关系。面状要素跨图幅时，以内图廓线为边线各自形成封闭多边形。

2. 内业编辑详细技术要求

1) 水系及附属设施

(1) 面状水系要素范围线发生变化时，线状要素同步更新。

(2) 河流、湖泊、水渠等水系要素遇桥梁、涵洞、水闸等，面状要素直接通过。水系要素、堤等遇水闸符号连续表示，且水闸符号的插入点在单线堤或双线堤的中心线上。

(3) 河流名称不能被桥梁、河流流向等要素中断。

2) 居民地及设施

(1) 依比例房屋和街区一般进行直角化处理，即转角为 90°直角，特殊形状房屋和街区按实际情况表示。

(2) 街道边线与建筑物、水渠等图上距离小于 0.3mm 时，街道边线用围墙、水渠边线等实地存在的线状要素代替，但不能用房屋等面状要素代替。街区外轮廓线，可以由街道边线、围墙、水渠边线等实地存在的线状要素代替，也可以由面状房屋要素代替。

(3) 街区式居民地以街区外轮廓线、围墙、街道边线等要素构建街区面要素，包含其范围内房屋面要素。居民地外有独立院落的厂矿、学校、医院等非住宅区不构成街区面。

3) 工矿、农业、公共服务设施等

(1) 工矿、农业、公共服务、宗教及设施、名胜古迹、科学观测站等的房屋，房屋按照相应房屋要素表示，并在主要建筑物中心位置放置设施标识点。有定位信息的用相应设施符号在其定位处表示。

(2) 露天存放集装箱或堆放木材、钢材等物资的用于货运的专用场地用货栈、材料场表示。固定用于存放材料的经营性场地用贮草场(贮料场)表示。

4) 交通及其附属设施

(1) 交通数据应正确表示道路的行政等级和技术等级，反映道路网的结构特征、通行状况及与其他要素的关系。

(2) 公路通过乡、镇及以上居民地的部分按街道表示；遇乡、镇以下居民地公路直接通过。

(3) 面状道路在遇到桥梁等附属设施时连续通过，形成路网。道路面要素与其所属面状桥梁要素、路堤、堤坝等一般为重合关系。

(4) 高速公路出口、入口定位在高速公路与引道的交叉点上。道路立交部分须网络清楚、上下层次分明；道路相交处相通时应有节点存在。

(5) 铁路、公路、沟渠的[OVERPASS]属性字段分别赋值，即：公路与公路单独计算压盖值，不与铁路、沟渠一起计算压盖值。

(6)公路边线保持完整，路堤等要素与路线间隔小于图上0.2mm时，与路边线重合表示。

5）管线

街区式居民地内的高压输电线不表示，高压输电线断到街区外。底图数据中的10kV高压输电线经外业调绘核实后进行删除处理。

6）境界

一般直接利用底图数据中的境界资料，境界中的乡镇名称与更新后DLG中的居民地名称有矛盾的，以更新后数据为准。

7）地貌

(1)陡坎、陡岸、人工坎、路堤、路堑等区分表示，采土场的陡坎用人工坎表示。

(2)比高点的[FTYPE]属性字段，填写比高点所在地物的类型；[RELA_ELEV]属性字段填写比高值。

8）植被

(1)被线状要素分割开的同种植被，表示为一个面要素。

(2)葡萄、人参以经济作物地表示，[FTYPE]属性字段填写"人参""葡萄"；刺五加、黄芪等以经济作物地表示，[FTYPE]属性字段填写"药材"。

9）地名要素点的编辑

(1)行政区名、居民地自然地名、有地名意义的企事业单位名、交通设施名、山名等在地名点层表示相应的要素，将外业调绘的注记内容填写到[NAME]属性字段中。

(2)行政村所在自然村分别添加行政村和自然村两个地名点要素。

(3)各级政府(含村委会)的标识点位置定位在其办公地点主要建筑物的中心点上。行政村级以上的政府驻地，填写12位代码，填写到对应的级别，后面用0补位。如：东港市填写"210681000000"，东港市孤山填写"210681101000"。行政代码[PAC]属性依据国家统计局网站发布的"统计用区划代码和城乡划分代码"填写。

10）注记要素的编辑

(1)非符号化DLG成果中，注记要素仅表示《入库数据生产规定》中要求表示的注记要素，未要求表示的记录在要素相应的属性字段中。

(2)注记要素区分字体、大小方向及排列。桥名正南正北注，不散列注出；管线的说明注记应注记在管线上且垂直于管线，字头大致朝北；路名注记在路面内；铁路名称注记在铁路线的外侧，不压盖铁路符号。

(3)地名注记在对应实体的图形范围内，如几何中心、门口内侧、主要建筑物中心等位置。各级行政区驻地名称一般注记在其几何中心点，或其政府办公地点的所在位置。单位名称可注记在其主要建筑物上或单位范围的中心。地名注记存在图面压盖的，调整注记位置，同时保证各注记定位点在其对应实体的图形范围内。

(4)邻近几个居民地只有一个名称时只采集一个注记，注记在图上平面图形较大的居民地或几何中心。当居民地跨图幅时，在不同的图幅中同时注记。

(5)当同一要素被隔成几段时分段添加注记，使其满足地形图表达要求。

(6)注记中包含的符号统一为英文半角格式。

3. DLG接边

(1)各任务区之间及任务区内部的图幅，负责与本图幅东、南相邻图幅的接边工作；同时负责与任务区外相邻已成图接边。在与已成图接边时，由于要素现势性原因造成数据不接边的，确认本次更新图幅无误，不修改已成图。

（2）相邻图幅同一要素须做到位置正确、形态合理、属性一致。

（3）同一要素在图廓线处实交于一点；同一要素接边后保持合理的几何形状，如输电线路、道路、等高线、水岸线等不能在接边处出现转折。

（4）同地形类别图幅接边，地物平面位置的接边较差，不大于3.2.2.4节平面位置中误差的2倍，最大不大于2.5倍。不同地形类别图幅接边，地物平面位置的接边较差不大于3.2.2.4节相应平面位置中误差之和，最大不大于其和的1.25倍，然后按中误差值之比例进行配赋接边。接边偏差在限差范围内，优先考虑要素的几何形状，接边点在该范围内移动；接边偏差大于限差，分析原因，排除粗差后再作处理。

（5）不在同一投影带的相邻图幅接边时，将邻带图幅经投影转换，换算为本投影带坐标再进行接边，修改本投影带图幅，然后将修改好的本投影带图幅投影转换，换算为相邻投影带坐标，再修改相邻投影带图幅，完成数据接边。

3.4.4 元数据更新

依据《基础地理信息数字成果元数据》要求，编制DOM、DLG元数据模板文件，元数据文件格式为MDB，数据标志为Metadata。元数据结构及填写要求见《入库数据生产规定》中"5 DOM元数据结构及填写要求""6 DLG元数据结构及填写要求"。

元数据主要填写要求如下：

（1）元数据模板中所列元数据项均逐项填写。无值时，记为"无"；值未知时，记为"未知"；所有字段中的数字、字母和符号均为半角输入法输入；图号字段中的字母统一为大写。

（2）元数据文件中的文字说明项，以简洁清晰的语言完整地表述。

（3）图幅接边情况包括"已接""未接""自由""省外"。接边涉及临海或境外图幅时，填写"自由"；图幅与外省接边时，填写"省外"。

（4）对于卫星遥感影像数据源，"更新资料源"字段填写"卫星遥感影像"。"数据采集方法"字段填写"DOM采集法"。"遥感传感器类型"字段填写卫星影像类型代码，如"GF2""ZY3"等，如有多个数据源，中间用"/"分隔。

（5）"数据格式"及"分发格式"字段中内容为数据的格式，如MDB，GDB，非压缩TIFF等，字母统一为大写。

（6）"数据质量评价"中填写"合格""不合格"。

3.4.5 数据检查与入库

数据入库就是将更新后的分幅DOM、DLG及其元数据应用数据库管理软件整合至基础地理信息数据库中，并应用数据库管理软件进行管理的过程，包括数据检查和整合入库两个步骤。

3.4.5.1 数据库组成及结构

数据库主要由DOM数据库、DLG数据库、DOM元数据库、DLG元数据库4个部分组成。

DLG数据库的数据组织按照《入库数据生产规定》要求执行，增加必要的数据更新标识字段。

DOM数据库在现有基础地理信息数据库中新建数据集存储，不覆盖原有数据库中的DOM成果。

3.4.5.2 数据入库流程

将通过质量检查验收并通过 IGCES 软件(信息化地理信息产品检查与评价系统)检查的 DOM、DLG 成果及其元数据成果,由专人应用 GEOWAY 数据库管理平台进行数据入库,其总体流程如图 3.4.13 所示。

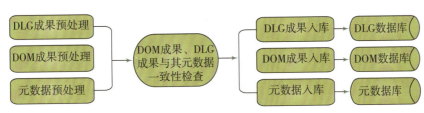

图 3.4.13 数据入库总体流程图

3.4.5.3 DOM 检查和入库

DOM 主要检查内容有:

1. 空间参考系检查

检查数据的空间参考信息是否正确,包括坐标系统、投影等。

2. 逻辑一致性检查

检查数据文件存储组织、数据文件格式、文件命名是否符合要求;检查数据文件有无缺失、多余,数据是否可读;检查图幅数据范围是否正确;影像地面分辨率是否与设计书要求一致等。

3. 时间精度检查

检查使用的数据源是否符合时间要求。

4. 影像质量检查

利用 Photoshop 检查 DOM 色彩、影像范围是否符合要求;检查房屋、道路、桥梁等线性地物是否存在变形扭曲现象。

将全部影像进行拼接,采用目视的方法检查影像的整体亮度及色彩情况,检查影像反差是否适中,色彩及色调是否均匀,影像有无模糊、变形和重影现象,检查相邻图幅影像接边情况,影像数据是否具有连续、无缝和视觉一致性。

5. 附件质量

检查成果的各种附属资料、参考资料的完整性和正确性。

3.4.5.4 DLG 检查和入库

1. 数据检查

1)数据预检查

预检查主要对提交的数据以及相关资料进行检查：
(1) 检查数据格式和空间参考是否正确。
(2) 检查数据是否可用，文件组织、文件命名是否符合生产规定要求。
(3) 检查图幅数据范围是否正确。

2）数据位置精度检查

外业采用 RTK 野外采点方式检查 DLG 成果的平面位置精度，形成平面精度检测表。

3）属性及空间关系检查

数据质检系统中，规范了数据集及要素图层的命名、分层标准、属性结构等。对系统提供的检查项进行配置，形成针对 1∶10000 DLG 的质检模型，依据模型标准对待检数据进行检查。

质检模块中包括属性精度检查、逻辑一致性检查、附件质量检查、完整性检查、空间参考检查、位置精度检查等检查项。

其中，属性精度检查、完整性检查、逻辑一致性检查主要检查的是要素属性的正确性、完整性和点、线、面要素空间关系的正确性。

单图层空间关系：重复要素、线打折、线自相交、噪声检查等。

多图层空间关系：要素间重叠、压盖、缝隙等。

数据属性检查：数据属性必填值、值域范围、属性非空等。

数据空间与属性检查：道路面、中线空间和属性的一致；水系线、面、流向点空间与属性的一致；铁路、道路、水系相交处是否合理；比高点与所表示的地貌属性一致性等。

2. DLG 入库

经检查合格后的数据由专人完成入库工作。入库成功的 DLG 保存在 DLG 数据库中。
要求如下：
(1) 入库前做好数据备份。
(2) 入库 DLG 成果须符合《入库数据生产规定》的入库数据标准。
(3) 元数据须符合元数据生产标准，并且保证元数据的正确性。
(4) 入库成功后做好相应记录。

3.4.5.5 元数据检查和入库

元数据文件的检查和编辑注意事项：
(1) 检查元数据存储格式是否正确；
(2) 检查元数据文件中文字说明的数据项，按统一要求表述；
(3) 检查元数据项的内容是否完整和正确，同一数据项的填写是否一致；
(4) 检查元数据项排序是否正确；
(5) 检查元数据中的内容是否与 DOM 成果、DLG 成果一致。

3.4.6 DLG 符号化数据更新

在基础地理信息数据库中提取 DLG 数据，根据标准重新进行数据分层以实现符号化，并根据图式要求编辑修改，同时利用元数据信息进行图廓整饰，质检合格后分别输出为 PDF 格式的符号化数据（DRG）和 GEOWAY 的 GWD 格式矢量数据。流程见图 3.4.14。

图 3.4.14 DLG 符号化数据生产流程图

3.4.6.1 符号化数据提取

应用基础地理信息数据库管理系统的 DLG 符号化数据生产模块，以分幅 DLG 及其元数据为基础，批量提取并生成 DLG 符号化数据，本环节须确保用来提取符号化数据的 DLG 及元数据为质检合格的最终成果。

3.4.6.2 符号化数据编辑

提取符号化数据之后，依据《图式》要求对符号化数据进行编辑，主要工作包括：

(1) 注记避免压盖境界符号，并在本境界内。对生成的境界注记进行编辑，调整到合理位置，省级境界与图廓相交处的标注，省外部分标注到省级；市级以及县区境界标注到与界线对应的行政等级。

(2) 将与内图廓相接的多余高压输电线点状符号删除，高压输电线两个拐点距离很近时，生成的符号影响符号化数据图面表达时予以处理。

(3) 作为图名的村庄名称字号按原规定尺寸加大 0.5mm。

(4) 内图廓附近面积较小的居民地允许将注记移到图廓外侧表示。

(5) 高速公路与铁路之间的立体交叉情况，根据实际情况调节图层显示顺序，使之图面表达正确，其他图层的显示顺序影响符号化数据图面表达时，须作适当调整。

(6) 路堤边上有涵洞，符号粘连，影响符号化数据效果时，对路堤进行合理编辑。

(7) 部分图层的顺序影响符号化数据图面表达时，作适当调整。

(8) 注记避免压盖重要地物，在不影响符号化数据图面表达的前提下，植被符号、高程注记等压盖不进行处理。

(9) 道路名称、河流名称注记根据级别调整大小。

(10) 检查图外整饰的接图表、政区缩略图以及其内部的注记等是否符合图式要求，不符合处进行修改。

(11) 最终成果导出为 PDF 格式保存并提交，文件以图号命名。如图 3.4.15 所示。

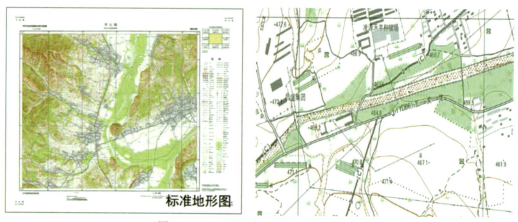

图 3.4.15　地形图制图数据成果展示图

3.5　项目管理与技术质量控制

3.5.1　组织管理实施

为切实加强项目管理，促进项目整体有序推进，要确定项目负责人（兼任安全生产和保密负责人）、生产负责人、技术负责人、质量负责人等，分工负责项目的生产、组织、质量、安全、保密和对外联系协调。

3.5.2　技术保障措施

（1）统一技术标准。根据统一的技术标准及规定，结合本单位和任务区的实际情况，编制任务区的专业技术设计书，对在生产过程中遇到的技术问题进行集中研究解决。

（2）开展首件产品生产和批次生产的作业模式。在技术路线经生产验证可行的基础上，再大规模开展生产。

（3）组织精干力量成立技术组，负责技术问题解决并重点参与质量控制方案制定。通过开展集中培训、技术交流，熟练掌握技术细节，达到项目作业高效、产品质量优良的效果。

3.5.3　质量控制措施

1. 严格贯彻"质量第一"的方针

产品质检遵循"两级检查、一级验收"的原则。项目成果须满足技术设计书及相应的规范要求，确保提交合格产品，成果合格率100%。项目由第三方检验机构负责整体过程质量控制和成果验收工作。

2. 首件产品验证

首件产品指项目完成的第一批成果，主要对项目首件产品质量、生产工艺流程符合性、技术指标与技术设计要求符合性进行验证，判定是否符合项目设计书的要求。本项目实行首件产品验证制度，首件产品验证完成并合格后再开展下批次生产。

首件产品质检根据作业工序、生产时间段、地形类别、作业方法、人员分组等分层级全数检查，野外检查项不受抽样原则限制，以便全面、准确、客观地验证产品技术、质量的符合性，首件产品验证后编写首件产品验证报告。

3. "两级检查"

生产单位独立开展项目成果质量的过程检查、最终检查，两级检查通过后再申请项目验收。检查内容涵盖项目所有工序、成果类型、质量元素，按照项目生产进度分阶段、分批次进行。对于重点工序、重点质量元素、重点作业小组或人员加强过程质量检查。

过程检查进行全数检查，检查出的问题、错误在检查记录中记载，随成果资料一并提交最终检查。最终检查采用全数检查，涉及野外检查项的采用抽样检查，野外检查项样本量不低于《测绘成果质量检查与验收》"批量与样本量对照表"的规定。

数学精度检测与二级检查野外检查图幅同步，每幅地形图平面位置检测点数量大于 30 个，检测图幅数大于任务区总数的 10%，检测点位分布均匀，特征明显，能充分反映成果数学精度。

最终检查时审核过程检查记录，最终检查完成后编写检查报告。

4. 第三方质量监督

第三方质量监督由省自然资源厅委托的检验机构承担，主要内容包括内、外业生产过程控制、两级检查控制以及过程跟踪监督检查，确保所有过程质量都处于受控状态。主要工作内容如下：

（1）参与首件产品质量认定工作，对首件产品成果进行质量评定和问题通报。

（2）过程跟踪监督检查中，同步对存在的质量问题进行记录和汇总，定期进行质量通报。

（3）严格控制生产单位内部两级检查，对生产单位两级检查人员的落实和两级检查的质量进行抽查和监管，确保及时发现问题并解决问题。对于不具备作业能力的人员，及时通知生产单位，停止该人员继续作业。

（4）对于现场管理不够重视、没有及时修正问题的生产单位，下达《整改通知书》，情节严重的责令停工整改。

3.6 安全生产与保密管理

3.6.1 安全生产

（1）安全生产目标为确保本项目人身财产安全、仪器设备安全及资料成果安全，安全生产无事故。安全生产管理遵循《中华人民共和国国家安全法》、《测绘作业人员安全规范》及省自然资源厅安全生产文件、规章、制度。

（2）生产单位明确落实安全生产责任，制定项目安全生产管理措施办法，设定专职安全员，项目负责人是本项目安全生产第一责任人，开展作业人员安全生产知识教育培训，建立安全事故应急处理方案，定期进行安全隐患排查。

（3）各外业部门配备安全生产相关防护设备，外业生产配备反光警示服，工作车辆配备安全防护工具。

3.6.2 保密工作

基础测绘成果属于涉密地理信息数据,各作业部门应充分重视数据安全及备份工作,严格贯彻执行国家保密法规政策规定,配备必要的保密设施设备。

加强涉密资料和介质管理,登记记录计算机、外业调绘电子平板、硬盘、U 盘、光盘等涉密存储介质使用情况,对相关资料的收集、借阅、使用、移交及保管等各环节进行监督,传递资料不得使用互联网或普通快递,确保成果数据安全。项目结束后,及时将用于该项目的各种技术资料等按保密要求销毁。

3.7 成果提交归档

3.7.1 成果整理

生产单位将通过质量检验机构验收合格的数据成果以涉密存储介质存储并提交。

上交成果目录组织一级目录为项目名称(与任务书或合同中的项目名称一致),二级目录为生产单位名称-图幅数量,其他按照 3.7.2 所列成果内容进行组织分类。

分幅数据成果以图幅为单位上交,文件名称为对应的图幅号;元数据以任务区为单位整理上交。所有文档资料需将签字盖章的纸质版扫描为 PDF 格式文件一并提交。

3.7.2 成果内容及要求

3.7.2.1 DOM 成果数据

1. 成果数据

(1) DOM 分幅数据(TIFF 格式影像数据、TFW 格式影像定位信息文件);
(2) DOM 元数据(Access 的 MDB 格式)。

2. 过程成果

(1) 影像纠正精度统计报告(电子形式);
(2) DOM 外业检测原始数据(电子形式)。

3.7.2.2 DLG 成果数据

1. 成果数据

(1) DLG 非符号化分幅数据;
(2) DLG 符号化分幅矢量数据;
(3) DLG 符号化分幅栅格数据;
(4) DLG 元数据。

2. 过程及其他成果

(1)调绘底图；
(2)图幅结合表；
(3)外业补测数据；
(4)DLG外业检测原始数据。

3.7.2.3 文档资料

(1)技术设计书；
(2)检查报告；
(3)技术总结；
(4)DOM成果精度检查统计表；
(5)DLG成果精度检查统计表；
(6)成果检验报告；
(7)工作报告；
(8)成果清单。

3.7.2.4 其他相关资料

(1)仪器检定或检测证书；
(2)项目任务书或合同。

第 4 篇
沈阳市文物保护测绘和档案制作

符韶华

4.1 项目概况

4.1.1 项目概述

沈阳市文物保护建筑存量大、风格独特，对我国文物保护建筑的研究有着重要的意义。当前，这些文物保护建筑缺乏建筑图纸及档案资料，使其保护存在困难。文物保护建筑图纸及档案是建筑历史与理论研究的基础资料，可为继承发扬传统建筑文化、探索我国特色现代建筑提供借鉴。因此，获取测绘数据及绘制图纸、建立记录档案，是保护、发掘、管理和利用文物保护建筑的基础环节。

4.1.2 项目内容

项目主要目标是制作文物保护单位的历史档案以及测绘文物保护建筑的图纸，为后续的规划管理、工程修缮、教育宣传等工作提供完整的基础信息。项目在2021年8月底前完成109处文物保护建筑的测绘工作，并附加完成沈阳市国家级、省级、市级209项文物保护单位中其他文物保护建筑的档案制作工作。完成了列入文物保护单位名录的文物保护单位的档案制作，完成了列入文物保护建筑名录的保护建筑测绘及档案制作。

4.1.3 已有资料利用情况

在建设单位的统筹协调下，沈阳市勘察测绘研究院有限公司收集了与文物保护单位有关的文字资料、历史沿革、图纸资料、照片、拓片及摹本、涉及保护范围建设控制地带的相关规划、行政管理文件、修缮资料、图书、论文等。

符韶华，正高级工程师，副总经理，沈阳市勘察测绘研究院有限公司。

1. 文物保护单位档案制作相关资料

(1) 第三次全国文物普查档案成果；
(2) 文物局现存的部分文物管理档案；
(3) 各县区分局掌握的档案资料；
(4) 文物保护单位现管理单位的相关资料。

2. 文物保护建筑测绘相关资料

(1) SYCORS 卫星定位基准站系统；
(2) 沈阳市最新影像数据成果及现状地形图成果；
(3) 文物保护单位档案内的设计资料、修缮方案。

4.2 技术路线

4.2.1 技术规程及标准

(1)《全国重点文物保护单位记录档案工作规范》；
(2) GB/T 50357—2018《历史文化名城保护规划规范》；
(3) GB/T 50103—2010《总图制图标准》；
(4) GB/T 50104—2010《建筑制图标准》；
(5) GB/T 50001—2017《房屋建筑制图统一标准》；
(6) GB/T 18112—2000《房屋建筑 CAD 制图统一规则》；
(7) CH/T 6005—2018《古建筑测绘规范》；
(8) CH/Z 3017—2015《地面三维激光扫描作业技术规程》；
(9) GB/T 23236—2009《数字航空摄影测量空中三角测量规范》；
(10) CH/T 3021—2018《倾斜数字航空摄影技术规程》；
(11) CH/Z 3001—2010《无人机航摄安全作业基本要求》；
(12) CH/Z 3002—2010《无人机航摄系统技术要求》；
(13) CH/T 3005—2021《低空数字航空摄影测量规范》；
(14) CH/T 3003—2021《低空数字航空摄影测量内业规范》；
(15) CJJ/T 8—2011《城市测量规范》；
(16) GB/T 20257.1—2017《国家基本比例尺地图图式 第1部分：1∶500 1∶1000 1∶2000 地形图图式》；
(17) CH/T 1004—2005《测绘技术设计规定》；
(18) CH/T 1001—2005《测绘技术总结编写规定》。

4.2.2 生产作业流程

文物保护单位档案制作流程为：资料收集—资料梳理—电子档案制作—成果资料准确性检查—资料打印归档，总体流程如图 4.2.1 所示。

4.2.2.1 资料收集与整理

资料收集主要是收集沈阳市文物局、各区文物局、文物保护单位已有的相关资料，通过扫描数字化，实现已有纸质资料的数字化存档，并以文物保护单位为最小单元，进行分类识别、归纳整理。可供利用的资料主要有第三次全国文物普查成果、文物保护建筑信息登记表、文物修缮档案等。

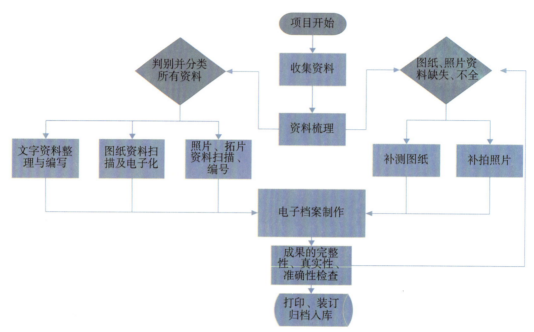

图 4.2.1　文物保护单位档案制作流程图

档案馆中的许多纸质历史档案具有唯一性，而且具有巨大的文化价值，为数不少的历史档案纸张已经泛黄、老化，操作过程中一旦发生破损或遗失，将造成不可挽回的损失，因此针对档案扫描整理工作制定如下要求：

（1）文物保护建筑历史档案的运输、保管实行密闭式管理，档案保管及扫描配备单独的作业室，设置专职作业员，严禁档案资料发生任何遗失；

（2）档案室内严禁吸烟、禁放易燃物品，做到防火、防水、防潮、防鼠、防虫；

（3）作业过程中不得对档案进行勾画、涂改、剪裁、撕毁等，折叠、折卷、拆散过程中应轻拿轻放，避免老化纸张破损；

（4）不宜在档案室内饮食、饮水，保持清洁卫生，注意避免污损历史档案。

对于图纸资料、照片不完整的文物保护建筑，可以采取实地文物测绘的方法，完成图纸的补充和照片的补摄。

4.2.2.2 文物测绘

根据项目要求，结合已有资料、实地踏勘情况及相关的技术规范，制定详细的数据采集方案，包括文物保护建筑的简介、工作范围、前期工作量预估、仪器设备选择、工作人员及时间安排等，同时明确各个环节中的质量控制措施，确保成果达到项目预期要求。

项目在传统测量方法的基础上引入了无人机倾斜摄影技术和三维激光扫描技术，通过现场扫描直接将各种大型、复杂、不规则的、标准或非标准的实体数字化，进而快速重构出目标建筑的三维模型及线、面、体、空间等各种制图数据。

在实际生产过程中，依据测绘对象的复杂程度选取不同的作业手段或者综合运用多种手段完成文物保护建筑测绘工作。

在文物测绘的过程中，同步采集文物保护单位现状照片，原则上照片资料应包括建筑物的保护标志、主要立面、核心价值要素等信息。

文物保护建筑总平面图绘制采用EPS测图软件，用符合《国家基本比例尺地图图式 第1部分：1∶500 1∶1000 1∶2000地形图图式》的符号进行表达，绘制完成后输出CAD文件成果。

建筑平面、立面、剖面图则通过CAD软件，按照相应制图标准绘制最终成果图。制图原则为：从整体到局部，先控制后细节；相关的视图宜结合起来绘制；充分理解制图要求，掌握并灵活运用制图技巧。

制图步骤按照"平面—剖面—立面"顺序进行，以平面图为例，制图步骤如下：

画轴线、地面—画柱网平面—画墙体门窗—加粗轮廓线—标注尺寸和必要的文字说明—加图框，填写图签内容，完成图纸。

4.2.2.3 文物档案制作

文物档案制作依据《全国重点文物保护单位记录档案工作规范》执行，根据国家下发的"四有"档案模板进行组织，主要分为主卷、副卷和备考卷三部分。根据收集到的文物相关资料，填写各卷的相关信息，其中主卷中的图纸卷和照片卷根据文物测绘成果进行补充完善，其他内容根据规范及档案模板的要求从已有资料中选取相应内容填写。

4.2.3 关键技术应用情况

为保证项目工期及质量，项目开创性地将先进的三维激光扫描技术和无人机贴近摄影测量技术应用于文物保护建筑测绘中，在辽宁省尚属首次。

4.2.3.1 三维激光扫描技术

三维激光扫描仪的出现是继GNSS技术之后的又一次技术革命，它突破了传统全站仪单点测量的方式，具有高效率、高精度的独特优势。三维激光扫描技术是一种全新的测绘手段，可以对待测文物保护建筑进行全方位、各角度、无接触式的数据采集，具有测量距离远、不接触文物保护建筑本体、对文物保护建筑本体无伤害性等特点，在文物保护建筑勘测中受到越来越多的重视。

项目所采用的Leica RTC360架站式三维激光扫描仪（仪器技术参数见图4.2.2）具有视觉追踪、智能拼接、实景复制等功能，提供毫米级的测距精度，带有拍照功能，可以获取带有真实色彩的点云成果，以最好的效果还原文物保护建筑的真实场景。

项目组采用架站式三维激光扫描仪对文物保护建筑的室外及允许进入的每个房间进行了三维激光扫描。文物保护建筑外部通过扫描一周进行闭合，内部则通过各层走廊及楼梯构成闭合，以各条闭合路线作为测量的控制性尺寸，并以此为测量成果的精度检核提供必要条件。

在开启拍照功能的情况下，三维激光扫描数据成果为高精度的彩色点云数据。点云数据的数学精度为平均中误差20mm，限差50mm；点云数据色彩相对均匀，可以清晰分辨文物保护建筑的内部结构，点云数据成果如图4.2.3所示。

图 4.2.2　Leica RTC360 三维激光扫描仪及技术参数

图 4.2.3　三维激光扫描点云数据成果展示图

4.2.3.2　贴近摄影测量技术

贴近摄影测量是利用拍摄设备贴近物体表面，获取"亚厘米级"高清影像，并进行摄影测量处理，从而获得被摄对象的精确坐标和精细形状结构制作精细三维模型，可以作为对建筑物、地形、地貌等对象进行数字化重建的一种手段。

项目采用的精灵 Phantom 4 RTK 是一款小型高精度航测多旋翼无人机，技术参数见图 4.2.4。它将厘米级导航定位系统、高性能成像系统及新一代高清图传系统集成在小巧便携的机身中，带来了航测精度和效率的提升。

如图 4.2.5 所示，作业组无人机操控员对文物保护建筑进行贴近摄影测量。操控员操作无人机保持 2~10m 的距离从各个角度对文物保护建筑进行影像采集，保证任意相邻两张影像重叠率在 80% 左右，在环绕飞行过程中做到"无死角"。

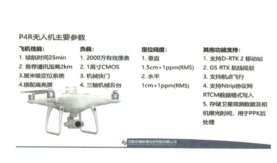

图 4.2.4　无人机技术参数图

图 4.2.5　沈阳故宫大政殿贴近摄影测量过程展示图

贴近摄影测量数据成果为高分辨率的三维实景模型，位置精度优于 50mm，分辨率为亚厘米级、色彩均匀。相较于三维激光扫描点云数据，三维实景模型数据对文物保护建筑纹理细节的反映效果更好，在三维实景模型数据中，可以清晰分辨出宽度 2mm 以上的裂缝。

4.3 项目组织实施

4.3.1 文物档案制作

在建设单位的统筹领导下，沈阳市勘察测绘研究院有限公司高度重视，积极推进文物保护单位的档案制作及文物保护建筑的测绘工作。在充分收集文物保护单位的已有相关信息及资料后，作业团队进行数据的整理、汇总、分类以及数据和资料更新等工作。按照国家相关技术规范和要求，采用三维激光扫描与无人机倾斜摄影等当前新型测绘技术，确保测绘成果的真实准确。

项目自 2020 年 6 月开展至 2021 年 8 月结束，历时 15 个月，较合同工期提前 3 个月完成全部的文物保护单位的档案制作与文物保护建筑测绘工作，任务完成率 100%。合同签订后，公司立即组织项目管理团队，编写项目设计，成立各作业小组，并在当月展开文物保护单位已有资料的收集整理和档案制作工作。2020 年 6 月，作业组开始进行外业数据采集、处理以及建筑图纸绘制工作，并于 2020 年 7 月完成首件成果制作。文物保护单位档案制作工作历时 7 个月，于 2020 年 12 月基本完成；文物保护建筑的测绘及图纸绘制工作历时 12 个月，于 2021 年 6 月完成；2021 年 7 月至 8 月间完成项目成果整理及打印装订工作。

4.3.1.1 文物保护建筑档案资料收集与整理

同沈阳市文物局、各区文物局、文保单位管理机构等单位进行沟通，收集文物保护建筑已有资料。收集到的资料包括：第三次文物普查登记表成果、文物历史档案扫描成果、文博在线成果、文物公布文件等，并对其进行规范化整理。其中：国家第三次文物普查资料共 1469 件，历史档案扫描资料共进行 5 个批次，获取约 140 项文物的 43 项文物档案资料、15 份公布文件。

4.3.1.2 文物保护建筑档案主卷制作

文物保护单位档案主卷是文物保护建筑档案最重要的组成部分，主卷内容包括文字卷、图纸卷、照片卷、拓片及摹本卷、保护规划及保护工程方案卷、电子文件卷，具体内容如图 4.3.1 所示。

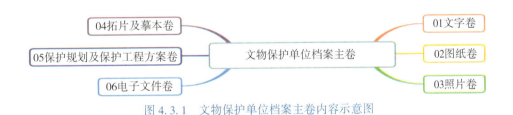

图 4.3.1 文物保护单位档案主卷内容示意图

1. 文字卷

文字资料详细介绍文物保护建筑的基本信息，其内容包括文物建筑保护单位登记表、地理位置、自然与人文环境、历史沿革、基本状况描述、价值评估、调查发掘保护工程文物展示情况、保护范围建设控制地带及建设项目控制情况、保护标志情况、保护机构情况、附属文物登记表、重要文物藏品登记表，如图 4.3.2 所示。

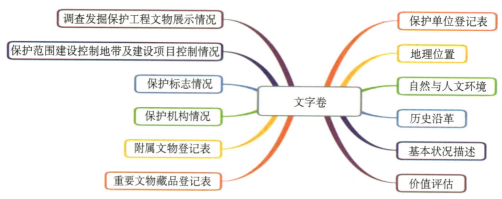

图 4.3.2 国家级、省级文物保护建筑档案文字卷内容示意图

(1) 保护单位登记表(由三部分组成)：

① 登记表一为基本信息,包含名称、保护级别、编号、代码、地址、公布机关、公布日期、所有权、使用权、管理机构、简要说明。

② 登记表二包括保存程度、现存状况、保护范围和建设控制地带简介。

③ 登记表三包括保护标志与保护机构现状简介及备注。

(2) 地理位置：采用经纬度坐标表示,记录单体建筑一角或四角坐标；对于院落、建筑群等,记录其所包含单体建筑的特征点坐标。

(3) 自然与人文环境：包括文物保护建筑所属地区、气候、气温、降水量、霜冻期,所在区域附近水系、山脉、植被、土质、交通情况以及人文风貌。

(4) 历史沿革：介绍文物保护建筑的发展和变化历程,内容主要包括文物保护建筑所处地区的历史沿革,保护建筑的创建年代,所经历各个朝代的变迁,以及每个时期修缮、恢复、增建历程。

(5) 基本状况描述：简要说明文物保护建筑的坐落、朝向、分布、排列、占地面积等。

(6) 价值评估：介绍文物保护建筑所承载的历史价值、艺术价值、文化价值、经济价值、教育价值、建筑价值和情感价值等。

(7) 调查、发掘、保护工程、文物展示情况：对历史上关于历史调查报告、发掘、修缮保护情况以及文物历史展出情况等记录的内容进行介绍。

(8) 保护范围、建设控制地带及建设项目控制情况：以文字描述介绍保护范围四至及保护范围外Ⅰ类、Ⅱ类、Ⅲ类建设控制地带范围,并根据已有资料情况予以附图说明。

(9) 保护标志情况：沈阳市文物保护建筑标志多为石质,以标志碑及标志牌为载体,上面注明文物保护级别、名称、颁布单位、日期等,部分有简介。本卷用文字描述了保护标志碑等级、尺寸、公布日期,拍摄了保护标志照片。

(10) 保护机构情况：详细说明文物保护建筑各个时期的保护、管理单位,并明确介绍各个时期的责任人及其他管理人员。存在特殊情况、有其他用途或进行修缮工程的,说明工程相关单位及项目负责人。

(11) 附属文物登记表：对于有附属文物的保护单位,此卷记录文物的名称、编号、年代、数量、位置、完残程度以及基本状况描述。

(12) 重要文物藏品登记表：对于有重要文物藏品的,此卷记录文物藏品的名称、总账号、年代、质地、来源、数量、完残程度等。

文字卷内容中：保护单位登记表、地理位置、自然与人文环境三部分以第三次文物普查资料为依据填写,保护范围与建设控制地带依据其文物所公布的红头文件填写,其他各卷以档案扫描资料为主要依据填写。

项目实施过程中，充分利用已有资料，文字内容填写较为充分，但因部分资料不完整，个别项如价值评估、保护机构情况、调查发掘文物展示情况等存在留白的情况；部分文物保护单位没有附属文物及重要文物藏品，也留白处理。

2. 图纸卷

图纸卷是文物保护建筑资料中至关重要的组成部分，包括总平面图、每个单体建筑的建筑平面图及相关大样图(首层平面、二层及以上各层平面)、立面图(建筑物各外立面)、单体建筑的纵剖面、横剖面，内部基本结构图、建筑物剖面图及相关大样、门窗架梁等主要建筑构件图。

项目实施过程中图纸卷中的资料来源主要由两部分组成：一是从文物局已有的档案资料中收集文物建筑图纸，扫描电子化后插入档案的图纸卷中；二是从完成的文物测绘成果中选择相对应图纸添加到图纸卷中。

图纸卷的目录包含序号、图号、题名、时间备注信息。

3. 照片卷

照片拍摄时，作业组对照片的序号、底片号、题名、拍摄时间、拍摄者、拍摄方位进行记录，并提供详细的文字说明。照片内容涵盖文物保护建筑同一时间的各外立面(正面、背面及各侧面)与屋顶信息，同时包含重要的房间、室内结构，以及建筑物的构件、纹理、翼角、吻兽等细节。

需要测绘的 109 处文物保护单位的照片采用测绘现场拍摄的照片，其他照片主要来自第三次全国文物普查拍摄的照片以及已有档案资料中的历史照片。

4. 拓片及摹本卷

拓片登记表中填写拓片的序号、拓片号、题名、张数、规格、现存状态、锤拓人、锤拓时间、录文、备注等信息，备注中注明碑刻的时代、完整残损程度、质地、撰文、书丹、类别、位置、基本状况(字体、字数、字径)等内容，拓片及摹本卷目录包括序号、编号、题名、张数、类别等信息。

此部分内容主要取决于收集的已有资料，有相关资料的对照填写，没有相关资料的则留白处理。

5. 保护规划及保护工程方案卷

本卷对文物保护单位及部门编制的各项规划及工程方案进行收集整理，注明编制单位、题名、编制时间、批准单位、批准时间、张数等信息。素材主要选自已有档案资料中的文物保护修缮审批方案资料，从中节选对应的信息填写到卷中，没有相关资料的留白处理。

6. 电子文件卷

关于文物建筑的历史视频和音频等电子文件资料梳理后归入电子文件卷，如关于文物保护单位的新闻报道、采访纪实等。由于收集的资料中电子文件的内容较少，大部分采取留白处理。电子文件卷内容以 U 盘或硬盘的方式存储，成果与"四有"档案电子版数据成果一并上交。

4.3.1.3 文物保护单位档案副卷制作

文物保护单位档案的副卷包括行政管理文件卷、法律文书卷、大事记卷三部分内容。

1. 行政管理文件卷

本卷对公布文物等级及保护范围的政府文件、文物保护行政主管部门的申请、报告、总结文件、会议纪要文件和具有审批权限的机关部门的批复文件等进行收集整理，注明文号、发文单位、题名、发文时间等信息。

素材主要选自扫描档案资料中的历史行政管理文件以及陆续追加的公布文件，从中筛选出对应的内容填写到卷中，没有相关资料的留白处理。

2. 法律文书卷

本卷对文物保护、修建、迁移等产生的合同，各级文物保护管理部门制定的消防安全管理责任书、人员分工表、岗位责任制、各项实施方案、安全保卫工作制度、奖惩制度、文明公约以及机构改革方案等相关法律文件等进行收集整理，注明责任者、题名、时间等信息。

素材主要选自扫描档案资料，从中筛选出对应的内容填写到卷中，没有相关资料的留白处理。

3. 大事记卷

本卷对文物自建立以来或有文字记录以来的逐年大事记信息进行收集整理，大事记内容包括其成立、保护级别的提升、出土文物、发掘、修缮工程、题词、重要人物来访、重大的参观活动、获奖情况以及其他有重大影响的事件，注明责任者、题名、时间等信息。

素材主要选自扫描档案资料，从中筛选出对应的内容并按年份日期逐条填写到卷中，没有资料的留白处理。

4.3.1.4 文物保护建筑档案备考卷制作

文物保护单位档案的备考卷成果包括参考资料卷、论文卷、图书卷三部分内容。

1. 参考资料卷

本卷对介绍文物相关的报纸、杂志、信件、发言稿以及年代久远的普查资料等进行收集整理，注明责任者、题名、出处等信息。

素材主要选自扫描档案资料，从中筛选出对应的内容填写到卷中，没有相关资料的留白处理。

2. 论文卷

本卷对各高校、科研院所、文物保护研究中心、考古研究所、博物馆等单位公开发表及出版的各类针对文物保护建筑及出土文物、文化文明、历史价值等的研究成果、论文等进行收集整理，注明著译者、题名、出处等信息。

素材主要选自扫描档案资料，从中筛选出对应的内容填写到卷中，没有资料的则留白处理。

3. 图书卷

本卷对关于文物保护单位的馆藏文物集萃、地方文物简志、纪念专刊等已经出版的书刊进行收集整理，注明著译者、题名、出处等信息。素材主要选自《沈阳市文物志》《沈阳都市中的历史建筑汇录》《沈阳市文物普查名录汇编》等书籍，从中筛选出对应的内容填写到卷中，没有资料的则留白处理。

4.3.2 文物保护建筑测绘流程及作业方法

数据采集总体流程包括作业准备、数据采集、数据处理、成果制作、成果检查验收等内容，整个作业流程如图4.3.3所示。

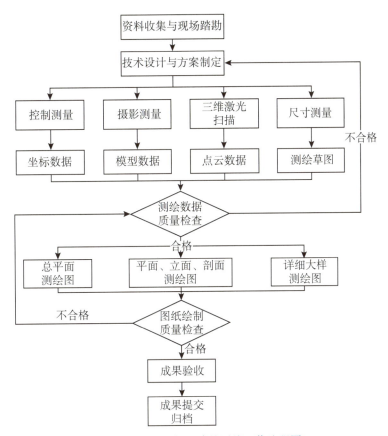

图4.3.3 文物保护建筑测绘工作流程图

4.3.2.1 作业准备

作业组在准备阶段进行资料分析、现场踏勘、作业方案的设计等工作。

1. 资料分析

分析文物保护建筑位置、周围环境、文物保护机构信息，联系对接，准备入场踏勘；分析文物保护建筑测绘的重点和难点及处理方法。如延寿寺测绘，延寿寺目前共有建筑数十栋，但多为后期复建，已失去原始风貌，作业组首先根据三普档案中的描述查询需要测绘的6栋文物保护建筑，避免测错或漏测。对于位于新民、法库等距市区较远的文物保护建筑，合理安排作业顺序及行车路线，提高外业作业效率，避免浪费时间。

2. 现场踏勘

通过对文物保护建筑的踏勘，作业组选择合适的软硬件设备、绘制草图，为作业方案设计做好基础准备。如奉天驿旧址，现为沈阳站，每天客流量巨大，现场干扰因素较多，且位于铁路管理机构划定的禁飞区范围内，测绘难度高。项目组提前做好沟通对接工作，准备无人机作业函件，办理合法航拍手续，并选在清晨客流量较少的时间段作业。

3. 方案设计

根据现场踏勘获取的信息，制定合理的作业方案。包括控制点布测方案、科学的测量手段、工作人员及时间安排等，同时明确各个环节中的质量控制措施，确保成果质量达到要求。如：辽宁总站旧址中，原候车大厅结构过高且为圆弧形曲面结构，采用传统测绘方法工期长、效率低且精度难以满足要求，因此项目组选用架站式三维激光扫描仪 RTC360 进行作业。根据踏勘获取的信息提前规划好控制点点位，外业测量阶段一组进行控制点采集和无人机数据采集工作；另一组利用三维激光扫描仪对候车大厅内部及办公室部分进行数据采集，互相配合，一天时间完成了对辽宁总站旧址的数据采集工作。

4.3.2.2 数据采集

1. 影像数据采集

在文物保护建筑照片的拍摄过程中，作业组根据建筑物的形状方位调整合适的角度、距离，拍摄角度均垂直于被拍摄的建筑立面，照片内容覆盖完整的建筑立面外部轮廓，并对文物建筑保护碑和保护范围标志进行单独拍摄。根据现场天气情况设置相机的感光度、光圈、白平衡等参数，达到较好的拍摄效果。照相机为像素 3750 万的佳能单反相机，对于人员难以到达的位置和角度，作业组采用无人机进行补充拍摄。

照片成果全面反映文物保护建筑正面、背面及各侧面信息，对于建筑群和重要的价值要素，如建筑物重要的结构、构件、屋顶、纹理、翼角、吻兽等细节进行无人机补拍。

2. GNSS 控制点与常规测量数据采集

图根控制测量工作采用网络 GNSS-RTK 测量方式进行，并选用当前较为先进的 TRIMBLE R10 GNSS 接收机作为控制测量的主要设备。每次作业前，均利用一个高等级的已知控制点对网络 RTK 进行精度检核，确认无误后再进行作业。

文物保护建筑总平面图采用 GNSS-RTK 方式按照"编码法"进行外业数据采集。所谓编码法，就是根据测绘对象特征，测量一些关键点位，并按照一定规则对这些关键点位进行编码并绘制草图，供后期绘图使用。

对于一些建筑结构简单的近现代文物保护建筑，或部分内部空间不适宜采用三维激光扫描的，作业组采用常规测绘方法：首先通过仔细勘查现场，绘制建筑测绘草图；建筑物室外测量利用全站仪进行，室内则通过激光测距仪、钢尺等设备对文物保护建筑结构的尺寸、长度、标高进行测量；最后将实测结果准确标注在草图上。

3. 三维激光扫描数据采集

对于结构较为复杂的单体文物建筑采用先进的三维激光扫描技术，通过三维激光扫描完成建筑物的信息采集，生成文物建筑的高精度三维点云数据模型。

作业组首先根据文物建筑结构及外部形状合理布设测站位置，保证所有测站的扫描角度全面覆盖被测建筑物，相邻测站间点云数据的重合率控制在 30% 以上。作业采用的 Leica RTC360 三维激光扫描仪带有视觉追踪和自动拼接功能，现场充分利用测站路线的闭合条件，尽可能多地采用闭合测站作为精度检核条件。如在对辽宁总站旧址的测绘中，外部通过围绕建筑物扫描一周进行闭合，内部则通过一层至三层的走廊及楼梯构成闭合条件。闭合路线上的测站误差可以被平均分配，并有效检核出粗差的存在，从而大幅提高精度，如图4.3.4所示。

4. 无人机倾斜摄影数据采集

利用无人机倾斜摄影手段采集建筑物顶部及侧面信息，并通过三维建模软件生成文物保护建筑的点云模型，作为三维激光扫描仪的补充，填补其在建筑物顶面上的数据空白。

无人机作业前，作业组首先在整个文物建筑保护范围及周边范围内布设像控点，并采集像控点坐标。无人机航线采用"井"字形布设，航向重叠率80%，旁向重叠率70%，定距拍摄模式，相机角度根据文物保护建筑周围实际情况选在45°~60°之间，如图4.3.5所示。

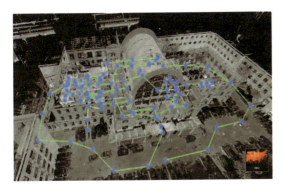
图4.3.4　辽宁总站测站分布示意图

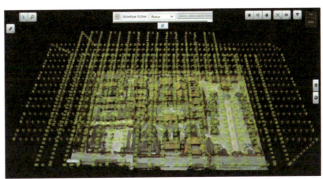
图4.3.5　沈阳故宫航摄示意图

4.3.2.3　数据处理

数据处理工作主要包括三维激光扫描数据处理与无人机倾斜摄影数据处理两部分，其处理流程如图4.3.6所示。

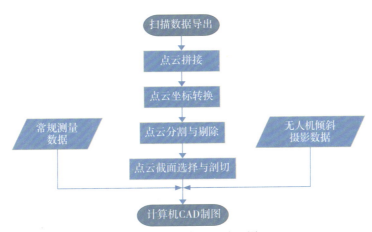
图4.3.6　数据处理流程图

1. 三维激光扫描数据处理

三维激光扫描生成的每个测站数据都是一组相对独立的点云成果，因此为获得文物保护建筑整体数据，需要把各个测站数据拼接到一起。数据处理过程中，作业组严格控制点云数据拼接质量，按如下要求完成：

（1）采用软件立体交互式调整其中一个测站的点云数据的姿态，进行相邻两站点云的拼接，保证其大致对齐，完成粗拼接工作，如图4.3.7所示。

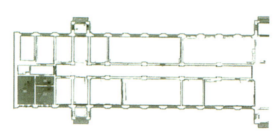

图4.3.7　点云数据拼接示意图

（2）点云数据经过粗拼接后，软件采用ICP（Iterative Closest Point）算法改正测站间的误差，改正后相邻测站拼接误差控制在20mm以内。

点云数据在拼接后，由于存在噪点、冗余数据，甚至与文物保护建筑无关的数据，因此需要对点云数据进行分割与剔除。将明显脱离扫描实体的异常点、孤立点定义为噪声点，进行滤波剔除，将与绘制建筑图无关的植被、家具等点云数据删除；数据量过于庞大的成果进行了局部抽稀处理。

点云拼接是点云数据处理过程中最重要的环节，出现错误会导致数据分层，带来严重的尺寸偏差。为提高精度、避免粗差，每栋建筑点云数据在拼接完成后，将点云成果导入检查软件中对点云采取横向剖切的方式进行检查，通过直接量取墙体之间重合度查看点云是否存在分层并以此判断成果质量，在数据检查合格之后再整体导出，如图4.3.8所示。

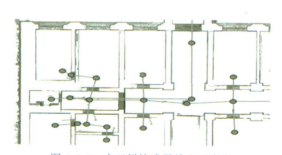

图4.3.8　点云拼接成果检查示意图

2. 无人机倾斜摄影数据处理

无人机倾斜摄影数据采用Bentley Context Capture软件进行处理。数据处理过程的关键是空中三角测量，其主要目的是通过航摄影像之间同名地物的关联性恢复摄影时刻相机的位置和姿态，建立测区精准的像方空间参考。空中三角测量的具体过程是根据航测条件在软件中设置POS信息精度、草图生成、匀光匀色等选项，软件自动进行自由网空中三角测量；自由网空三完成后，再通过像控点归化到绝对坐标系中，完成控制网空三测量，建立像方空间参考和物方空间参考的联系。通过生成的质量报告对空三成果进行质量检查，控制点残差在误差允许范围内视为合格。否则需要重新进行空中三角测量。

质量检查合格后，选择高斯-克吕格投影和CGCS2000坐标系，采用影像密集匹配技术，生成三维点云数据成果，数据成果的点间距为10mm；同时输出文物建筑的实景三维模型。

项目实施过程中以传统测记法为主，同时引入无人机和三维激光扫描仪等新设备。对沈阳故宫、张学良旧居、满铁奉天公所旧址、中山广场雕像等几处典型文物保护单位制作了实景三维模型。无人机倾斜摄影成果如图4.3.9所示。

图4.3.9　无人机倾斜摄影成果展示图

4.3.2.4　数据检核

在数据成果用于图纸绘制前，作业组必须对数据质量进行严格检查。首先，三维激光扫描数据测站闭合差要求控制在20mm以内，超限的数据作为不合格数据进行重测；由三维激光扫描仪获取的点云成果与无人机倾斜摄影生成的点云成果较差控制在50mm以内；以手持激光测距仪、钢尺等常规测绘方式获取的数据与三维激光扫描、无人机倾斜摄影数据成果之间的互差控制在50mm以内。

4.3.2.5　建筑图纸绘制

在对采集完成的数据进行充分检核后，作业组开始利用成果数据进行图纸绘制工作。文物保护建筑总平面图采用EPS测图系统绘制，按照国家基本比例尺地图图式符号表达绘制完成。文物保护建筑的平面、立面、剖面图则通过CAD软件绘制，按照相应制图标准绘制最终成果图。制图比例尺见表4.3.1。

表4.3.1　　　　　　　　　　　　　图纸成果比例尺列表

图别	制图比例
总平面图	1∶200、1∶500、1∶1000
平面图	1∶50、1∶100、1∶200
立面图	1∶50、1∶100、1∶200
剖面图	1∶50、1∶100、1∶200
详图	1∶10、1∶20、1∶50

除图纸目录及表格采用普通A_4幅面外，文物保护建筑图纸规格采用标准的A_0、A_1、A_2图纸幅面，见表4.3.2。

表 4.3.2　　　　　　　　　　　　　　图幅及图框尺寸列表　　　　　　　　　　　　　（单位：mm）

图纸幅面规格	A₀	A₁	A₂
宽×长	841×1189	594×841	420×594
装订线	25		
图框线	10		

1. 文物保护建筑总平面图绘制

文物保护建筑总平面图平面基准采用 CGCS2000 国家大地坐标系，高程基准采用 1985 国家高程基准，地图投影为高斯-克吕格投影，中央子午线 123°。

制图人员将经检验合格的外业数据导入 EPS 三维测图软件中，通过各测点的编码进行总平面图各个要素的绘制。绘制完成后转换为 CAD 格式文件，图纸的右上角注明总平面图的指北针，并在图纸中部的正下方或其他明显位置标明图纸名称与制图比例尺。

如图 4.3.10 所示，总平面图反映了文物保护建筑场地内外部周围环境，包括周边道路、周围建筑物、植被、水体，以及文物保护建筑自身的名称、出入口位置等。总平面图是图纸成果中的第一部分，其编号为"测绘 01-01"。

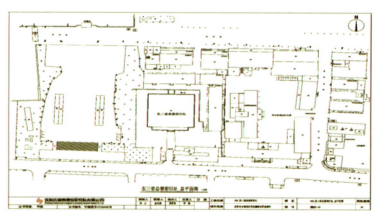

图 4.3.10　文物保护建筑总平面图

2. 文物保护建筑平面图绘制

文物保护建筑平面图绘制的基础数据是三维激光扫描点云数据，首先将三维激光扫描生成的 RCP 点云数据导入 CAD 软件中，通过旋转功能将其调整为正南正北方向。首层平面图在室内标高为 1.5m 处进行剖切，隐藏掉 1.5m 以上部分，向下方投影以俯视视角开始绘制。

绘制过程中首先确定总体尺寸和控制性尺寸，选定外墙及主要承重内墙中线作为主要轴线，规划轴网并编号，然后依次绘制墙体、门窗、楼梯、台阶、雨棚、坡道等结构及构件；结构、构件绘制完毕后进行尺寸及标高的标注；最后标明剖面图的剖切位置线及指北针、图纸名称、比例尺。

文物保护建筑的一层平面图成果如图 4.3.11 所示。二层及以上各平面图绘制方法与一层平面图一致，绘制每层平面图时，点云数据的剖切位置均在高于其楼层地面 1.5m 处。文物保护建筑的首层平面图为"测绘 01-02"，其余各层按顺序依次向后编号。

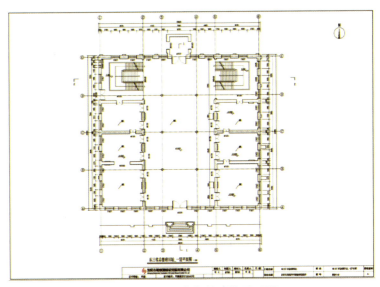

图 4.3.11 文物保护建筑平面图

3. 文物保护建筑立面图绘制

文物保护建筑立面图绘制的基础数据是无人机贴近摄影测量获取的模型点云数据。首先将点云数据导入 CAD 软件并旋转为正南正北方向，通过调整视角为侧视方向开始绘制。先绘制文物保护建筑的外轮廓、屋顶、台基等控制性部位，然后绘制柱、门窗、台阶、阳台、栏杆、墙面填充等，最后标明轴线、尺寸标注、标高、图纸名称、比例。文物保护建筑立面图为图纸成果中的第二部分，编号从"测绘 02-01"开始，立面图成果如图 4.3.12 所示。

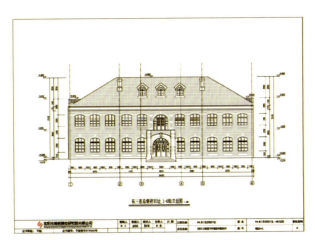

图 4.3.12 文物保护建筑立面图

4. 文物保护建筑剖面图绘制

文物保护建筑剖面图绘制难度最大，需要共同参考贴近摄影测量获取的模型点云数据及三维激光扫描点云绘制。首先根据模型点云绘制文物保护建筑物的屋顶、檐口及外墙轮廓部分，再根据三维激光扫描点云数据绘制墙、柱、梁、地面、楼板等内部结构，最后标注轴线、主要结构尺寸、各楼层标高及建筑物总高度、图纸名称、比例尺等。

文物保护建筑剖面图的编号从"测绘03-01"开始,剖面图成果如图4.3.13所示。

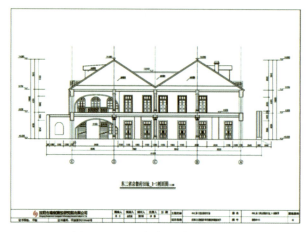

图4.3.13 文物保护建筑剖面图

4.3.3 实施难点及处理方法

1. 项目工期紧

作业组要在15个月的时间完成数百栋文物保护建筑的测绘以及文物保护单位的档案制作工作,考虑到雨雪大风等天气因素影响,项目组平均每天至少需要完成两栋文物保护建筑的测绘工作。

为保证项目按期完成,累计投入作业人员60名,共计16个作业组,以及2台高精度三维激光扫描仪、2架无人机、4套GNSS-RTK等设备,各作业组全力以赴,发扬"攻坚克难"的精神,以加班加点、夜以继日的工作态度保障项目的质量与工期。

2. 多专业交叉

文物保护建筑测绘及档案制作是一项专业跨度很大的工作任务,不仅要求项目组具备测绘专业的高水平技术人员,还要具备建筑专业与文物保护领域的相关人员。

为保证项目"四有"档案制作工作质量,弥补项目组在文保领域专业知识的不足,项目组聘请两名具有丰富工作经验的技术人员,指导项目组的档案制作工作。

对于建筑图纸绘制工作,项目邀请知名大学建筑学院教授莅临指导,对项目组作业人员进行建筑图纸的绘制方法、内容、要求方面的专业培训,并对图纸成果质量进行把控。

项目实施过程中,作业组人员除对文物测绘专题有了较深刻的认识和提升之外,通过专业培训也对建筑制图专业和文物档案整理专业有了一定的了解,开阔了视野,拓宽了业务范围。

3. 沟通入场费时费力

由于文物保护单位的保护机构与管理单位众多,每处文物保护建筑入场测绘前都需要与其保护机构或管理单位沟通对接,因此沟通工作量大。部分文物保护单位的管理机构已经变更为政府机关或企事业单位:如南满铁道株式会社旧址(一)的管理机构现为铁路局,南满铁道株式会社旧址(二)的管理机构现为辽宁省住建厅,东洋拓殖株式会社奉天支店旧址的管理机构现为沈阳市总工会,汤玉麟公馆旧址的管理机构现为沈阳市政协，横滨正金银行奉天支店旧址的管理机构现为中国工商银行，慈恩寺、太清宫、沈阳天主堂等的管理机构现为寺庙、道观、教堂等宗教团体。

项目得到了建设单位的大力支持，市文旅局为作业单位开具了专门的公函，并与文物保护机构进行沟通。项目组在对慈恩寺、太清宫、沈阳天主堂等文物保护建筑施测过程中，也积极与其管理人员以及游客、香客、信徒等沟通，取得了理解与信任，有效避免了阻碍与冲突，保障了项目的顺利进行。

4. 受疫情影响较大

受新冠疫情影响，项目的进度减缓。许多文物保护单位要求作业人员提供核酸检测证明等材料，部分文物保护单位在疫情期间禁止进入。项目管理人员对作业人员进行了疫情应对措施安全交底，给外业作业人员配发KN95防护口罩等安全装备。最终在项目组全员的共同努力下，基本按照原计划完成工作。

4.3.4 遗留问题与改进意见

在项目实施过程中，存在如下问题：

1）部分文物保护单位变为涉密单位

实际作业中，因部分文物保护建筑其管理机构为涉密单位，作业人员无法进入建筑物内部采集数据，图纸成果中缺少建筑物的内部结构表达。如东北大学旧址、南满铁路株式会社旧址（二）、伪奉天市政公署旧址、奉天警察署旧址等。以上文物保护建筑现管理使用机构为政府相关部门，部分建筑物禁止采集影像和进入建筑内部测绘，导致建筑平面图、剖面图成果不全，仅有总平面图与各建筑立面图成果。

2）部分文物建筑遭到严重破坏

在项目实施过程中，依然发现少数文物建筑的保护不力问题，如锡伯族家庙，因年久失修损毁殆尽，今仅剩余一栋建筑保留历史原貌，其余均为复建。

再如法库县的吉祥寺以及和平区的大观茶园旧址。吉祥寺的钟楼、鼓楼主体结构已经开裂，另有两座配房面临倒塌风险，现状岌岌可危（见图4.3.14）。大观茶园也已经荒废，急需保护修缮（见图4.3.15）。

图 4.3.14 开裂的吉祥寺钟楼航拍图

图 4.3.15 荒废的大观茶园旧址航拍图

3）文物保护单位资料不够全面

项目收集到的部分文物保护单位资料不够全面，少数文物保护单位资料匮乏，以致文物保护单位档案内容无法做到全面完整。如档案副卷中的行政管理文件卷、大事记卷、备考卷中的参考资料卷，如果收集的资料不完整，部分内容就无从填写。

个别文物保护单位资料存在"出入"，如主卷文字卷中的文物保护单位"历史沿革"内容，关于保护建筑的创建年代以及各个朝代、时期修缮、恢复、增建历程的描述，在不同的资料中会有不同的结果。对于已有资料中对同一内容存在争议的，以更加权威的资料为准，但如果几种资料均比较权威，项目本着客观严谨的态度，并未随意填写，予以特殊说明，待考古领域的专家考证准确后，再将结论填入文物档案。

档案成果整理是一项长期性工作，随着文物普查工作的开展、文物公布等级、管理使用等信息的变更，文物档案成果需要不断地修改和完善，对文物档案成果进行动态的维护和更新。

4.4 过程控制

4.4.1 组织保障措施

文物保护单位测绘及档案制作工作是一项内容复杂、综合性强的工作，我单位建立了有力的工作协调机制、长效监测机制，从而保证了工作的常态化、业务化和制度化。

为确保工作顺利推进，我单位成立专项工作小组，全面组织项目开展。参照本项目工作量及进度计划，单位共投入作业人员60名，其中项目负责、技术、生产、质量等管理人员共4名，质检人员8人，作业组16个（三维激光扫描作业组4个、航测作业组8个、传统测绘作业组4个），每组3人。

在作业开始前，单位组织项目所有管理人员和生产作业人员学习和掌握本项目技术设计书及相关规范规定，并在生产过程中认真执行。建立了"作业员或作业组长"⟷"作业部门"⟷"质检部门"⟷"技术生产负责"⟷"项目总负责"的信息反馈机制，生产过程中发现的质量问题和设计缺陷得到及时反馈，并及时采取恰当的措施，避免出现质量事故，确保产品质量。

4.4.2 质量控制措施

质量控制是项目生产全过程的关键环节，是完成项目的重要保障。在质量控制过程中严格执行"二级检查、一级验收"制度，并同时坚持全过程、全员和分级分类质量控制的原则。

（1）在生产准备前期，我院对参与生产的作业人员、各级检查人员、技术管理人员进行了全员培训，确保所有人员掌握技术与质量要求、熟悉工艺流程和关键技术环节。培训过程中，加强质量检查人员和作业人员对项目重要性的认识，增强质量意识；明确质量管理和质量检查人员的职责，责任落实到人，并实行成果质量终身负责制。

（2）项目严格执行院的二级检查制度，做好各工序的检查工作，规范各工序成果的标准性和统一性，上一道工序数据成果经严格检查合格后才进入下一道工序。

（3）项目技术管理人员和质量检查人员积极地对作业过程进行指导和检查，及时解决出现的问题；召开阶段性会议、总结经验，确保项目按时、保质完成。

4.5 成果质量

4.5.1 抽样位置分布

沈阳市勘察测绘研究院有限公司技术质量部于 2021 年 3 月至 8 月对该项目成果进行了检验。采用抽样检验方式，共抽检样本图纸 11 处、档案 11 项，名称如下：沈阳天主堂、辽宁总站旧址、东三省总督府旧址、大佛寺、张廷枢公馆旧址、沈阳北塔（含法轮寺）、杨宇霆公馆、东北陆军讲武堂旧址、车向忱旧居、新民市清真寺、沈阳基督教会东关教堂。

4.5.2 检查内容

(1) 档案质量检查：档案信息的准确性；档案信息的完整性；档案内容的填写。
(2) 总平面图检查。
(3) 平面图检查。
(4) 立面图检查。

4.5.3 检查结论

经最终检验，《沈阳市文化旅游和广播电视局文物保护单位测绘和档案制作》项目成果满足设计要求。项目各项成果经本单位技术质量部门最终检验，满足相关作业技术规程、参考的建筑制图标准以及项目技术设计书要求，成果质量合格，检验报告如图 4.5.1 所示。

图 4.5.1 项目质量检验报告样式图

4.5.4 成果验收

2021 年 9 月，建设单位在沈阳主持召开了本项目验收会。验收专家组审查了承建单位提供的项目文档、测绘图纸及档案成果，专家组认为承建单位提交的项目验收资料成果齐全、完整、规范，符合验收要求；项目测绘图纸成果基本准确，图纸绘制规范，符合国家行业相关规范要求；项目档案成果排布合理，内容较为翔实，整齐美观，便于后续查阅使用；项目部分成果采用了三维激光扫描技术与无人机贴近摄影测量技术，构建了文物建筑高精度的实景三维模型，真实反映了沈阳市文物保护建筑的风貌与特点，具有较好的创新性。项目的完成，为后续的文物保护、规划管理、工程修缮、教育宣传等工作提供了完善的基础信息。

4.6 提交归档

4.6.1 上交数据成果格式

文物保护单位档案数字成果格式为 *.doc 文件。文物保护建筑图纸数字成果格式为 *.dwg 文件，为方便图纸成果归档，图纸成果同时提供 PDF 文件，格式为 *.pdf。文物保护单位档案照片卷中的建筑物影像文件为 *.jpg 或 *.jpeg 文件。

文物保护建筑图纸成果经质检合格后，按图纸规格大小打印并装订制作成为文物保护单位档案中的图纸卷。电子版文物保护单位档案制作完成后，进行打印并与图纸卷成果一起组卷，按照全国重点文物保护单位记录档案工作规范中的相关规定制作成最终档案成果。

4.6.2 上交数据成果清单

项目上交成果资料如下：
(1)项目技术设计书；
(2)项目档案成果(纸质版及电子版)；
(3)项目图纸成果(纸质版及电子版)；
(4)质检报告；
(5)项目总结；
(6)项目验收报告。

第 5 篇
新型基础测绘建设技术研究与实践

张志超　　杜志学　　李旭光　　刘玉庆

5.1 研究概述

5.1.1 研究背景

基础测绘是为经济社会发展和国防建设提供基础地理信息的基础性、公益性、先导性事业，是实现经济社会可持续发展的基础条件和重要保障。基础测绘产品是直接服务各方面应用的关键内容，是基础测绘服务能力和水平的直接表现。几十年来，基础测绘产品为国家建设和发展提供了不可替代的服务。但随着社会的发展，特别是人工智能、大数据、云计算和互联网等现代技术的快速发展和深化应用，纸质标准、未对象化、未实体化、未数字化的测绘成果已经难以满足信息化发展的需要，迫切需要转型升级。

《国务院关于全国基础测绘中长期规划纲要（2015—2030 年）的批复》提出："到 2030 年新型基础测绘体系全面建成"，形成以基础地理信息获取立体化、实时化，处理自动化、智能化，服务网络化、社会化为特征的信息化测绘体系。自然资源部提出"大力推动新型基础测绘建设，加快构建实景三维中国"，先后印发了《新型基础测绘体系建设试点技术大纲》和《实景三维中国建设技术大纲》，提出"以产品体系创新为突破，带动技术体系、生产组织体系和政策标准体系的全面创新，实现基础测绘高质量发展。"

2017 年以来，原国家测绘地理信息局和自然资源部批准了开展上海、武汉、宁夏、西安、山东、北京和贵阳国家新型基础测绘建设试点。同时，国家鼓励各省区开展省区范围内的试点工作，广州、嘉兴、沈阳等城市均开展试点建设。这些试点通过存量数据改造生成地理实体和利用倾斜摄影模型直接生产地理实体两条路径开展地理实体生产，进而建立地理实体数据库，实现了基础测绘产品体系转型升级，提升了供给能力。

张志超，正高级工程师，高级副总裁，北京山维科技股份有限公司。
杜志学，高级工程师，总工程师，北京山维科技股份有限公司。
李旭光，工程师，产品经理，智路云（辽宁）交通科技有限公司。
刘玉庆，工程师，产品经理，北京山维科技股份有限公司。

北京山维科技股份有限公司密切关注新型基础测绘建设，发挥自身在地理空间数据整理加工和空间数据库建设方面的优势，及早开展了相关专题研究，取得了一定的成果。国家开展新型基础测绘试点以来，山维科技先后参加了上海、西安、贵阳等国家级试点和广州、沈阳等省级试点建设，重点参与了标准体系制定和地理实体数据生产建库方面的研究工作。经过四年多的努力，山维科技在地理实体生产和地理实体数据库建设方面取得了丰富的研究成果，为今后的发展奠定了稳固的基础。

5.1.2 基本概念

新型基础测绘是以"地理实体"为视角和对象，按"实体粒度和空间精度"开展测绘，以构建"基础地理实体数据库"为目标，按需组装"4E标准化产品"，包括组合聚合实体集、无级化地图表达、地形级实景三维、城市级实景三维的基础性、公益性测绘行为。

地理实体是现实世界中占据一定连续空间位置，单独具有同一属性或完整功能的自然地物、人工设施及地理单元。根据现实世界中表达对象类型的不同，地理实体可分为地物实体和地理单元。地物实体通常包括水系、交通、建(构)筑物及场地设施、管线等，地理单元通常包括行政区划单元、自然地理单元等。

地理场景是承载地理实体的连续空间范围内地表的"一张皮"表达，通常包括正射影像(DOM)、真正射影像(TDOM)、数字高程模型(DEM)、数字表面模型(DSM)、倾斜摄影三维模型等。

基础地理实体数据库是以地理实体及其空间身份编码SIC为索引，搭载结构化、半结构化和非结构化的多样化信息，并集成公共专题数据、互联网抓取数据和物联网感知数据，经服务化、池化，建立时空大数据平台，在线或离线提供数据、接口、功能和知识服务。

实景三维是对人类生产、生活和生态空间进行真实、立体、时序化反映和表达的数字虚拟空间，是现实世界的数字孪生，具有实体化、三维化、语义化、结构化、全空间和人机兼容理解的显著特点，通常包括地形级、城市级和部件级实景。其中，地形级和城市级实景三维可在"基础地理实体数据库"基础上，面向应用服务，提取不同粒度、不同精度、不同模态的地理实体数据及其对应的地理场景并进行适配组装和融合表达形成，属于新型基础测绘4E标准化产品中的主要形式；部件级实景三维源自商业化和专业化测绘成果。

时空大数据平台是以时空信息为基础，依托泛在网络，聚合分布式大数据资源，按需提供计算存储、数据、接口、功能和知识等服务的基础性、开放式技术系统。连同云环境、政策、标准、机制等支撑以及时空基准共同组成时空基础设施。

基础地理实体数据库、实景三维与时空大数据平台三者之间既相互联系，又各有侧重、边界清晰，如图5.1.1所示。

5.1.3 研究目标与内容

5.1.3.1 研发需求

如何构建新型基础测绘体系？需求方面包括产品体系、技术体系、生产组织体系、政策标准体系四个方面，其中产品体系需求引领技术体系需求、生产组织体系需求以及政策标准体系需求。

从产品体系来说，新型基础测绘的基础产品体现在以地理实体和地理场景数据建立基础地理实体数据库。从地理要素转向地理实体生产建库，需要在产品模式、数据生产、质量控制、数据更新、应用服务等各方面形成新的技术解决方案，构建新的面向地理实体的生产建库技术体系。充分利用现有数据资源、平台系统等工作基础，实现在继承基础上的创新。

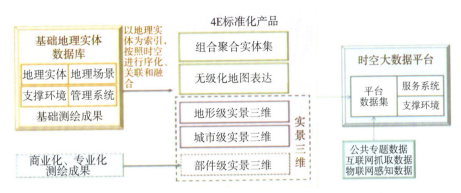

图 5.1.1　地理实体数据库、实景三维与时空大数据平台关系图

在数据库建设方面，将从传统基础测绘按比例尺分级、各成果库各自独立的组织模式向以地理实体为核心、时空数据相互关联的组织模式转变。地理实体不仅有矢量数据表达方式还有单体化三维模型等多种表达方式，这种"一体多态"的表达形式和实体的语义关系，都需要新的数据标准和数据结构存储模型，作为技术需求基础进行研究。

在地理实体的数据生产方面，有两条不同的生产路径需要探索。首先是如何利用传统地理要素的存量数据将地理实体转换重构；其次，对于新增实体如何完成二三维一体化采编提取，进一步研究地理实体的语义化，包括实体关系的建立、地理实体空间身份编码赋码等功能需求。

在地理实体数据成果质检方面，相对于地理要素的数据成果质检，除了包括拓扑关系的空间数据逻辑检查之外，还要对"一体多态"的地理实体，从二三维数据以及语义关系方面进一步研究数据应该遵循的若干规则，从而构建面向地理实体数据成果的质检方案，以保证入库数据质量。

在地理实体数据建库及动态更新方面，遵循"一个实体只测一次"的思想，需要在日常的生产项目与实体数据库之间建立基于实体增量的动态更新机制。项目的生产底图数据源需要"从库中来"，实体数据成果中的增量部分则要"回库中去"，完成了即时更新，维护了数据库中数据的现势性；满足了历史数据统计查询和回溯的功能需求。

在地理实体数据的成果共享应用方面存在的需求包括：基于地理实体数据库实现地理实体无级化制图，如何进行新型基础测绘产品组装；如何实现"一库多能、按需组装"，并发布实景三维共享服务；如何进一步叠加专业实体、扩展语义信息，支持自然资源应用、行业应用以及社会化应用。这一系列需求涵盖了地理实体全生命周期从生产到应用的全过程。

围绕这些需求，国家和地方相继开展了不同侧重的试点工作，从 2017 年开始，国家陆续批准了上海、武汉、西安、宁夏、贵阳等区域的新型基础测绘建设试点工作。这些试点成果，为全国基础测绘升级转型提供了可借鉴、可复制、可推广的经验和示范。

5.1.3.2　研究目标

新型基础测绘体系涉及产品体系、技术体系、生产组织体系和政策标准体系，山维科技选择在信息获取与处理、数据管理与服务关键技术两个方面开展研究，努力实现山维科技生产建库转型升级，打造面向地理实体的数据生产与建库更新体系。

研究目标主要有以下四个方面：

（1）建立地理实体二三维一体化生产、存储、实体化动态更新与发布应用体系；

（2）升级优化传统日常测绘业务数据标准和软件体系，实现已有测绘业务成果直达地理实体数据库；

（3）实现地理实体一体多态的二三维联动采编工艺流程；

（4）建立地理实体数据库按需组装和二三维成果自动派生机制，实现生产数据直达应用。

5.1.3.3 研发内容

山维科技参与了上海、西安、贵阳等国家级新型基础测绘试点项目，以及广州、沈阳等地方级新型基础测绘试点建设项目，重点参与了标准体系制定与地理实体数据的生产实践研究。

山维科技针对新型基础测绘的研发，主要包括以下三个方面的工作：

1）地理实体生产平台EPSE地理实体工作站的开发

在地理实体相关数据标准与存储结构模型研究的基础上，生产平台基于EPS地理信息工作站做继承性开发，提供包括存量数据升级地理实体数据、二三维实体一体多态数据联动采集、实体关联、语义化处理及专业质检等功能模块的地理实体生产平台，即EPSE地理实体工作站。

2）地理实体二三维动态更新管理软件系统开发

研究实现包含二维矢量、三维模型等一体多态的地理实体与实体关系数据成果入库与下载等功能，满足日常生产成果基于实体增量的动态更新管理，并支持按需派生各类业务库、文件成果、网格单元数据等个性化产品。

3）实景三维应用平台开发与集成

应用平台开发的目的是推进新型基础测绘成果在国民经济各领域中的应用。应用平台提供一体多态数据展示浏览、基于语义的知识图谱、历史对比等功能，更好地展示数据相关性和时空性，为都市生活圈、智慧社区、国土空间规划等应用方向提供平台支持。

基于以上研发内容构建EPSE和EPS GIS双自主平台，实现地理实体"采、编、库、用"一体化，并可与SuperMap、ArcGIS等GIS应用平台集成，为地理实体生产、建库和数据更新提供方案支撑。

5.2 技术方案

通过分析各试点项目的总体建设方案，瞄准项目的试点方向和重点任务，在相关项目地理实体数据生产和建库管理方面，以上述EPSE地理实体工作站、地理实体二三维动态更新管理软件系统等产品为基础，结合地方化的需求和特点迭代开发，进一步完善地理实体生产建库更新技术方案，完成地理实体的生产建库任务。

5.2.1 总体技术思路

技术方案需要满足新型基础测绘地理实体生产管理的四个核心需求，包括标准与规范编制、二三维一体化数据采编、"一体多态"数据存储、数据库管理与更新。总体技术思路包括地理实体数据生产和地理实体数据建库与共享两部分。如图5.2.1所示。

图 5.2.1　技术方案总体思路示意图

1. 地理实体数据生产

地理实体的数据生产采用 EPSE 地理实体工作站，支持二三维一体化采编，提供地理实体数据质检模块进行质量检查，保证地理实体数据生产的效率和质量。

地理实体具备"一体多态"的数据特征，在地理实体的三维模型表达方面，EPSE 地理实体工作站可以生产建筑白模 LOD1.3；支持用户选择 SketchUp 草图大师或 3DS Max 等专业三维建模软件构建 LOD2、LOD3 和 LOD4 等级别精细模型，实现跨平台联动生产。

2. 地理实体数据建库与共享

数据建库与更新采用山维科技开发的地理实体二三维建库与动态更新系统软件，根据需要也可选择与 SuperMap 或 ArcGIS 等 GIS 平台集成，实现数据的更新管理与应用。

地理实体数据库建设技术可归纳为"一体两库"，"一体"代表同一个地理实体的数据个体，"两库"代表的是"核心生产库"和"应用成果库"。在生产侧和应用侧，同一个地理实体面对的生产者和使用者往往不同，生产场景和应用场景也不同，地理实体在两侧所遵循的数据标准也会不同。"一体两库"的含义是：对于同一个地理实体，在生产侧按实体生产标准来建立"核心生产库"，而在应用侧则按实体应用标准建立"应用成果库"；两侧之间通过生产标准与应用标准所存在的映射关系，按应用库数据专题的数据集成要求，按需组装建立两者的数据联系和更新通道。

在生产侧，地理实体核心生产库包括基础库和专题库，支持基础测绘以及日常生产业务的地理实体数据生产更新，其中，基础库用于管理基础地理实体数据；专题库用于管理各种专业数据，如土地利用、规划、不动产等。

在应用侧，地理实体应用成果库，体现了地理实体按需组装满足不同应用成果标准的多样性。

在实体数据更新方面，核心生产库由 EPSE 地理实体工作站通过动态更新机制每日进行地理实体数据更新；应用成果库基于核心生产库每日或定时通过管道同步机制进行地理实体数据更新。

5.2.2　方案总体架构

山维科技提出"一体两库"技术，即一个地理实体面向核心生产库和应用成果库两类实体数据库，作为生产建库更新管理与应用的核心。总体技术方案可概括为"4-5-4"结构，即"四层架构+五大支撑+四项创新"，如图 5.2.2 所示。

四层架构：基础层、采集层、存储层、应用层；
五大支撑：标准定义、实体生产、实体建库、按需组装、应用服务；

四项创新：基础标准创新、生产技术创新、数据管理创新、成果应用创新。

该方案实现了地理实体生产与应用的四种主要功能：

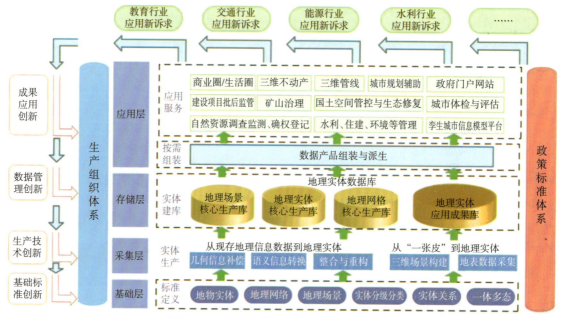

图 5.2.2 "4-5-4"结构整体技术方案架构图

（1）升级优化传统日常测绘业务数据标准和软件体系，实现已有测绘业务成果直达地理实体数据库；

（2）建立地理实体一体多态的二三维联动采集生产体系；

（3）建立地理实体二三维一体化数据存储结构；

（4）建立地理实体二三维一体化时空数据库与实体化动态更新机制。

5.2.3 技术路线

EPSE 地理实体工作站支持地理实体数据生产，把基础测绘和多测合一等日常业务，按各业务实体数据标准进行生产模板封装，对应专业生产模块进行实体生产。

地理实体数据生产建库更新技术路线，如图 5.2.3 所示。

（1）EPSE 地理实体工作站对地理实体进行二三维图元的联动采编，按初始配置构建实体关系及语义关系，质量检验通过后，将地理实体成果数据入库至核心生产库。

（2）核心生产库不仅是地理实体的数据管理仓库，也支持基础地形生产业务、多测合一业务、地下管线探测等业务的生产工作，通过下载区域数据作为日常生产实体数据的工作底图，生产成果同时也作为数据库更新来源。

（3）核心生产库采用的实体生产数据标准中，地理实体是一个实体、两套编码体系，一个编码为地理要素编码，即作业码，另一个编码为地理实体分类编码。作业码继承了生产作业人员熟悉的地理要素编码，减少了学习成本。

（4）应用成果库采用的是地理实体应用成果标准，这类数据库是为地理实体数据按需共享而建立的，对应的是不同的应用场景。在实体生产数据标准和实体应用成果标准之间，数据存在确定的映射关系；核心生产库通过管道同步机制，按照映射关系实现对应用成果库的同步更新。

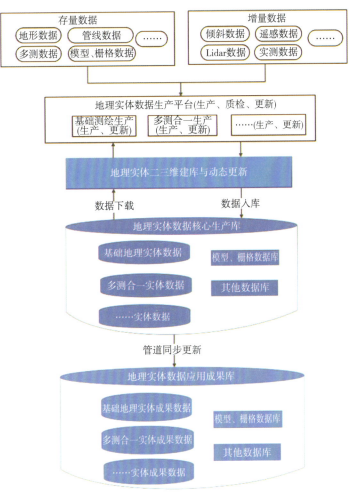

图 5.2.3　地理实体数据生产建库更新技术路线图

5.2.4　生产流程

地理实体的生产有两条常见路径：

一是从现有基础地理要素数据到地理实体，即把存量基础测绘要素数据转换为基础地理实体数据，以适用于矢量表达形式的地理实体数据的转换生产；

二是从地理场景中获取地理实体，即基于倾斜摄影模型或激光点云等场景数据生产地理实体，适用于新增或补测地理实体数据的采集生产。

两条生产路径的区别在于前者是充分利用已存在的数据，通过转换后进一步补充完善地理实体信息，后者是通过直接加载精度可靠的倾斜摄影模型或激光点云场景数据，经过结构单体化采编来进一步补充完善地理实体信息。

山维科技设计的地理实体二三维一体化的数据生产流程如图 5.2.4 所示。

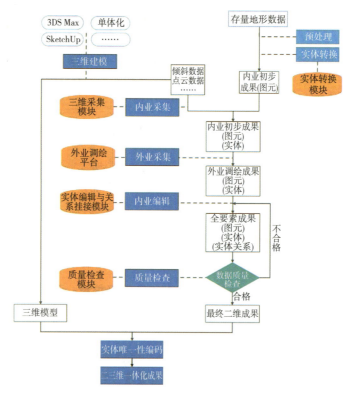

图 5.2.4 地理实体二三维一体化数据生产流程图

5.3 关键技术

在"一体两库"生产建库与应用技术打造过程中，山维科技创新研发了地理实体联动采编及一体化存储、海量数据动态加载及点云降维切片采集、实体关系和语义智能化构建、地理实体一体多态数据叠加及显示控制、地理实体数据派生、地理实体二三维一体化动态更新和管道同步映射机制这七大实用的生产技术，为新型基础测绘生产提供了技术支撑。

5.3.1 地理实体联动采编及一体化存储技术

地理实体联动采编及一体化存储技术可以实现地理实体的二三维联动显示、采集及一体化存储；支持正射影像 DOM、数字高程模型 DEM、二维矢量、倾斜摄影模型、人工模型、三维点云等多源数据同时加载与分屏显示；平台可以直接生成建筑物白模，或联动 SketchUp 或 3DS Max 生成三维精细模型，如图 5.3.1 所示。

联动采编可以实现按实体表达二三维一体化的数据逻辑，并对其物理结构进行扩展。采用 EPSE 地理实体工作站对本地工程文件的临时存储机制进行优化，将二维矢量数据保存到本地 edb 工程文件中，三维数据在工程同名文件夹下保存，并在第二级文件夹"modelfiles"中对具有三维空间表达的地理实体，按照二维矢量图层进行文件存储。每一个图层命名的子文件夹下通过地理实体的 Feature GUID 存储对应白模、倾斜单体、人工模型等三维空间数据文件。二三维实体数据本地目录存储结构及说明如图 5.3.2 和图 5.3.3 所示。

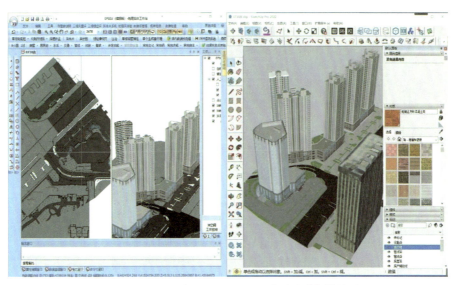

图 5.3.1 EPSE 与 SketchUp 二三维联动采集效果图

图 5.3.2 二三维一体化数据存储结构图

一级 文件夹	二级 文件夹	三级 文件夹	四级 文件夹	数据文件	说明
Edb 文件 （如：新型基 础测绘_500- 1.edb）	—	—	—	—	—
Edb 同名文件 夹（如：新型 基础测绘 _500-1）	Modelfiles	图层 1（如： 房屋面）	FeatureGUID(如： {80024FDE-0088- 46CD-96BA- 1FF3001484E8})	WM.osgb	白模
				MM2.osgb	人工模型
				MM3.osgb	
				MM.osgb	
				OM.dsm	倾斜单体
				Pointcloud	点云团
				……	
			FeatureGUID	……	
		图层 2	……	……	
		……	……	……	

图 5.3.3 二三维一体化数据存储结构图说明

地理实体管理与浏览，按照标准模板"GE Entity Code"表中的实体分类，建立地理实体分级列表，如图 5.3.4 所示，在分级列表中显示各类地理实体的数量，支持"显示""关闭"等操作，也可显示非实体要素。

图 5.3.4　地理实体管理与浏览示意图

5.3.2　海量数据动态加载以及点云降维切片采集技术

该技术支持多数据源、多视角观察的地理对象,如图 5.3.5 所示;使用切片技术按需求生成平面切片与立面切片,将三维降为二维,辅助地理实体不同高程位置平面边界与立面边界的精确采集,如图 5.3.6 所示。

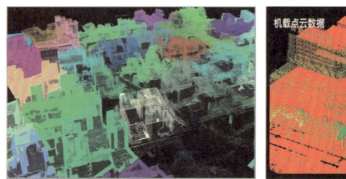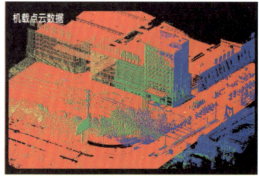

图 5.3.5　多源海量数据动态加载效果图

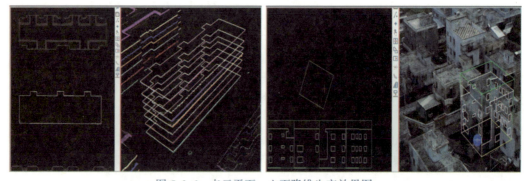

图 5.3.6　点云平面、立面降维生产效果图

5.3.3 实体关系和语义智能化构建技术

根据预定义的实体关系和语义规则,自动创建并记录实体和语义信息,支持实体关系浏览和查询。

在 EPSE 地理实体工作站的实体关联模块中可以实现实体关系自动构建组合/聚合实体,如图 5.3.7 所示,自动构建具有以下 4 个特点:

(1)可预设自动批量关联方案,按包含关系、按缓冲区、按特征等进行关联;
(2)一键自动批量关联,可按全部、按类型进行自动关联,新旧关联互不影响,进度一目了然;
(3)可根据关联结果按需进行可视化调整,关联关系与图形实时联动显示;
(4)三维关联关系根据二维自动继承,无须干预。

图 5.3.7 实体关系自动构建示意图

5.3.4 地理实体一体多态数据叠加及显示控制技术

地理实体包含矢量、白模、倾斜摄影模型、人工模型、点云单体、数字高程模型 DEM、正射影像 DOM 等多种表现形态。该技术实现了选择性开关显示、分屏单独显示、叠加显示、地理实体选中后多窗口同步高亮等效果。如图 5.3.8 所示。

5.3.5 地理实体数据派生技术

按照地理实体数据向地理实体服务产品多元派生的映射规则,实现地理实体库对库派生和文件派生过程,同时使用缩编、映射、模型分级和缓存切片等技术,从地理实体库派生传统 1∶500、1∶1000、1∶2000、1∶5000 全要素 DLG 地形图,派生自然资源管理、不动产应用、城市规划等专业地理实体应用成果库,为提供 DLG、地理实体集、实景三维和地理场景缓存派生等形式时空数据提供支撑。

1. 传统尺度化产品派生

编制基础地理实体到 DLG 转换的分类和属性映射方案,并从基础地理实体数据库抽取实体数据,结合辅助要素数据，自动派生得到 1∶500 比例尺 DLG 产品；通过缩编方案自动得到 1∶2000、1∶5000 比例尺 DLG 产品，满足新型基础测绘过渡过程中对传统尺度化产品的要求。

图 5.3.8　地理实体一体多态数据叠加显示效果图

2. 地理实体数据集派生

基于基础地理实体核心生产库的备份库，从中抽取地理实体开展组合、聚合专题地理实体数据集的派生工作，保证面向动态更新的出入库与面向应用的服务产品派生工作能够独立进行。

3. 实景三维派生

实景三维的本质是"模型"，通过地理场景承载地理实体，对现实世界地理对象和地理现象进行时序化、多尺度、全空间的模拟和仿真。

按照通用派生的模式，对实景三维进行派生。利用二三维一体的地理实体数据，结合地理场景数据，按通用数据格式派生实景三维产品。

1）地形级实景三维派生

从核心生产库内同步数字高程模型（DEM）/数字表面模型（DSM）、正射影像（DOM）的单体化实体，建成几何精度好、分辨率高、现势性强，涵盖本区域山水林田湖草等各类自然资源的地形时空三维场景。

2）城市级实景三维派生

从核心生产库内下载优于 5cm 分辨率的倾斜摄影模型数据，并融合数字高程模型（DEM）、正射影像（DOM）构建重点工程、重大项目所需的城市级三维场景。

3）部件级实景三维派生

面向应用服务，从核心生产库同步不同精度、不同粒度、不同模态的实景三维场景，进行适配组装、融合表达，并有机整合矢量数据、影像数据、地理实体数据、地名地址数据及新型测绘产品数据，构建形成海量多源、多尺度、多时相的实景三维场景"一张图"。

4）地理场景缓存派生

基于核心生产库记录的地理场景原始数据，面向应用平台发布的需要，按照缓存数据标准，开展地理场景数据缓存派生工作。常用的缓存标准包括 Cesium 3D Tiles 等。围绕地理场景缓存数据，分单元分瓦片建立缓存数据库对多源异构地理场景数据进行组织和管理，满足局部动态更新及现势一张图浏览的需要。

5.3.6 地理实体二三维一体化动态更新技术

该技术是动态更新建库和管理体系的核心技术，其技术路线是：生产端二维数据、三维模型数据按文件方式保存，质检后上传到地理实体核心生产库，并生成实体空间身份编码。地理实体核心生产库支持按实体、按范围下载，支持二维图形、三维模型、属性、实体关系、实体语义动态更新与历史数据管理。

地理实体增量动态更新流程，如图 5.3.9 所示。

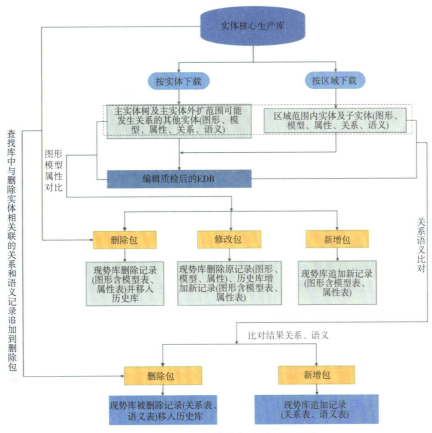

图 5.3.9　地理实体出入库更新流程图

实体的下载和上传更新，除考虑实体基本属性和图形的出入库对比外，还添加了实体关系的出入库对比，保证实体出入库图属和关系的完整性。下载形式可按区域或按实体下载。

5.3.7　管道同步映射机制

在核心生产库建成后，可自动同步出不同专题、不同坐标系的应用成果库，以满足应用系统对数据的高效性、稳定性、现势性的需求；按需自动同步派生出分幅 DWG、分幅 JPG 和服务发布缓存切片成果库，形成动态更新的系列基础数据库和成果库。

每日生产库动态更新入库后，夜间生产库更新处于静止状态时，以计划任务形式，由服务器后台定期自动增量同步更新到不同专题、不同坐标系的应用数据库和成果库，保证各数据库的及时同步一致。如图 5.3.10 所示。

图 5.3.10　同步映射机制示意图

根据不同的成果内容和存储形式，配置以下 4 种同步机制：

1. 库对库增量同步机制

库对库增量同步，根据更新的核心生产库记录的更新状态，利用更新内容对比目标库内数据，如果发现变化，将目标库源数据推送到历史库，将生产库更新的数据同步至目标库，即完成生产库向目标库增量同步过程。

2. 库对库增量自动综合同步机制

库对库自动综合同步，主要是指实现城市 1∶500 数据库更新后，1∶500 数据库更新涉及范围内的数据自动综合后替换 1∶2000 数据库相同范围内的数据，同理可实现 1∶5000 数据库的自动综合同步。

3. 库对分幅成果增量自动同步机制

库对分幅图的增量同步，主要是指实现核心数据库或者同步数据库更新后，自动把当日所有更新区域范围涉及的图幅，重新下载数据和转换输出分幅成果图。

4. 库对缓存切片增量自动同步机制

库对缓存切片的增量同步，主要是指实现核心数据库或者同步数据库更新后，自动把当日所有更新区域范围涉及的缓存切片，重新执行一次缓存切片的生成。

5.4 地理实体生产

地理实体生产的内容主要分为二维矢量数据生产、三维模型生产、地理实体关系语义构建及数据质检入库。二维矢量数据生产的途径有两条：一是从存量数据转换，二是增量数据采集生产。三维模型生产需要完成和二维矢量数据的挂接，一个模型挂接一个矢量，一个矢量可以有多个不同体态的模型，根据标准定制实体关系及语义，为自动构建提供依据。实体质检关系到数据质量，根据质检方案配置质检内容，质检合格的实体方可用于数据入库。

5.4.1 生产组织流程

在各试点城市明确我公司所承担的工作任务后，公司有针对性地组建项目工作机构，配备研发人员，制定工作目标，明确试点任务。公司加强与试点组织单位的联系，做好衔接和配合工作，及时解决工作中出现的各种问题，保障软件开发和数据加工试验工作的顺利进行。生产组织流程如图5.4.1所示。

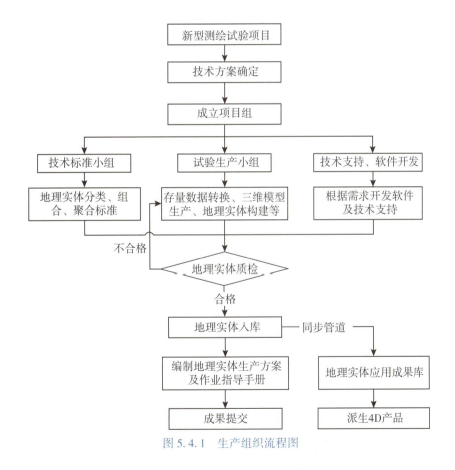

图 5.4.1 生产组织流程图

5.4.2 生产准备

我公司参与各试点城市新型基础测绘工作，均组建了专门项目组。由于试点工作内容相似，各项目组下均设三个工作小组，各有侧重地开展工作。

（1）技术标准小组收集现有生产标准和生产模板，积极和各方沟通，根据试点项目的工作内容，确认融合统一面向地理实体的数据生产标准。

（2）数据生产小组收集相关数据资料，并对数据进行分析评估确认。收集的数据类别包括现有的各类矢量数据、各种现势性强的场景数据。必要时安排外业部门进行数据的补充采集。

（3）技术支持开发小组安排需求调研和后续的功能定制开发。

5.4.2.1 软件及硬件环境

项目配备的软件环境，包括 EPSE 地理实体工作站、建库管理相关的 GIS 平台（ArcGIS、SuperMap 或 EPSGIS）以及数据库管理系统，根据用户实际情况部署。

项目配备的硬件环境为局域网内或私有云的 PC 客户端和服务器。

5.4.2.2 生产模板制作

EPSE 地理实体工作站，支持基于模板的实体数据生产作业，以保证数据的标准化，减少人工干预，避免人为失误，保证数据质量。

1. 地理实体分类与编码

1）实体分类

地理实体分类，原则上按照自然资源部发布的《基础地理实体分类、粒度及精度基本要求》执行，结合各城市的特定需求进行必要的分类调整。

2）分类编码

分类编码按实体对象的基本特征、空间分布特点分为地物实体、地理单元、地理场景、空间网格四个类别；除了基础测绘业务外，涉及多测合一等其他业务相关地理实体的扩展，需要统一考虑，保持编码体系的一致性和一定的扩展空间。

基础地理实体分类编码由地方根据实际情况自行确定，按顺序对大类、一级类、二级类、三级类的位数和值域进行设计，并支持在现有分类编码体系基础上进行扩编。

2. 生产模板中的实体定义

1）生产模板中的实体作业码

EPSE 地理实体工作站模板以生产编码作为实体生产作业码，目的是便于生产作业，并与试点基础地理实体分类与编码相联系。作业码不仅方便作业员的实际作业，还能保证地理实体与基础地形图之间数据转换的便捷性。

模板 *.mdt 为 Access 数据库，点、线、面对象都由作业码驱动，以作业码为主导将该编码所代表的实体一系列属性（如实体类型、所属图层、颜色、线型、线宽等）定义在模板的编码特征表 FeatureCodeTB 中，相应该编码的符号化描述则定义在符号描述表 SymbolScriptTB 中，两表之间以编码字段 Code 为纽带。

注记对象以注记分类号字段 FontClass 为主导，将该注记的图层、字体名、字宽、字高、颜色等属性，定义在注记分类表 NoteTemplateTB 中。

每类实体图层可分别挂接点、线、面、注记属性表，实现实体作业编码与图层、属性表之间的关联。

2）生产模板中的实体属性表定制

实体属性分为两类：基本属性和专业属性。基本属性是各类实体均应具有的属性，如实体分类代码、采集时间和数据来源等；专业属性是各类实体要素所特有的属性，专业属性后期根据实际应用需求可以扩充。

3）生产模板中地理实体关系表定义

当实体为子实体时，模板中需增加 Rela_XXX 属性表，属性表命名形式为："Rela_"+"实体属性表名"，用来记录和管理主实体与子实体的关联关系。实体关系记录主要用于实体间的语义化表达，因此在记录时，根据语义要求，指定主实体与子实体。如：语义为"院落包含房屋"，则主实体为院落，子实体为房屋，两者的关系记录在"Rela_房屋面"属性表中，语义描述记录在"Words_院落面"属性表中。

4）生产模板中地理实体语义关系表定义

模板中需要增加 Words_XXX 属性表，属性表的命名形式为："Words"+"实体属性表名"，用来记录和管理实体间的语义描述。

5）实体编码对照映射表制作

实体编码对照映射表，主要用于存量数据的转换，以及地理实体生产成果向应用成果的数据标准转换。根据试点项目所依据的标准规范来分析定制。

5.4.3 存量数据转换地理实体

各城市的存量数据主要包括 1∶500、1∶1000、1∶2000 基础地理信息要素数据、国土空间调查数据、不动产测量数据、地理国情监测数据、多测合一数据等。这些数据可作为山体、水系等自然地理实体，水利、交通、建（构）筑物及场地设施、管线等人工地理实体数据及行政区划单元等管理实体数据生产的主要源数据。源数据需要进行预处理，主要包括格式转换、坐标转换或图幅接边等工作。

格式转换：将 DWG、ShapeFile、GDB 等不同格式的源数据，在保证信息转换无损的情况下，转换为 EPSE 地理实体工作站的 EDB 数据。

坐标转换：将不同坐标系的源数据转换至 2000 国家大地坐标系或其他依法建立的地方独立坐标系下。

图幅接边：对于以矩形、梯形、行政区划等分幅形式存储或管理的基础地理信息要素数据，进行图幅接边处理，将图幅边界处表示不完整地物的离散线、面要素进行连接、合并等处理，确保要素数据的完整性。

对以上存量数据进行数据编辑整理工作，根据实体编码对照映射表，转换工具按要素与实体的映射关系，把要素自动转为地理实体，并同时转换相应的属性信息；不作为地理实体保留为制图要素的数据不再进行编辑处理。

转换后实体数据信息的补充完善、后续采编与质量检验的过程和增量数据的生产一致。

5.4.4 增量数据采集地理实体

利用场景数据进行增量数据采集，场景数据包括相应的航天遥感影像、航空遥感影像、移动测量数据、激光点云数据、倾斜摄影模型、数字高程模型 DEM、正射影像 DOM、真正射影像 TDOM 等多源数据。数据在完备性、时效性及可靠性检查合格后，作为地理实体生产的源数据。

针对城市场景下的生产过程，按地物分布类型的差异将生产区域分为包含各建筑要素的街坊内部和以交通要素为主的道路两部分。街坊内部要素包括居民地及附属设施、内部交通及附属设施、管线及附属设施、水系及附属设施；道路部分指街坊外部的道路及其包含的各类交通要素。

5.4.4.1 居民地类实体

1. 主要采集内容及注意事项

房屋等建筑物是主要修测要素，要求实测各个建筑物的墙基反映出建筑特征，一般应逐个测量表示，不综合。原则上按结构不同、层次不同、主要房屋和附属房屋分割表示，注记建筑结构和层数，在测绘时以勒脚以上墙外角连线为准，矩形建筑物需测成直角。

普通房屋使用五点房功能进行采集，复杂房屋采用多点拟合求交、垂直画线的功能进行采集，依据模型填写房屋性质、房屋层数等属性信息。院落实体采集院落范围面，如图5.4.2所示。

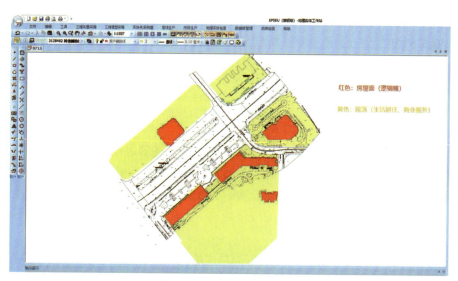

图 5.4.2 院落采集示例图

2. 生产流程

居民地类实体采集主要处理对象为各类建筑物。为满足后期转换生成地形图的要求，实际生产作业时，房屋类实体先采集房屋、简易房和棚房，然后按照自然幢人工构建较复杂的建筑物外轮廓面，待较复杂的房屋全部完成建筑物外轮廓面的构建后，直接复制生成独栋房屋的建筑物外轮廓面，其主要流程如图5.4.3所示。

5.4.4.2 交通类实体

1. 主要采集内容及注意事项

铁路、电车轨道、轻轨、磁浮铁轨、地铁、缆车轨道等应按实际采集，架空索道应采集铁塔位置。高

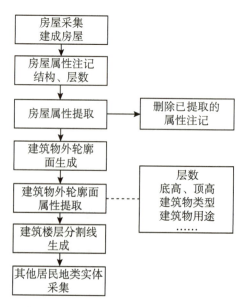

图 5.4.3 居民地类实体采集生产流程图

架轨道、地面上的轨道及岔道均可根据三维模型采集其边线。城市快速路、高架路、主干道、次干道、支路按名称单独构建面图元、中心线图元、道路边线图元；平面相交的道路还需构建路口图元，如图5.4.4所示。

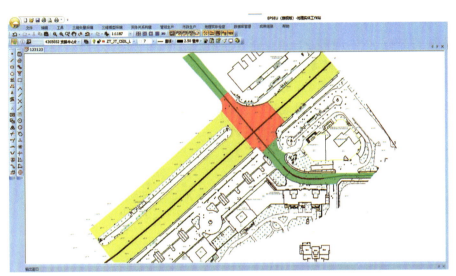

图5.4.4 交通面图元、中心线图元以及路口图元数据示例图

2. 生产流程

交通类实体生产主要流程如图5.4.5所示。

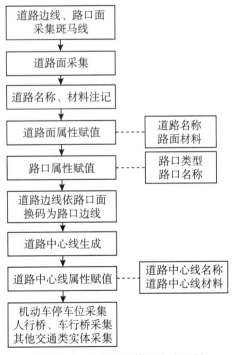

图5.4.5 交通类实体生产流程图

5.4.4.3 植被类实体

1. 采集内容及注意事项

农林用地实体根据种植种类的不同，分别独立按块构建耕地、园地、林地、草地、湿地等面实体；水田、旱地、菜地、水生作物、台田、条田；果园、桑园、茶园、橡胶园、经济作物；成林、幼林、竹林、疏林、苗圃、灌木林等作为属性存储。

城市绿地实体根据绿地分布特点，按块独立构建院落绿地、公园绿地、广场绿地、道路绿地、生态保护绿地、屋面绿地等面实体，绿地种类，如花圃、草地、行树作为属性予以存储。注意路边行树应采集其树坑。名木古树按棵独立构建面实体、点实体。

2. 生产流程

以城市植被类实体为例，根据绿地所在位置，区分为院落绿地、道路绿地、公园绿地、广场绿地、生态保护绿地等类别，生产主要流程如图 5.4.6 所示。

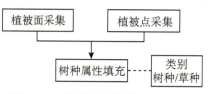

图 5.4.6　城市绿地实体生产流程图

5.4.4.4 水系类实体

1. 主要采集内容及注意事项

江、河、湖泊等的岸线均应采集，应采集在大堤（包括固定种植的滩地）与斜坡或陡坎相交处的边沿。将狭长的、相互贯通连续分布的水域界定为河流，将相对独立、或呈几何图形分布的水域界定为池塘。渠道应采集外肩线，用双线表示。

河流相交处表示为河口，河段交汇处平滑延伸切割，并自动转换到地理实体所在图层，如图5.4.7 所示。

图 5.4.7　河口、河段采集示例图

2. 生产流程

水系类实体生产主要流程如图5.4.8所示。

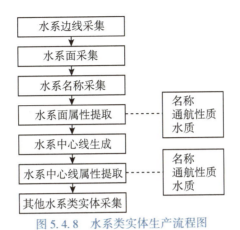

图5.4.8 水系类实体生产流程图

5.4.4.5 地貌类实体

1. 主要采集内容及注意事项

高程点的间距，平坦地区在图上3cm为宜，地势起伏变化较大时，应适当加密。建成区街坊内部空地及广场高程点的测注，应设在该地块内能代表一般地面的适中部位，如果空地范围较大，应按规定间距布设，地势有高低时，应分别采集高程点。高程点、等高线不作为实体时，则作为制图要素，按制图数据标准进行生产。

坡度小于70°的以斜坡表示，斜坡范围线按实际采集；坡度大于70°的以陡坎表示，斜坡在实地的投影宽度小于1m时，以陡坎表示。

2. 生产流程

地貌类实体生产主要流程如图5.4.9所示。

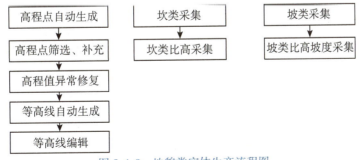

图5.4.9 地貌类实体生产流程图

5.4.4.6 管线类实体

1. 采集内容及注意事项

电力线、通信线、线路入地口、电线架应按实际采集；电线塔应依实际形状表示，采集电线塔底脚的外角。地下检修井应采集井盖中心位置,变电室、变压器、控制柜、加压站、换热站、电杆、电线架、电线塔、线缆交接箱、检修井、雨水算子、阀门、消防水鹤、消防栓等均应采集。

2. 生产流程

管线类实体生产主要流程如图 5.4.10 所示。

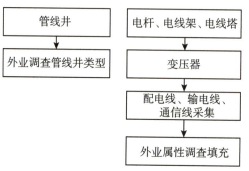

图 5.4.10 管线类实体生产流程图

5.4.4.7 地名地址

具有地名意义的各类设施名及 POI 点,依据基础地理信息要素分类中关于地名的分类,以点状要素为主或指向对应的地理实体,为方便操作以注记形式采集。输出成果时转换为点实体。可综合采用已有地名数据或以三维模型和外业调查相结合的方法确定地名。地址数据按城市管理部门要求添加。

5.4.4.8 实体矢量数据检查

完成上述实体的矢量数据采编工作后,开展数据质量检查工作。因为整编了原有矢量数据,并增加了实体内容,所以需要对实体矢量数据进行全面质检。二维实体数据质检内容如图 5.4.11 所示。

5.4.5 三维模型生产

三维模型是构建实景三维的数据基础。为适应新型基础测绘生产,山维科技开发了二三维联动采编平台,改变了原来二三维数据分开作业的工作模式。伴随多个城市试点项目实践经验的积累,软件经过了多次迭代升级,已经成为稳定的二三维联动采编平台。本节以建筑物及交通类模型为例介绍二三维联动平台生产模型的方法。

5.4.5.1 建筑物及交通类模型生产

1. 建筑物模型生产

完成矢量数据采集整理工作后,平台可实现 LOD1.0~

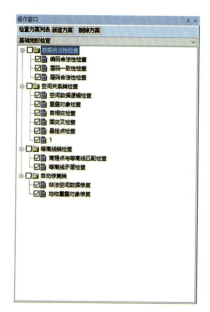

图 5.4.11 二维实体数据质检内容示意图

1.3 白模批量构建，构建模式包含以下三种方法：

（1）楼层分割线模式。根据房屋实体与楼层分割线转换水平切片，再根据建筑物高度批量构建白模。

（2）基于数字高程模型 DEM、倾斜摄影模型、点云数据生产模式，通过 DEM 提取建筑物底部高程，再利用倾斜摄影模型或点云数据批量构建白模。

（3）基于分层设计图，依属性构建白模。分层设计图平移旋转至真实坐标位置，根据设计尺寸构建白模。

LOD2 以上级别三维模型生产，在 EPSE 地理实体工作站中联动 SketchUp，进行联动建模，如图 5.4.12 所示。

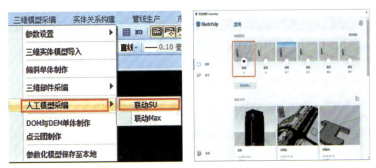

图 5.4.12　SketchUp 启动界面图

2. 全系交通模型生产

交通类设施因模型具有通用性，可预先定制三维模型库。模型库包括城市范围内所能见到的各种模型，将模型库分类整理，分为杆类、牌类、监控头等，生产端可以直接调用，如图 5.4.13 所示。

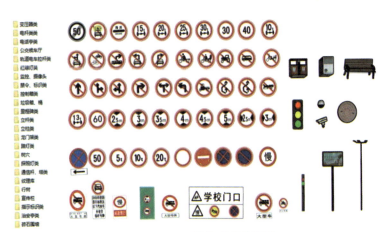

图 5.4.13　三维模型库示例图

（1）点状地物模型制作采集：在点位上放置模型库内对应模型。

（2）线状地物模型制作采集：利用原有矢量数据转换模型。

（3）面状地物模型制作采集：面状地物主要是在 EPSE 地理实体工作站中构面，同步到 SketchUp 中进行纹理贴图，点线面交通类模型生产效果如图 5.4.14 所示。

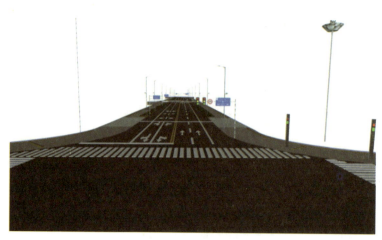

图 5.4.14　交通模型生产效果图

5.4.5.2　模型质检

为保证模型制作质量，每个重要节点都需对制作的模型进行检查。检查内容包括：二三维一致性检查、精度检查、几何数据检查和纹理数据检查。

5.4.5.3　模型与矢量同步挂接存储

模型是将矢量数据同步至 SketchUp 中进行生产的。同步过程中，通过关联实体的 Feature GUID 来实现挂接储存。Feature GUID 关联示意及模型回存至 EPSE 如图 5.4.15、图 5.4.16 所示。

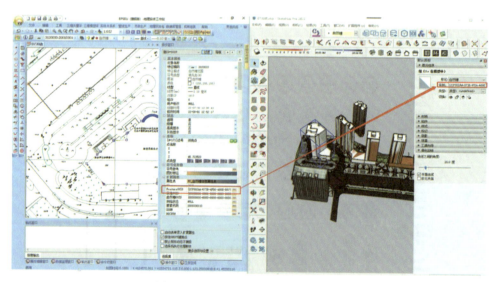

图 5.4.15　Feature GUID 关联示意图

5.4.6　地理实体构建

矢量数据和三维模型生产完成后开始构建地理实体，根据实体图元关联方案，在软件内设置实体关系及语义关系，用于地理实体生产。方案配置如图 5.4.17、图 5.4.18 所示。

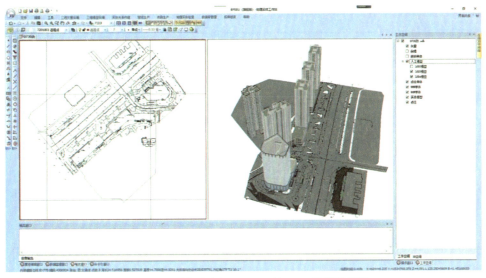

图 5.4.16　模型回存至 EPSE 的 EDB 数据效果图

图 5.4.17　地理实体关系配置示例图

图 5.4.18　地理实体语义配置示例图

5.4.6.1 地理实体自动构建

初始配置完成后开始利用实体构建功能进行实体构建,首先进行实体自动构建,本过程由计算机根据方案自动完成。

5.4.6.2 地理实体交互构建

完成地理实体自动构建后,由于程序在执行时可能会出现漏构或多构现象,需要对构建的地理实体进行核查,即交互构建。交互构建分为按对象和按类别两种。按对象构建是在图面上选择需要核查或者计算的地理实体;按类别构建是软件通过条件将一类实体筛选出来,列到目录树下以供选择。

5.4.7 实体语义转换

语义化是地理实体数据的重要特征之一,对于实现"人机兼容理解"、推动数据服务向知识服务发展具有重要意义。语义化内容与各类实体的应用密切相关,参照自然资源部颁布的《基础地理实体语义化基本规定》《基础地理实体空间身份编码规则》,结合城市地理实体数据标准,进行语义属性赋值、实体关系建立和空间身份编码赋值等工作。

5.4.7.1 语义属性赋值

语义属性赋值是指完成水系实体、居民地及设施实体、交通实体、管线实体、地貌实体、植被类实体和地名地址实体中必填属性字段的赋值工作。

每一个地理实体都有与之对应的唯一一组属性信息,这些信息以属性字段的方式直接存储到实体数据中。属性信息有两个来源,一是从现有基础数据中抽取,二是在矢量化阶段获取的采编属性信息。

1. 属性采编

在半自动人工交互地理实体生产中,通过以下三种方式进行实体属性采编:
1)从现有数据中抽取

为保证生产效率,在属性采编过程中尽可能地利用现有制图数据和空间数据库中符合精度和现势性要求的属性数据,体现新型基础测绘对现有基础测绘的继承。通过属性转换的方式从现有数据自动抽取已有属性信息,按照空间关系填入对应地理实体中。

2)从图形采编过程中获取

二维数据携带大量属性信息,例如房屋层数、道路车道数、河流宽度等。在二三维联动测图过程中,除进行实体图形采编工作外,还需要采集相应的属性。

3)现场调绘获取

针对既无法从现有数据中抽取,也无法从地理场景中获取的重要实体类型必填属性字段,需要通过现场调绘的方式进行采集,然后手动填入对应实体中。

2. 时间信息表达

地理实体的时间信息主要描述地理实体的产生、存续、消亡的时间,其中存续时间对应实体发生变化的各个时间节点。地理实体的产生、存续、消亡的表达主要是在数据库端基于时间信息对实体进行全生命周期管理来实现的。在地理实体生产阶段,需要为每个实体记录时间信息,为实体全生命周期管理提供数据支撑。

3. 制图符号表达

传统基础测绘是面向地图制图表达的，每一类地理要素都有其对应符号，注记、辅助线、等高线等制图要素需要单独建立图层进行表达。新型基础测绘是面向应用服务的，地图制图表达是其中的一个应用方向，因此在地理实体数据标准制定中，作为辅助制图要素分类图层。

5.4.7.2 实体关系建立

地理实体关系是在原有地理要素距离、方位、拓扑等空间关系的基础上，进一步扩充了对象间的语义关系。

在明确实体间关系定义并建立规则的基础上，通过软件开展地理实体关系的建立以及浏览编辑工作。

1. 关系类型

现实世界地理对象间的实体关系是无穷无尽的，需要根据服务需求挑选重点关系进行定义，明确相关实体分类及关系类型。基础地理实体关系包括：空间关系、类属关系、时间关联关系以及几何构成关系。

2. 定义实体关系

为满足实体的应用需求，需根据应用需求方案定制实体关系，主要是定制实体关系表，在关系表中定义实体之间的空间关系、类属关系、时间关联关系及几何构成关系等。

3. 实体关系构建

实体关系构建分为自动构建和手动构建两种方式。目前 EPSE 地理实体工作站主要是采用自动构建实体关系方式，软件按照定义的实体关系表自行构建实体关系；手动构建是对自动构建完成后未构建上或构建错误的实体关系进行修订、补充和完善。

4. 实体关系浏览

实体关系浏览用于浏览当前工程文件内所有实体之间的关系。

5. 实体列表与实体关系管理

系统在打开工程文件时，自动根据"GE_Entity Code"表显示实体分类列表，如图 5.4.19 所示。

5.4.7.3 实体空间身份编码统一赋值

实体空间身份编码由分类码、位置码、时间码、类型码、顺序码、扩展码共 6 个码段构成，具备信息的码段需要明确来源，重新计算的码段需要明确算法实现过程。

（1）分类码采用地理实体分类编码。
（2）位置码国标采用北斗网格位置码网格剖分算法。

图 5.4.19　地理实体分类列表示意图

(3)时间码采用 8 位数字定长编码,以地理实体首次采集、调查或建库的公元纪年时间为内容。如 2019 年 05 月 23 日,则时间码为 20190523。

(4)类型码分为几何类型和空间位置。地理实体几何类型分点、线、面、体,分别用 P、L、Y、B 表示。地理实体空间位置主要包括地面、地上、地下、混合四类,分别用 G、A、U、C 表示。

(5)顺序码采用 6 位定长数字或字母编码,当地理实体分类码、分级码、位置码和时间码完全一致时,以 0~9、A~Z 的流水号顺序,从右至左依次编码,即每一位可取值有 36 个,顺序码不足 6 位则补"0"。

5.4.7.4 实体关系(Relation)赋值

将实体关系表"Rela_"中记录的实体关系,转换为字符串,存储在实体"Relation"字段中。
"Relation"字段存储格式为:"关系类型,包含类、关联类"+"_"+"Entity_ID"。

一个实体与多个实体建立实体关系,有多条记录时,相互之间以逗号","半角分隔。如:关联类_3JT_CSDL_RX000015,关联类_3JT_CSDL_RX000017。

5.4.7.5 语义规则计算

实体关系构建完成后,使用地理实体构建功能菜单下的语义规则计算,计算分为按对象和按类别进行,如图 5.4.20 所示。

图 5.4.20 语义规则计算示例图

5.4.8 地理实体质检

为保证地理实体生产质量,要对地理实体数据质量进行检查。检查的主要内容包括空间拓扑关系、属性结构完整性和正确性以及编码的唯一性和合规性等方面。在数据采集过程中进行质量控制,地理实体成果入库之前要进行全面检查。山维科技研发的质检软件包含若干元规则,通过质检工具箱可灵活制定数据质检方案并付诸实施,如图 5.4.21 所示。

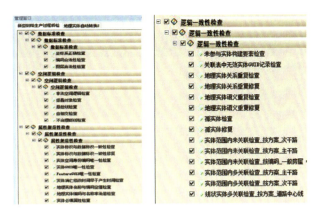

图 5.4.21 地理实体质检方案图

5.4.8.1 配置质检方案

执行成果数据质检前,要根据需求配置质检方案。按照地理实体生产技术流程配置多项与质检相关的元规则,例如属性重复性检查、属性正确性检查、必填属性空值检查、联通性检查、相接线方向检查、线穿越检查等属性或拓扑关系的检查。每一个元规则相当于一个质检处理工具,需要设置各项参数,通过多个元规则构建一个执行流程,完成复杂的质检工作。

5.4.8.2 检查内容

地理实体质检内容主要分为合法性检查、逻辑检查、属性合法性检查和实体关系检查这四类,如表 5.4.1 所示。

表 5.4.1 实体质检方案表

检查组	检查项	说　明
合法性检查	地理实体编码合法性检查	检查实体编码的位数是否为 7 位和 8 位
	层码一致性检查	检查实体的编码与图层是否一致
	非法编码检查	检查文件中是否含有非实体编码的对象
逻辑检查	空间逻辑检查	检查线对象的节点数、不闭合的面、自相交的面等
	重叠地物检查	检查是否存在空间重叠的对象
	面交叉检查	检查面对象是否交叉
	短线检查	检查线对象的长度小于 0.5m 的对象
	小面积检查	检查面对象的面积小于 $1.0m^2$ 的对象
	最小锐角检查	检查夹角小于 5° 的对象
	悬挂检查	检查节点之间是否存在悬挂
	自相交检查	检查对象是否存在自相交
	不合理断线检查	检查同编码的线是否存在不合理的中断
	轮廓面面交叉检查	检查建筑物外轮廓面之间是否交叉
	面缝隙检查	检查面对象之间是否存在缝隙
	院落与道路绿地交叉检查	检查院落与道路面、绿地面之间是否交叉

续表

检查组	检查项	说　　明
属性合法性检查	房屋顶高底高异常值检查	检查房屋顶高是否大于底高
	必填属性检查	检查必填项是否为空，是否为数值型、文本型
	道路面与边线不匹配检查	检查道路面与管理边线的编码是否匹配
	道路面与中心线不匹配检查	检查道路面与中心线的包含关系
	楼层分割线属性检查	检查楼层分割线左右楼层数均为空的情况
实体关系检查	实体关系正确性检查	检查实体关系记录中的子实体和父实体是否存在
	实体关系冗余检查与修复	检查实体关系表是否存在重复记录，自动删除重复记录

5.4.8.3　质检结果生成

按照配置的质检方案，自动质检工作完成后，软件会生成数据质检报告，同时列出数据错误并定位到发生错误的具体对象。作业人员可根据提示内容对数据进行修改，并对修改后的成果数据再次安排质检，直至所有质检项目都通过为止。

5.4.9　数据建库

按照"生产库与应用库隔离"的建设思路，基础地理实体数据库的核心是生产数据库。

数据库中的每类地理实体主要包括标识信息、二维图形信息、三维模型信息、属性信息、时空变化信息等。为了避免信息冗余，这些信息被分别存储到"地理实体属性表""关系表"等多个逻辑关联的结构化数据库表中。

5.4.9.1　数据库结构设计

为了实现地理实体地上地下一体化、室外室内一体化、陆地水域一体化、二三维一体化、时间空间一体化、空间属性一体化的目标，采用关系数据库存储地理实体数据，地理实体数据库结构设计如图5.4.22所示。

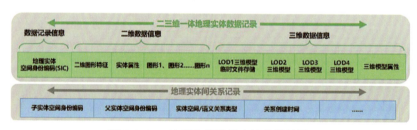

图 5.4.22　地理实体数据库结构设计图

1. 地理实体属性表

不同类型的地理实体包含的属性信息不同。因此，不同类型的地理实体在该表中对应的字段名称及字段个数也不同。

该表中的"地理实体标识码"字段存储地理实体编码,通过该值与其他几个表进行关联。

为了便于历史回溯和"时间空间一体化"管理,每当地理实体的属性发生变更时,就往该表中添加一条记录,以保存该实体的历史属性。该表以"生成时间""消亡时间"两个字段记录实体的生命周期。

2. 图元表

地理实体由图元构成。每一个地理实体对应一个或多个点、线、面或体图元表。

每个图元表中,"图元标识码"字段存储图元的唯一标识码,"图元编码"存储图元的类别编码,"生成时间"和"消亡时间"字段用于记录图元的生命周期。每当图元的属性发生变更时,就添加一条记录以保存其历史属性。

此外,对于大型公共建筑的地理实体,具有一个或多个记录实体室内信息的图元表,记录大厅、走廊、门、窗、楼梯、电梯等功能单元的结构及布局信息,以此满足大型公共建筑的室内室外一体化管理。

3. 关系表

每一个地理实体对应一个关系表,用于存储关联实体之间的关系。关系表中"父/子级地理实体集""二维图元集""三维图元集"字段用于记录地理实体的构成和从属关系,"关系类型"用于记录地理实体的组合类型,有"单实体""组合实体"和"聚合实体"三种。地理实体关系表结构如图 5.4.23 所示。

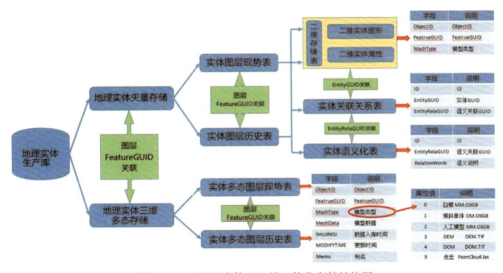

图 5.4.23　地理实体二三维一体化存储结构图

5.4.9.2　更新技术流程

为了保证核心生产库的现势性,采用增量方式进行核心生产数据库的动态更新,其总体技术流程如图 5.4.24 所示。

软件支持按实体和按区域两种方式进行地理实体增量更新。按实体更新主要用于长度实体(如河流、道路等)的动态更新,按范围更新主要用于小区域范围内地理实体的动态更新。

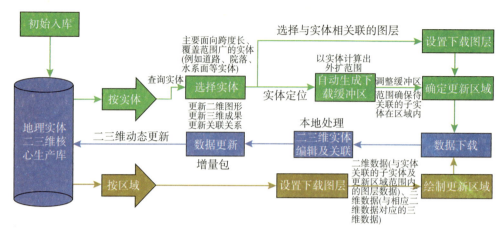

图 5.4.24　核心生产库更新技术流程图

5.5　试点案例

山维科技参与了多个城市的新型基础测绘试点工作，在标准体系制定、软件平台研发和地理实体生产研究等方面取得了丰硕的成果，下面以广州市新型基础测绘建设试点项目为例加以介绍。

2020年3月，广州市城市规划勘测设计研究院（下面简称为"广勘院"）开展新型基础测绘建设试点，选取广州核心区新中轴线和琶洲岛、南沙、从化三个区域作为试点区域。受广勘院委托，山维科技承担了广州市新型基础测绘数据生产平台研发工作，参与新型基础测绘数据生产与管理应用研究。

5.5.1　项目概况

建设项目启动后，双方共同组建了项目管理组。广勘院牵头组织，山维科技承担需求分析、总体架构和设计、数据生产平台研发、完成数据建库以及其他配合性工作。

广州试点以地理实体为核心视角，以立足应用为根本出发点，按"1+2+3+N"开展新型基础测绘研究和实践工作。其中"1"是制定一套新型基础测绘标准规范；"2"是重点建设两个体系：新型基础测绘生产技术体系和产品服务体系；"3"是开展三项关键技术研究：数据生产、数据管理、应用服务三项关键技术的课题研究；"N"是多项应用，以地理实体为纽带，为广州市城市管理提供新型的基础地理信息公共服务，对接"穗智管"数字政府、孪生城市信息模型平台、城市体检与评估等服务应用。

广勘院坚持"应用才是硬道理"，新型基础测绘以应用为导向。项目以地理实体存量转换及增量生产系统、管线与地下空间实体生产系统、地理实体质检系统、地理实体数据建库管理系统、实体数据库建设与应用服务派生为重点内容，开展生产实施。

5.5.2　标准体系编制与实体生产系统研发

以实体分类标准体系为基准，利用模板控制技术，进行地理实体定义、语义关系定义及关系表设计,完成新型基础测绘模板制作。新型基础测绘生产平台从台面定制、现有数据转换地理实体生产、新增地理实体生产等方面实现多业务实体生产系统研发。

5.5.2.1 实体数据分类标准体系与生产模板定制

自然资源部发布的《基础地理实体分类、粒度及精度基本要求》将地理实体分为人工地理实体、自然地理实体、管理地理实体三类,广勘院根据业务应用需要,把地理实体分为基础地理实体、专业地理实体、地理单元。地理实体及地理实体集关系如图5.5.1所示。

根据地理实体数据标准,按EPSE地理实体生产质检与建库更新平台的要求,制作了地理实体生产模板。模板封装了不同类别的地理实体生产数据操作方法,降低了生产作业门槛,有利于保证地理实体数据质量。生产模板架构如图5.5.2所示。

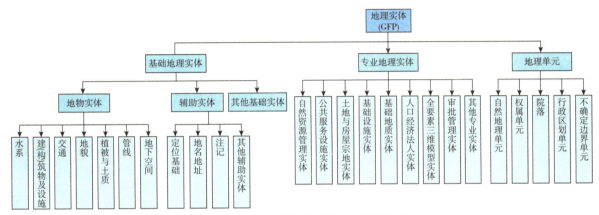

图 5.5.1 地理实体及地理实体集关系图

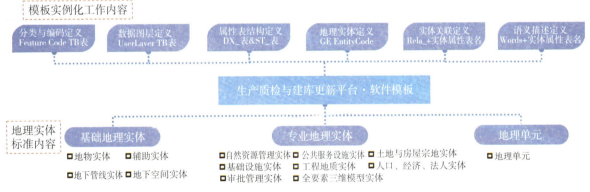

图 5.5.2 地理实体生产模板架构图

5.5.2.2 地理实体生产软件系统研发内容

广州试点针对已有地理信息转化地理实体和利用倾斜摄影模型生产地理实体两种方式,确定了七个业务研发方向,包含了开发、试验和应用等过程。

地理实体生产软件系统研发内容如表5.5.1所示。

表 5.5.1　　　　　　　　　　　　　　地理实体生产软件系统功能表

软件系统	业务方向	主要内容
地理实体存量转换及增量生产系统	基础测绘业务线	1：500DLG/1：2000DLG→存量转换/点云提取/动态更新/语义关联创建→基础地理实体数据库→1：500DLG/1：2000DLG 产品
	地理实体三维模型业务线	存量三维成果→存量三维规整/精细三维建模/部件三维建模/参数化三维建模/二三维一体采编→基础地理实体数据库→LOD1~LOD3 三维产品
	自然资源管理业务线	基础地理实体+调查监测与权属登记信息→自然资源管理实体数据库→现状用地分类/基本公共服务评估应用
	实现基础测绘→自然资源管理业务线	在国土空间规划用地用海分类标准之上定义自然资源管理实体，在基础地理实体之上融入调查检测、国控规划的信息，打通自然资源管理实体转换生产路径。可帮助规划业务快速获取自然资源和城乡建设现状信息，减少规划应用前期数据转换工作量，增强基础测绘在自然资源应用方面的保障能力
	经济社会发展应用业务线	POI、服务设施等专题数据→专业地理实体数据库
	地理场景建库更新业务线	倾斜摄影模型、正射影像 DOM、数字高程模型 DEM→场景连库在线访问/场景局部动态更新→地理场景数据库
管线与地下空间实体生产系统	管线与地下空间业务线	管线与地下空间业务数据→三维管线/三维地下空间/动态更新→管线与地下空间实体库→管线与地下空间成果
地理实体质检系统		地理实体数据质检方案定制

5.5.3　地理实体二三维一体化数据生产

地理实体二三维一体化数据生产包括存量数据转换和增量数据生产两条路径，广州试点项目采用二三维一体采编作业模式，面向地理实体，在统一平台中实现了地理实体二维与三维的协同作业生产、协同建库管理过程。生产流程包括以下三个方面：

（1）地理实体转换生产。项目根据广州地理实体分类标准、现有业务过程和源数据情况，以转换规则作为核心，形成一套通用的自动转换技术流程。平台定制了地理实体自动转换处理 3 大类共 11 项，第一类基础地理实体，包括转换地物实体、管线实体、地下空间实体；第二类专业地理实体，包括转换公共服务设施实体、土地与房屋宗地实体、基础设施实体、工程地质实体、人口/经济/法人实体、审批专利实体；第三类地理单元实体，包括转换院落实体、行政区划单元实体。

在项目实施过程中，根据生成的基础地理实体、专业地理实体和地理单元的数据成果类型，选定转换生产所需的源数据，完成地理实体转换生产工作。

①绘制划定转换区域。鉴于此项目数据生产面积较大，按照街区、图幅等划定地理实体转换生产单元，分单元完成地理实体转换生产工作。

②一键自动转换。配置完成后，可执行【自动转换实体批处理】功能，自动进行存量转换地理实

体;或手动执行工具箱,根据需要勾选转换要素类型或者后处理功能。

③转换后处理。转换完成后,数据会分成3种图层,第一种为正常的基础地理实体图层;第二种为"非实体图层";第三种为"表格无对照层"(既不在对照表、又不在无对照表的要素,需要再次核对的)。在EPSE地理实体工作站中,通过视图窗口解锁、重置地物属性、修复空间逻辑幢错误等功能配合使用,完成后处理图形的编辑工作。

(2)地理实体二维数据生产。基于正射影像、航测像对、倾斜摄影模型、点云场景数据,按照地物实体采集精度要求,选取分辨率和空间精度适宜的地理场景作为提取数据源,通过人工交互提取与半自动识别生产地理实体数据。

①基于倾斜场景采集。基于EPSE地理实体工作站的三维矢量采编模块,加载倾斜模型场景数据,使用测图工具、图形编辑功能、属性录入功能,生产二维矢量地理实体数据。

②基于点云场景采集。基于EPSE平台地理实体工作站,设计开发点云场景数据处理与数据采集独立窗口PointCloud。PointCloud独立窗口与EPSE平台具备联动功能,即在该窗口绘制的要素,可实时联动更新至EPSE平台。现阶段已实现自动识别斑马线、车道线及标志、杆状物、井盖等地物20余种,提取准确率达95%。

(3)地理实体三维模型参数化建模和单体化生产。针对地理实体生产的两条路径,建立参数化建模、平台联动建模和倾斜三维单体化等二三维联动采编模式,实现三维表达实体的存量整合与新增生产。二三维一体化实体采编如图5.5.3所示。

平台具有的三维建模功能主要包括三个方面:矢量白模批量生成、矢量白模交互采编;EPSE联动3DS Max、SketchUp进行精细化模型制作并同步回存EPSE;三维部件模型导入、三维部件采编、倾斜单体模型制作、数字高程模型DEM与正射影像DOM单体模型制作、点云团制作等。

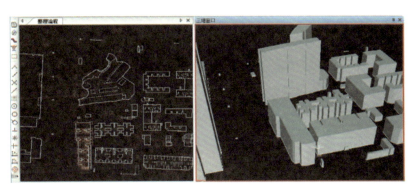

图5.5.3 二三维一体化实体采编示意图

5.5.4 管线与地下空间实体生产

平台实现了管线实体转换生产与采集生产,尤其是实现了三维化采编,完成了"两点线"向"多点线"生产模式的转变。三维管线通过管点、管线、管面属性参数配置,图形和属性可以二三维联动编辑。地下空间数据生产包括基于上顶面、下底面的地下空间模型建立、轨道交通区间隧道面三维模型建立等。

系统生产界面如图5.5.4所示。

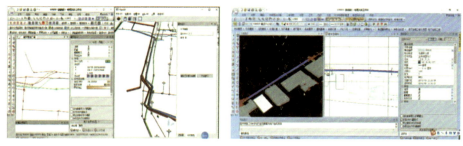

图 5.5.4 管线实体以及地下空间实体二三维一体化生产界面图

5.5.5 地理实体数据建库管理系统

地理实体数据建库管理系统由二三维建库与动态更新软件作为中间件,前端连接 EPSE 地理实体工作站,后端连接 EpsGIS 或其他应用服务平台数据库,共同组成建库更新系统。地理实体数据建库管理系统的产品构成如图 5.5.5 所示。

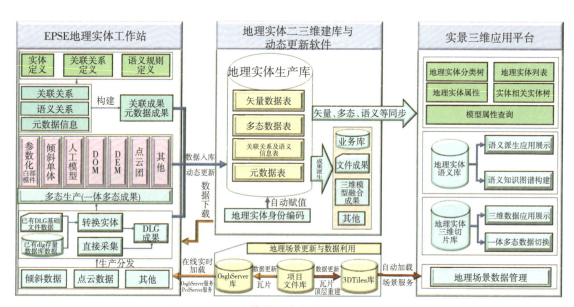

图 5.5.5 地理实体数据建库管理系统产品构成图

地理实体建库管理系统的主要功能如表 5.5.2 所示。

表 5.5.2　　　　　　　　　　地理实体建库管理系统主要功能表

数据库管理和动态更新	数据库管理	权限管理
		角色管理
		图层管理
	数据入库更新	初始入库
		按更新区域动态更新
		按带状实体动态更新

5.5 试点案例

续表

数据下载	一体多态数据下载	按区域下载
		按地理实体对象下载
数据浏览	数据加载	一张图数据加载浏览展示
Osgb Server 服务	内部网络数据发布	倾斜摄影模型场景数据
		点云数据

5.5.6 实体数据建库与应用服务派生

地理实体数据成果按需组装与自动派生，是新型基础测绘以应用为导向的重要体现。

广州试点地理实体核心生产数据库建库内容与成果派生，如图 5.5.6 所示。

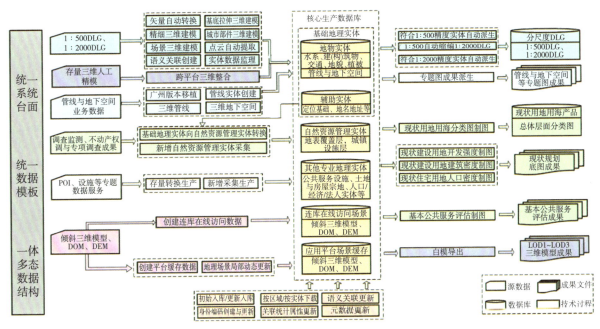

图 5.5.6 地理实体核心生产数据库建库内容与成果派生结构图

1. 传统 DLG 地形图的派生

无尺度的地理实体要派生不同尺度的 DLG 地形图，涉及地理实体数据的综合取舍和地图制图。广州试点实现了 1∶500、1∶2000、1∶5000 地形图派生功能。1∶500 基础地形图派生如图 5.5.7 所示。

2. 专题成果图自动派生

基于基础地理实体数据库和各专业地理实体数据库实现专题成果派生，包括管线与地下空间成果图\表、现状用地用海分类制图、建设用地开发强度分布图、建设用地建筑密度分布图、住宅用地人口密度分布图、公共服务设施图、绿地系统图等。

现状用地用海分类图制图业务数据流转过程如图 5.5.8 所示；派生成果如图 5.5.9 所示。

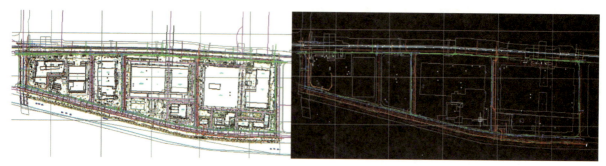

图 5.5.7　基础地理实体数据派生 DLG 1∶500 地形图

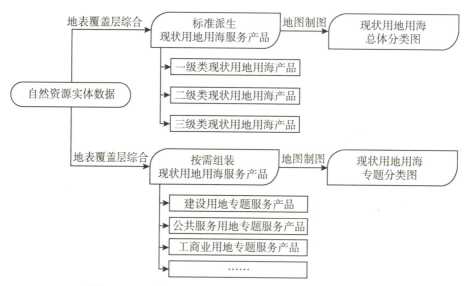

图 5.5.8　现状用地用海分类图制图业务数据流转示意图

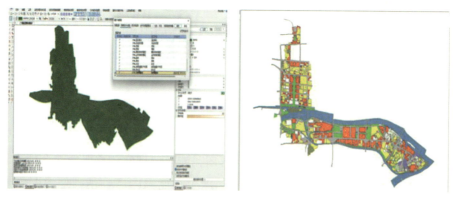

图 5.5.9　基于自然资源实体成果数据派生用地用海分布图

广州试点中，选取用地用海分类制图、建设用地分布制图、绿地系统制图、基本公共服务评估分析等具体国土空间规划应用场景，探索自然资源管理实体按需组装、定制服务产品的应用模式。如图 5.5.10 所示，为基于自然资源实体成果数据派生的现状建设用地开发强度分布图。

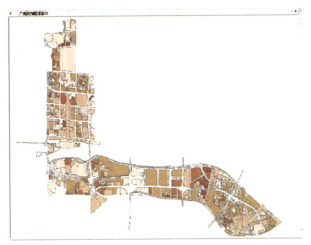

图 5.5.10　基于自然资源实体成果数据派生的现状建设用地开发强度分布图

5.5.7　地理实体的几个应用场景

地理实体的应用场景很多，实景三维成果起到了"数据底座"的作用，下面简要介绍几个应用场景。

(1) 基础数据成果应用实例，包括倾斜摄影模型、三维点云数据、三维模型数据、全要素地形数据。如图 5.5.11 所示。

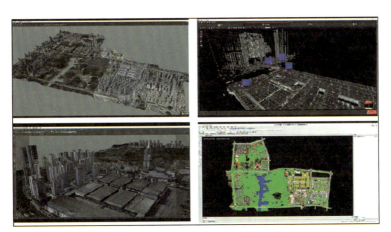

图 5.5.11　地理实体数据成果应用示例图

(2) 数据管理与展示平台，依托时空云平台，进行多源数据融合与新型基础测绘产品体系在线展示，如图 5.5.12 和图 5.5.13 所示。

(3) 基于时空云平台的专业应用越来越直观和便捷，地理信息数据的价值得到更大的体现。

①三维不动产楼盘展示。

根据不动产分层分户图生成三维室内模型，挂接相应的属性信息，如不动产数据、人口信息、房产状态信息等，可实现虚拟三维建筑模型与实际信息的无缝衔接，并提供信息查询、统计功能；同时为数字孪生城市的建设打下基础，如图 5.5.14 所示。

图 5.5.12　展示平台效果图

图 5.5.13　语义关系图谱、条件查询、生活圈展示图

图 5.5.14　三维不动产楼盘展示图

②"多测合一"支撑建设项目批后监控。

将"多测合一"各阶段成果无缝嵌入三维地理场景，支持各阶段测绘成果的展示与下载，实现建设工程全流程在线监控，涵盖规划选址、规划放线、规划验线和规划条件核实四个环节，如图5.5.15所示。

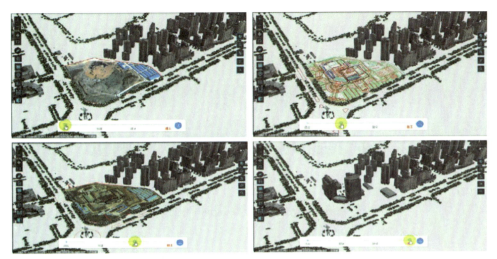

图 5.5.15　建设项目批后监管示意图

③土地利用对比分析。

将不同时期同类型的多源数据，如二调、三调、控规、土地利用等与土地有关的数据，经坐标转换后，叠加至一个平台，按范围进行统计与对比，输出分析结果。可为林业、水利、交通等部门提供在线数据分析服务，如图 5.5.16 所示。

图 5.5.16　土地利用对比分析示意图

5.6　结束语

新型基础测绘是传统基础测绘的继承和发展，从二维到三维、从要素到实体、从属性到语义，采用新技术、生产新产品、提供新服务。新时期面向基础测绘的新任务和新需求，在保持基础测绘公益性要求的前提下，以重新定义基础测绘成果模式作为核心和切入点，带动技术体系、生产组织体系和政策标准体系全面转型升级。自然资源部提出了"两支撑、一提升"的根本工作定位，鼓励各地市开展新型基础测绘与实景三维中国试点建设。建设过程中需要多方力量参与技术攻关。

本文是对山维科技在新型基础测绘建设技术研发方面的阶段性总结，虽然取得了一定的研究成果，但还需要更多的实践去检验和迭代改进。新型基础测绘重在应用，特别是时空信息云平台建设和应用需要我们持续探索。我们希望和更多的同道一起，建设实景三维中国，提升时空信息云平台建设水平，更好地为国家经济建设和社会发展服务。

第 6 篇
太平湾港区地形及航道水深测量

蓝　海　蓝歆玫　薛国坤　王铁福

6.1　项目概述

6.1.1　任务背景

太平湾港区测量项目是大连黄渤海海洋测绘数据信息有限公司承担的集水深测量、扫海测量以及沿岸地形测量于一体的综合测绘项目。

利用本项目的测绘成果解决以下几个问题：第一，航道清淤，计算清淤工作量；第二，计算纳泥区的容量是否满足接收航道清淤的全部土石方量；第三，调查陆海衔接的护坡及码头位置，了解可使用的后方陆地面积及现状。

依据委托方的需求和国家及行业的标准、规范，并结合本公司的自有设备情况，为满足甲方需求和解决项目重点问题，确定海域测量和陆域测量的技术方法如下：

海域测量：使用单波束和多波束测深。采用单波束测深可以充分发挥单波束测深仪性能稳定、精度高的特性，测量的数据主要用于清淤和纳泥区的土石方量计算；采用多波束测深可以高效地了解航道区域海底地形地貌，探测疑似沉船和其他航行障碍物，为清淤的方案设计、费用计算等提供依据。

陆域测量：针对海岸带滩涂区域地物稀少的特点，采用无人机倾斜摄影方法结合 GNSS-RTK 野外数据采集施测。

6.1.2　项目任务

大连港太平湾港区拟建设满足 10 万吨级集装箱船和散货船单向通航要求的航道；航道建设总长度 23402.8m，航道分三段：航道Ⅰ段长度为 2785.4m，通航宽度为 201m，设计海底高程为-16.4m；

蓝海，正高级工程师，董事长，大连黄渤海海洋测绘数据信息有限公司。
蓝歆玫，博士研究生，辽宁工程技术大学。
薛国坤，高级工程师，总工程师，大连黄渤海海洋测绘数据信息有限公司。
王铁福，高级工程师，副总经理，大连黄渤海海洋测绘数据信息有限公司。

航道 II 段长度为 1717.4m，通航宽度为 220m，设计海底高程为 −17.0m；航道 III 段长度为 18900m，通航宽度为 220m，设计海底高程为 −17.4m。航道工程总疏浚量约 44520000m³，设置 4 个纳泥区；配套建设 21 座灯浮标、1 组导标。

航道测量比例尺为 1∶2000，测绘面积 12.33km²；纳泥区海底地形测量比例尺为 1∶1000，测绘面积 5.52km²；6#围堤防护区域地形测量比例尺为 1∶500，测绘面积 0.575km²。

项目范围如图 6.1.1 所示。

图 6.1.1　太平湾港区地形测量及航道海域水深测量测区范围示意图

按照 GB 12327—1998《海道测量规范》的分幅要求，结合测区的实际情况，本次测图以 80cm×100cm 规格进行自由分幅。港区航道疏浚海域完成 1∶2000 比例尺水深图 12 幅，图幅划分如图 6.1.2 所示；港区纳泥区域完成 1∶1000 比例尺地形图 20 幅，图幅划分如图 6.1.3 所示；港区防护区域完成 1∶500 比例尺地形图 6 幅，图幅划分如图 6.1.4 所示。测量区域工作量统计见表 6.1.1。

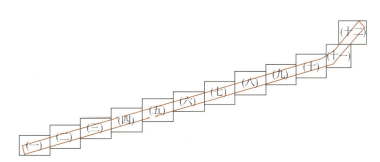

图 6.1.2　港区航道海域水深测量图幅划分图

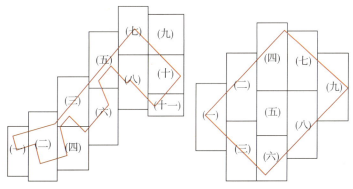

图 6.1.3　港区纳泥区域图幅划分图

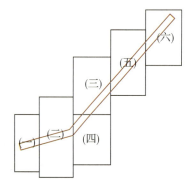

图 6.1.4 港区 6#围堤防护区域图幅划分图

表 6.1.1 太平湾港区及航道测量工作量统计表

测量区域	测量面积/km²	测量比例尺	图幅数量
航道疏浚海域	12.33	1∶2000	12
港区纳泥区域	5.52	1∶1000	20
6#围堤防护区域	0.575	1∶500	6

6.1.3 项目地理概况

测区位于渤海，辽东半岛西部，海岸为丘陵地貌，受海水侵蚀形成了较多的港湾和岬角，东北侧受太平角的天然掩护，风浪较小。南距长兴岛港区 38km，北距营口鲅鱼圈港区 30km，紧邻环渤海公路，交通方便。测区水域开阔，最大水深 20m 左右，底质多为泥或泥沙，潮汐性质为规则半日潮，潮差大约在 3.3m 左右。海上测量工作受北风、西风影响较大，测量外业工作期间北风、西风较多，大于 5 级的西北风天气引起的涌浪较大，会对海域的水深测量进度造成一定的影响。

6.1.4 项目完成情况

2021 年 5 月开始外业海上测量，到 6 月完成了内业资料整理、水深图编绘、地形图编绘及技术报告编制与质量检查工作。6 月甲方组织有关专家对提交的测绘成果进行了验收。

6.2 基本技术要求

6.2.1 技术依据

（1）GB 12327—1998《海道测量规范》；
（2）GB 12319—1998《中国海图图式》；
（3）GB 50026—2020《工程测量标准》；

(4) GB/T 14912—2017《1∶500 1∶000 1∶2000 外业数字测图规程》;
(5) GB/T 12898—2009《国家三、四等水准测量规范》;
(6) GB/T 17278—2009《数字地形图产品基本要求》;
(7) GB/T 13923—2006《基础地理信息要素分类与代码》;
(8) GB/T 17424—2019《差分全球卫星导航系统(DGNSS)技术要求》;
(9) GB/T 20257.1—2017《国家基本比例尺地图图式 第1部分 1∶500 1∶1000 1∶2000 地形图图式》;
(10) CH/T 1004—2005《测绘技术设计规定》;
(11) CH/T 1001—2005《测绘技术总结编写规定》;
(12) GB/T 24356—2009《测绘成果质量检查与验收》;
(13) GB/T 18316—2008《数字测绘成果质量检查与验收》。

6.2.2 数学基础

1. 坐标系统

按照《太平湾港区公共航道工程测量项目招标文件》的要求，采用2000国家大地坐标系、1980西安坐标系。

2. 垂直基准

按照《太平湾港区公共航道工程测量项目招标文件》的要求，垂直起算面采用当地理论深度基准面(太平角理论最低潮面)。

3. 时间基准

采用北京时间。

4. 投影方式

1980西安坐标系，采用高斯-克吕格投影，3°分带，中央子午线123°;
2000国家大地坐标系，采用高斯-克吕格投影，1.5°分带，中央子午线为121°30′。

6.2.3 技术指标

1. 精度指标

1) 控制点精度
各级平面控制点点位中误差相对于起算点应≤±5cm;
各级平面控制网中最弱相邻点相对点位中误差应≤±5cm;
验潮站高程精度不低于四等水准测量精度。
2) 水深测量精度
按照《海道测量规范》的规定，大于1∶5000比例尺的水深测量，测深点点位定位精度为相对于邻近控制点的定位误差限差为图上1.5mm。本项目水深测量对不同比例尺区域的精度要求见

表6.2.1。

表6.2.1　　　　　　　　　　　测深定位点点位误差限差表　　　　　　　　　　（单位：m）

测量区域	测量比例尺	限差值
航道疏浚海域	1∶2000	3
港区纳泥区域	1∶1000	1.5
6#围堤防护区域	1∶500	0.75

按照《海道测量规范》的规定，结合本项目的测深范围，深度测量极限误差（置信度95%）符合表6.2.2的要求。

表6.2.2　　　　　　　　　　　　水深测量限差表　　　　　　　　　　　　　（单位：m）

测深范围	极限误差（置信度95%）
$0<Z\leq20$	±0.3
$20<Z\leq30$	±0.4

3）地形测量精度

按照《1∶500　1∶1000　1∶2000外业数字测图规程》的规定，结合本项目的测区情况，图上地物点相对于邻近图根点的点位中误差和邻近地物之间的间距中误差不大于表6.2.3的要求。

表6.2.3　　　　　　　　　　　地物点平面位置精度表　　　　　　　　　　（单位：m）

地区分类	比例尺	点位中误差	邻近地物点间距中误差
平地、丘陵地	1∶500	±0.30	±0.20
	1∶1000	±0.60	±0.40

高程注记点相对于邻近图根点的高程中误差不大于相应比例尺地形图基本等高距的1/3；等高线插求点相对于邻近图根点的高程中误差，平地不大于基本等高距的1/3。

2. 基本等高距

按照《1∶500　1∶1000　1∶2000外业数字测图规程》的规定，在平地或丘陵地基本等高距通常选择0.5m或1.0m，结合本项目的测区情况，成图基本等高距统一选用1.0m，基本等深距也统一选用1.0m。

3. 成果格式

1）数据成果

（1）AutoCAD 2000版dwg格式的成果图图形文件；

（2）pdf格式的技术设计书、技术报告等文档资料文件；

（3）pdf格式的土石方量计算报告。

2）纸质成果

(1) A_0 规格的成果图；

(2) A_0 规格的土石方量计算成果图；

(3) A_4 规格的技术设计、技术报告等纸质文档。

6.3 技术路线

本项目技术路线主要包括：资料收集整理、编写技术设计书、控制测量、地形测量、水深测量、成果融合、编写技术总结、资料提交并归档等内容，技术流程如图 6.3.1 所示。

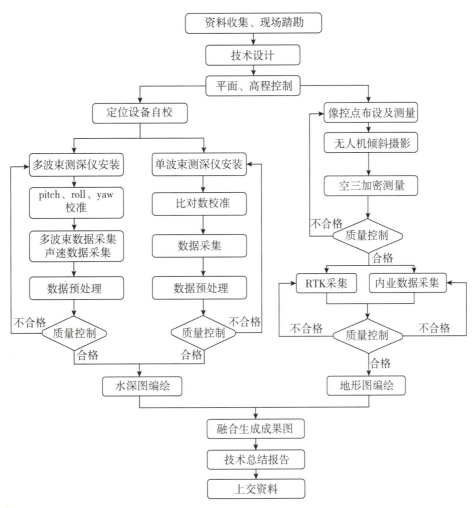

图 6.3.1 太平湾港区地形测量及航道海域水深测量技术流程图

1) 资料收集整理

现场踏勘，了解现场的实际情况；收集整理测区及其周边的控制资料、图纸资料和影像资料，对收集的资料进行分析归类，并为技术设计书编写提供数据支持。

2) 编写技术设计书

充分理解项目的需求，按照技术要求和相关规范规程的精度指标，确定符合要求的作业方法和技术路线，并编写技术设计书。

3) 控制测量

对甲方提供的控制点现场检核,选择满足要求的点位作为本次测量的起算点,根据踏勘的情况,布测满足项目需要的首级控制点和图根控制点,为项目开展奠定基础。

4) 地形测量

纳泥区和6#围堤防护区域的陆域部分采用 GNSS-RTK 和无人机倾斜摄影方法施测。利用倾斜摄影获取的影像数据,结合地面布设的像控点,经过空三加密测量,用自动建模技术构建实景三维模型,通过三维立体量测技术采集地物地貌特征点、线、面,对于倾斜摄影无法表达的地方用 RTK 采集数据补充完善,最后通过内业编辑制作地形图。

5) 水深测量

测前必须对测深设备进行校准,以满足测深精度的需求;多波束和单波束采集的水深数据都要进行数据的检查和预处理,数据合格后,才能编辑处理。处理后的数据经检查合格后,最终编辑制作水深图。

6) 成果融合

将从测区(包含陆域和水域)获取的地形数据和水深数据,通过确定统一的坐标系统和垂直基准,融合到一张图。

7) 编写技术总结

任务完成后,对技术设计书的执行情况、技术设计方案实施中出现的主要技术问题和处理方法、成果质量、新技术的应用等进行分析研究、认真总结,并作出客观评价。

8) 资料提交并归档

根据项目的内容,按照设计要求向甲方提交符合约定格式和数量的数据成果和文本成果。

6.4 项目组织实施

6.4.1 人员组织

本项目部由技术部、质检部、测量部及后勤部4个部门组成。技术部负责解决外业测量与内业数据处理中出现的技术难题,合理安排技术人员及时处理内业数据;质检部负责外业测量和内业数据处理中的质量检查工作;测量部负责海域和陆域外业测量工作,每天外业测量结束后,及时将数据传回公司;后勤部负责综合协调测量船、测量保障车及测量人员等工作。

6.4.2 测量设备

本次测量投入的主要设备见表6.4.1。

表6.4.1　　　　　　　　　　投入的主要测量设备一览表

序号	设备名称	型号	数量
1	测量船	小型	3
2	GNSS-RTK 接收机	S86	3

续表

序号	设备名称	型号	数量
3	DGNSS 接收机	HD-K3	3
4	测深仪	HD-390	2
5	无人机（搭载五镜头）	大疆 M300	1
6	多波束测深系统	HT-300PA	1
7	姿态仪	DMS10	1
8	声速剖面仪	HY1200B	1
9	单波束测量数据采集处理软件	haida	2
10	多波束测量数据处理软件	Caris	1

6.4.3 平面控制测量

1. 资料收集

2011 年 8 月，大连黄渤海海洋测绘数据信息有限公司在太平湾港区施测了 D 级 GNSS 控制网，用四等水准联测了 7 个 D 级控制点。

2. 控制点检测

开展测量之前，实地察看了上述 7 个控制点，点位保存良好，为了检测已有控制点精度和进行坐标转换，使用中海达 GNSS-RTK 接收机，接收大连市 CORS 系统差分定位信号，观测了上述 TPW01、TPW02、TPW03、TPW04、HYH6#、HYH8#、HYH9# 等 7 个控制点的 2000 国家大地坐标系坐标成果。

基于 2000 国家大地坐标系成果和 1980 西安坐标系成果，反算相对应的两点之间的平面边长并进行比较，其差值均 ≤ ±5cm，满足《海道测量规范》平面控制测量要求，可以作为本项目测量起算成果。

3. 坐标转换

考虑到本项目需要分别提供基于 1980 西安坐标系与 2000 国家大地坐标系的成果，因测量区域较小，利用相似变换公式，计算了该项目 1980 西安坐标系与 2000 国家大地坐标系之间的转换参数，用于本项目测量工作，坐标转换公式如下：

$$X' = X_0 + (X\cos\alpha - Y\sin\alpha)K$$
$$Y' = Y_0 + (Y\cos\alpha + X\sin\alpha)K$$

上式中：X'、Y' 为目的坐标，X、Y 为原坐标，X_0、Y_0 为平移值，α 为顺时针旋转角度，K 为尺度因子。

6.4.4 水位控制测量

1. 资料收集

从某海洋测绘单位收集了测区附近的水位控制资料。该单位近期曾在该海区进行了海道测量工作,在测区附近的太平角设立了临时验潮站,通过四等水准联测,确定了太平角临时验潮站的工作水准点与 1985 国家高程基准的关系;通过与附近长期验潮站 3 天的同步观测,确定了太平角临时验潮站的工作水准点与太平角理论深度基准面(理论最低潮面)的关系(太平角验潮站工作水准点、理论最低潮面、1985 国家高程基准之间的关系如图 6.4.1 所示)。

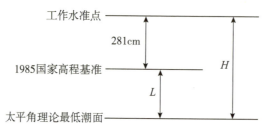

图 6.4.1 太平角验潮站垂直基准关系图

确定的 1985 国家高程基准与太平角理论深度基准面的关系和已知的大连港长期验潮站深度基准面与 1985 国家高程基准的关系基本一致,符合该海区的潮波传播规律。本次测量采用该单位提供的水位控制资料,结合外业期间的海洋潮汐实时观测资料,计算水深测量的水位改正。

2. 验潮站布设

本次测量布设了 3 个验潮站,分别是红沿河验潮站、将军石验潮站、太平角验潮站,在水深测量期间同步进行水位观测。

严格按规范和技术要求进行水位数据观测,每次水深测量开始前 10min 开始水位观测,测量结束后 10min 再结束水位观测,每间隔 10min 读取一个水位数据,记录到厘米,时间记到整分,验潮站时钟每天与北京时间校对一次。

3. 水位改正

为了将从瞬时水面测定的水深归算到从理论最低潮面起算的深度,必须进行水位改正。因本测区较长,按照《海道测量规范》的规定,需要采用分带法进行水位改正。将军石验潮站西侧水深数据使用红沿河验潮站资料与将军石验潮站资料进行分带改正;将军石验潮站东侧水深数据使用太平角验潮站资料与将军石验潮站资料进行分带改正。

6.4.5 定位

1. 定位设备选定

按照《海道测量规范》的规定,结合本公司的仪器设备情况,参照定位设备的标称精度,此次测量定位使用 2 台 HD-K3、1 台 HD-8000X 实时差分 DGNSS 卫星定位设备。

2. DGNSS 稳定性试验

出测前 3 台 DGNSS 仪器安置在已知点 TPW04 上进行 DGNSS 稳定性检验。计算的点位观测中误差分别为 ±0.35m、±0.31m、±0.33m，精度符合规范要求。

3. 定位间隔设定

考虑到测量海域属于平坦海区，两定位点之间间隔设定为不大于图上 3cm。

6.4.6 单波束测深

1. 测深设备选定

按照《海道测量规范》的规定，单波束测深仪技术指标符合下列规定：
(1) 换能器波束指向角为 3°~25°；
(2) 测深分辨率 ≤2cm；
(3) 盲区 ≤1.0m；
(4) 当船速 ≥10kn（节），船横摇 ≤10°，纵摇 ≤5°时，仪器能正常工作。

结合本公司的仪器设备情况，测深使用 2 台 HD-390 测深仪和配套的外业导航及数据采集软件。设备满足规范要求，其主要技术指标见表 6.4.2。

表 6.4.2 HD-390 测深仪主要技术指标

技术参数	主要指标	备注
工作频率	200kHz	
测深范围	0.5~100m	
测深精度	±10mm+0.1%h	分辨率 1cm
换能器开角	7°	
最大 Ping 率	20Hz	

2. 测线布设

1) 主测线布设

按照《海道测量规范》的规定，单波束测深时，主测线间隔为图上 1cm，主测线方向应垂直等深线总方向。本次任务设计的主测线如图 6.4.2 所示，主测线总里程约为 583km。

2) 检查线布设

按照《海道测量规范》的规定，检查线应垂直于主测线，特殊情况除外，均匀布设在平坦水域。检查线总长不少于主测线总长的 5%，布设的检查线应能对所有主测线进行检查。本次任务，检查线布设方向与主测深线方向垂直，分布均匀。检查线总长度为 33.5km，为主测深线总里程的 5.7%。检查线布设如图 6.4.2 所示。

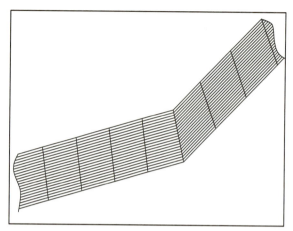

图 6.4.2　太平湾港区纳泥区和 6#围堤防护区域测线布设示意图

3. 单波束测深仪安装

测深仪换能器悬挂安装在舷侧，为减小船舶吃水变化、船动力噪声及船主机震动的影响，测深仪换能器安装在测量船舯部 1/2 处，且垂直入水，DGNSS 天线直接安装在换能器杆上，保证测深定位在同一位置，避免了偏心改正。

4. 单波束测深仪改正数测定

本次测量采用了校对法测定测深仪改正数。测深仪器保持在正常工作状态，选择天气较好，海况平静的时机，在测量船处于漂泊平稳状态时，将检查板置于测深仪换能器正下方，进行测深仪改正数测定，测前外业测量小组测量比对了 4 个点的水深值，见表 6.4.3。

表 6.4.3　　　　　　　　　　　　　测深仪比对数据表　　　　　　　　　　　　（单位：m）

比对深度	测深仪读数	改正数
2	1.99	0.01
5	4.98	0.02
10	10.03	-0.03
20	20.08	-0.08

5. 单波束水深测量实施

（1）测前进行 48 小时静态测试；

（2）测前进行动态测试；

（3）每日测前、测后观测记录船舶吃水或水线变化，确定换能器静吃水值；

（4）调整声速、仪器差等测深仪内部参数时，即时打印测深仪参数，或在测量记录簿记录；

（5）定位、测深连续记录，GNSS 定位采样间隔不大于 1s；水深点采样间隔不大于 0.2s，当回波信号时间超过 0.2s 时，采集所有回波信号；

（6）测量时，每条测线应提前和延迟 30s 或 100m 上线和下线；

（7）校对法检查仪器改正数时，每个深度点进行打标（即做记录标志），打标前、后测深数据记录时间不少于5s；

(8)每天工作前测深仪时钟与验潮站及定位系统校对时间；

(9)每次测深前比对一个5m水深数据；

(10)测深仪的工作电压与额定电压之差，直流电源不大于10%；交流电源不大于5%。

6.4.7 多波束测深

1. 测深设备选定

按照《海道测量规范》的规定，多波束测深仪技术指标符合下列规定：

(1)发射波束角不大于3°，接收波束角不大于2.5°；

(2)扇区开角不小于60°；

(3)当船速≥10kn(节)，船横摇≤10°，纵摇≤5°时，仪器能正常工作；

(4)配备声速剖面仪、姿态传感器、航向仪等辅助设备；

(5)姿态传感器横摇、纵摇精度优于0.05°，升沉精度优于0.05m或实际升沉量的5%(取大者)，航向精度优于0.1°，频率不低于20Hz。

结合本公司的仪器设备情况，多波束测深使用HT-300S-P多波束测深系统及HT-300数据采集软件。设备均满足规范要求，其精度指标见表6.4.4。

表6.4.4 **多波束测深系统主要指标**

测深范围	2~100m(良好水文条件换能器以下)
中心频率	300kHz
波束宽度	3°×1.5°
最大覆盖扇面	34倍水深(与水深和底质类型有关)
波束数	127个
波束方式	等距或等角可选
脉冲长度	0.15ms、0.5ms、1ms可选
测深精度	±10cm±0.5%水深
最佳测量航速	不大于10kn
Ping率	≤8Hz
尺寸	18cm×18cm×12cm
水下探头重量	15kg(空气中，不含电缆)
电缆长度	15m

2. 测线布设

按照《海道测量规范》的规定，多波束测深时，主测线方向应平行等深线总方向。测线间距根据测量等级、测区水深、仪器有效覆盖宽度等指标确定。要求进行100%覆盖水深测量时，测线间距要保证相邻测带有效扫宽重叠不少于10%。检查线应垂直于主测线，特殊情况除外，一般均匀布设在平坦水域。检查线总长不少于主测线总长的5%，布设的检查线应能对所有主测线进行检查。

根据水深情况，多波束全覆盖扫海测线间距设定为20m，共计布设主测线26条，主测线总长度约520.1km。检查线布设方向与主测深线垂直，分布均匀，且布设在平坦处。检查线总长度为28.61km，为主测深线总里程的5.5%。

布设的主测深线和检查线如图6.4.3所示。

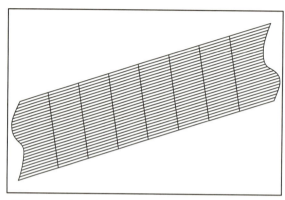

图6.4.3 太平湾港区公共航道海域测线布设示意图

3. 多波束测深系统安装要求

（1）多波束换能器应安装在噪声低且不容易产生气泡的位置，多波束换能器的横向、纵向及艏向安装角度应满足系统安装的技术要求。

（2）姿态传感器应安装在能准确反映多波束换能器姿态或测船姿态的位置，其方向线应平行于船的艏艉线。

（3）罗经安装时应使罗经的读数零点指向船艏并与船的艏艉线方向一致，同时要避免船上的电磁场干扰。

（4）定位设备的接收天线应安装在测量船顶部避雷针以下的开阔地方，应避免船上其他信号的干扰。

本次测量的多波束测深系统安装结果见表6.4.5。

表6.4.5   多波束测深系统安装表   （单位：m）

传感器类型	测量船坐标系的位置（以水面为零点，上负下正，左负右正）		
	X	Y	Z
多波束换能器	-2.50	0	-1.10
姿态传感器	1.70	1.70	-0.88
GNSS天线	1.23	-0.80	-5.18
罗经	1.70	1.70	-0.88

4. 多波束测深姿态校正

多波束测深系统安装完成后，要进行安装校准。安装校准包括定位时延、横摇偏差、纵摇偏差、艏向偏差等项目，每次重新安装多波束测深系统后都要校正。

1)定位时延

选择在水深浅于 10m、水下地形坡度 10°以上的水域进行定位时延的测定与校准。在同一条测线上沿同一航向以不同船速测量两次,其中一次的速度大于等于另一次速度的两倍,两次测量作为一组,通过比较同一海底目标的位置差异,计算定位时延值,取三组或以上的数据计算校准值,互差应小于 0.05s,部分校正结果见表 6.4.6。

2)横摇校准

选择在水深大于 20m、水下地形平坦的水域进行横摇偏差的测定与校准。在同一测线上相反方向相同速度各测一次为一组,通过比较同一海底目标的位置差异,计算横摇固定偏差值,取三组或以上的数据计算校准值,互差应小于 0.05°,部分校正结果见表 6.4.6。

3)纵摇校准

选择在水深 20m、水下坡度 10°以上的水域进行纵摇偏差的测定与校准。在同一条测线上相反方向相同速度各测一次作为一组,通过比较同一海底目标的位置差异,计算纵摇固定偏差值,取三组或以上的数据计算校准值,互差应小于 0.3°,部分校正结果见表 6.4.6。

4)艏向校准

选择在水深 20m、水下坡度 10°以上的水域进行艏向偏差的测定与校准。使用两条平行测线(测线间距边缘波束重叠不少于 10%)以相同速度相同方向各测量一次作为一组,通过比较同一海底目标的位置差异,计算艏向固定偏差值,取三组或以上的数据计算校准值,互差应小于 0.1°,部分校正结果见表 6.4.6。

表 6.4.6　　　　　　　　　　　　**多波束测深系统校准参数表**

校准项目	校准值1	校准值2	…
校准时间	5月12日	5月13日	…
定位时延(Latency)/s	0.00	0.00	…
横摇偏差(Roll Offset)/(°)	1.29	0.92	…
纵摇偏差(Pitch Offset)/(°)	2.05	2.31	…
艏向偏差(Gyro Offset)/(°)	0.86	-4.08	…

5. 多波束水深测量实施

(1)每日测前、测后观测记录吃水或水线变化,连续观测不少于 2 次,观测互差不大于 2cm;
(2)测前检查多波束、姿态传感器、定位仪、表层声速仪的工作状态,保证数据稳定、正确;
(3)测量过程中控制测量船的最大船速不大于 5kn(节);
(4)测量船提前和延迟 30s 或 100m 上线和下线;测量时保持匀速直线航行,航向的修正速率不超过 5(°)/min;
(5)保留测量船配置文件、采集软件版本信息、内业处理配置等文件或图片信息;
(6)同一测区检查线、主测线的测量参数设置保持一致。

6. 声速剖面测量

声速剖面测量遵守下列规定:

(1)声速剖面各水层深度间隔不大于 1.0m,水层声速分辨率不低于 0.1m/s,精度高于 0.5m/s;

(2)根据测区范围、岸线地形、水深、水文等情况,每天早上在测区最深处、中午在测区中部分别进行声速剖面测量;

(3)相邻声速测定点,较浅水深处的声速改正数与较深处的相同深度声速改正数差值不大于0.1m;

(4)声速剖面测量时,入水后应停留20s以上,水中下放和提升速度不大于0.5m/s;

(5)数据处理时,对声速剖面进行比对分析,剔除粗差或校正有明显系统差的声速剖面。

6.4.8 水深测量数据处理

1. 数据处理软件选定

使用中海达海洋测量数据处理软件进行单波束水深测量数据处理,该软件主要有原始数据检查、数据预处理、水深点选取与检查、吃水改正、声速改正、水位改正、其他改正、测深数据输出等功能,满足规范要求。

使用Caris数据处理软件进行多波束水深测量数据处理,该软件主要有原始数据检查、数据预处理、水深点选取与检查、吃水改正、声速改正、水位改正、其他改正、测深数据输出等功能,满足规范要求。

2. 原始数据检查

检查原始数据可靠性,对测量资料有矛盾、错误和可疑的地方,进行校对、分析和处理;检查水尺零点、水准联测资料、水位观测数据正确性及完整性。

3. 水深数据预处理

(1)数据处理之前,先检查数据处理软件中设置的投影参数、椭球体参数、坐标转换参数、各传感器的位置偏移量、系统校准参数等相关数据的准确性。

(2)数据处理时,结合多波束测深系统外业测量记录,对水深数据进行吃水改正、声速改正、水位改正。对每条测深线的定位数据、罗经数据、姿态数据和水深数据分别进行编辑。

(3)水深数据编辑时,根据海底地形、水深数据的质量选择合理的参数滤波,然后进行人机交互处理。对于无法判断的点,从作业水域、回波个数、信号质量等方面进行分析。

(4)在数据经过编辑及各项改正后,再次对所有的水深数据进行综合检查,根据各水深的传播误差及附近的水深利用表面模型进行评估,剔除不合理水深数据。

(5)根据制图比例尺和数据用途对符合质量要求的水深数据进行抽稀,水深点图上间距一般不大于5mm。

(6)处理后的水深数据格式与相关的制图系统相匹配。

(7)每条测深线的编辑情况、数据处理的参数及异常点的检查,在多波束测深系统数据处理记录中作好记录,并作为质检人员对数据处理质量进行检查的依据。

4. 水深数据选取

等距自动选取水深后,检查选取水深点的合理性,未选取的特殊水深点应人工增选,水深点密度大时删除邻近非特殊水深点。对于精度明显较差的水深点、异常水深点、点状不连续的回波信号水深点等,再次与原始测深记录比对核查。对于受风浪影响而回波信号呈波浪状的数据,适当进行人工平滑,平滑高度不低于波峰和波谷中间位置。新发现的孤立特殊水深进行加密探测。

根据测量水域的重要程度、海底地貌复杂程度等因素,合理选取成图水深点密度;按照等距要求选取水深点,标记点、打标点优先选取;特殊深度和影响地貌特征的水深点不应舍去;航向、航速变化的定位点不应舍去;选取点水深与附近深度变化应该基本一致。

图 6.4.4、图 6.4.5 分别是单波束和多波束测深测线数据预处理截图。

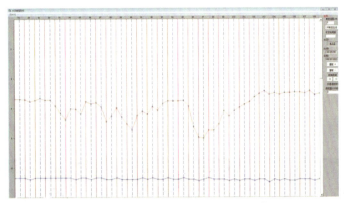

图 6.4.4　单波束测深测线数据预处理截图

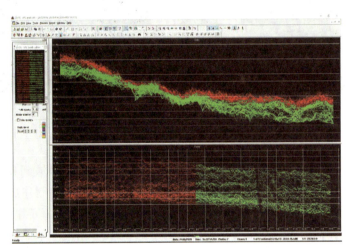

图 6.4.5　多波束测深测线数据预处理截图

水深选取遵守"舍深取浅"的要求,同时保留表示航道的通航能力、海底地貌特征的点;保留能确切显示礁石、特殊深度、浅滩、岸边石陂等航行障碍物的位置、形状(及其延伸范围)以及深度(高度)的点;保留能确切显示港口、航道、岛屿周围的地貌和狭窄水道中的深水航道的点;保留能确切显示特殊深度及其变化的特征点;保留能正确地勾绘零米线、等深线及显示干出滩坡度的特征点;水深注记不应进行不合理移位。

5. 水深成果图编绘

等深线的节点密度适当,勾绘成圆滑曲线,删除重叠的节点;等深线勾绘应遵守"扩浅缩深"的要求,即为了保持等深线圆滑合理,可以在测深精度两倍范围内向深水一侧移动;两条不同深度表示浅区的等深线距离很近时允许合并;先勾绘浅的等深线,再勾绘深的等深线;相邻等深线靠得很近时,保持较浅的等深线完整,将深的等深线中断在浅的等深线附近;当等深线离岸线或干出滩范围线很近时,等深线允许中断在岸线或干出滩范围线附近;等深线以黑色实线绘制,线粗 0.2mm。

附注的内容主要包括：采用的坐标系、投影方法、分带方法及中央经线、基准纬度、深度基准，采用的验潮站资料及水位改正方法，各验潮站深度基准面与平均海面的高差关系，海岸线的资料来源，其他资料来源及对成果图中资料的说明。

6.4.9 地形测量

1. 无人机倾斜摄影

1）航线规划

利用 DJI Terra 智能航测助手进行测区智能规划，设置地面分辨率 0.05m、航向重叠率 80%、旁向重叠率 75%、基准面海拔高度 3m 等基本测量参数，一键生成最优航线。

本次测量航线规划如图 6.4.6 所示。

图 6.4.6 航线规划截图

2）像控点布设

按照《1∶500 1∶1000 1∶2000 航空摄影测量外业规范》，采用区域网布点法布设像控点，布设方案如图 6.4.7 所示，像控点在整个测区均匀分布。所布点能有效控制住成图范围，测段接头处无漏洞，点位选取充分满足像片条件，选刺在像片航向及旁向重叠六片（五片）范围内。像控点布设完成后绘制像控刺点图，供内业加密使用和成果存档。

3）像控点测量

本项目采用网络 GNSS-RTK 进行像控点测量，并利用似大地水准面精化模型高程异常改正求取像控点正常高。两人一组，一人刺点，一人拍照检查；测量作业时，区域网角点原则上布设双点，避免点位刺不准出现偏差。

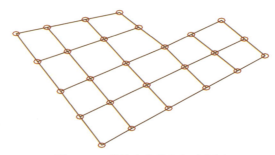

图 6.4.7 像控点布设方案示意图

观测前对仪器进行初始化，观测值在得到 GNSS-RTK 固定解且收敛稳定后开始记录，重复观测三次，每次观测历元不少于 10 个，采样间隔 2~5s。当测回间互差小于 0.05m 时取平均值作为该点的最终成果。

2. 倾斜摄影数据处理

采用全数字摄影测量工作站 Smart3D 和 Pix4D 软件对无人机倾斜摄影影像数据进行智能空三处理，解算出原始影像的外方位元素并对影像进行畸变校正。数据预处理完成后输出空三文件和无畸变影像。

1) 数据准备

主要包括影像格式转换、作业范围确认、相机参数确认、创建工程等。

2) 自动匹配连接点

将作业区作为整体进行连接点匹配，进行自由网平差并调整连接点粗差。初次调整完成后，检查航带内及航带间存在的匹配弱区，对存在的匹配弱区进行重新匹配，直至整个区域网无粗差点和匹配弱区存在。

每个像对连接点应尽可能分布均匀，自动匹配连接点后进行人工检查，确保每个像对的连接点满足连接要求，不出现裂缝。

3) 人工处理连接点

人工检查连接点数量，每张航片上、中、下点位至少有一个连接点。删除大面积落水点。沿水涯线点分布区域较少，适当进行人工增加。

4) 手工转刺像控点

按外业提供像控点点之记信息及刺点位置，将像控点进行转刺。空三生产中认真核对刺像控点点位，并依照点位高程说明，严格切准高程。

5) 区域网平差及调整区域网

利用像控点数据进行区域网平差，对存在的少量像点及控制点的残差进行人工干预，直至各项中误差、残差满足指标。

区域网内的像控点、多余控制点及加密点上下视差满足要求。

认真分析区域网平差过程中出现的定向点超限和错误，正确处理，不允许人为按误差方向随意修改；剔除粗差点，并进行记录。

6) 区域网接边

区域网接边原则：按接西北边的原则进行接边。对采用自动空三方式作业的区域，只对各区域网接边处的公共像控点互相转刺，自动匹配的像点不转刺。

7) 空三加密流程精度评价

本项目从区域网空三误差（表 6.4.7）、相机自检校误差（表 6.4.8）和控制点误差（表 6.4.9）三方面进行精度评价。

Mean Reprojection Error [pixels] 即空三误差，以像素为单位，像素越小，精度越高，本项目的空三误差为 0.115 像素，满足测量要求。

相机自检校误差的上下两个参数相差不大，且 R1、R2、R3 三个参数均不大于 1，满足测量需求。

控制点误差的 Δx 为 0.027755m、Δy 为 0.009188m、Δz 为 0.019953m，均在允许误差内，满足要求。

表 6.4.7　　　　　　　　　　　　　　　　区域网空三误差分析表

Item	Description
Number of 2D Keypoint Observations for Bundle Block Adjustment	10759124
Number of 3D Points for Bundle Block Adjustment	3309948
Mean Reprojection Error [pixels]	0.115

表 6.4.8　　　　　　　　　　　　　　　　相机自检校误差分析表

	Focal Length	Principal Point X	Principal Point Y	R1	R2	R3	T1	T2
Initial Values	368.300 [pixel] 8.580 [mm]	2722.500 [pixel] 6.385 [mm]	1835.100 [pixel] 4.304 [mm]	−0.269	0.112	−0.033	0.000	−0.001
Optimized Values	3.662.306 [pixel] 8.589 [mm]	2733.874 [pixel] 6.412 [mm]	1811.334 [pixel] 4.248 [mm]	−0.279	0.124	−0.036	−0.000	−0.000

表 6.4.9　　　　　　　　　　　　　　　　控制点误差表

GCPName	Accuracy XY/Z[m]	Error X[m]	Error Y[m]	Error Z[m]	Projection Error[pixel]	Verified/Marked
A1(3D)	0.020/0.020	−0.029	0.007	0.028	0.632	10/10
……	……	……	……	……	……	……
A9(3D)	0.020/0.020	−0.023	−0.017	−0.014	0.466	9/9
Mean[m]		0.001086	−0.000282	0.006038		
Sigma[m]		0.027733	0.009184	0.019018		
RMS Error[m]		0.027755	0.009188	0.019953		

3. 倾斜摄影数据采集

陆域岸线部分及海域的地物、地貌要素的表示分别参照现行《国家基本比例尺地图图式 第 1 部分 1:500 1:1000 1:2000 地形图图式》和《中国海图图式》的要求,各个要素的分类与代码执行《基础地理信息要素分类与代码》的要求。

本测区内业成图软件采用南方 CASS10.1。

4. 断面测量

根据甲方要求对 6#围堤、纳泥区子堤等进行断面测量。

(1) 6#围堤断面：断面间距 50m,共 89 条,长度约为 4.4km。

(2) 纳泥区子堤等断面：断面间距 100m,共 317 条,长度 25.8km。

横断面测量采用 GNSS-RTK 全野外数据采集方法,按轴线桩施测横断面,在直线部分横断面的方向与中线垂直,在中线处加测高程注记。

使用南方 CASS10.1,根据外业采集数据生成里程文件,按规定间距,纵向比例尺 1:200,横向比例尺 1∶500，绘制断面图。

5. 地形测量成果图编绘

在成果图编绘时，数据处理、符号表示和规格符合《国家基本比例尺地图图式 第 1 部分 1∶500 1∶1000 1∶2000 地形图图式》的规定。图形、属性数据处理以测区为单位统一进行。保证各类要素在本图和相邻图幅中，几何图形要素属性一致。线划光滑、自然、清晰、无挤压、无重复现象。等深线每米一条，等深线可在 2 倍测深精度的范围内向深水一侧移动，勾绘成圆滑曲线。

6.5 过程控制

为了按时保质完成各项测绘工作，本项目在开展过程中，应加强全流程组织管理，将质量管理融入各工作环节，保证质量管理体系良好运行，使生产始终处于受控状态，避免了生产过程反复，实现了安全生产。

6.5.1 健全项目组织机构

为使生产组织管理有序，针对本项目业务需求，结合公司人员的实际情况，成立项目部，全面负责项目生产工作。选择公司高层管理人员担任项目负责人，成立测量部、技术部、质检部和后勤部，明确各自职责，分工合作，安全有序开展各项工作。项目组织结构如图 6.5.1 所示。

1. 项目组织结构

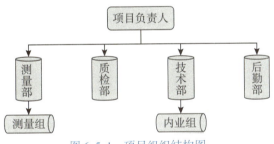

图 6.5.1 项目组织结构图

2. 职责分工

(1) 项目负责人岗位职责：与甲方的工作协调，监管测量部、质检部、技术部、后勤部。

(2) 测量部负责人岗位职责：测量部工作的组织实施，仪器的检定、性能试验和软件调试安装，外业测量进度检查，及时处理测量过程中遇到的技术问题。

(3) 技术部负责人岗位职责：技术设计，组织技术培训，内业数据的处理，技术总结及成果提交。

(4) 质检部负责人岗位职责：随机实地抽查外业测量质量，抽查内业数据处理质量，对抽查中发现的问题提出整改意见并责令相关人员及时整改，编写质量检查报告。

(5) 后勤部负责人岗位职责：做好各种仪器设备的保障工作，检查施工安全，检查仪器、车辆安全，做好其他后勤保障。

6.5.2 开展全过程质量控制

项目部在生产组织中按 GB/T 19001—2016/ISO 9001：2015 质量管理体系要求，落实公司质量体系文件，执行公司管理制度，从任务承接、生产准备、技术管理、工序生产直至成果提交开展全过程的质量管理。

完善质量控制措施。项目部成立后，组织全体人员了解测区情况和合同要求，学习技术设计书，掌握项目技术路线，明确掌握各工序操作的技术要求，保证软硬件设备处于良好状态，做好测前准备工作。

建立项目质量控制流程。现场测绘人员进入测区后按照技术设计要求，规范各工序的操作流程，严格按照技术设计和规范要求开展工作，做好工序质量控制。公司明确项目部各类人员的质量职责，作业员对其所完成的作业质量负责，质量检查人员对其所检查的成果质量负责，上工序对下工序负责。在本项目生产中，项目部完善质量检查记录，形成全链条质量控制。每幅图在作业开始就设立了"数据生产质量控制单"，每道工序提交成果时同时提交质量控制单，该控制单贯穿于整个生产过程，保证每幅图的质量有可追溯性。

6.5.3 做好成果质量检查

加强成果质量检查，完善两级检查制度，做好工序成果和最终成果的质量检查，保证样本数量和质量元素检查的全面性。外业水深测量、岸上地形测量和内业编绘工序成果按 100% 的比例进行自检，最终地图成果内业检查比例为 100%，外业巡视检查达到 75%，外业平面和高程数学精度检测达到 25%。针对质量检查过程中发现的各种质量问题，及时反馈给相关工序进行修改，保证了检查工作的有效性，保证了成果质量。质量检查验收流程如图 6.5.2 所示。

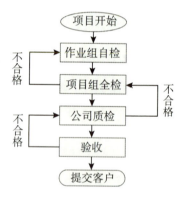

图 6.5.2 质量检查验收流程图

6.5.4 做好数据安全保密

(1) 加强项目成果保密管理。项目部认真落实公司保密制度，将涉密数据保密工作贯穿到各作业环节。

(2) 做好业主方提供的资料的保密管理。为做好测量工作，项目部从业主方获取了一些港口建设资料，项目部严格为业主保密，由资料室保管，做到不复制、不转借，项目验收合格后，将业主提供的资料完整返还。

(3) 完善网络安全措施。为参与该项目的所有计算机提供独立局域网，对计算机端口进行控制，光驱、软驱、USB 口等外设端口一律禁用。

(4) 做好数据备份。为确保数据安全，在生产过程中及时进行数据备份，海上作业时进行实时备份，成果数据由专人负责管理，保证存储介质安全稳定。

6.5.5 加强项目进度控制

项目部根据合同，制定了项目进度计划并实时进行进度控制，合理调配人力资源和软硬件设备，保证了本项目的顺利完成。航道疏浚区域 1∶2000 多波束水深测量、纳泥区 1∶1000 地形测量、6#围堤防护区域 1∶500 地形测量等外业测量在项目开始后第 21 个工作日完成。内业数据处理、成果质量检查和技术报告编制在第 24 个工作日完成，第 28 个工作日提交测量成果。测量进度控制如图 6.5.3 所示。

任务	时间							
	T+3	T+7	T+10	T+14	T+17	T+21	T+24	T+28
收集资料、踏勘、技术设计等								
控制测量设备检查自校								
多波束水深测量								
单波束水深测量								
无人机倾斜摄影 GNSS-RTK 测量								
水深测量数据处理								
地形测量数据处理								
成果整理资料上交								

图 6.5.3　测量进度控制图

6.6　成果质量

按技术设计书的要求对航道海区多波速测深、纳泥区单波速测深及陆域摄影测量成果进行了全面的质量检查，对检查数据进行了误差统计分析，客观地反映了本项目成果质量。此外，对陆海衔接的护坡、码头位置及相关地物的平面位置和高程进行抽样检查，鉴于测区地物稀少，这里省略了地物精度的统计。

6.6.1　多波束测深

多波束测量区域布设检查测线 63 条，检查测线总里程 28.61km；检查线总长与主测线总长之比为 5.5%，符合规范大于 5% 的要求。在测区范围内不同位置分别取主、检测深线上 1635 个交叉点进行水深比对，统计结果见表 6.6.1（表中差值为主测线水深值减去对应检查线水深值）。从统计表中可以看出，差值没有系统误差，且符合正态分布，按照《海道测量规范》深度区间 0～20m，限差 ±0.3m 的规定，符合率达到 95.9%，说明此次多波束测量成果质量良好。

6.6.2　单波束测深

单波束测量区域布设主测线 95 条，主测线总里程 583km；布设检查测线 30 条，检查测线总里程 33.5km；检查线总长与主测线总长之比为 5.7%，符合规范大于 5% 的要求。在测区范围内不同位置分别取主、检测深线上 2825 个交叉点进行水深比对，统计结果见表 6.6.2（表中差值为主测线水深值减去对应检查线水深值)。从统计表中可以看出,差值没有系统误差,且符合正态分布,按照《海道测量规范》深度区间 0~20m,限差±0.3m 的规定,符合率达到 97.2%,说明此次单波束测量成果质量良好。

表 6.6.1　　　　　　　　　　　　多波束测深主检比对统计表

序号	差值区间/m	比对点点数	比例/%
1	$\Delta \leq -0.3$	32	1.96
2	$-0.3 < \Delta \leq -0.2$	115	7.03
3	$-0.2 < \Delta \leq -0.1$	277	16.94
4	$-0.1 < \Delta \leq 0$	399	24.40
5	$0 < \Delta \leq 0.1$	393	24.04
6	$0.1 < \Delta \leq 0.2$	267	16.33
7	$0.2 < \Delta < 0.3$	117	7.16
8	$\Delta \geq 0.3$	35	2.14
合计		1635	100

表 6.6.2　　　　　　　　　　　　单波束测深主检比对统计表

序号	差值区间/m	比对点点数	比例/%
1	$\Delta \leq -0.3$	41	1.45
2	$-0.3 < \Delta \leq -0.2$	190	6.73
3	$-0.2 < \Delta \leq -0.1$	485	17.17
4	$-0.1 < \Delta \leq 0$	692	24.50
5	$0 < \Delta \leq 0.1$	697	24.67
6	$0.1 < \Delta \leq 0.2$	479	16.96
7	$0.2 < \Delta < 0.3$	202	7.15
8	$\Delta \geq 0.3$	39	1.38
合计		2825	100

6.6.3　地形测量

无人机倾斜摄影方法测绘的 0.9km² 的区域,用 GNSS-RTK 进行野外数据采集,抽查 285 个点的高程值进行比对,统计结果见表 6.6.3(表中差值为地形图上的高程值减去对应 GNSS-RTK 抽测的高程值)。从统计表中可以看出,差值没有系统误差,且符合正态分布,按照《海道测量规范》限差±0.3m 的规定,符合率达到 99.6%,说明此次无人机倾斜摄影方法配合 GNSS-RTK 野外施测的地形图测量成果质量良好。

表 6.6.3　　　　　　　　　无人机倾斜摄影区域高程值抽查比对统计表

序号	差值区间/m	比对点点数	比例/%
1	$\Delta \leqslant -0.3$	0	0.00
2	$-0.3 < \Delta \leqslant -0.2$	19	6.67
3	$-0.2 < \Delta \leqslant -0.1$	56	19.65
4	$-0.1 < \Delta \leqslant 0$	69	24.21
5	$0 < \Delta \leqslant 0.1$	72	25.26
6	$0.1 < \Delta \leqslant 0.2$	51	17.89
7	$0.2 < \Delta < 0.3$	17	5.96
8	$\Delta \geqslant 0.3$	1	0.35
合计		285	100

低潮时无人机倾斜摄影配合 GNSS-RTK 施测的地形测量区域，与高潮时单波束测深仪施测的水深测量区域的重叠区，大约面积为 0.7km²，抽查 203 个点的高程值，进行比对，统计结果见表 6.6.4（表中差值为地形图上的高程值减去对应水深图上的高程值）。从统计表中可以看出，差值没有系统误差，且符合正态分布，按照《海道测量规范》限差±0.3m 的规定，符合率达到 97.5%，说明此次太平湾港区纳泥区和 6#围堤防护区域地形测量陆域和水域两部分测量成果符合良好。

表 6.6.4　　　　　　　　　单波束测深区域高程值抽查比对统计表

序号	差值区间/m	比对点点数	比例/%
1	$\Delta \leqslant -0.3$	2	0.99
2	$-0.3 < \Delta \leqslant -0.2$	14	6.90
3	$-0.2 < \Delta \leqslant -0.1$	33	16.26
4	$-0.1 < \Delta \leqslant 0$	50	24.63
5	$0 < \Delta \leqslant 0.1$	48	23.65
6	$0.1 < \Delta \leqslant 0.2$	37	18.23
7	$0.2 < \Delta < 0.3$	16	7.88
8	$\Delta \geqslant 0.3$	3	1.48
合计		203	100

6.6.4　成果验收情况

本项目成果成图质量优良，于 2021 年 6 月顺利通过了委托方组织的验收。

6.7 上交成果

6.7.1 纸质成果

(1)成果图;
(2)DGNSS 稳定性检验记录表;
(3)测深仪检验比对测定记录表;
(4)主、检测深线深度点比较统计表;
(5)验潮手簿;
(6)仪器检定证书;
(7)技术设计书、技术报告;
(8)土石方量计算报告。

6.7.2 数据成果

(1)航道疏浚区域 1∶2000 比例尺地形图;
(2)纳泥区 1∶1000 比例尺地形图和断面图;
(3)6#围堤 1∶500 比例尺地形图和断面图;
(4)土石方量计算成果图。

第 7 篇
沈阳市土地利用变化遥感监测

敦力民

7.1 项目概况

7.1.1 项目概述

随着城市化和工业化进程的不断加快,经济社会发展对资源特别是土地资源的需求不断增大,加之土地政策的调整,土地资源的供需矛盾越发突出。其中,耕地资源不断变少,已严重地影响了国家粮食安全乃至社会稳定。为了实现土地资源的有效监管,维护经济社会持续稳定发展,自然资源部提出,"必须高度重视土地的合理利用与保护""落实严格的节约用地制度和耕地保护制度""禁止任何违法用地和破坏耕地行为的发生"。同时,要求开展自然资源信息化工作,推进自然资源治理体系和治理能力现代化,构建自然资源"一张网""一张图"和"国土空间基础信息平台"三大应用体系。

本项目提供全市 2020 年度卫片数据与疑似违法图斑,落实自然资源监管和信息化建设要求,提升自然资源对国民经济和社会发展的服务能力,实现土地资源的全方位动态监管。实施过程中采用 2020 年度第二、三、四季度共 3 期卫片数据,利用"卫星遥感+人工智能"的技术方法,完成正射影像生产和变化信息检测工作。其中,卫片数据提供给相关管理部门作为本底数据资源,用来对各类资源进行调查监测、精准管理和提供地理空间服务。变化信息(疑似违法图斑)提交给相应执法部门,用来准确掌握全市域范围内土地用地情况,提前预警、整治违法行为,为执法督察工作有效进行提供数据支撑。

7.1.2 项目内容

项目以 DEM 数据和 2013 年 DOM 数据作为 2020 年卫星影像正射纠正参考,以 2016—2019 年影像作为样本数据,以 2020 年 3 期卫星遥感影像作为监测数据。对获取的 2020 年 3 期卫星遥感影像,按照技术设计的要求,完成以下工作。

敦力民,正高级工程师,董事长,沈阳市勘察测绘研究院有限公司。

7.1.2.1 遥感影像处理

(1)影像预处理,包括去噪、增强、波段配准和波段合成;
(2)影像正射纠正,包括采集地面控制点、重采样校正输出等;
(3)数据融合,包括多光谱影像和全色影像的配准及融合;
(4)影像匀色,包括真彩色变换、调色、匀色等;
(5)影像镶嵌分幅,包括1km×1km格网分幅和影像解译区域的划分;
(6)影像脱密,包括位置脱密和涉密信息脱密处理;
(7)发布GIS服务,对影像进行处理生成多层级的影像金字塔,并发布与其相对应的基础版、政务版影像瓦片数据。

7.1.2.2 影像解译及疑似违法图斑提取

利用前、后期遥感影像数据,采用基于深度学习的神经网络模型训练技术进行影像自动变化检测工作,初步提取两期影像的变化情况并辅以人工修正,获取当期疑似违法图斑;统计在卫星遥感监测时段中监测区内的新增建(构)筑物、新增推填土、新增线形地物。

7.1.2.3 疑似违法图斑数据库建设

建设疑似违法图斑数据库,对每季度影像解译出的疑似违法图斑逐个跟踪、管理、建账,进而从多维度对疑似违法图斑进行统计与分析。

7.1.3 已有资料

本年度土地卫片执法违法图斑线索服务项目,主要收集利用了以下三种已有数据。

7.1.3.1 影像正射纠正参考数据

1. DEM 数据

将覆盖市域、格网间距为2m的高精度数字高程模型数据作为卫星遥感影像正射纠正的参考DEM。

2. DOM 数据

将全市2013年分辨率为0.2m、坐标系统为CGCS2000的正射影像作为卫星遥感影像正射纠正的参考DOM。

7.1.3.2 样本数据库建设数据

1. 自动获取样本所用数据

将已有全市地表覆盖分类成果及其对应监测影像作为自动获取样本的基础数据。地表覆盖分类成果包括种植土地、林草覆盖、房屋建筑(区)、道路、构筑物等。

2. 人工采集样本所用数据

2016—2019年影像空间分辨率涵盖0.5~0.8m不等、数据来源包括WorldView、高分二号、北京二号等卫星的多种传感器的遥感影像，将它们作为样本库建设中人工采集样本的底图数据。具体如下：

（1）变化情况以2016年、2018年卫星影像作为前后期影像。2016年影像为0.8m分辨率的北京二号矩形分幅影像，时相为2016年第一、二、三季度共3759幅。2018年影像共45景，其中包括0.8m分辨率的北京二号影像20景和高分二号影像25景，时相为2018年第一、二季度，影像分布情况如图7.1.1所示。

（2）变化情况以2017年、2019年卫星影像作为前后期影像。2017年影像为0.8m分辨率的高分二号影像，共49景，时相覆盖2017年全年，影像分布情况如图7.1.2所示。2019年影像为0.5m分辨率的WorldView矩形分幅影像，共3920幅，时相覆盖2019年全年。

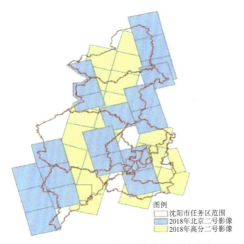

图7.1.1　2018年影像分布示意图

图7.1.2　2017年影像分布示意图

7.2　基本技术要求

7.2.1　技术依据

（1）CH/T 1004—2005《测绘技术设计规定》；

（2）CH/T 1001—2005《测绘技术总结编写规定》；

（3）CJJ/T 8—2011《城市测量规范》；

（4）GB/T 18316—2008《数字测绘成果质量检查与验收》；

（5）CH/T 9009.3—2010《基础地理信息数字成果 1∶5000　1∶10000　1∶25000　1∶50000　1∶100000 数字正射影像图》；

（6）GQJC 05—2020《地理国情监测数字正射影像生产技术规定》；

（7）CH/T 1007—2001《基础地理信息数字产品元数据》；

（8）GB/T 2260—2007《中华人民共和国行政区划代码》；

（9）TD/T 1010—2015《土地利用动态遥感监测规程》；

（10）GB/T 21010—2017《土地利用现状分类》；

（11）TD/T 1016—2007《土地利用数据库标准》；

（12）GB/T 35634—2017《公共服务电子地图瓦片数据规范》；

（13）CH/Z 9011—2011《地理信息公共服务平台电子地图数据规范》；
（14）GB/T 35764—2017《公开地图内容表示要求》；
（15）GB/T 17941—2008《数字测绘成果质量要求》；
（16）GB/T 24356—2009《测绘成果质量检查与验收》；
（17）CH/T 1027—2012《数字正射影像图质量检验技术规程》；
（18）CH 1016—2008《测绘作业人员安全规范》；
（19）《土地变更调查技术规程（试用）》（2017）；
（20）《土地矿产卫片执法检查工作规范（试行）》（2010）。
当上述引用标准发布新版本，按最新版本规定执行。

7.2.2 数据基础

（1）坐标系统：2000国家大地坐标系。
（2）投影方式：高斯-克吕格投影，3°分带，中央子午线123°。
（3）高程基准：1985国家高程基准。
（4）时间基准：日期采用公历纪元，时间采用北京时间。

7.2.3 成果格式

正射影像文件格式为*.tif格式，元数据格式为*.mdb格式，影像瓦片格式为*.lyr格式，疑似违法图斑数据库格式为*.gdb格式，文字成果格式为*.doc格式。

7.2.4 技术指标

7.2.4.1 数字正射影像（DOM）

（1）覆盖范围：覆盖全市域范围12860km^2。
（2）平面位置精度：平地、丘陵地平面位置中误差不得大于±5m，山地、高山地平面位置中误差不得大于±7.5m。
（3）影像地面分辨率：影像分辨率为0.8m。
（4）影像灰阶及其分布：黑白影像灰阶不低于8bit，彩色影像灰阶不低于24bit，灰度直方图呈正态分布。
（5）影像质量：DOM影像纹理清晰、层次丰富、反差适中，色彩真实自然，均衡一致，无明显失真与偏色现象。
（6）分幅标准：采用1km×1km的格网进行分幅，相邻图幅之间重叠20个像元，以影像左下角坐标作为图幅名称。
（7）影像脱密：影像位置脱密、涉密信息过滤。

7.2.4.2 影像瓦片

（1）瓦片分块从西经180°，北纬90°开始，向东向南行列递增；
（2）瓦片分块大小为256像元×256像元；

(3)瓦片数据格式采用*.jpg格式;
(4)瓦片数据可显示级别为9~19级,可显示比例尺为1∶1155583~1∶1128。

7.2.4.3 疑似违法图斑数据库

(1)时效性:自卫星影像获取、处理至完成 GIS 服务发布、疑似违法图斑提取工作,不超过30个工作日。

(2)查全率:根据项目需要,确定最小监测图斑面积为 $25m^2$,面积大于 400 个像元的疑似违法图斑总量不低于实际变化区域(目视可发现的变化)的 85%。

7.2.5 技术路线

本项目生产流程包括数据准备、方案制定、软件测试、信息提取和成果制作,技术流程如图7.2.1 所示。

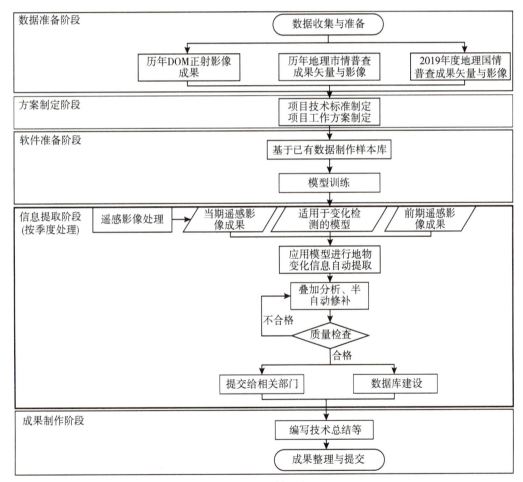

图 7.2.1 项目总体技术流程图

1. 数据准备阶段

对已有数据进行梳理,为后续软件准备阶段与信息提取阶段提供参考数据与基础数据。

2. 方案制定阶段

深度研究国家下发的政策文件与土地执法需求，结合现有技术，制定项目技术标准与工作方案。

3. 软件准备阶段

面向执法需求，应用海量数据基于深度学习神经网络训练自动变化检测模型。包括样本库制作与模型训练两个工序：

(1) 样本库制作：综合考虑沈阳市地表覆盖特点以及土地执法监测需求，建立训练样本优化技术流程。基于已有地表覆盖分类成果结合人工目视解译，获取用户样本，再通过坐标配准、矢量转栅格、影像及标签切片、训练集与测试集划分等步骤完成模型样本库的构建。

(2) 模型训练：对海量样本数据开展深度学习，通过大数据提升统计估计的准确性，自动逐层进行特征学习，通过多层线性与非线性映射将复杂地形要素简单化，并构建相对复杂的网络结构，建立典型地形要素识别技术流程及分类器，再挑选出具有最优泛化能力的变化检测模型。

4. 信息提取阶段

以季度为周期，进行数字正射影像生产与疑似违法图斑提取。包括遥感影像处理、疑似违法图斑提取以及疑似违法图斑数据库建设三个工序：

(1) 遥感影像处理：通过遥感影像正射纠正、影像融合、匀光匀色、镶嵌裁切、影像脱密、发布GIS服务等步骤生产数字正射影像。

(2) 疑似违法图斑提取：基于变化检测模型完成变化信息自动提取，再辅以人工目视解译结合半自动处理软件提取当期疑似违法图斑。

(3) 疑似违法图斑数据库建设：建设疑似违法图斑基础数据库，以季度为周期对解译出的每个疑似违法图斑进行管理和建账。

5. 成果制作阶段

整理数据成果资料，编写总结文档。

7.3 项目组织实施

7.3.1 项目执行情况

7.3.1.1 完成情况

根据项目设计内容，以获取的2020年度3期遥感影像生产正射影像图，并发布与其相对应的基础版、政务版影像瓦片数据。

为训练变化检测模型，共制作16万个图斑样本，用于模型训练，得到较优的变化信息自动提取模型。完成了3期市域疑似违法图斑的提取工作，构建了疑似违法图斑数据库。

7.3.1.2 执行周期

项目于2020年9月开始实施，10月完成资料收集、项目技术设计等工作，开始进行样本库制作、模型训练，以及影像采购、疑似违法图斑提取、数据库建设等工作。截至 2021 年 1 月，完成了 3 个季度疑似违法图斑提取，完成一批、提交一批。2021 年 4 月—2021 年 6 月，进行项目资料整理、项目验收相关文档编写等工作。项目执行时间如表 7.3.1 所示。

表 7.3.1　　　　　　　　　　　　　项目执行时间表

工作内容	2020 年				2021 年					
	9	10	11	12	1	2	3	4	5	6
资料收集、项目技术设计拟定										
影像采购										
样本库制作、模型训练										
疑似违法图斑提取										
疑似违法图斑数据库建设										
成果提交										
项目总结										

7.3.1.3　作业方法

1. 遥感影像获取

项目采用北京二号国产商业卫星影像，全色 0.8m/多光谱 3.2m，1～2 天重访。自 2020 年 9 月项目实施开始，共获取 2020 年第一、三、四季度三期遥感影像作为影像数据源。第一季度影像是存档影像，获取时间为 3 月份，用已有 2019 年监测卫片作为基底影像，同时作为第三季度图斑提取的前期影像；第三和第四季度影像则按照技术设计要求，分别在 2020 年 9—10 月和 2020 年 12 月拍摄，相对于国家对应季度卫片影像获取时间提前两个月，以确保提前掌握全市域土地违法变化情况。

2. 遥感影像处理

1）数据准备

获取原始卫星影像数据后，对数据源质量以景为单位进行检查。

（1）检查原始影像是否破损；

（2）检查原始影像信息是否丰富，是否存在噪声、斑点和坏线；

（3）检查原始影像云、雪覆盖情况，云、雪覆盖量要小于 10%，且不能覆盖建筑物等重要地物；

（4）检查侧视角是否满足规定：一般小于 15°，平原、丘陵地不超过 25°，山地、高山地不超过 20°。2020 年各季度影像分布如图 7.3.1～图 7.3.3 所示。

2）正射影像数据生产

卫片正射影像数据生产流程主要包括：影像纠正、影像融合、匀光匀色、影像镶嵌、裁切分幅、影像脱密、发布 GIS 服务。项目利用 PhotoMatrix 软件进行影像正射纠正、影像融合处理，利用 EPT 软件进行影像匀光、影像镶嵌和分幅处理，利用脱密软件进行脱密处理，利用 ArcGIS 软件发布 GIS 服务。遥感影像处理作业流程如图 7.3.4 所示。

图 7.3.1　第一季度影像分布图　　图 7.3.2　第三季度影像分布图　　图 7.3.3　第四季度影像分布图

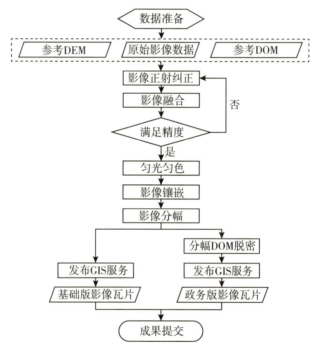

图 7.3.4　遥感影像处理作业流程图

（1）影像纠正。

影像纠正是通过参考数字正射影像（DOM）或者实地选取一定数量的地面控制点，结合该影像范围内的数字高程模型（DEM）数据，对影像进行倾斜改正和投影差改正，以消除因地形起伏和传感器误差引起的像点偏移。项目利用参考数字正射影像（DOM）数据对原始卫星影像进行正射纠正，影像纠正控制点位分布如图 7.3.5 所示，其中蓝色是控制点，绿色是连接点。

PhotoMatrix 支持不同源数据的自动读入和分类，以原始卫星影像名称命名成果，将原始卫星影像数据、参考正射影像数据、数字高程模型数据全部加载并且正确叠加在一起，选择一键出图功能进行自动化处理。工作流程包括匹配转点、平差定向、正射纠正，相关参数设置如下：

①匹配转点：选择参与区域网的影像，勾选全色影像。

②平差定向：利用参考正射影像（DOM）数据对原始卫星影像进行正射纠正，平差方式选择连接点+参考控制点。

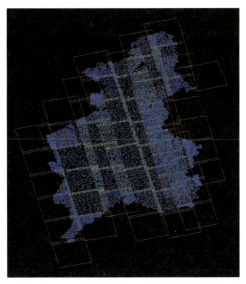

图 7.3.5 控制点与连接点示意图

③正射纠正:根据项目要求,选择高斯投影,CGCS2000 坐标系,中央子午线为 123°,分辨率为 0.8m,输出为 TIF 格式。

(2) 影像融合。

根据试验结果,综合考虑影像融合质量和效率,项目将影像融合与正射纠正在同一工作流程中完成。利用软件自动对单景正射纠正结果进行融合处理。融合过程中,选用了 Pansharp 融合算法。

对配准后影像进行多光谱影像和全色波段影像的套合检查,保证两景影像之间的配准精度不大于 1 个像元(多光谱影像上);对融合后影像进行检查,保证其分辨率与全色影像分辨率一致,纹理清晰,典型地物和地形特征(如山谷、山脊)无重影和虚影现象。影像融合结果样例如图 7.3.6 所示。

(a) 全色影像　　　　　　(b) 多光谱影像　　　　　　(c) 融合后影像

图 7.3.6　影像融合结果样例图

(3) 正射纠正精度检测。

对融合后影像进行正射纠正精度检测。以 2013 年 0.2m 分辨率的航片作为参考影像,在每景待检测的影像上选择了 4×4 个精度检查点。精度检查点均匀分布在每景影像上,并选择在投影差较小的地物上,如围墙角、硬化地表角、低矮的房角、台阶等。图 7.3.7 为正射影像检测点位选取示意图。

项目第一季度影像 45 景,共选取精度检查点 966 个;第三季度影像 57 景,共选取精度检查点 639 个;第四季度影像 40 景,共选取精度检查点 460 个。各季度影像的最大距离较差和最大平面中误差如表 7.3.2 所示。

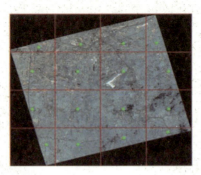

图 7.3.7　检查点位选取示意图

表 7.3.2　　　　　　　　　　各季度影像最大距离较差与中误差统计表

季度影像	检查点最大距离较差/m	最大平面中误差/m
第一季度	4.58	2.07
第三季度	4.06	1.94
第四季度	4.77	2.13

(4) 影像匀光匀色。

除了几何定位精度，数字正射影像图还要求较高的辐射精度，即色彩饱满、层次分明、反差适中。由于时相、传感器类型、地形、地貌等外界因素的影响，同一季度的各景原始影像在色彩以及亮度上都存在明显差异，并且部分影像存在灰蒙、色彩不均匀以及饱和度低等问题，所以对每一期影像都进行匀光匀色处理。

影像匀光、匀色工作的关键在于样片的选取。项目区域四季分明，由图 7.3.8 可看出该季节植被覆盖率较低，卫星影像整体呈现灰色；夏季炎热多雨，由图 7.3.9 可看出该季节植被生长茂盛，影像整体色调偏绿。在匀色过程中，各季度影像无法共用同一匀光匀色样片。为此，根据季节特点，第一季度、第四季度影像匀色使用同一样片，样片植被覆盖较少，如图 7.3.10 所示；第三季度影像匀色选用植被茂盛时期的样片，如图 7.3.11 所示。

本项目使用 EPT 软件对融合后影像进行匀光匀色处理，处理前仅设置了少量参数，如图 7.3.12 所示为使用 EPT 软件进行匀光匀色处理的参数设置界面。

图 7.3.8　冬季影像植被示例图

图 7.3.9　夏季影像植被示例图

图 7.3.10　冬季影像匀光匀色样片图

图 7.3.11　夏季影像匀光匀色样片图

图 7.3.12　EPT 软件匀光匀色参数示意图

2020 年 3 个季度影像匀光匀色成果如图 7.3.13~图 7.3.15 所示。影像匀光匀色后，需保证单景影像内部和多景影像之间的色彩平衡，整体色调一致，地物细节清晰，反差适中，层次分明，接近真实颜色。

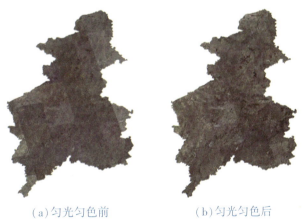

(a) 匀光匀色前　　　　　　(b) 匀光匀色后

图 7.3.13　第一季度影像匀光匀色前后对比示意图

　　(a)匀光匀色前　　　　(b)匀光匀色后
图7.3.14　第三季度影像匀光匀色前后对比示意图

　　(a)匀光匀色前　　　　(b)匀光匀色后
图7.3.15　第四季度影像匀光匀色前后对比示意图

(5)影像镶嵌与分幅。

①影像镶嵌。

影像镶嵌是将两幅或多幅遥感影像拼接成一幅影像的处理过程。景与景之间进行镶嵌时，选取无云、无雾、现势性高的影像，并且尽量保证不同景之间接边处色彩过渡自然，地物合理接边，无错位现象。

本项目使用EPT软件进行镶嵌，待影像全部加载后，进行镶嵌线的初始化，自动生成镶嵌线，再对自动生成的镶嵌线进行人工编辑。镶嵌线编辑要优先选用无云、无雾、现势性高的影像，如图7.3.16、图7.3.17所示为对有云雾覆盖影像进行镶嵌线编辑前后对比示意图。在遇到人工地物时，需手动勾画镶嵌线绕开人工地物，保持人工地物的完整性和合理性，如图7.3.18、图7.3.19所示为镶嵌区内有人工地物时，人工修改镶嵌线前后对比结果。

由于各季度影像数据量较大，而项目整体的时效性要求较高，在作业过程中，要对同一季度影像进行分区处理，由多名作业员共同进行镶嵌线编辑。当各作业区人工编辑后的镶嵌线走势均符合要求后，对其进行接边处理，合并成整体的镶嵌线矢量。图7.3.20为进行镶嵌线接边的示例图。

图 7.3.16 存在云雾覆盖影像样图

图 7.3.17 人工编辑镶嵌线效果图

图 7.3.18 镶嵌线穿过地物示例图

图 7.3.19 人工编辑镶嵌线示例图

图 7.3.20 镶嵌线接边示例图

②影像分幅。

依据设计要求，对镶嵌后的遥感影像数据以 1km×1km 的格网间距、相邻图幅之间重叠 20 个像元的方式进行分幅。分幅后影像以影像左下角坐标作为图幅名称，采用非压缩的标准 TIF 格式、RGB 色彩模式存储。项目区分幅范围如图 7.3.21 所示。使用 EPT 软件操作如下：创建正射影像工程，先后导入编辑后镶嵌线及分幅矢量，加载完成后进行影像的分幅输出。参照技术指标，对镶嵌分幅结果进行质量检查，主要包括影像有无云雾遮挡、地物是否完整无错位、分幅影像大小及重叠像元等。图 7.3.22 为分幅输出结果图（局部）。

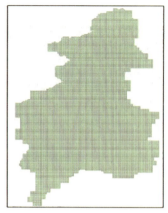
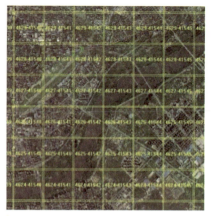

图 7.3.21　影像分幅范围图　　　　图 7.3.22　分幅输出结果图(局部)

(6) 影像脱密。

项目成果包含基础版、政务版影像瓦片数据,分别部署于政务内/外网。对两者都进行了重要敏感区域上的移动武器装备等涉密信息的脱密,对坐标进行平移变换,实现影像的位置脱密。涉密信息脱密由人工在 Photoshop 软件中处理,位置脱密由脱密软件自动化处理。处理后对结果进行脱密检查,确保消除涉密信息。图7.3.23为移动武器装备脱密前、后示例图。图7.3.24为分幅影像位置脱密前、后示例图。

(a) 脱密前　　　　　　　(b) 脱密后
图 7.3.23　移动武器装备脱密前、后示例图

(a) 脱密前　　　　　　　(b) 脱密后
图 7.3.24　影像位置脱密前、后示例图
注：橙色框线：分幅矢量。

（7）发布 GIS 服务。

项目所用影像数据量较大，因此对其进行处理并生成多层级的影像金字塔，发布与其相对应的基础版、政务版影像瓦片数据，以方便数据的读取和显示。两种瓦片发布方法一致，前者使用消除涉密信息后的分幅影像，后者使用消除涉密信息和经过位置脱密的分幅影像。

ArcGIS 软件发布影像瓦片有创建金字塔和构建镶嵌数据集两种方法。由于所用影像分辨率较高，且影像分幅后数量大，考虑到创建金字塔消耗时间较长，所以项目采用构建镶嵌数据集的方式进行影像瓦片制作。

制作影像瓦片步骤如图 7.3.25 所示。首先，根据影像瓦片的指标要求，设计制作方案。其次，进行地图文档配置，在新建镶嵌数据集后，将分幅影像添加到镶嵌数据集中，构建概视图，提升镶嵌数据集的显示速度。概视图建立完成后在多级显示下检查镶嵌数据集，合格后进行注册数据库和发布 GIS 服务等操作。项目所用影像数据分辨率为 0.8m，结合实际使用需求以及技术设计要求，生产了沈阳全市域 2020 年第一、三、四季度 9～19 级影像瓦片数据，即瓦片可显示比例尺为 1∶1155583～1∶1128。影像瓦片数据结果样例如图 7.3.26 所示。

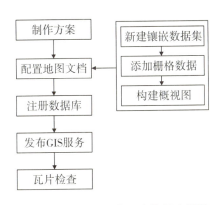
图 7.3.25　制作影像瓦片数据流程图

图 7.3.26　影像瓦片样例图

3. 影像解译及疑似违法图斑提取

结合多时相卫星遥感影像，快速、准确地提取疑似违法图斑，是及时发现和遏制违法用地、采矿行为的前提条件。数字遥感技术和计算机技术的迅速发展，为土地利用现状信息及疑似违法变化信息的快速获取提供了有力的技术支撑。

深度学习作为机器学习的一个子集，是一种以人工网络为基础，对数据集进行表征学习的算法。具备有效提取和表达大量复杂数据特征的能力，将其与覆盖范围广、信息量大的遥感数据有机结合，能够实现覆盖区域变化信息的高效提取。

深度学习软件可实现建筑、耕地、林地、道路、水体等全要素地类间、新增或消亡等变化信息的识别与自动提取。但执法部门更关注卫片图斑线索中新增的人工痕迹，包括新增线形地物、新增建(构)筑物、新增推填土等。表 7.3.3 为各类型疑似违法图斑的具体描述。现有软件对这些关注内容的提取效果不够理想，在处理时会产生大量无用图斑，影响自动提取的效率与精度。因此依据执法的实际需求，结合监测影像特征，建立了专项提取样本库，并对模型进行优化与更新，再进行疑似违法图斑的自动提取。根据自动提取过程存在的问题，辅以人工修正，保证最终成果的准确。

表 7.3.3　　　　　　　　　　　　　　　疑似违法图斑类型表

图斑类型	图斑代码	定　义
新增线形地物	11	道路、沟、渠等线状地物用地
新增建(构)筑物	12	实地已建设的土地
新增推填土	13	为实施建设而进行推填土、土地平整的土地，以施工人员已进入、工棚已修建、塔吊等建筑设备已到位或地基已开挖为标志

1) 遥感影像自动变化检测

基于深度学习的遥感影像自动变化检测主要包括以下几个步骤：首先，准备样本数据，利用遥感影像和对应的标记数据生成规定格式的样本训练集；然后，基于深度学习模型进行训练及应用，输出地物的变化检测结果。

(1) 样本库制作。

深度学习是数据驱动的模型，其效果依赖样本数据的表现，出现样本数据外的情况时，模型的适用性会变差，因此深度学习需要海量、多源的样本支持，来挖掘数据更深层、更具抽象意义的特征，使其面对复杂的遥感影像信息时能具有更强的适应性和泛化性。

综合考虑地表覆盖以及项目监测需求，建立训练样本优化技术流程，以表 7.3.3 为目标导向，完成了新增线形地物、新增建(构)筑物、新增推填土样本的获取。深度学习样本库主要分为用户样本和模型样本，用户样本是模型样本的基础。首先根据项目需求以目视解译等方法在遥感影像上勾画出了感兴趣区域的矢量边界，即遥感影像(tif 格式)及其对应的地物矢量边界(shp 格式)，作为用户样本；再通过数据处理和变换，将用户样本转换成模型训练测试所需要的样本格式，即模型样本，具体流程如图 7.3.27 所示。训练样本覆盖了同类要素的多种表现形式，提升了深度学习算法模型的自适应性、准确率与普适性。

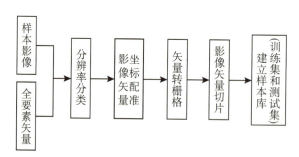

图 7.3.27　样本库构建流程图

① 影像变化矢量获取。

利用已有的地表覆盖分类成果及其监测影像，以两期矢量相减方式获取变化矢量，再筛选出本项目所需的新增线形地物、新增建(构)筑物、新增推填土等要素变化矢量。图 7.3.28、图 7.3.29 分别为矢量样本与其对应的前后期影像示例图，其中黄色矢量表示新增建(构)筑物。

由于年度变化图斑较少，量级在 1 万左右，因此基于地表覆盖分类矢量相减得到的样本数据有限。项目分别以 2016 年和 2018 年、2017 图和 2019 年卫星影像为前后期影像，以目视判读的作业方式，人工采集了 15 万个变化图斑样本，进行样本库的扩充。人工采集的样本覆盖了各种违法变化类型，保证了深度学习模型具有较强的泛化性和适用性。部分示例如图 7.3.30~图 7.3.45 所示。

图 7.3.28　矢量与对应的前期影像示例图

图 7.3.29　矢量与对应的后期影像示例图

A. 新增线形地物。

i. 前期为种植用地，后期为线形地物。

（a）前期影像

（b）后期影像

图 7.3.30　种植用地变为线形地物示例图

ii. 前期为林地，后期为线形地物。

（a）前期影像

（b）后期影像

图 7.3.31　林地变为线形地物示例图

iii. 前期为建(构)筑物，后期为线形地物。

(a)前期影像　　　　　　　　(b)后期影像

图 7.3.32　建筑物变为线形地物示例图

iv. 前期为推填土，后期为线形地物。

 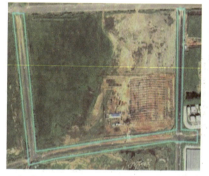

(a)前期影像　　　　　　　　(b)后期影像

图 7.3.33　推填土变为线形地物示例图

v. 不同建筑时期导致的线形地物形态变化。

(a)前期影像　　　　　　　　(b)后期影像

图 7.3.34　不同建筑时期线形地物形态变化示例图

B. 新增建(构)筑物。

i. 前期为种植用地,后期为建(构)筑物。

(a)前期影像　　　　　　　(b)后期影像

图 7.3.35　种植用地变为建(构)筑物示例图

ii. 前期为林地,后期为建(构)筑物。

(a)前期影像　　　　　　　(b)后期影像

图 7.3.36　林地变为建(构)筑物示例图

iii. 前期为空地,后期为建(构)筑物。

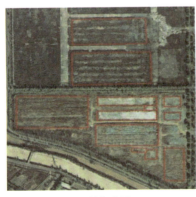 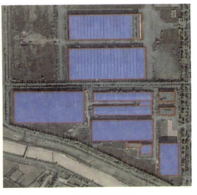

(a)前期影像　　　　　　　(b)后期影像

图 7.3.37　空地变为建(构)筑物示例图

ⅳ. 前期为推填土，后期为建(构)筑物。

(a)前期影像　　　　　　　(b)后期影像

图 7.3.38　推填土变为建(构)筑物示例图

ⅴ. 前期为水体，后期为建(构)筑物。

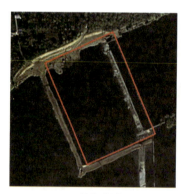

(a)前期影像　　　　　　　(b)后期影像

图 7.3.39　水体变为建(构)筑物示例图

ⅵ. 前期为构筑物，后期为建筑物。

(a)前期影像　　　　　　　(b)后期影像

图 7.3.40　构筑物变为建筑物示例图

vii. 建(构)筑物的改、扩建。

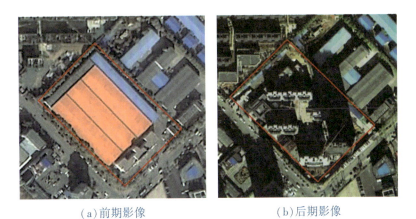

(a)前期影像　　　　　　　(b)后期影像

图 7.3.41　建(构)筑物改、扩建示例图

viii. 不同建筑时期的建筑物形态变化。

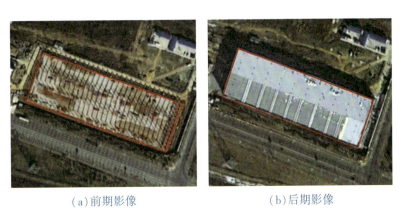

(a)前期影像　　　　　　　(b)后期影像

图 7.3.42　不同建筑时期的建筑物形态变化示例图

C. 新增推填土。

i. 前期为种植用地,后期为推填土。

(a)前期影像　　　　　　　(b)后期影像

图 7.3.43　种植用地变为推填土示例图

ii. 前期为空地，后期为推填土。

(a) 前期影像　　　　　　　　(b) 后期影像

图 7.3.44　空地变为推填土示例图

iii. 前期为林地，后期为推填土。

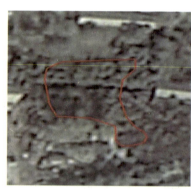

(a) 前期影像　　　　　　　　(b) 后期影像

图 7.3.45　林地变为推填土示例图

② 影像矢量坐标配准。

本次采用的地表覆盖分类成果的监测影像坐标为 2000 国家大地坐标系，高斯-克吕格投影，6°分带；2016—2019 年卫星影像坐标为 2000 国家大地坐标系，高斯-克吕格投影，3°分带；基于矢量相减和人工采集获取的样本矢量均为 2000 国家大地坐标系，大地坐标值以"度"为单位。考虑到大部分卫星影像坐标为 2000 国家大地坐标系、高斯-克吕格投影、3°分带，在作业中，将其他卫星影像与样本矢量转换到该坐标系。

③ 矢量转栅格。

矢量数据格式向栅格数据格式的转换又称多边形填充，就是在矢量表示的多边形边界内部的所有栅格点上赋以相应的多边形编码，从而形成栅格数据阵列。

项目实施过程中通过 GDAL 库中函数，根据矢量样本的属性字段（土地疑似违法变化类型），把矢量数据转换成了栅格数据，作为栅格标签数据。其分辨率和像元数与更低分辨率的遥感影像相同，每一个元素的数据范围为 11~13，分别代表一种土地疑似违法变化类型。图 7.3.46 为样本矢量转栅格示例图。

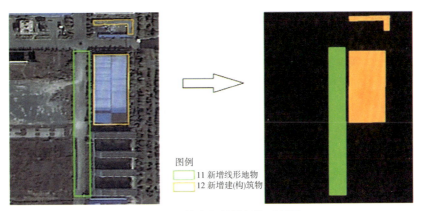

图 7.3.46 样本矢量转栅格示例图

④影像重采样。

用于人工采集样本的 2019 年影像是 0.5m 分辨率,而其对应的前期影像是 0.8m 分辨率,因此将其重采样成了 0.8m 分辨率,使样本的前后期影像分辨率一致,保证深度学习模型计算单元对应的地理范围统一。

⑤影像及标签切片。

受当前硬件系统与深度学习框架的限制,整景影像直接输入模型会导致内存溢出,因此预先把影像切割成了影像块,便于后续的模型训练。对前、后期遥感影像和栅格标签数据对应区域同时进行切割,得到影像样本切片和栅格标签数据切片,切片大小为 512 像元×512 像元。图 7.3.47 为影像样本切片成果示例图,图 7.3.48 为栅格标签数据切片成果示例图。

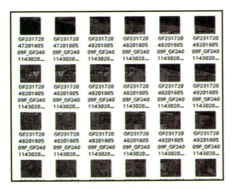
图 7.3.47 影像样本切片成果示例图

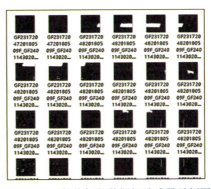
图 7.3.48 栅格标签数据切片成果示例图

⑥训练集与测试集的划分。

在使用样本进行模型训练之前,将其划分成互不相通的训练集与测试集两部分。训练集用于模型训练,占全部数据集的 70%;测试集用于模型测试,占全部数据集的 30%。训练集和测试集样本均涵盖了不同土地违法变化类型及地理场景,并且场景没有太多的相似之处。

(2)变化检测模型训练。

对海量样本数据开展深度学习,首先使用训练集样本训练变化检测模型,通过大数据提升统计估计的准确性,自动逐层进行特征学习,通过多层线性与非线性映射将复杂地形要素简单化,提取各类地形要素最有效的特征表示,并建立相对复杂的网络结构,充分挖掘数据之间的上下关联,建立典型地形要素识别技术流程及分类器,实现典型地形要素自适应、快速、高精度识别。再利用测试集样本进行变化检测模型测试,确定最优模型。

2)变化信息自动提取

首先,对影像进行降采样处理,得到降采样后的前、后期正射影像,以去除数据冗余,提高深度学习模型的运算效率。再利用 Mean-Shift 分割算法将待检测的前、后期正射影像进行同一尺度切割,基于两期影像的光谱、纹理等差异,结合分割对象的语义信息和上下文特征,提取出两期影像的变化置信度图。最后通过最大数学期望前背景分割算法二值化变化置信图,输出变化图斑。自动提取的变化图斑示例如图 7.3.49 所示。

目前,变化检测模型查全率较高,较少漏检,但存在大量虚警,正确率还有待提高。在疑似违法图斑自动提取中,全市实测精度查全率为 70.3%,正确率为 46.4%,局部查全率超过 85%,正确率接近 50%,改善了以往内业处理仅靠人工判读存在的周期长、工作量大、效率低、容易丢漏的情况。

(a)前期影像　　　　　　　　　(b)后期影像

图 7.3.49　变化信息自动提取示例图

注:红色图斑:自动提取的变化结果。

3)人工修正图斑

基于深度学习软件自动提取的变化图斑往往轮廓不够精确且存在一定的漏提、错提现象,无法达到实际应用精度要求。在项目实施过程中,辅以人工对变化图斑进行了更新与修正,主要包括:图斑形状调整、虚警图斑剔除、漏提图斑补画,减少了机器识别结果的虚警率,保证了疑似违法图斑提取结果的准确性。该过程在 EasyFeature 软件中进行,主要借助软件的人机交互功能,充分运用作业人员的判读经验和计算机处理的优势,以绘制少量点、线的方式快速准确提取目标地物,大大地提高了人工修正效率。同时,软件自动实时计算图斑矢量拓扑关系的功能,确保了每季度疑似违法图斑具有正确的拓扑关系,不存在重叠、压盖等问题。图 7.3.50 为深度学习软件提取结果和人工修正结果对比。

4)图斑合库与接边处理

人工修正图斑时,把任务区按照行政界线划分成了不同子任务区,作业员对子任务区内图斑进行修正处理。各子任务区图斑修正结果检查合格后,按照任务分界线进行图斑合库。

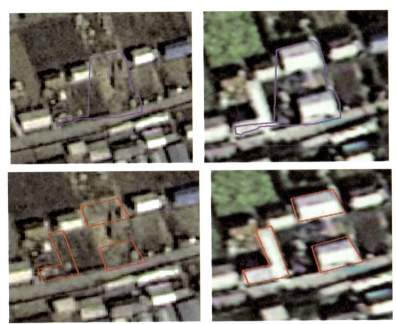

图 7.3.50　疑似违法图斑提取结果示例图

注：左：前期影像；右：后期影像；紫色图斑：软件提取结果；红色图斑：人工修正结果

4. 疑似违法图斑数据库建设

基于每季度影像解译出的疑似违法图斑，建设疑似违法图斑数据库，实现图斑的跟踪、管理、建账。本项目共获取 2020 年第一、三、四季度疑似违法图斑 51262 个。并对各行政区、各季度疑似违法图斑数量分别进行统计。

按照技术设计要求，疑似违法图斑数据库属性表包括县级行政区代码、县级行政区名称、图斑编码、图斑类型、图斑面积、中心点 X 坐标、中心点 Y 坐标、前期影像获取时间、后期影像获取时间、影像景号 10 个必填字段，具体属性如表 7.3.4 所示。

表 7.3.4　　图斑属性结构表

序号	字段名称	字段代码	字段类型	字段长度	小数位数
1	县级行政区代码	XZQDM	Char	6	
2	县级行政区名称	XMC	Char	30	
3	图斑编码	JCBH	Char	30	
4	图斑类型	TBLX	Char	3	
5	图斑面积	JCMJ	Double	15	1
6	中心点 X 坐标	LZB	Double	15	1
7	中心点 Y 坐标	BZB	Double	15	1
8	前期影像获取时间	QSX	Char	20	
9	后期影像获取时间	HSX	Char	20	
10	影像景号	DQJH	Char	100	

各属性项定义如下：

1）县级行政区代码

图斑所在行政区的区划代码，共6位，如于洪区为210114。

2）县级行政区名称

图斑所在行政区名称，采用标准区划名称命名，如于洪区。

3）图斑编码

图斑编码规则如图7.3.51所示。

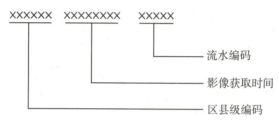

图 7.3.51　图斑编码规则

代码编制采用三层、19位层次码结构，按层次分别表示区县级编码、影像获取时间、流水编码。其中，流水编码，代码为5位，用00001~99999表示，以县级行政辖区为单元，采用数字方式从"00001"开始统一编号。

4）图斑类型

与建立样本库原则一致，依据表7.3.3中各类型疑似违法图斑代码与定义，把图斑分成不同类型。图7.3.52~图7.3.54分别为采集的新增线形地物、新增建(构)筑物、新增推填土图斑样例。

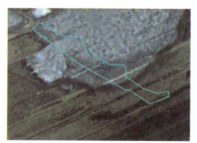 

(a)前期影像　　　　　　(b)后期影像

图 7.3.52　新增线形地物示意图

(a)前期影像　　　　　　(b)后期影像

图 7.3.53　新增建(构)筑物示意图

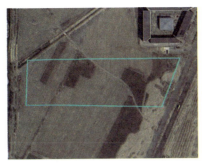 

(a)前期影像　　　　　　　(b)后期影像

图 7.3.54　新增推填土示意图

5）图斑面积

图斑的图形面积，单位为 m^2。

6）中心点 X/Y 坐标

图斑的几何中心坐标。

7）前/后期影像获取时间

指图斑对应的前后期影像的拍摄时间，如：20201020/20201222。

8）影像景号

图斑所在的影像景号，如：TRIPLESAT_1_PMS_L1_20201222013258_003176VI_027。

7.3.2　挖掘分析

基于疑似违法图斑数据库，从数量分布、空间分布、属性分布、疑似违法行为的持续性四个维度对疑似违法图斑进行数据挖掘与统计分析，得出土地疑似违法变化的时空规律与特点，为土地执法部门把握沈阳市土地违法现象的动态变迁，开展相关工作提供科学可靠的决策依据。

1. 疑似违法图斑数量分布情况分析

经分析各季度各行政区疑似违法图斑数量统计数据可得出：

（1）郊县的疑似违法图斑数量远超过市内的 9 个区。可能是由于各郊县主要为乡村，而乡村违法用地的日常监管力度相对较弱。

（2）市内 9 个区中，4 个具有城乡接合部的区，疑似违法图斑数量明显多于其他 5 个区，主要由于其正处于新兴的发展建设中，拆迁重建以及道路的新建行为较多。

（3）各行政区均是第三季度疑似违法图斑数量最多，主要由于该季度变化图斑采集工作是以第一、三季度影像作为前后期，监测时段明显久于其他两期，并且该时段属于施工旺期，生产建设活动频繁。

2. 疑似违法图斑空间分布情况分析

核密度估计是一种用于估计概率密度函数的非参数检验方法，主要用于计算点、线等要素测量值在指定邻域范围内的单位密度。本项目对各季度疑似违法图斑按面积进行了核密度估计，并分别生成了核密度分布图，如图 7.3.55 所示。其中，单位密度越高表示邻域范围内疑似违法图斑面积越大，反之，面积越小。

由图可以看出各季度疑似违法图斑均是主城区密度大（红色），即图斑面积大；而郊县乡村密度小(浅黄色)，即图斑面积小。这是由于主城区变化以整个小区的新建为主，单个图斑面积较大；而郊县农村的变化以单独建房为主，单个图斑面积较小。

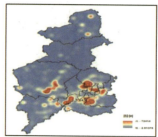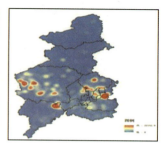

图 7.3.55　2020 年第一、三、四季度疑似违法图斑面积密度分布图

3. 疑似违法图斑属性分布情况分析

对项目区域范围各季度疑似违法图斑按照图斑属性类型进行统计，如图 7.3.56 所示。

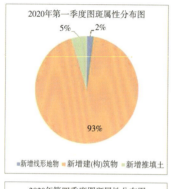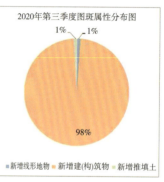
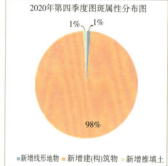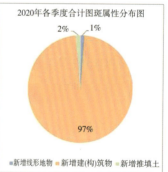

图 7.3.56　2020 年疑似违法图斑类型统计图

从图中可以看出：

(1)各季度疑似违法图斑中新增建(构)筑物远多于新增推填土与线形地物。主要是由于城市中建(构)筑物所占比例本就远大于推填土与线形地物，人类生产建设等活动以前者为主。

(2)对比三个季度统计图，第一季度的新增推填土比例相对高于其他两季度。主要是受项目区域内第一季度温度与疫情影响，大部分在建续建项目在该时期着手复工，用地变化以为后续建设活动作准备而预先推填土地为主。

4. 疑似违法图斑跟踪分析

同一位置在两个季度(或以上)都被检测出疑似违法图斑,代表该位置的疑似违法行为处于持续建设的状态。持续建设的疑似违法行为示例如图 7.3.57 所示,从左到右依次为第一、三、四季度影像,其中粉色线框代表第三季度疑似违法图斑,橙色线框代表第四季度疑似违法图斑。

对项目区域范围 2020 年各季度图斑进行跟踪分析,第一季度至第三季度持续建设的疑似违法图斑共 690 个,第三季度至第四季度持续建设的疑似违法图斑共 895 个,其中从第一季度到第四季度一直在建设的疑似违法图斑有 193 个。采用这种方式,直观统计并定位了持续违法(疑似)地块,可为执法人员对违法违规建设行为的监督、整治、核实提供指引。

图 7.3.57 持续建设的疑似违法行为示例图

7.3.3 项目创新点

土地卫片执法违法图斑线索服务项目,将深度学习技术引入遥感影像解译中,针对土地违法变化类型构建样本库,训练深度学习模型,自动检测并辅以人工修正提取了项目区域范围 2020 年第一、三、四季度疑似违法图斑;建立了疑似违法图斑数据库,实现了疑似违法图斑的存储、建账,并从多维度对疑似违法图斑进行了统计与分析。本项目新技术应用情况如下:

(1)基于深度学习的多时相遥感影像变化信息检测与提取。

将深度学习技术引入疑似违法图斑提取中,全方位提升了对遥感数据的自动化处理、分析能力,大幅提高了遥感影像信息提取的精度与效率,为提升土地执法监管决策能力,建立高效完善的土地违法变化遥感监测服务体系提供更先进的技术手段,使土地违法变化的高效精准、常态化、低成本监测成为可能。

(2)土地卫片执法违法图斑线索服务专项样本库建立。

建立样本库提升变化信息提取质量:利用大量训练样本对深度神经网络模型进行训练,以提升模型的泛化能力。项目根据国家执法部门的需求,充分结合项目区域的地形地貌特点,以生产单位海量的多源遥感影像为基础建立了专项提取样本库,使模型提取结果更具针对性,缩短了作业周期,提升了整体工作效率,实现了土地疑似违法图斑的快速、高精度提取。

(3)基于机器学习的半自动提取与更新。

把先进的计算机图像处理算法和作业员对影像的判读经验充分结合起来,利用作业员在影像上绘制的少量点、线信息作为采集信息,快速自动提取包括地块、水域、房屋和道路等目标地物。该方法在保证结果可靠性的同时减少了提取时间,提高了采集效率,降低了作业强度。

(4)基于图斑数据进行挖掘分析。

项目基于疑似违法图斑数据库,从数量分布、空间分布、属性分布、疑似违法行为的持续性四个维度对疑似违法图斑进行了数据挖掘与统计分析，得出了 2020 年全市各行政区各季度土地疑似违法变化的时空规律与特点，为土地执法部门把握土地违法现象的动态变迁，开展相关工作提供了科学可靠的决策依据。

7.3.4 实施难点

7.3.4.1 影像匀光匀色问题

挑选匀光匀色样片时，地物类型丰富、色调和色彩均符合要求的影像往往亮度较低，且单景影像内部色调也存在一定的差异，无法直接作为匀光匀色样片。

7.3.4.2 影像瓦片制作问题

项目以构建镶嵌数据集的方式进行影像瓦片制作，检查时发现 16、17 级瓦片易出现缺片、漏片问题。瓦片数据缺片、漏片问题如图 7.3.58 所示。

图 7.3.58　瓦片数据缺片、漏片问题示例图

解决方案：如图 7.3.59 所示，构建镶嵌数据集后，将其最大栅格数设置为 100～200，再进行瓦片制作，可解决缺片、漏片问题。

图 7.3.59　解决瓦片数据缺片、漏片问题参数设置示意图

7.3.4.3 变化信息自动提取问题

变化图斑的自动提取是利用前后期影像，结合光谱、纹理、语义信息、上下文特征提取出两期影像的变化，自动变化检测输出的图斑往往轮廓不够精确，且存在虚警和漏提现象。

1. 虚警问题

自动提取结果存在大量虚警，耕地、水体、投影差较大的建筑物存在大量错检现象。

解决方案：对虚警进行了人工剔除，保证了最终疑似违法图斑数据库的准确性。改进现有算法，引入水体、耕地等分类信息，减少此类虚警。

2. 漏提问题

漏提问题，主要表现为两个房屋中间新建的房屋、与地面颜色接近的灰色房屋以及由于阴影及植被遮挡而缺失完整性变化地物的漏提。

解决方案：对自动提取结果的漏提图斑进行了人工采集，保证最终疑似违法图斑数据库的准确性。将人工采集的图斑及其对应的前后期影像作为样本补充到样本库中，对算法进行针对性研发，提高疑似违法图斑自动检测的查全率。

3. 图斑轮廓问题

自动提取的变化图斑轮廓不够精确，且邻近图斑容易连在一起。

解决方案：采用人工手动修正图斑边界的方式解决该问题。对深度学习模型进行优化，通过分割方法，以超像元代替像元作为基本单位进行分析，提取超像元的闭合性、轮廓线索、视觉显著性等特征以获取更加精确的变化图斑。

7.3.4.4 人工作业问题

人工作业常见问题如下：
(1) 堆积物表面覆盖薄膜误判为建(构)筑物；
(2) 秸秆堆误判为建(构)筑物；
(3) 耕地范围内草堆误判为推填土；
(4) 建筑物受植被或阴影遮挡，误识别成变化。

7.3.5 改进意见

(1) 目前自主提取的疑似违法图斑数量较多，且没有结合土地规划、国土三调、土地变更调查等资料去掉具有合法手续的伪变化图斑，导致项目成果应用难度高，未能充分发挥数据价值。建议后续定期获取建设用地规划、审批数据，以及国家季度卫片执法成果，建立监测图斑本底库，从而在提取出变化图斑后，利用本底库甄别出合法变化，减少实地核查图斑数量，实现违法违规占地行为的及时发现与查处。

(2) 目前所有自主提取的疑似违法图斑仍只以数据库形式存储，并未录入已有的土地执法综合监管平台，一方面这些图斑不能与已有图斑线索，以及通过其他途径获取的执法线索有机结合，实现融合利用；另一方面，图斑管理、统计分析困难，难以对每个图斑进行全年跟踪、管理。建议后续充分依托土地执法综合监管平台，进行卫片执法任务的分配与监督管理，建立以季度为周期的执法图斑更新和维护机制，充分运用已有信息化平台，完善工作链条，实现预警，及时处理，争取工作的主动性。

7.4 过程控制

7.4.1 组织保障措施

为了保证工作的常态化、业务化和制度化，建立了有力的工作协调机制、长效监测机制和协同发布机制。按照项目的工作分工，成立了管理组、实施组、质量管理组、生产管理组。

7.4.2 技术保障措施

项目实施过程中，遵守统一的技术流程及作业指导，规范了成果格式及标准；配备了专门的技术人员，全程协助并解决技术问题，保障了项目顺利有序进行，按期保质提交成果；保障了各类数据成果的有效汇总、衔接与入库。

7.4.3 质量保障措施

项目质量控制过程中严格执行"二级检查、一级验收"制度，坚持全过程、全员和分级分类质量控制的原则。

7.4.4 软硬件保障措施

7.4.4.1 软件保障

项目投入了数量充足的作业软件。

1. 作业软件

1) PhotoMatrix 软件
用于影像匹配、平差、纠正、融合多个流程，适用于大规模生产卫星影像。
2) EPT 软件
用于影像匀光匀色、镶嵌、裁切分幅工作。
3) EasyFeature 软件
用于对地形地物特征进行人机交互式提取。
4) ArcGIS 软件
用于收集、组织、管理、分析、交流和发布地理信息。
5) 自然资源智能解译与变化检测软件
基于深度学习卷积神经网络，实现影像解译与变化图斑的高精度自动提取。
6) Photoshop 软件
用于影像匀光匀色模板的制作及影像脱密过程中的涉密信息处理。

2. 安全防护软件

计算机病毒防护和输入端的病毒防控。

7.4.4.2 硬件保障

项目共投入了计算机 65 套,包括服务器级计算机 1 台和计算机集群 8 组(8×8 台主机)。

1. 服务器级计算机

项目投入的服务器级计算机装有 8 块 2080TI 显卡,具有强大的并行计算能力,能够缩短模型训练迭代时间,提高了深度学习训练速度,服务器级计算机如图 7.4.1 所示。

2. 计算机集群

项目共投入 8 组集群。集群计算机具备紧密协作计算能力,提升了计算速度和计算结果的可靠性,大幅减少了影像处理和自动提取变化图斑等工作的时间,计算机集群如图 7.4.2 所示。

图 7.4.1　服务器级计算机示意图

图 7.4.2　计算机集群拍摄图

7.4.5　安全与保密措施

项目生产过程中严格执行保密规定。对项目人员进行保密制度培训;所有数据资料由专人管理,数据及时备份,数据文件不得网上发送,过程数据及时删除。

7.5　成果质量

7.5.1　质量检查方法

项目遵循"二级检查、一级验收"的原则。质检工作贯穿生产全过程,确保每道工序均处于受控状态,生产过程中对各阶段数据进行质量评定,及时准确地掌握数据的生产状况,保证数据生产的质量。

7.5.2　质量检查方式

本项目的检查方式主要包括计算机自动检查、计算机辅助检查和人工判别检查。

7.5.3　质量检查内容

项目的成果质量检查包括影像数据、疑似违法图斑数据库检查。影像依据技术设计以及《测绘成果质量检查与验收》等相关规定进行检查。疑似违法图斑数据库依据技术设计以及国家卫片执法工作的相关规定进行检查，检查内容及结果如表 7.5.1 所示。

表 7.5.1　　　　　　　　　　　　　项目成果质量检查表

成果类别	质量元素	检查内容	检查结果
影像数据成果	完整性	数据覆盖范围	合格
	空间参考系	大地基准	合格
		投影方式	合格
		高程基准	合格
	位置精度	平面位置中误差	合格
		影像接边	合格
	逻辑一致性	数据归档	合格
		数据格式	合格
		数据文件	合格
		文件命名	合格
	时间精度	原始资料及成果数据现势性	合格
	影像质量	分辨率	合格
		色彩模式	合格
		色彩特征	合格
		影像噪声	合格
		信息丢失	合格
	分幅情况	图幅范围、重叠像元	合格
	元数据质量	元数据完整性、正确性	合格
	脱密情况	位置脱密检查、涉密信息过滤	合格
	瓦片质量	瓦片规格	合格
		分块大小	合格
		瓦片分级	合格
疑似违法图斑数据库成果	库体结构	数据格式	合格
		字段命名	合格
	空间参考系	大地基准	合格
		投影方式	合格
		高程基准	合格
	图形结构	拓扑关系	合格
		碎片多边形、碎线	合格
		图形接边	合格
	属性结构	图斑属性特征	合格
	时效性	自卫星影像获取至完成疑似违法图斑提取的时间周期	合格
	提取精度	查全率	合格

7.5.4　成果质量评价

经检查，项目影像数据、疑似违法图斑数据库成果及资料齐全规范，各项指标和技术参数均满足相关规范及项目技术设计要求，检验结论为"质量合格"。

2021年8月，项目通过建设单位组织的专家验收，项目创新性地引入基于深度学习的自动变化检测等技术，实现了影像变化信息的高精度、高效率提取。项目成果已成功应用于自然资源"一张图"、"多规合一"、执法预警监督等项目，成为土地资源全方位、动态监管的重要支撑。

7.6　成果提交归档

7.6.1　数据成果

(1) 三期沈阳市全市域整景影像元数据；
(2) 三期沈阳市全市域整景正射影像；
(3) 三期沈阳市全市域分幅正射影像；
(4) 三期沈阳市全市域脱密分幅正射影像；
(5) 三期沈阳市全市域基础版影像瓦片；
(6) 三期沈阳市全市域政务版影像瓦片；
(7) 三期沈阳市全市域疑似违法图斑数据库。

7.6.2　文档资料

(1) 沈阳市土地卫片执法违法图斑线索服务项目技术设计书；
(2) 沈阳市土地卫片执法违法图斑线索服务项目检验报告；
(3) 沈阳市土地卫片执法违法图斑线索服务项目技术总结；
(4) 沈阳市土地卫片执法违法图斑线索服务项目工作总结。

第 8 篇
大连市黄渤海排污调查

李国忠

8.1 项目概况

8.1.1 项目背景

2018年11月，生态环境部、发展改革委和自然资源部联合印发《渤海综合治理攻坚战行动计划》，明确要求2019年完成入海排污口"一口一册"管理档案建立和排污口清理工作。生态环境部卫星中心对排污调查成果进行审核。

2019年4月，辽宁省人民政府办公厅印发了《辽宁省渤海综合治理攻坚战实施意见的通知》。辽宁省生态环境厅按照生态环境部和省政府的统一部署，开展入海排污口排查整治专项行动，明确了本行动方案涵盖大连、丹东、锦州、营口、盘锦、葫芦岛6个沿海城市，要求在2019年9月底前完成排查等工作。

8.1.2 项目来源

辽宁省生态环境厅统一组织我省入海排污调查工作，沿海六市按省生态环境厅的安排负责本行政区域的排查工作。

大连市勘察测绘研究院集团有限公司受大连市生态环境局的委托，承担并完成了大连市黄渤海沿海岸线区域航空摄影、正射影像图制作、管理系统开发和排污口调查等工作。

8.1.3 测区自然地理情况

本项目工作范围自旅顺黄渤海分界线开始，渤海沿岸沿旅顺—甘井子—金州—金普新区—长兴岛—瓦房店直至大连市与营口市的交界，渤海区域范围包含24处有人岛屿，31条入海河流；黄海沿岸沿旅顺口—大连市区—开发区—金石滩—庄河直至大连市与丹东市的交界，黄海区域范围包含33处有人岛屿，30条入海河流。

李国忠，正高级工程师，总工程师，大连市勘察测绘研究院集团有限公司。

测区海岸附近多为山地及久经剥蚀而成的低缓丘陵，平原低地零星分布在河流入海处及一些山间谷地。地形走势为北高南低，北宽南窄。

8.1.4 项目工作目标

项目要求入海排污口调查工作在2019年9月底前完成，形成入海排污口调查成果。

我公司的工作内容主要是入海排污口调查。组织航空摄影，并充分利用公司已有地理信息资料，开展遥感影像内业解译，重点采集海岸附近畜禽养殖区、工业企业、海水养殖区、育苗室和垃圾点，测注入海排污口的位置和排污口类型，建设大连市入海排放口综合管理系统，开发移动端App，引导并规范开展排污口外业核查，建立入海排污口名录。

8.1.5 已有资料收集分析

收集与入海排污调查相关的基础地理信息资料、航空影像资料、水利资料、行政区划资料、地名资料。

我公司拥有大连市域13000km^2的利用倾斜摄影技术生产的Mesh模型成果，摄影分辨率主城区为0.05~0.08m，其他地区为0.15m。

我公司拥有大连市域324条河流资料、道路网资料、乡镇街道分区图、全市DEM数据、历年卫星遥感数据等资料。

大连市连续运行基准站综合服务系统(DLCORS)覆盖整个测区，信号强度较好，可作为像控点测量的定位基础。

8.2 项目技术要求

8.2.1 影像覆盖范围和分辨率

航空摄影要求覆盖黄渤海沿岸2km范围内的带状区域，入海河流上溯到国控断面（断面是指为评价监测特定水体状况，包括水环境质量、生态流量保障和生态系统健康等，以及了解特定人类活动对水体的影响，设置的采样断面，包括国控断面、省控断面、市控断面等。），没有国控断面的，上溯5km。渤海沿岸航摄面积约1800km^2，黄海沿岸航摄面积约1679km^2，影像分辨率优于0.1m，制作1∶1000比例尺正射影像图。

8.2.2 技术依据

(1)《辽宁省入海排污口排查整治专项行动工作方案》(辽环函〔2019〕70号)；
(2)《入海(河)排污口排查整治无人机航空遥感技术要求(试行)》(环办执法函〔2019〕268号)；
(3) GB/T 19294—2003《航空遥感技术设计规范》；
(4) GB/T 27920.1—2011《数字航空摄影规范 第1部分：框幅式数字航空摄影》；
(5) GB/T 27920.2—2012《数字航空摄影规范 第2部分：推扫式数字航空摄影》；

(6) GB/T 27919—2011《IMU/GPS 辅助航空摄影技术规范》；

(7) GB/T 23236—2009《数字航空摄影测量空中三角测量规范》；

(8) CH/T 3006—2011《数字航空摄影测量控制测量规范》；

(9) CH/T 3007.2—2011《数字航空摄影测量 测图规范 第2部分：1∶5000 1∶10000 数字高程模型 数字正射影像图 数字线划图》；

(10) GB/T 13977—2012《1∶500 1∶1000 地形图航空摄影测量外业规范》；

(11) GB/T 13990—2012《1∶500 1∶1000 地形图航空摄影测量内业规范》；

(12) GB/T 3006—2011《全球定位系统（GPS）测量规范》；

(13) CH/T 2009—2010《全球定位系统实时动态测量（RTK）技术规范》；

(14) CH/T 1004—2005《测绘技术设计规定》；

(15) CH/T 1001—2005《测绘技术总结编写规定》；

(16) GB/T 24356—2009《测绘成果检查与验收》；

(17) GB/T 18316—2008《数字测绘成果质量检查与验收》；

(18) 本项目技术设计书。

8.2.3 坐标系统和高程基准

本项目平面采用 2000 国家大地坐标系，高斯-克吕格投影，3°分带；高程采用 1985 国家高程基准。

8.3 影像获取与正射影像制作

8.3.1 技术路线

本项目排查对象主要是入海排口，其中包括入海河流上溯部分排口。已有航摄成果的影像分辨率不能完全满足设计 0.1m 的要求，因此，在城区外沿海和入海河流排查范围内，开展航空摄影测量工作。

充分利用已有资料，根据海岸线走向、面积及地形起伏情况合理划分航摄分区，采用带有组合导航系统（GNSS/IMU）的载人飞机或无人机获取海岸区域影像，利用大连市连续运行基准站综合服务系统（DLCORS）进行野外像控点测量，进而进行区域网加密，导入数字高程模型数据对影像进行微分纠正，生成分辨率优于 0.1m 的正射影像（DOM），经裁切形成分幅 DOM 成果。航空摄影和正射影像制作的技术流程见图 8.3.1。

8.3.2 准备工作

收集大连市现有的相关测绘资料和专题资料，包括基础地图资料、基础控制点资料和卫星定位连续运行参考站资料等。制作测绘区域范围图，见图 8.3.2。

8.3 影像获取与正射影像制作

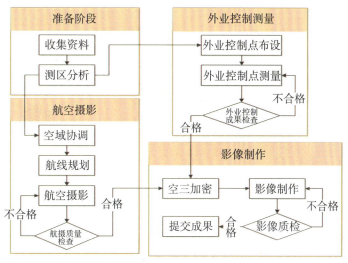

图 8.3.1　正射影像制作流程图

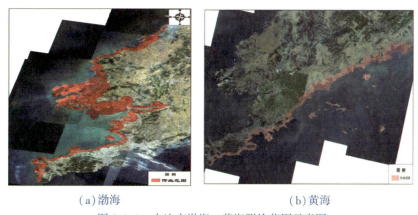

(a) 渤海　　　　　　　　　　　(b) 黄海

图 8.3.2　大连市渤海、黄海测绘范围示意图

8.3.3　航空摄影

按照国家有关法律规定，我公司向北部战区联合参谋部作战局、民航东北地区管理局申请飞行空域，批准后开展航空摄影作业。

8.3.3.1　航空摄影范围

航空摄影包括大陆、岛屿海岸带区域和入海河流临近入海区域。

大陆、岛屿海岸带区域以海岸线为基准向陆地一侧延伸 2km，向海一侧覆盖围海、填海、构筑物等用海及滩涂区域。

所有入海河流左右岸各 500m 范围，有国控断面的河流，自入海口沿河道向上游上溯至最近一个国控断面；无国控断面的河流，自入海口沿河道向上游上溯 5km。

本项目航空摄影共飞行 84 架次，其中无人机 7 架次，完整地覆盖了入海排污口调查区域。

8.3.3.2　飞行器及相机选择

在飞行器选择上以塞斯纳 208 型飞机为主，华测 P316 无人机辅助。塞斯纳 208 型飞机和华测

P316无人机外观见图8.3.3。

图8.3.3 塞斯纳208型飞机和华测P316无人机外观图

塞斯纳208型飞机搭载ADS100数码航摄仪进行摄影，该航摄仪的焦距为62.5mm，像元大小为5μm，线阵像素数为20000。华测P316搭载全画幅相机，4200万像素。

8.3.3.3 航摄分区及飞行要求

根据海岸线的走势、面积、沿海地形起伏、相机参数等，划定航摄分区，本次大连市域共设置航摄分区37个。

本次航空摄影最低点地面分辨率要求优于0.1m。ADS100三线阵扫描方式，航向重叠度100%，旁向重叠度一般不小于30%，最小不低于25%。华测P316搭载的全画幅相机，航向重叠度一般为70%，旁向重叠度一般为30%，最小不低于25%。

8.3.3.4 航摄质量检查

本项目航空摄影成果应及时进行质量检查，包括飞行质量和影像质量检查。经检查，本测区航空摄影成果质量较好，满足正射影像图制作的需要，检查内容如下。

1. 飞行质量检查

塞斯纳208型飞机和无人机航线控制全部是自动飞行控制，依据规划的航线、航迹点位实施摄影曝光，航线弯曲度、航高差均得到保证。主要检查摄区边界覆盖程度是否满足航向四条基线、旁向两条航线重叠，是否存在航摄漏洞。

2. 航片摄影质量检查

航片摄影质量检查主要检查影像的清晰度，层次应分明、颜色应饱和、反差适中、不偏色。

8.3.4 像控点布设与测量

本项目航空摄影的主体是塞斯纳208型飞机，无人机航摄对象主要是入海口以上的约5km长的河流，面积较小，属于补充性质。因此，下面像控点布设介绍主要针对塞斯纳208型飞机所摄影像，无人机航飞区域按随机配置软件要求进行像控点布设。

8.3.4.1 像控点布设原则

(1)像控点布设要相对均匀；

(2)像控点布设要有足够的数量;
(3)像控点布设要有足够的密度。

8.3.4.2 像控点布设方法

(1)像控点布设首先要满足像片条件：布设在航向及旁向六片(或五片)重叠范围；距像片边缘不得小于1.5cm；旁向重叠过小、相邻航线的点不能公用时，分别布点，但两点裂开的垂直距离应小于1cm。位于自由图边的像控点，应布设在离图廓线5mm以外的地方。

针对ADS100的扫描影像特点，航向是连续条带影像，同时前后视影像100%重叠，因此在选点时主要考虑旁向重叠以及前后视影像视差造成的遮挡。

(2)平高区域网布点：以4条航线、6~8条基线为一个区，平高点按区域周边8点及中央1点的9点法布设，即两平高点之间的旁向跨度2条航线，航向跨度3~4条基线，并按此跨度加布二排高程控制点，如图8.3.4所示。

按照统筹兼顾、分区布点的原则布设野外像控点，大连渤海区域野外像控点布设分布情况见图8.3.5。

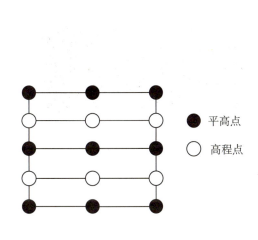
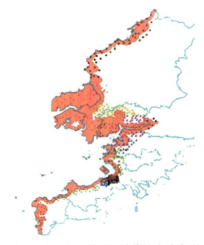

图8.3.4　平高区域网像控点布设图　　图8.3.5　大连渤海区域像控点分布图

8.3.4.3 像控点点位选择

像控点点位选择需满足内业刺点和外业测量两个方面的要求。

(1)像控点的目标影像应清晰，颜色反差大、易于判读，如选在交角良好的细小线状地物的交点、明显地物拐角点，同时应是高程变化较小的地方，易于准确定位和测量；

(2)像控点要便于架设测量仪器，利于接收卫星信号，四周无遮挡或遮挡轻微，可参考GNSS平面测量控制点选点要求。

图8.3.6是野外像控点选择的两个示例，棱镜杆的底部即为像控点位置。

8.3.4.4 像控点测量

本项目像控点测量平面精度和高程精度均需优于5cm。像控点测量基本在大连市连续运行基准站综合服务系统环境下，采用GNSS-RTK方式进行，少数采用全站仪测量方法进行补充，下面简要介绍GNSS-RTK测量方法。

 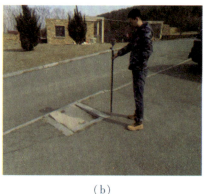

(a)　　　　　　　　　　　　　　　(b)

图 8.3.6　野外像控点选点示例图

GNSS-RTK 测量尽量选择在天气良好的情况下进行，首先进行静态初始化，输入测站号、仪器高等参数，要求有固定解。测量要架设三脚架或手扶保证测量杆水准气泡居中。测量时，需要拍摄测量点位的照片以及周边可供参考的近远景照片，见图 8.3.7。

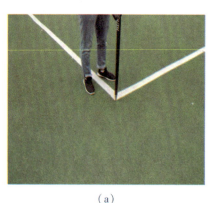 

(a)　　　　　　　　　　　　　　　(b)

图 8.3.7　像控点测量照片拍摄图

8.3.5　空三加密

本项目采用 Inpho 软件进行影像处理。Inpho 软件可全面系统地处理航测遥感、激光雷达等数据，功能涵盖整个摄影测量系统的工作流程，包括空中三角测量、三维立体构建、地形建模、正射影像处理。

Inpho 软件进行空三加密解算时，加密工序主要包括生成航线、连接点自动匹配、无约束平差、像控点刺点、约束平差和加密区接边 6 个步骤。Inpho 软件自动化程度较高，各步骤多为对话式操作，针对相机、飞行、地形等测区具体情况逐步进行，最后取得空三加密成果。下面对主要操作步骤进行简要介绍。

（1）生成航线。使用 Aerial Sensor 模块建立一个新的工程，弹出对话窗口，按照对话窗口进行操作，最后保存工程。基本步骤为：建立相机文件—填写相应的相机名称、类型、镜头类型，填写相机的检校文件—导入像片数据—设置测区平均地形高—航片重命名—导入 GNSS/IMU 数据—生成航线—工程检查。现选择性地截取"建立相机文件""设置测区平均地形高"和"导入 GNSS/IMU 数据"三个操作界面，见图 8.3.8。

（2）连接点自动匹配。在自动连接点提取界面，引入 POS 数据，提高提取连接点的效率，增强连接点的可靠性。选择连接点区域，设置连接点密度，设置连接点之间的最小距离，多级金字塔连接点提取，设置系列匹配参数。现截取"多级金字塔连接点提取"和"地形参数初始化设置"两个界面图，见图 8.3.9。

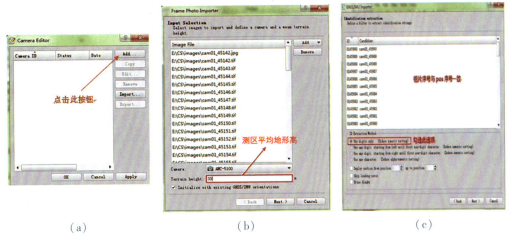

(a)   (b)   (c)

图 8.3.8   生成航线操作界面图

(a)   (b)

图 8.3.9   连接点自动匹配操作界面图

（3）无约束平差。通过 Inpho 软件自动匹配出来的连接点绝大部分质量都是符合要求的，但同时也有少部分连接点的影像观测值并不理想，需删除，以使连接点影像视差满足精度要求。现截取删除影像视差超限的连接点操作界面图，见图 8.3.10。

（4）像控点刺点和测量。测区无约束平差结果经评定合格之后，可以开始刺像控点。像控点测量配合像控点的点之记，在立体测量环境下测量。电脑上立体刺点界面见图 8.3.11。

（5）约束平差。控制点测量完成后，进行约束平差。以引入的控制点为基础，通过约束平差绝对定向，将整个测区的无约束平差结果归算到控制点坐标系上。

（6）空三接边。为保证相邻加密区之间的接边精度，本项目在划分加密区时保留了相邻区之间的航线与航片的重叠度以及控制点的重叠度，通过接边地区同名控制点的约束平差，保证了两个加密区的接边精度。

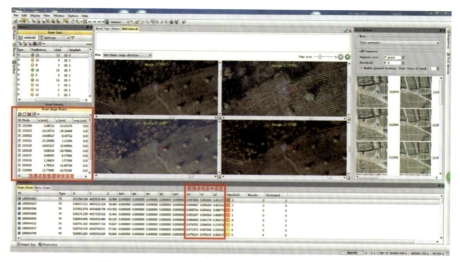

图 8.3.10　删除影像视差超限的连接点操作界面图

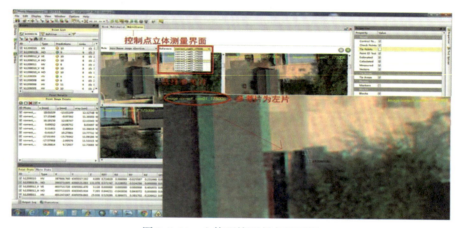

图 8.3.11　立体环境下刺点界面图

8.3.6　DTM 提取和编辑

8.3.6.1　DTM 提取

运用多层数据结构存储丰富的信息，通过 Inpho 自动化提取 DTM。不同测区 DTM 提取、参数设置均不相同。需要设置的参数包括：地形类型、平滑参数、明显地面特征的密度、匹配视差的大小、提取的区域范围、预置平均地形高、最小格网尺寸、航线约束和形态数据。DTM 提取过程中参数设置见图 8.3.12。

8.3.6.2　DTM 编辑

1. DTM 预处理

DTM 数据中含有噪声数据，矮灌木点、高大树木点、建筑物点、电缆等层数据，通过滤波手段对这些数据进行分类、提取，然后删除。经过滤波处理后得到仅有地面点的 DTM 数据，对其进行检查、编辑。针对居民区的建（构）筑物分布范围对 DTM 进行压平、平滑处理，针对植被覆盖区域对 DTM 进行降高处理，最后得到该测区统一的 DTM 成果。

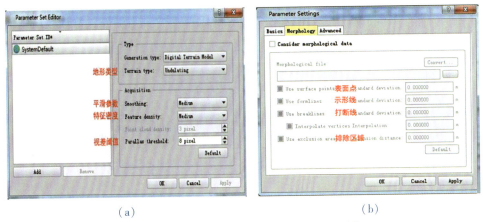

图 8.3.12　DTM 提取过程中参数设置界面图

2. DTM 编辑方法

预处理得到的 DTM 数据需要进行进一步的编辑处理，主要有以下 5 个步骤。

(1) 漏洞插值。针对 DTM 数据预处理之后出现的较小漏洞，一般通过漏洞插值进行补充。

(2) 指定选定点高程。对于水面或者平地房屋等类型的点，将选定点的高程统一赋为一个高程值。

(3) 重新插值。预处理后的 DTM 数据，可能仍然存在个别的树木、高程突变点、飞点等数据，选择这些"异常"点，以其周围正常的地面点高程为基准，对其进行重新插值。

(4) 重新匹配选定点高程。在立体环境下，指定选定点的立体像对，在有效的立体像对内，调整视角高程至选定点高程，然后重新匹配该点的高程。

(5) 重新生成地面点。对 DTM 数据预处理之后，在居民区会出现点云漏洞，当漏洞区域过大时，通过简单的漏洞插值无法补齐该漏洞的数据，而在立体环境下，调整视角高程至多边形取点高程，在立体模型上重新生成该区域的地面点。

8.3.7　正射影像制作

本项目使用 Inpho 软件的纠正模块 Orthomaster 进行单片微分纠正，即利用相关参数和数字地面模型，将原始影像划为很多微小的区域再逐一进行纠正，获得正射投影的数字影像。单片微分纠正主要包括导入 DTM 数据、设置输出参数、设置纠正方法、单片调色、镶嵌线生成和编辑等步骤。正射影像生成后，还需要进行匀光匀色。Inpho 软件自动化程度较高，以对话框提示操作的方式进行。下面对这些步骤进行简要介绍。

(1) 导入 DTM 数据：设定最大临近点距离，即影像地面分辨率，本项目为 0.1m，软件通过内插自动构建 DTM 格网数据.wrl 文件。选取"最大临近点距离"操作步骤，见图 8.3.13(a)。

(2) 设置输出参数：设定输出影像的地面分辨率、影像格式、命名规则，同时确定测区输出范围及各单片输出范围。选取"影像格式设置"操作步骤，见图 8.3.13(b)。

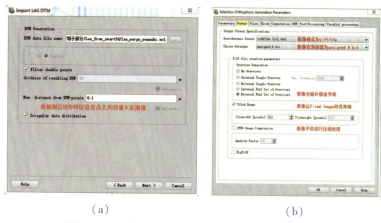

图 8.3.13 导入 DTM 和设置输出参数操作界面图

(3)设置纠正方法：选择 Exact 方法，即对每一张航片内的每一个像素严格按照其对应的 DTM 上的坐标和高程进行逐一解算。

(4)单片调色：对单片影像进行匀色处理，以保证影像图面质量。

(5)镶嵌线生成和编辑：根据影像纹理、地物等特征勾画镶嵌线，尽量使建筑物在同一图幅上，减少扭曲和错位，导入正射影像，对镶嵌线进行编辑。现截取镶嵌线操作界面图，见图 8.3.14(a)；截取镶嵌线编辑操作界面，见图 8.3.14(b)。

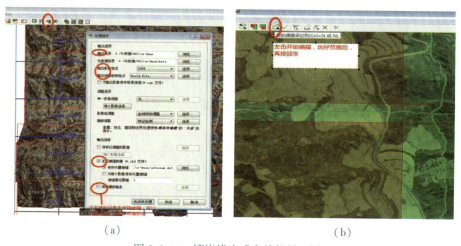

图 8.3.14 镶嵌线生成和编辑界面图

(6)匀光匀色：首先制作标准样片，然后依据标准样片对纠正好的航片进行匀光匀色处理，使批量影像色彩尽量一致。

8.3.8 正射影像图精度

为检验数字正射影像图的平面位置精度，在渤海地区丘陵地带利用 DLCORS 检测明显地物点 312 个，总体统计中误差为±0.19m；在黄海地区丘陵地带检测明显地物点 524 个，总体统计中误差为±0.25m，满足规范及本项目合同要求。

8.4 入海排污口监督管理平台系统建设

为全面摸清入海排污口底数，提高排查工作效率，奠定核查、监测等工作的空间定位基础，依据《大连市入海排污口排查整治专项行动实施方案》，按照本项目合同要求，开发大连市入海排污口监督管理平台系统。

8.4.1 系统总体架构设计

本系统依据国家环境保护和地理信息系统开发等标准规范，以大连市基础地理信息数据、大连市高清影像、数字高程模型等数据为基础，运用地理信息、互联网以及移动通信等技术构建一体化的入海排污整治系统。系统总体架构见图 8.4.1。

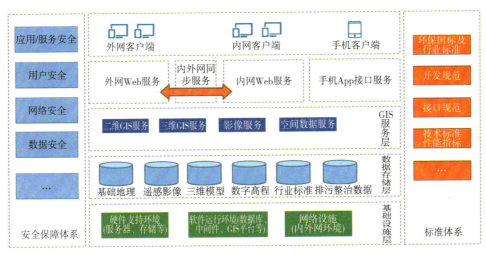

图 8.4.1 系统总体架构图

应用层：包括移动客户端、内网客户端、外网客户端三大部分，其中移动客户端及外网客户端由于业务需要，运行在互联网环境。内网客户端因包含涉密数据运行在物理隔离的局域网环境。因以上原因系统设计了交换层，包括内外网数据同步服务、手机 App 接口服务以及内外网络的 Web 服务。

GIS 服务层：包括二维 GIS 服务、三维 GIS 服务、影像服务、空间数据服务。

数据存储层：主要包含基础地理数据库、遥感影像数据库、三维模型库、数字高程模型库、行业标准库、排污整治数据库。

基础设施层：是将计算资源、存储资源、网络资源等物理资源进行整合，以满足内外网数据存储、业务办理、信息共享和查询服务，为系统高效、稳定运行提供强有力的支撑和保障。

8.4.2 系统业务模块

按照大连市生态环境局入海排污调查工作需要，系统开发了排查模块、监测模块等 5 个业务模块。我公司主要承担排查的相关业务，监测方面主要是排水取样，可以在现场一并完成。由于监测业务中水质化验及水质判定等技术与地理信息应用相关性较小，因此仅对排查模块、监测模块加以介绍。排查、监测模块开发的工作流程见图 8.4.2。

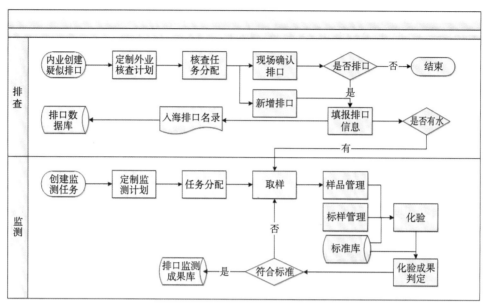

图 8.4.2 排查监测总体流程图

8.4.2.1 排查模块

开展调查的入海排污口是指工业排污口、城镇生活污水排污口、农业农村排污口、城镇雨水排污口、沟渠、河港、排干等排污口和其他排污口。

排污口排查模块主要包括 9 项功能：新建排污口、制订排查计划、创建排查任务、派发排查任务、App 核查、现场排查时新增排污口、排查过程监控、排查结果审核和排查结果统计分析。下面介绍"新建排污口"功能，其余模块功能在"8.5 排污口调查"中介绍。

内业对遥感影像和实景三维模型进行解译并创建疑似排污口，同时为排污口命名并编号，在地图上指定位置，自动读取经纬度并识别其所属行政区域信息。另外支持排污口信息的导入。内业排查流程见图 8.4.3。

疑似排污口创建包含的信息主要有：编号、位置、污染来源、排放去处、点位备注。同时采集疑似排污口位置"三维快照"，便于外业核查确认位置。

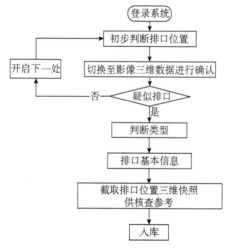

图 8.4.3 内业排查流程图

确定疑似排口后，通过输入相关属性，录入数据库，形成排查数据，供外业核查使用。系统录入界面见图 8.4.4。

图 8.4.4　内业排查及属性输入环境界面图

8.4.2.2　GIS 空间分析模块

该模块主要功能包括基础功能和空间分析展示功能。前者具有图层叠加、切换、显隐，坐标拾取及坐标转换，各类生态环境矢量数据加载，互联网地图联动等功能；后者具有空间查询、叠加分析、空间统计、分析预警、专题图制作等功能。

排污口排查方面的功能包括：通过排污口坐标或排污口类型进行查询，进而加载空间数据，实行排查任务管理；将排污口、所属河流、监测断面等数据进行叠加展示分析。

8.4.3　数据库框架设计

8.4.3.1　数据分类

本系统内的数据主要包括基础地理信息数据、排污口调查数据、系统处理业务数据、系统管理数据和系统运行数据。

(1) 基础地理信息数据包括各种高清影像数据、矢量数据等。
(2) 排污口调查数据主要包括排污口的位置、类型、图像等基本信息。
(3) 系统处理业务数据主要包括任务、计划、排查结果、监测项目、监测结果和执行标准等。
(4) 系统管理数据主要包括用户基本信息、所属部门、角色权限等，以及实施企业、作业小组和小组成员等。
(5) 系统运行数据主要包括数据字典、运行日志、文件管理、App 版本管理等。

8.4.3.2　数据存储

按数据存储位置可分为内网服务数据、外网服务数据和移动端 App 的存储数据。
(1) 系统以内网服务数据库为主数据库，涵盖所有系统使用数据。
(2) 外网服务数据库仅提供外网作业必需的数据，如用户基本信息、系统处理业务数据，以及必要的地理信息数据。

（3）移动 App 端数据库仅存储个人作业相关的数据，如任务信息、任务执行结果记录、审核信息等。

（4）移动 App 在移动网络畅通的情况下直接使用外网数据库和 App 端数据库，在移动网络不可用时，使用 App 端数据库在离线状态下工作，待网络恢复后自动将 App 端数据库与外网数据库同步更新。

（5）外网数据库与内网数据库通过内外网同步服务更新两端的差异数据。

8.4.3.3　数据交互安全设计

由于本系统包括涉密数据及内外网交互业务，系统设计时充分考虑网络安全，实现系统运行流畅、安全保密。系统网络拓扑关系见图 8.4.5。

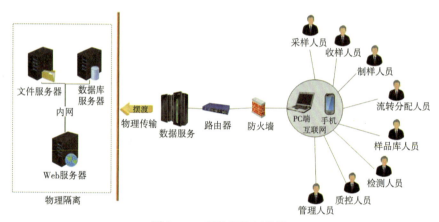

图 8.4.5　系统网络拓扑图

（1）基于数据交换安全及保密要求，数据服务器、文件服务器不接入互联网，只与 Web 应用服务器相通。Web 应用服务器通过双网卡实现与外部互联网的交互，及内部服务器数据的读取、写入，充分保障数据服务器及文件服务器的安全。

（2）网络出口处安装防火墙，该防火墙具备 Web 应用安全防护、Dos/DDos 攻击防护、入侵防护等功能，可以保障数据交互安全和信息保密。

8.5　排污口调查

入海排污口调查包括内业排查和外业核查两部分。内业排查主要是通过正射影像和 Mesh 模型的影像纹理、色彩变化分析对排口进行识别、定位，形成一级排查数据库成果；在内业排查成果基础上，利用系统 App 沿海岸线、入海河流的堤岸进行外业调查、核查，进行信息统计，建立排污口调查名录。将外业核查结果作为调查的最终结果。

8.5.1　调查组织

入海排污口核查工作由大连市生态环境局组织开展，协调市级相关部门、区县政府和相关测绘单位做好人员、船只安排和安全保障工作。

我公司负责系统平台开发、运行保障、网络环境维护、系统内组织架构维护、任务管理、实时数据统计汇总。

大连市环境监测中心负责三级审核、抽检、质量控制工作。

8.5.2 影像解译

解译工作基于管理平台完成，依托正射影像和实景三维模型，采用人机交互解译，提取工业废水和生活废水排污口以及其他通过管道、沟、渠、涵、湿地等直接或间接向海洋排放的排污口。

8.5.2.1 影像解译方法

以正射影像为基础，充分利用倾斜摄影影像的多角度、全方位，真实再现海岸带环境的特点，在平台上采用人机交互解译的方式，结合入海(河)排污口纹理、形状、颜色、空间分布等特征，提取排污口疑似点位，填报排污口经度、纬度、行政区划及代码等基本信息，形成入海排污口核查清单。正射影像解译效果情况见图8.5.1。

(a)因排水形成的水沟　　　　　　　(b)养殖尾水排口

图8.5.1　利用正射影像识别的效果图

大连海岸线人工岸线较长，排口也多分布于人工岸线，三维模型弥补了正射影像角度单一的不足，较好地解决了人工岸线尤其是陡岸侧壁排口的识别问题，大幅度提高了工作效率和识别质量。正射影像与Mesh模型解译效果对比见图8.5.2。

(a)正射影像下的排污口　　　　　　(b)倾斜影像下的排污口

图8.5.2　正射影像解译与倾斜摄影模型识别效果对比图

8.5.2.2 解译对象

入海排污口主要是工业废水排污口和生活废水排污口,还包括其他通过管道、沟、渠、涵等直接向海洋排放的入海排污口,或者通过河流、滩涂、湿地等水体间接向海洋排放的排污口。入海排污口类型说明及影像示例见表8.5.1。

表8.5.1　　　　　　　　　　　排污口类型说明及影像示例表

排污口类型说明	示例影像
影像体现的是岸上有工厂及居民区而没有明显管道的排放口	
影像体现的是岸上有工厂及居民区未加固的排放沟	
影像体现的是岸上有工厂及居民区有明显管道迹象的排放口	
影像体现的是养殖区和海洋连通的闸门换水通道	

8.5.2.3 排污口内业排查

排污口一级排查由内业在管理平台上操作完成。操作步骤是首先创建排污口,为排污口命名并编号,同时在地图上指定位置,系统读取该位置的经纬度,进行排污口定位,自动判定排污口的行政区划归属，录入排污口的现有信息，进行截图供外业核查使用，形成排查数据库。

解译重点关注沿海、沿河区域的居民区、工业企业、畜禽养殖场、海产品养殖区域周边的岸线及堤坝。这些区域大多存在排污口，典型影像特征见表 8.5.2。

表 8.5.2　　　　　　　　　　　重点区域排查说明及影像示例表

重点区域说明	示 例 影 像
养殖区附近的一般房屋，须现场判别是否是育苗室	
影像上为海边堤坝围成的池塘，须判别是否为海水养殖区	
影像上有明显围栏，须判别是否为畜禽养殖区	
影像上有规整围墙围成的建筑区域，须判别是否为工厂企业	

8.5.3　外业核查

外业核查以内业排查数据库为基础，利用平台 App 对内业排污口解译成果进行核验，采集排污口的详细信息，补充内业未采集到的排污口，剔除内业解译错误的疑似排污口，并对内业建立的排污口数据库进行更新。外业核查中，补充内业没有解译的排污口 203 个，删除内业解译而实地不是排污口 593 个。

8.5.3.1 外业核查的工作流程

外业核查包括制订核查计划，在系统中创建核查任务，利用移动端 App 进行现场核查，排污口现场拍照、现场信息录入并上传。系统对外业核查工作进行监控，管理人员对上传信息进行审核。本项目在调查的同时，进行了排污液体的取样，由于和测绘关联度低，案例编写时未涉及监测事项。具体流程见图 8.5.3。

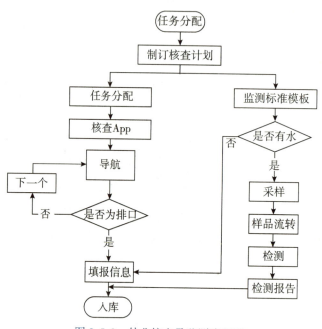

图 8.5.3　外业核查及监测流程图

8.5.3.2 外业核查工作内容

1. 制订核查计划

在系统中创建核查计划，确定计划的起始和终止年月日，指定核查计划中所包含的排污口。

2. 创建核查任务并分配

依据核查计划中的排污口创建核查任务，划分任务的实施企业。可以在地图上按地理位置就近划分区域，也可以依据排污口名称等基础信息搜索划分。

实施排查的企业收到核查任务后，派发任务给具体的实施小组。实施企业可自行管理本企业的人员，创建行动小组并指定组长。可依任务的地理位置或名称等信息进行任务分配，指定任务执行的开始时间及结束时间。

3. 外业现场核查

执行核查任务的小组成员在手机 App 上利用地图查看各排污口的位置，利用地图导航前往待核查的排污口。核查人员到达实地位置后，核查现场的实际情况，拍摄现场照片，并使用 App 填写核查结果。考虑户外移动网络稳定性问题，手机 App 支持离线存储，待网络恢复后静默回传数据至服务器端。外业 App 导引填报参见图 8.5.4。

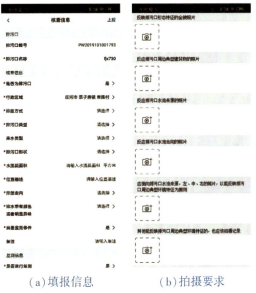

(a) 填报信息　　　　(b) 拍摄要求

图 8.5.4　App 填报及拍照导引截图

4. 发现未创建排污口的处置

在外业核查时，要求核查人员在居民区、养殖区、工业企业周边做到沿岸走到看到，不留空白区。如遇陡崖、陡岸等徒步无法到达的地点，要记录并上报，市局统一组织船只进行集中核查。在沿岸核查过程中，如果发现了后台未创建的排污口，同样应记录并上报。在手机 App 上创建新的排污口，为排污口编号命名后，记录核查结果信息，并拍摄照片。本项目外业核查中发现内业没有解译的排污口 203 个。新增排污口移动端记录和信息采集界面见图 8.5.5。

图 8.5.5　新增排污口移动端记录和信息采集界面图

8.5.3.3 核查过程控制和审核

1. 核查过程控制

核查任务进行过程中,系统后台可实时查看任务的进度情况、核查人员的位置及历史轨迹等。实施企业同样可以查看本企业承担部分的进度情况,本企业核查人员的位置轨迹等实时情况,此轨迹数据上交存档。见图 8.5.6。

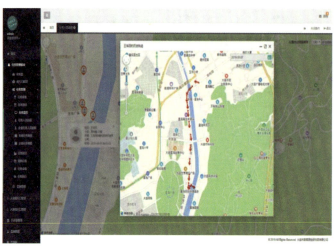

图 8.5.6　核查人员活动轨迹截图

2. 核查结果审核

外业核查过程中,任务规划、任务分发、三级审核全部在 Web 端完成。点位信息填报、一二级审核全部在移动端完成。一二级审核见图 8.5.7。

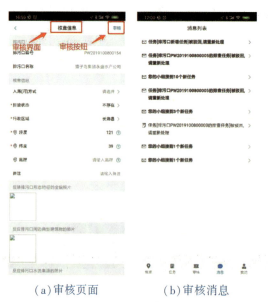

(a) 审核页面　　(b) 审核消息

图 8.5.7　App 核查审核界面图

现场实施小组成员在手机 App 上填报了核查的结果信息之后，组长应确认信息及照片准确无误符合规定。组长审核通过后，由企业管理人员审核，最后由系统管理员审核。所有审核通过后，现场核查的结果信息即正式记录为排污口的排查信息，进入排污口档案。

8.5.4 调查统计分析

在综合平台的基础上开发了大连市入海排放口排查指挥平台，该平台可进行进度监控、任务派发、现场导航、核查信息填报、数据统计分析、成果空间分析等工作，保障核查工作有序实施，确保核查成果质量。通过指挥平台可全面掌握任务进展状态，可实时显示任务总量及完成数量、新增排口数量、当前任务进度条、每天完成量及每天变化曲线。指挥平台运用监控地图随时掌握任务执行情况、分布特点、核查人员实时行进轨迹和各区县任务的执行情况等。平台界面见图8.5.8。

经统计，大连市渤海地区共排查出 3648 个入海排污口，黄海地区共排查出 3751 个入海排污口。

图 8.5.8　入海排放口排查指挥平台界面图

8.6　项目质量控制

8.6.1　强化质量管理

公司高度重视本项目的质量管理，委派组织能力较强、技术水平高的教授级高级工程师担任项目技术质量负责人，在人员安排和设备配置上给予充分保证。

在项目开展之初，技术负责人对参加项目生产的主要技术人员进行技术培训，针对像控点布设、空三加密、影像纠正和排口调查等关键环节的技术要求进行详细讲解，明确各工序的操作流程。

在项目开展过程中，多次召开技术质量会议，分析工序生产质量现状，对照技术设计要求，针对存在的质量问题，特别是排污口影像解译和现场核查汇总存在的问题及时加以解决，保证各工序生产有序进行。各工序及时开展工序成果质量检查，只有检查合格才能用于下一步工序生产。

公司技术质量保障部针对项目特点，组织人员进行工序质量巡检，及时解答生产中存在的操作问题。按照项目技术设计要求，全面组织开展公司级检查，对正射影像进行 100% 的内业检查。规范检查程序，客观评价成果质量。将检查中发现的质量问题及时反馈给作业部门修改，保证了最终成果质量。

8.6.2　航摄质量控制

本项目沿海岸飞行的航空摄影由合作单位完成，在讨论委托合同文稿时明确本项目对摄影质量的要求，针对航摄分区与航线布设进行研讨，避免摄影过程中出现反复。

伴随飞行进展和影像预处理，及时检查摄影质量。飞行质量方面，重点检查 POS/IMU 是否正常，航高、地面分辨率、航向重叠、旁向重叠和航向弯曲率等指标是否符合要求；影像质量方面，重点检查色彩是否饱满，反差是否适中，微小地物是否清晰可辨。

由于质量控制得当，本项目摄影质量较好，为入海排污口排查奠定了基础。

8.6.3　像控点质量控制

本项目采用区域网布点，在野外像控点的基础上进行空三加密。在野外像控点布设方面保证像控点的密度和分布，尽量都布设为平高点。在像控点点位确定上，注意刺点目标在像片上清晰且具有唯一性；采用 GNSS-RTK 方式进行测量时保证卫星信号强度，保证测量杆垂直。

外业作业队对像控点布设、测量进行全面检查，及时组织力量对外业像控点选取、测量精度进行抽查，保证影像的空间定位精度。内业利用野外像控点进行空三加密时，选取部分像控点作为检查点不参与计算，将其坐标与空三加密成果进行比较，保证空三加密的质量。

8.6.4　正射影像图制作质量控制

本项目选取性能良好的 Inpho 软件进行影像纠正，保证参与纠正的数字高程模型质量，在人机交互操作中正确输入测区的相关参数，获得正射投影的数字影像。注意控制单张像片的色彩，控制镶嵌线的生成质量。选择色彩良好的像片作为样片，对测区的正射影像进行匀光匀色。

对编辑处理后的正射影像按照质量检查规定进行内外业检查，确定影像的数学精度、影像质量和属性精度。经过检查，本项目正射影像质量较好，满足项目调查的需要。

8.6.5　排污口核查质量控制

本项目采用正射影像进行内业排查，同时充分利用公司已有的入海排污口资料，在建成区同时使用公司制作的倾斜三维模型进行影像解译，然后利用系统 App 进行外业核查，手段科学，措施可靠。

在内业解译过程中，加强解译质量检查，力争对入海排污口进行全面采集。开发排污口调查综合管理系统，建立排污口调查档案，保证了调查工作科学有序开展。利用系统进行核查现场定位、拍照登记，进行中队和公司两级审核，保证了核查的真实性。同时，在区县相关部门的配合下，对海岸带进行全面现场调查，发现登记了市域范围内所有入海排污口，保证了调查的全面性和准确性。

8.7　项目验收和成果提交

8.7.1　项目验收

2020 年年初，大连市入海排污口排查工作通过了生态环境部卫星中心的审核。2020 年 3 月，大连市生态环境局分两次组织专家对平台系统开发、渤海影像获取与信息提取、黄海影像获取与信息提取三个子项目进行了验收。验收组对项目平台系统功能、航空摄影成果、影像解译成果和文档成果给予了充分肯定，认为成果数量和质量满足了入海排污调查的需要，达到了招标文件要求，通过了验收。

8.7.2 项目提交成果

项目提交成果包括数据成果、文档成果和软件平台。

1. 数据成果

(1)飞行范围矢量文件、各飞行架次的飞行记录表、相机检验参数、飞行 POS 数据；
(2)影像原始数据；
(3)数字正射影像数据；
(4)入海排污口排查成果。

2. 文档成果

(1)《数字正射影像产品精度报告》；
(2)《大连市黄渤海地区入海排污口排查整治——航空摄影处理项目技术总结报告》。

3. 软件平台

(1)管理端；
(2)移动端；
(3)数据库；
(4)手册文档。

第 9 篇
辽宁省海域海冰分类研究

秦志伟　韩婷婷

9.1　项目概况

9.1.1　海冰监测简介

海冰占地球表面积的 5%~10%，对地球尤其是高纬度地区的大气热循环、洋流、生态系统都有着重大的影响。辽东湾海域和黄海北海域是北半球纬度最低的结冰海域，每年都会出现不同程度的结冰现象，对海水作业和沿岸造成一定程度的影响，因此，海冰的实时快速预警预报极其重要。

目前国内外海冰监测手段较为成熟，研究内容十分丰富，包括海冰密度、温度等基本性质，以及反照率、热力学参数等物理参数，海洋海冰密集度、外缘线、厚度、分类等宏观形态参数。目前开展监测研究的对象主要为极区、渤海湾以及黄海北部海域的海冰，监测的省份单位集中在国家卫星海洋应用技术中心和沿海的几个省份，监测方式上由原始的现场观测、物理模拟实验、数值模拟到如今的卫星遥感观测，监测内容主要包括海冰外缘线、海冰类型、密集度、海冰厚度和体积等。近些年，随着卫星遥感技术的迅猛发展，基于卫星遥感数据进行大范围海冰监测成为可能。

用于海冰监测的卫星数据主要分为光学遥感数据和微波遥感数据。光学数据有海洋一号 C/D、MODIS、Landsat5、Landsat8、NOAA/AVHRR 等；微波数据有 Sentinel-1、Radarsat-2、EnviSat、雷达高度计等。国外卫星在海冰监测中应用较早，从第一颗 NOAA/AVHRR 卫星成功发射，到 1986 年该卫星已广泛应用在海冰监测领域。我国海冰监测虽起步较晚但也逐步成熟。国家卫星海洋应用中心于 2000 年开始接收和处理 MODIS 数据，使用 MODIS 数据进行渤海海冰监测和海冰预报试验。近年来我国中高分辨率光学海洋卫星数据不断增加，为海冰探测提供了充足的数据源。海洋一号 C/D 卫星（HY-1C/1D）是我国第一个海洋业务卫星星座，是中国民用空间基础设施"十二五"任务中 4 颗海洋业务卫星的首发星。但目前利用国产海洋卫星数据开展海冰监测的研究不多，且没有将研究技术真正用到实际的生产工作中。本项目基于国产 HY-1C/1D 卫星数据对辽宁省海域进行海冰分类，探究海冰变化机理，实现大范围的海冰监测，同时也是对国产卫星数据海冰监测能力的验证。

秦志伟，正高级工程师，主任，辽宁省自然资源卫星应用技术中心。
韩婷婷，高级工程师，辽宁省自然资源卫星应用技术中心。

9.1.2 项目范围

项目范围涉及辽宁省海域，包括辽东湾和我国境内的黄海北部海域，其中辽东湾在东经 119.8°—122.3°、北纬 38.7°—40.9°之间，西起葫芦岛和河北交界处，东到大连西海岸。黄海北部在东经 121.1°—124.2°、北纬 38.7°—39.8°之间，西起大连东海岸，东到与朝鲜交界处。

9.1.3 辽宁省海域海冰概况

辽东湾和我国境内的黄海北部海域是中国纬度最高的海湾，由于纬度高且受到冬季西北风的影响，最易结冰。每年的 12 月至次年 3 月出现不同程度的海冰，均为一年冰，冰层厚度范围从沿岸的几十厘米到海中的几厘米。海冰能够减轻冬季风暴对海岸的破坏，保护当地生态环境，但海冰也对海上运输、海洋渔业生产、海洋油气勘探等海上作业以及沿岸地区的社会生产造成严重危害，使得当地经济遭受重大损失。近几十年来的几次严重冰情甚至造成了海冰灾害，1969 年发生了我国有史以来最严重的海冰灾害，此次灾害致使辽东湾乃至整个渤海几乎冰封，最大海冰厚度达到 1m，导致数千艘船舶冻困于渤海，造成了巨大的经济损失。2010 年辽东湾发生的海冰灾害也造成该地区渔业受损、航运停滞、油气资源开发停工。一般来说，黄海北海域结冰情况较辽东湾稍轻，海冰类型以初生冰、冰皮为主。

9.2 资料收集与分析

9.2.1 卫星遥感影像资料

本项目卫星遥感影像由两部分组成，一部分是国产公益卫星影像数据：海洋一号 C/D 影像；另一部分是国外卫星影像数据：Landsat 8 OLI 影像。此外，辽宁省自然资源卫星应用技术中心已有全省每季度 1m 卫星影像、每月 2m 卫星影像以及重点地区 0.5m 卫星影像数据，包含：高分系列、资源系列、商业卫星吉林一号、北京二号、高景一号等，这些数据可作为本项目海冰监测的辅助数据。

9.2.2 其他资料

1. 辽宁省行政区划图

用于确定海冰结冰范围及制作成果图件。

2. 葫芦岛实测数据

葫芦岛沿岸海冰厚度、海温、气温、盐度、风速等资料，由葫芦岛市自然资源事务服务中心提供。

3. 国家卫星海洋应用中心提供的数据

国家卫星海洋应用中心提供的基准点、基准线数据，用于分析海冰最大外缘线离岸距离。

4. 全球地形模型数据

ETOPO 全球地形模型数据，可从美国国家海洋和大气管理局免费下载，用于绘制海水深度图。

9.3 技术依据

(1) GB/T 14914.2—2019《海洋观测规范 第 2 部分：海滨观测》；
(2) GB/T 14914.3—2021《海洋观测规范 第 3 部分：浮标潜标观测》；
(3) GB/T 14914.5—2021《海洋观测规范 第 5 部分：卫星遥感观测》；
(4) GB/T 14914.6—2021《海洋观测规范 第 6 部分：数据处理与质量控制》；
(5) HY/T 0301—2021《海洋观测数据格式》；
(6) GB/T 41165—2021《海洋预报结果准确性检验评估方法》；
(7) GB/T 18314—2009《全球定位系统(GPS)测量规范》；
(8) GB/T 39616—2020《卫星导航定位基准站网络实时动态测量(RTK)规范》；
(9) GB/T 24356—2009《测绘成果质量检查与验收》；
(10) CH/Z 3005—2010《低空数字航空摄影规范》；
(11) CH/Z 3003—2010《低空数字航空摄影测量内业规范》；
(12) CH/Z 3004—2010《低空数字航空摄影测量外业规范》；
(13) CH/T 2009—2010《全球定位系统实时动态测量(RTK)技术规范》；
(14) CH/T 1004—2005《测绘技术设计规定》；
(15) CH/T 1001—2005《测绘技术总结编写规定》；
(16) GB/T 19294—2009《航空摄影技术设计规范》；
(17) GB/T 23236—2009《数字航空摄影测量 空中三角测量规范》。

9.4 工作内容和技术流程

项目主要工作内容包括：数据获取与预处理、海冰分类、特征变化规律和影响因素分析以及多图件制作。

1. 数据获取与预处理

本项目获取了 2021—2022 年冬季初冰日到末冰日、辽宁省海域所有 HY-1C/1D 卫星影像数据。为了验证算法在其他光学数据中的推广性，获取了结冰期 Landsat 8 OLI 数据。将卫星影像数据进行镶嵌、裁剪，通过勾画海域结冰范围获得辽东湾海域范围影像和黄河北部海域影像。

获取葫芦岛沿岸海冰监测点的逐日海冰监测数据，多架次无人机外业数据采集，保证海冰监测的精度。

2. 海冰分类

根据海冰类型划分标准和样本选取准则，结合外业数据和影像上光谱差异，选取不同类型的海冰样本数据；基于光学影像提取光谱特征，基于灰度共生矩阵提取纹理特征，并通过最优特征波段选择，筛选出最适合海冰提取的波段组合。通过支持向量机方法进行海冰分类，并结合实测数据进行精度验证。

3. 特征变化规律和影响因素分析

通过分析 2021—2022 年海冰外缘线距离判定冰情等级，分析海冰外缘线和面积变化规律、结冰概率以及海水深度影响，同时结合实测数据分析冰情等级与海冰厚度的相关关系，探究海冰变化机理。

4. 图件制作

制作多期海冰分类图件、海冰距离图件、海冰范围图件，丰富海冰预警预报形式。总体技术流程如图 9.4.1 所示。

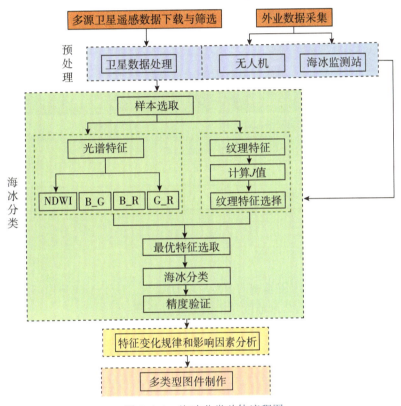

图 9.4.1　海冰分类总体流程图

9.5　数据获取与预处理

9.5.1　遥感数据获取与预处理

9.5.1.1　国内光学卫星数据

海冰监测工作具有一定的特殊性，需要每日进行预警预报，因此本项目在 2021—2022 年海冰监测过程中，选择时间周期较短的海洋水色卫星系列海洋一号 C/D 卫星（HY-1C/1D）数据，该数据基本能够实现 3 天 2 次覆盖，能够最大限度地满足实时监测的需求。HY-1C/1D 分别于 2018 年 9 月 7

日和 2020 年 6 月 11 日成功发射，卫星配置有海洋水色水温扫描仪、海岸带成像仪、紫外成像仪、星上定标光谱仪、船舶自动识别系统等 5 大载荷。其中海岸带成像仪（Coastal Zone Imager，CZI）主要用于获取海陆交互作用区域的实时图像资料，进行海岸带监测，了解重点河口港湾的悬浮泥沙分布规律，并对包括冰、赤潮、绿潮、污染物等海洋环境灾害进行实时监测和预警，适用于我省海冰监测研究。

1. 数据下载

本项目中使用的数据为海岸带成像仪数据的 L1C 级产品，该产品已经经过辐射定标和几何校正，后续叠加光谱函数，基于 FLAASH 或 6S 模型进行大气校正，坐标系统为 WGS-84，空间分辨率为 50m，幅宽 1000km，设置有蓝、绿、红、近红 4 个波段，数据可从国家卫星海洋应用中心（http://www.nsoas.org.cn）下载，选择数据服务—海洋水色卫星数据，下载格式为 *.tif，具体的波段信息见表 5.1。

表 9.5.1　　　　　　　　　　HY-1C/1D 数据信息

传感器	波段名称	波长/nm	分辨率/m
HY-1C CZI HY-1D CZI	Blue（波段 1）	420~500	50
	Green（波段 2）	520~600	50
	Red（波段 3）	610~690	50
	NIR（波段 4）	760~890	50

2. 数据预处理

本项目获取 2021—2022 年辽宁省海域的 HY-1C/1D 数据，基于 ArcGIS10.5 和 ENVI5.6 软件进行预处理，包括影像镶嵌、勾画海域结冰范围、影像裁剪等处理。

1）影像镶嵌

镶嵌使用 ENVI—Toolbox—Quick Mosaic 实现，具体操作界面如图 9.5.1 所示，或者使用 ArcGIS 中的 Data Management Tools—Raster—Raster Dataset—Mosaic 功能，如图 9.5.2 所示。

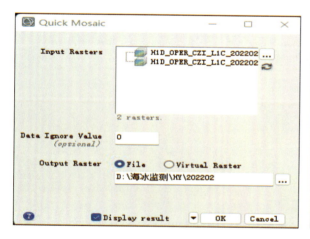

图 9.5.1　ENVI 中镶嵌操作界面图

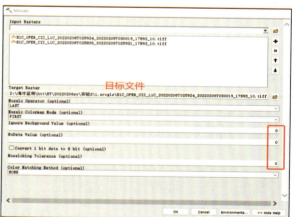

图 9.5.2　ArcGIS 中镶嵌操作界面图

2) 勾画海域结冰范围

为了避免冬季冰雪覆盖难以判断海陆分界线，本项目参考辽宁省行政区划图，在 ArcGIS 中新建 Shapefile 图层，勾画出精确海域结冰范围文件。

3) 裁剪

为减少数据运算量，对影像进行裁剪，裁剪出辽东湾海域和黄海北海域影像。利用海域结冰范围对影像进行裁剪处理，去除陆地对海冰提取的影响，有利于后续的海冰分类。裁剪使用 ENVI 中的 Subset Data from ROIs 或 ArcGIS 中的 Raster Data Management Tools—Raster—Raster Processing—Clip 功能，如图 9.5.3 所示。

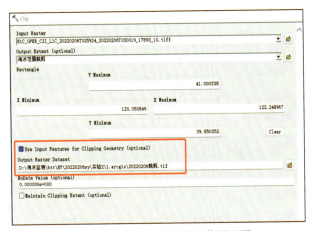

图 9.5.3　ArcGIS 中裁剪操作界面图

9.5.1.2　国外光学卫星数据

对于 HY-1C/1D 缺失的时间序列影像，可利用 Landsat 8 OLI 影像提取海冰分类结果，同时验证本项目方法能否应用于其他光学数据中。Landsat 8 卫星携带的陆地成像仪（Operational Land Imager，OLI）包括 9 个波段，其中有 8 个分辨率为 30m 的多光谱波段和 1 个分辨率为 15m 的全色波段，成像宽幅为 185km×185km，重访周期为 16 天。

1. 数据下载

本项目选用 Landsat 8 OLI 除热红外波段外的 6 个 30m 分辨率多光谱波段数据，数据可从中国科学院空天信息创新研究院对地观测数据共享计划中免费下载。

2. 数据格式及打开方式

Landsat8 OLI 数据 Level-1 产品已经过几何校正，根据数据的处理水平和数据质量情况，L1 级数据又分为三种类型的数据：Real-Time（RT）、Tier 1（T1）和 Tier 2（T2）。下载的数据为多个单波段形式的 *.tif 文件以及 MTL.txt 元数据文件，数据可在 ENVI 软件下 ENVI—file—open as—optical sensors—Landsat8—GeoTIFF with Metadata 中打开。

3. 数据预处理

Landsat8 OLI 影像，由于发布的数据产品为 L1T 级，已进行了几何校正，因此影像预处理基于 ArcGIS10.5 和 ENVI5.6 软件，进行辐射定标、大气校正、镶嵌、裁剪等，在 HY-1C/1D 中已经勾画了海域结冰范围，可用于多期影像的裁剪中，这里不再重复勾画范围。

1）辐射定标

辐射定标即将影像亮度灰度值转换为绝对的辐射亮度值的过程。在 ENVI 软件下的 Toolbox—Radiometric Correction—Radiometric Correction 中选择多光谱影像，用大气参数校正，输出即可，如图 9.5.4 所示。

2）大气校正

太阳辐射通过大气以某种方式入射到物体表面然后再反射回传感器，由于大气气溶胶、地形和邻近地物等的影响，使得原始影像包含物体表面、大气以及太阳等信息的综合。如果想要了解某一物体表面的光谱属性，必须将它的反射信息从大气和太阳的信息中分离出来，这就需要进行大气校正。本项目大气校正采用 ENVI 中 Toolbox—Radiometric Correction—Atmospheric Correction Module—FLAASH Atmospheric Correction 实现。具体操作界面如图 9.5.5 所示。

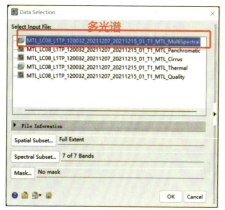

图 9.5.4　辐射定标操作界面图

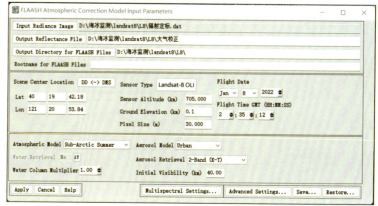

图 9.5.5　ENVI 中大气校正操作界面图

3）镶嵌

镶嵌使用的是 ArcGIS 中的 Data Management Tools—Raster—Raster Dataset—Mosaic 功能，同 9.5.1.1 节"2. 数据预处理"。

4）裁剪

裁剪使用 ArcGIS 中的 Raster Data Management Tools—Raster—Raster Processing—Clip 功能，同 9.5.1.1 节"2. 数据预处理"。

9.5.2　外业数据获取与处理

9.5.2.1　无人机系统

无人机在各个行业中都有着普遍应用，其具有很高的灵活性和安全性，尤其在人员无法到达的区域作业。本项目使用大疆精灵 4 RTK 无人机系统进行航空摄影测量，其结果可作为海冰样本选取的依据，同时也可作为海冰监测成果的验证数据。

为获取大面积的海域数据，外业组从 2021 年 12 月至 2022 年 3 月进行了无人机航飞测量，这段时间正是我省温度最低时期，受低温影响，无人机电池续航明显降低，作业过程中，携带多块电池保障作业需求。考虑到冰面作业安全，多数航飞架次沿岸完成。数据采集区域主要分布于葫芦岛海域、盘锦大辽河海域、营口白沙湾海域，飞行面积在 $1\sim3km^2$ 之间。为了满足样本选取需求，前期每天进行小区域飞行，后期验证为每周一次，其中葫芦岛沿岸 1~5 区为前期样本选取主要飞行区域和后期验证区域，盘锦大辽河海域 6 区、营口白沙湾海域 7 区为主要验证区域，图 9.5.6 为无人机飞行部分区域详细航线图。图 9.5.7 为无人机系统和工作人员正在冰面上进行数据采集。

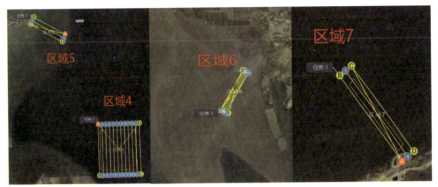

图 9.5.6　区域 4、5、6、7 的航线设计图

图 9.5.7　无人机系统和冰面数据采集图

9.5.2.2　海冰监测点

辽东湾海域沿岸有多个海冰监测点，本项目使用的监测点包括：葫芦岛望海寺海冰监测点、龙回头海冰监测点、兴城红海滩海冰监测点、兴城沙后所海冰监测点等。这些监测点可提供实时的海冰信息，包括冰型、一般冰厚、气温、海温、盐度、风速等，可作为海冰样本选取以及影响因素分析的依据，同时可对卫星影像海冰分类结果进行有效的精度验证。

9.6　海冰分类

9.6.1　海冰样本选取

9.6.1.1　海冰类型划分

由于不同因素的影响，海冰的种类及其分布具有十分复杂的特征，给海冰的精确监测带来了很大的难度。按照《海洋观测规范 第 2 部分：海滨观测》的规定，我国海冰是根据海冰成因和生长过程区分海冰类型的，主要包括浮冰（Floating Ice）和固定冰（Fast Ice）两大类，见表9.6.1。但是在实际样本选取过程中无法很好地区分初生冰、灰冰、白冰等类型。根据我国海冰风险等级，辽东湾海冰为一级，在冬季极易结冰，均为一年冰，不同于其他区域。在光学影像上各种类型的海冰存在反射差异，难以判断，给样本选取工作带来了极大的难度。对于海冰分类来说，样本选取直接影响后续的海冰分类精度，因此，必须保证样本选取存在较大的类间相似性和较小的类内分离性。

表9.6.1　　　　　　　　　　　　　　海冰类型划分标准

海冰冰型		特　　征
浮冰类型	初生冰	海冰初始阶段的总称。由海水直接冻结或雪降至低温海面未被融化而生成，多呈针状、薄片状、油脂状或海绵状。初生冰比较松散，只有聚集漂浮在海面、附在礁石及其他物体上时才具有一定的形状。有初生冰存在时，海面反光微弱，无光泽，遇风不起波纹
	冰皮	由初生冰冻结或在平静海面上直接冻结而成的冰壳层，表面平滑、湿润而有光泽，厚度5cm左右，能随风起伏，易被风浪折碎
浮冰类型	尼罗冰	厚度小于10cm的有弹性的薄冰壳层，表面无光泽，在波浪和外力作用下易弯曲和破碎，并能产生"指状"重叠现象
	莲叶冰	直径30~300cm，厚度10cm以内的圆形冰块，由于彼此互相碰撞而具有隆起的边缘，它可由初生冰冻结而成，也可由冰皮或尼罗冰破碎而成
	灰冰	厚度10~15cm的冰盖层，由尼罗冰发展而成，表面平坦湿润，多呈灰色，比尼罗冰弹性小，易被波浪折断，受到挤压时多发生重叠
	灰白冰	厚度为15~30cm的冰层，由灰冰发展而成，表面比较粗糙，呈灰白色，受到挤压时大多形成冰脊
	白冰	厚度大于30cm的冰层，由灰白冰发展而成，表面粗糙，多呈白色
固定冰	沿岸冰	沿着海岸、浅滩形成，并与其牢固地冻结在一起的海冰。沿岸冰可以随海面的升降作垂直运动
	冰脚	固着在海岸上的狭窄沿岸冰带，是沿岸冰流走后的残留部分或涨潮时糊状浮冰以及浪花飞沫附着在海岸聚集冻结成的冰带
	搁浅冰	退潮时留在潮间带或在浅水中搁浅的海冰

本项目利用无人机和海冰监测站点，外业采集大量的实地样本，根据我国渤海海冰多年监测情况、《海滨观测标准》以及国家卫星海洋应用中心的技术指导，通过反复比对外业采集数据，分析遥感影像上的海冰表征和海冰生长过程，将我省海域冰水覆盖类型分为5类：固定冰、初生冰、灰（白）冰、白冰、海水等。其中固定冰包括沿岸冰、冰脚、搁浅冰；初生冰包括冰皮、尼罗冰、莲叶冰等；灰（白）冰包括灰冰和灰白冰，在海冰形成初期不会形成白冰类型。

9.6.1.2　海冰样本选取

根据海冰类型的划分，需要在影像上选取样本。样本选取需要遵循以下准则：研究区域内的所有类型样本一定都要包含在内；尽量选择斑点噪声影响较小的样本；在各类型海冰所在的区域内，样本选取要分布均匀；样本数量要适中，样本数量过少，则不能代表该海冰类型的特征，样本数量过多，则会影响算法效率，并且可能会加重斑点噪声对分类结果的影响。表9.6.2是不同类型海冰在HY-1C/1D影像上的呈现形式。

表 9.6.2　　不同类型海冰在 HY-1C/1D 影像上的样本形式

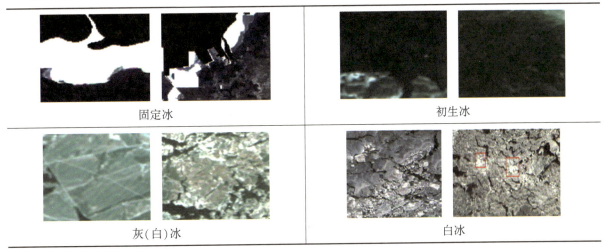

依据准则，在 ENVI 软件中用 Region of Interest(RoI) Tools 工具选取不同类型样本，图 9.6.1 为辽宁省海域 HY-1C/1D 卫星遥感影像上样本选取情况。

图 9.6.1　HY-1C/1D 卫星遥感影像上样本分布情况图

9.6.2　最优特征波段提取

图像分类的关键是图像特征提取，常用的特征包括光谱特征、纹理特征、形状特征等。研究表明多特征组合后的分类精度高于单一特征，但特征过多可能会造成信息冗余，降低分类精度，因此需要进行特征选择，去除冗余信息。提取光学卫星影像的光谱特征和纹理特征，对多特征进行特征选择，得到最优特征集。

光谱特征基于 ENVI 软件下的波段运算功能实现，纹理特征基于 ENVI 软件下的 Co-occurrence Measures 二阶概率的纹理特征进行计算，最优特征选择时加入 Matlab 软件编程进行判断。

9.6.2.1　光谱特征波段选择

光学影像光谱特征丰富，在冰水识别方面，由于海冰反射率比水体高，可利用水体指数 NDWIH 区分海水与海冰。研究表明，水体指数 NDWIH 比 NDWI(归一化水体指数)更适用于冰水识别，因此选择 NDWIH 作为光谱特征之一，同时提取 CZI 影像的 B_G、B_R、G_R 三个光谱特征。各特征的计算公式见表 9.6.3，表中 BLUE、GREEN、RED、NIR 分别表示蓝、绿、红、近红外波段。

表9.6.3　　　　　　　　　　　　　　光谱特征参数定义公式

特征标识	定义公式	特征标识	定义公式
NDWIH	(NIR−BLUE)/(NIR+BLUE)	B_R	(BLUE−RED)/(BLUE+RED)
B_G	(BLUE−GREEN)/(BLUE+GREEN)	G_R	(GREEN−RED)/(GREEN+RED)

基于HY-1C/1D数据，通过ENVI软件的波段运算提取出NDWIH、B_G、G_R、B_R共4个光谱特征，软件界面如图9.6.2所示。

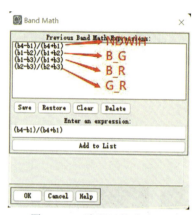

图9.6.2　波段运算公式图

生成的影像如图9.6.3和图9.6.4所示。

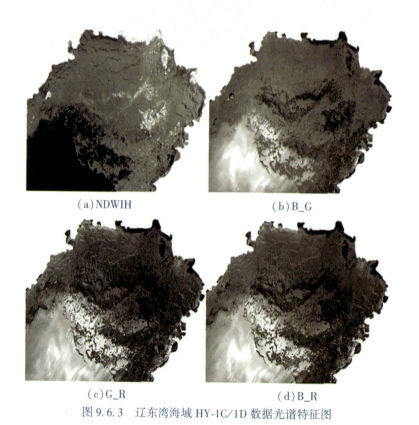

(a) NDWIH　　　　　　　　(b) B_G

(c) G_R　　　　　　　　(d) B_R

图9.6.3　辽东湾海域HY-1C/1D数据光谱特征图

为直观判断 4 种光谱特征对 5 种冰水类型的区分度，基于选取的训练样本，在 ENVI 软件中根据 RoI 统计信息(Computes Statistics From RoIs)。以 NDWIH 上的初生冰信息为例，如图 9.6.5 所示。

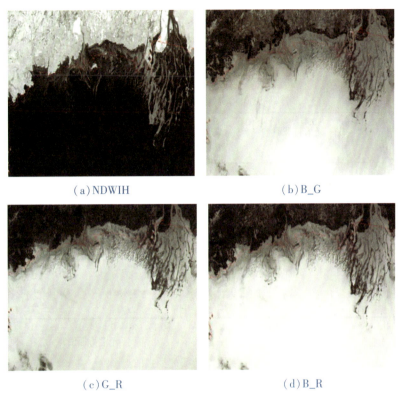

(a) NDWIH　(b) B_G　(c) G_R　(d) B_R

图 9.6.4　黄海北海域 HY-1C/1D 数据光谱特征图

初生冰					
Basic Stats	Min	Max	Mean	StdDev	
Band 1	-7.41e-01	-3.29e-01	-5.78e-01	8.63e-02	
Histogram	DN	Count	Total	Percent	Acc Pct
Band 1	-7.41e-01	2.000000e+00	2.000000e+00	8.49e-03	8.49e-03
Binsize=0.00	-7.40e-01	9.000000e+00	1.100000e+01	3.82e-02	4.67e-02
	-7.38e-01	7.000000e+00	1.800000e+01	2.97e-02	7.64e-02
	-7.36e-01	1.200000e+01	3.000000e+01	5.09e-02	1.27e-01
	-7.35e-01	7.000000e+00	3.700000e+01	2.97e-02	1.57e-01
	-7.33e-01	2.500000e+01	6.200000e+01	1.06e-01	2.63e-01
	-7.32e-01	2.800000e+01	9.000000e+01	1.19e-01	3.82e-01
	-7.30e-01	4.600000e+01	1.360000e+02	1.95e-01	5.77e-01

图 9.6.5　初生冰在 NDWIH 波段上的统计信息图

将统计信息导出，在 Excel 中以光谱特征值为横轴，各类型为竖轴作散点图，分别统计 4 种光谱在波段上的分布情况，如图 9.6.6 所示。

从图 9.6.6 可看出，4 种光谱特征中，海水(咖色)和固定冰(红色)光谱特征值差异最大，几乎能够完全分离；初生冰(黄色)与固定冰(红色)、白冰(绿色)之间的光谱特征值差异也较大，能够较好区分，但海水(咖色)与初生冰(黄色)光谱特征值重叠较多，可能是部分样本冰水较难分离；固定冰(红色)、白冰与灰(白)冰(蓝色)之间光谱特征值重叠也较多，可能是随着海水的流动，在沿岸出现大量的固定冰堆积，这部分冰与海中的白冰、灰(白)冰较难区分。因此仅依据光谱特征值难以有效区分 5 种冰水类型，因此考虑加入纹理特征进行特征波段的筛选。

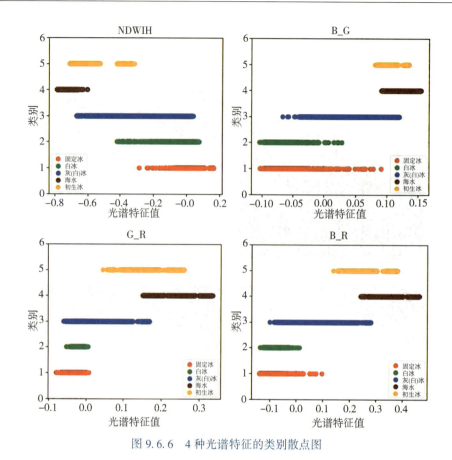

图 9.6.6　4 种光谱特征的类别散点图

9.6.2.2　纹理特征波段选择

纹理特征分析是目标识别、图像分割和图像分类中的重要方法。在遥感影像中，海冰类型是粗糙、不规则的，海水相对光滑均匀，因此纹理特征特别适用于冰水类型识别。

本项目利用灰度共生矩阵方法（Gray Level Co-occurrence Matrix，GLCM）进行纹理特征提取，灰度共生矩阵是一种通过研究灰度的空间相关特性来描述纹理的常用方法，它描述了成对像素的灰度组合分布。GLCM 通过像素值之间的距离和角度来反映像素的关联度，其综合了影像在方向、间隔、变化幅度和快慢等方面的信息，具体如图 9.6.7 所示。

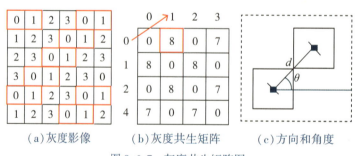

图 9.6.7　灰度共生矩阵图

在图 9.6.7 中，图 9.6.7(a)为灰度影像，任意取其中两个点 $(x_i, y_i)=i$ 和 $(x_i+\Delta x, y_i+\Delta y)=j$，设定该点对的值为 (x', y')，令点 (x_i, y_i) 在整个影像上扫描，则会形成各种 (x', y') 值。对于

图 9.6.7(a)，记录下每一种 (x', y') 出现的个数，然后将其排列成矩阵，该矩阵即为 GLCM，如图 9.6.7(b)所示。当 Δx 和 Δy 不同时，就会形成不同的 GLCM，图 9.6.7(b)表示 Δx 为 1，Δy 为 0 时的 GLCM，则其是方向 θ 为 0° 的 GLCM，通常会计算 0°、45°、90° 和 135° 这 4 个方向的 GLCM。

假设灰度值的级数为 k，则 GLCM 会生成 k^2 种计数矩阵，一般为了计算方便，会将灰度值级数进行压缩。但是对于不同的灰度级数，其识别效果也有一定的差异，灰度级数压缩偏小，会使灰度之间的相关性存在偶然，无法提取不同的特征；偏大容易造成相似影像特征出现混乱。不同纹理特征的影像具有不同的 GLCM。对于更精细的纹理，像素对的灰度值通常是相似的，并且 GLCM 中的大多数值集中在主对角线上；对于较粗糙的纹理，像素对的灰度值通常相距很远，并且 GLCM 中的大多数值集中在左下角或右上角。

在 GLCM 的基础上，通过进一步计算统计量来描述影像的纹理特征，常用的纹理特征统计量包括均值、方差、对比度、均质性、相异性、熵、角二阶距和相关性，具体纹理特征计算如表 9.6.4 所示，其中 M、N 分别为灰度共生矩阵的行和列数，θ 为两个像素连续向量的角度，d 为两个像素的距离，灰度共生矩阵统计了灰度值 i，j 同时出现的概率，表示为 $P(i, j, d, \theta)$。

表 9.6.4　　　　　　　　　　　　**GLCM 纹理特征统计量计算表**

特征量	表达式	变量说明
均值	$\text{mean} = \dfrac{1}{M \times N} \sum\limits_{i=0}^{M-1} \sum\limits_{j=0}^{N-1} P(i, j, d, \theta)$	该区域内的平均亮度情况
方差	$\text{var} = \sum\limits_{i=0}^{M-1} \sum\limits_{j=0}^{N-1} (i-\mu)^2 P(i, j, d, \theta)$	该区域内灰度值的波动情况
对比度	$\text{con} = \sum\limits_{i=0}^{M-1} \sum\limits_{j=0}^{N-1} (i-j)^2 P(i, j, d, \theta)$	像素灰度值的分布情况和局部变化情况
均质性	$\text{hom} = \sum\limits_{i=0}^{M-1} \sum\limits_{j=0}^{N-1} \dfrac{P(i, j, d, \theta)}{1+(i-j)^2}$	图像中纹理的同质性，可用于衡量纹理的局部变化情况
相异性	$\text{dis} = \sum\limits_{i=0}^{M-1} \sum\limits_{j=0}^{N-1} |i-j| P(i, j, d, \theta)$	设定大小窗口内像素灰度值分布的不规则程度
熵	$\text{ent} = \sum\limits_{i=0}^{M-1} \sum\limits_{j=0}^{N-1} P(i, j, d, \theta) \lg P(i, j, d, \theta)$	图像的信息量
角二阶矩	$\text{asm} = \sum\limits_{i=0}^{M-1} \sum\limits_{j=0}^{N-1} P(i, j, d, \theta)^2$	图像像素灰度值分布的均匀程度和纹理的粗细程度
相关性	$\text{cor} = \sum\limits_{\mu_i=0}^{M-1} \sum\limits_{\mu_j=0}^{N-1} \dfrac{(i-\mu)(j-\mu) P(\sigma_i, \sigma_j, d, \theta)}{\sigma^2}$ $\mu = \sum\limits_{i=0}^{M-1} \sum\limits_{i=0}^{N-1} i \cdot P(i, j, d, \theta)^2$ $\sigma^2 = \sum\limits_{i=0}^{M-1} \sum\limits_{j=0}^{N-1} (i-\mu)^2 \cdot P(i, j, d, \theta)$	图像的局部相关性和纹理的细致程度

在应用 GLCM 提取 HY-1C/1D 影像纹理特征时，首先需要确定 4 个主要 GLCM 参数：窗口大小、方向、步长和灰度量化级。改变上述参数中任何 1 个参数均会影响 GLCM 中的元素数值，甚至 GLCM 的维数，而且 GLCM 的元素数值变化会直接影响纹理统计特征量的计算结果，导致提取的纹理特征不能真实地反映地物类型的纹理特征，进而影响海冰的分类效果。由于影像为辽宁省海域范围数据

(此区域的海冰覆盖范围小于极地或高纬度区域),结合影像分辨率考虑,一般选取窗口大小为 3×3。因海冰分布方向多样,因此选取 0°、45°、90°和 135°这 4 个方向的 GLCM 平均值作为局部影像中心像元位置的 GLCM。

纹理特征提取基于 ENVI 软件下的 Filter—Co-occurrence Measures 二阶概率的纹理特征进行计算,其中 0°方向 $x=1$、$y=0$,45°方向 $x=1$、$y=-1$,90°方向 $x=0$、$y=1$,135°方向 $x=1$、$y=1$,并对 4 个方向纹理特征求平均值作为中心像元的 GLCM,具体操作界面如图 9.6.8 所示。

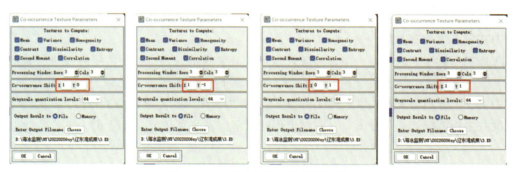

图 9.6.8 4 个方向纹理特征提取图

对于 HY-1C/1D 影像,计算 4 个方向上蓝、绿、红、近红外波段的纹理特征 8 个,共得到 32 个纹理特征,由于波段较多,这里仅展示均值的纹理特征,如表 9.6.5 所示。

表 9.6.5　　　　　　　　　　　HY-1C/1D 不同地物类型的纹理特征

	初生冰	灰(白)冰	白冰	海水
NDWIH 均值				
B_G 均值				
B_R 均值				
G_R 均值				

9.6.2.3 最优特征波段选择

通过灰度共生矩阵提取多期影像的纹理特征，其中 HY-1C/1D 共提取 32 个纹理特征，但是这些纹理特征并不都适用于海冰分类，相反，个别特征会降低分类精度。若让全部纹理特征参与分类，可能会导致分类精度和运行速度降低，以至于不能满足海冰监测的要求。因此，可用基于距离可分性的特征选择作判据。特征选择的原则是：使各类地物类间离散度较大而类内离散度较小。

定义类间离散度 S_b，类内离散度 S_w 和判别数 J，一般 J 值越大，携带信息量越丰富。其中：

$$S_w = \sum_{i=1}^{n} (\sigma)$$

$$S_b = \sum_{i=1}^{n} (\overline{u_i} - \overline{u})^2$$

$$J = S_b / S_w$$

式中，σ 为第 i 个样本类型的样本方差，$\overline{u_i}$ 为第 i 个样本类型的均值，$\overline{u}$ 为所有样本的总体均值。

为进一步验证特征选择结果，利用 LDA(Linear Discriminant Analysis)算法判断 4 个波段纹理特征的分类准确度。LDA 算法是在计算出类内离散度 S_w 和类间离散度 S_b 的基础上，进一步计算出最佳投影方向 ω，将多维特征投影到一个方向上，可直观看出分类效果。当投影为最佳投影时，满足：

$$J_{\text{FFC}} = \frac{\overline{\omega} S_b \omega}{\omega S_w \omega}$$

定义拉格朗日函数 $L(\omega, \lambda)$，λ 为拉格朗日乘子：

$$L(\omega, \lambda) = \omega^T S_b \omega - \lambda(\omega^T S_w \omega)$$

对 ω 求导并令偏导数为 0 可得到，最佳投影方向由特征值的特征向量 $(\varphi_1, \varphi_2, \cdots, \varphi_n)$ 组成：

$$\omega = (\varphi_1, \varphi_2, \cdots, \varphi_n)$$

利用 GLCM 方法提取了 CZI 影像 4 个波段共 32 个纹理特征，为减少信息冗余，需进行特征选择。基于选取的训练样本，在 ENVI 软件中根据 RoI 统计信息(Computes Statistics From RoIs)，统计每种样本类型的最小值、最大值、均值、标准差，图 9.6.9 为初生冰在 32 个纹理特征上的统计信息。

初生冰 Basic Stats	Min	Max	Mean	StdDev
Band 1	1.14e+01	1.87e+01	1.37e+01	1.25e+00
Band 2	0.00e+00	9.11e+00	4.08e-01	5.80e-01
Band 3	1.62e-01	1.00e+00	7.47e-01	1.83e-01
Band 4	0.00e+00	7.52e+01	9.30e-01	1.34e+00
Band 5	0.00e+00	5.89e+00	5.74e-01	4.86e-01
Band 6	2.20e-01	1.07e+00	5.89e-01	5.89e-01
Band 7	-1.11e-01	1.00e+00	4.44e-01	2.66e-01
Band 8	-1.00e+00	1.00e+00	3.76e-01	4.58e-01
Band 9	1.20e-01	2.47e+01	1.60e+01	2.08e+00
Band 10	0.00e+00	1.57e+01	1.08e+00	1.60e+00
Band 11	7.00e-02	1.00e+00	6.37e-01	2.19e-01
Band 12	0.00e+00	1.04e+02	2.45e+00	3.73e+00
Band 13	0.00e+00	7.22e+00	9.77e-01	8.21e-01
Band 14	-0.00e+00	2.20e+00	1.39e+00	5.78e-01
Band 15	1.11e-01	1.00e+00	3.27e-01	2.25e-01
Band 16	-9.52e-01	1.00e+00	3.52e-01	4.37e-01
Band 17	7.00e-02	2.38e+01	1.31e+01	2.69e+00
Band 18	0.00e+00	2.24e+00	1.61e+00	2.40e+00
Band 19	4.14e-02	5.82e+01	1.00e+00	2.25e-01
Band 20	0.00e+00	6.73e+01	3.65e+00	5.42e+00
Band 21	0.00e+00	6.44e+01	1.22e+00	9.99e-01
Band 22	-0.00e+00	2.20e+00	1.54e+00	5.29e-01
Band 23	1.11e-01	1.00e+00	2.76e-01	1.91e-01
Band 24	-1.00e+00	1.00e+00	3.44e-01	4.33e-01
Band 25	2.00e+00	1.21e+01	4.98e+00	1.72e+00
Band 26	0.00e+00	9.33e+00	6.59e-01	9.68e-01
Band 27	9.56e-02	1.00e+00	6.92e-01	2.05e-01
Band 28	0.00e+00	2.17e+01	1.47e+00	2.17e+00
Band 29	4.33e-02	6.36e+01	1.00e+00	2.25e-01
Band 30	-0.00e+00	2.20e+00	1.24e+00	5.93e-01
Band 31	1.11e-01	3.80e-01	1.29e-01	2.47e-01
Band 32	-1.00e+00	1.00e+00	3.88e-01	4.40e-01

图 9.6.9 初生冰在 32 个纹理特征上的统计信息图

以初生冰为例,计算蓝波段 band1 在均值纹理特征上的 σ、$\overline{u_i}$,其中 σ 为方差、$\overline{u_i}$ 为统计后所有样本的总体均值,当计算完所有海冰类型的 σ、$\overline{u_i}$ 后,得到蓝波段 band1 在均值纹理特征上的 J 值:

$$J = \frac{S_b}{S_w} = \frac{S_{初b} + S_{固b} + S_{灰b} + S_{水b} + S_{白b}}{S_{初w} + S_{固w} + S_{灰w} + S_{水w} + S_{白w}} = 5.6874$$

根据 J 值计算公式得到 32 个纹理特征的 J 值,判断其距离可分性,如表 9.6.6 所示。

表 9.6.6 各波段纹理特征 J 值信息表

	band1	band2	band3	band4
均值	5.6874	3.56	5.2344	2.27
方差	0.0492	0.0475	0.0459	0.0449
同质性	2.9275	2.1525	2.559	1.66
对比度	0.0565	0.052	0.051	0.048
相异性	0.8079	0.776	0.7854	0.67
熵	4.003	2.3541	3.2935	1.69
二阶矩	3.5408	1.8976	2.76	1.41
相关性	0.5703	0.2971	0.4562	0.2615

整体来看,第一波段蓝波段的 J 值普遍较高,其中均值、同质性、熵、二阶矩四个纹理特征 J 值最高,按 J 值大小排列依次为均值>熵>二阶矩>同质性。将 4 个波段中 J 值最高的 4 个纹理特征(均值、同质性、熵、二阶矩)在 Matlab 中基于 LDA 算法分别进行投影,如图 9.6.10 所示。

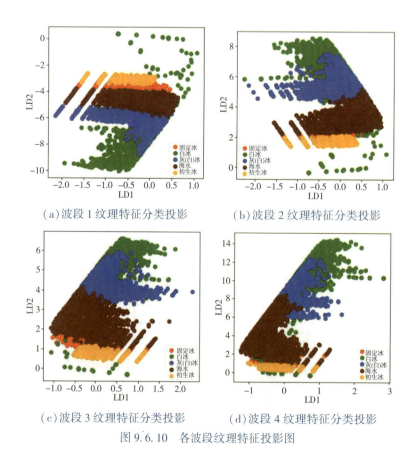

(a) 波段 1 纹理特征分类投影 (b) 波段 2 纹理特征分类投影

(c) 波段 3 纹理特征分类投影 (d) 波段 4 纹理特征分类投影

图 9.6.10 各波段纹理特征投影图

从图 9.6.10 中可看出，4 个波段的纹理特征均能将 5 种类型区分开，说明 J 值最高的 4 个纹理特征有利于海冰分类。但波段 2、波段 3 和波段 4 的固定冰分类效果较差，与其他类别有混淆，波段 1 中的固定冰分类效果较好。总体来看，波段 1 的分类结果优于其他波段分类结果，与 J 值分析结果相符。因此选择波段 1 的 4 个纹理特征，也就是蓝波段的 4 个纹理特征，见图 9.6.11。

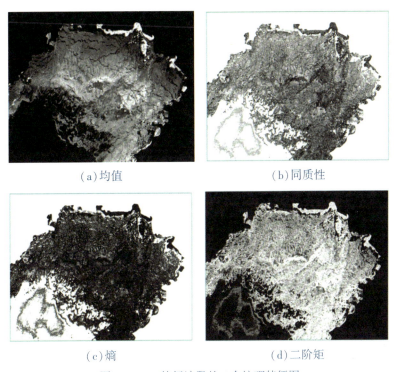

图 9.6.11　特征波段的 4 个纹理特征图

将 NDWIH、B_G、B_R、G_R 4 个光谱特征与蓝波段的均值、同质性、熵、二阶矩 4 个纹理特征进行组合，得到最优特征集，共 8 个波段。

9.6.3　海冰分类

经过最优特征集选择后的 HY-1C/1D 数据保留了海冰的有效信息，且不会造成信息冗余，有利于海冰分类的开展。ENVI 软件中进行海冰分类有多种方式，本项目经过反复实验，最终确定支持向量机分类方法结果较优，适用于我省海域大范围海冰分类。

支持向量机(Support Vector Machine，SVM)分类方法是定义在特征空间上的能够使间隔最大的线性分类器，通过核函数转化为求解凸二次规划问题，其通过类别边缘的训练样本，即支持向量，寻找两类间最优的超平面。相比神经网络等分类方法，其具有小样本、泛化能力强、计算复杂度适中、结构设计简单等优点，是海冰分类识别领域广泛使用的一种分类方法。SVM 分类时，核函数选择至关重要，径向基(Radial Basis Function，RBF)核函数是 SVM 海冰分类的常用核函数。基于 HY-1C/1D 影像提取的最优特征集进行 SVM 海冰分类实验，在 ENVI 软件中用 Classification—Support Vector Machine Classification 分类方法计算，软件操作界面如图 9.6.12 所示。

以辽东湾为例，对比基于光谱特征和纹理特征的海冰分类，再与基于最优特征集的海冰分类结果进行对比分析。分类结果如图 9.6.13 所示。

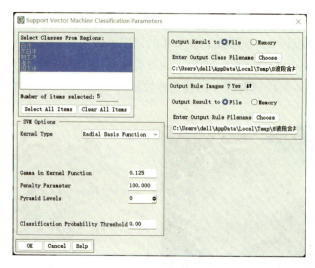

图 9.6.12　ENVI 中 SVM 分类算法操作界面图

目视来看，三种分类结果均能将海冰类型大致区分开，但具体到某一类海冰类型，三种分类结果的精度不同。在基于光谱特征的海冰分类图像(图 9.6.13(a))中，沿岸区域的初生冰被错分为灰(白)冰，且固定冰和白冰之间出现混淆，部分白冰错分为固定冰；在基于纹理特征的海冰分类图像(图 9.6.13(b))中，海水和初生冰出现一定程度混淆，固定冰和白冰也不能较好区分，部分白冰误分类为固定冰；在基于最优特征集的分类结果中(图 9.6.13(c))，5 种分类类型均得到较好区分，相比基于纹理特征的分类结果，白冰和固定冰的区分效果有明显改善，说明光谱特征和纹理特征之间具有较好的互补性，改善了海冰类型提取精度。

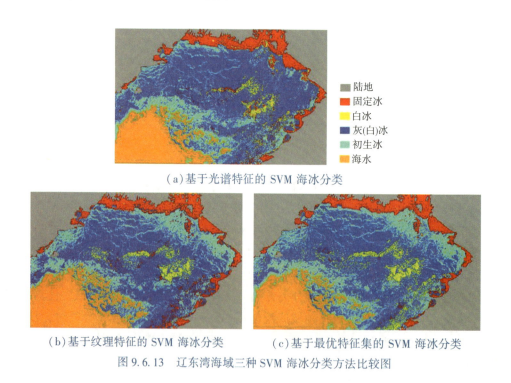

(a) 基于光谱特征的 SVM 海冰分类

(b) 基于纹理特征的 SVM 海冰分类　　(c) 基于最优特征集的 SVM 海冰分类

图 9.6.13　辽东湾海域三种 SVM 海冰分类方法比较图

为了验证本项目算法能否应用于其他光学影像中，对 Landsat 8 预处理后影像进行海冰分类，方法同 HY-1C/1D，实验结果如图 9.6.14 所示。从图 9.6.14 中可以看出，该方法能够区分大部分的初生冰、灰冰、白冰和海水,其中部分初生冰和海水表现出相近的光谱特征,导致不能较好地区分,但整体上分类效果较好。所以,直接利用本项目方法对 Landsat 8 影像进行分类满足辽东湾海冰监测精度要求,说明本项目方法可用于其他光学数据。

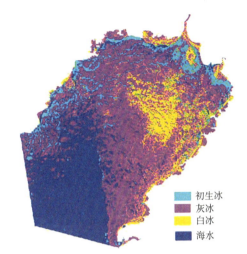

图 9.6.14 辽东湾海域 Landsat 8 影像海冰分类结果图

9.6.4 精度验证

海冰分类的精度验证是非常重要的环节,直接影响整个技术流程的准确性与合理性,本项目通过混淆矩阵方式进行精度评价,同时结合无人机以及各海冰监测点数据进行精度验证,保证海冰监测成果的准确性。

9.6.4.1 混淆矩阵精度评价

通过目视判断,基于最优特征集的分类结果较好,改善了海冰类型提取精度。现在,采用混淆矩阵方法进行客观评价。本项目中将各类结果与该期影像一定数量的检验样本进行对比,生成混淆矩阵,进而根据混淆矩阵计算生产者精度、总体分类精度和 Kappa 系数(κ),作为指标评价分类结果。其中生产者精度是被正确分为该类的像素数量与实际对应地物类型的像素数量之比。总体分类精度是被正确分类的像素数除以总像素数。κ 系数考虑了被正确分类的像素,还考虑了对角线以外的各种漏分和错分像素,计算公式为:

$$\kappa = \frac{N_1 \sum_{i'=1}^{n_1} a_{i'i'} - \sum_{i'=1}^{n_1} (a_{i'+} a_{+i'})}{N_1^2 - \sum_{i'=1}^{n_1} (a_{i'+} a_{+i'})}$$

其中,N_1 为检验样本的总像素数,n_1 为分类类别数,$a_{i'i'}$ 为混淆矩阵中第 i' 行第 i' 列的像素数,$a_{i'+}$ 为第 i' 行的总像素数,$a_{+i'}$ 为第 i' 列的总像素数。κ 系数的范围为[-1,1],但一般在正数范围,即[0,1]。当 κ 系数在 0.0~0.20 之间说明两者一致性非常低,在 0.21~0.40 之间说明一致性一般,在 0.41~0.60 之间说明一致性属于中等水平,在 0.61~0.80 之间说明一致性属于偏高水平,在 0.81~1.00 之间说明一致性属于极高水平。混淆矩阵基于 ENVI 软件下的 Classification—Post Classification—Confusion Matrix Using Ground Truth RoIs 进行计算,操作界面如图 9.6.15 所示。

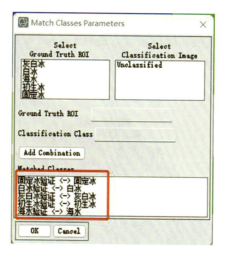

图 9.6.15　混淆矩阵操作界面图

对比基于光谱特征和纹理特征的海冰分类，再与基于最优特征集的海冰分类结果对比，如表 9.6.7 所示。

表 9.6.7　**HY-1C/1D CZI 影像海冰分类精度评价表**

分类方法	海冰类型	生产者精度/%	用户精度/%	总体精度/%	κ 系数
基于光谱特征的 SVM 海冰分类	固定冰	66.84	39.06	74.58	0.66
	白冰	33.05	76.02		
	灰（白）冰	98.70	74.81		
	初生冰	69.08	92.62		
	海水	99.89	99.35		
基于纹理特征的 SVM 海冰分类	固定冰	66.84	35.72	73.41	0.65
	白冰	34.87	79.74		
	灰（白）冰	98.70	73.93		
	初生冰	69.08	91.37		
	海水	99	99.35		
基于最优特征集的 SVM 海冰分类	固定冰	85.43	64.44	84.89	0.80
	白冰	60.69	85.14		
	灰（白）冰	96.14	82.14		
	初生冰	84.22	96.65		
	海水	99.91	99.40		

由表 9.6.7 可知，基于最优特征集的 SVM 海冰分类总体精度和 κ 系数最高，总体精度为 84.89%，κ 系数为 0.80。基于纹理特征的 SVM 海冰分类总体精度较低，为 73.41%，κ 系数为 0.65。通过特征选择得到的最优特征集包含光谱和纹理两种特征，最大程度保留了分类有效信息，同时降低了特征冗余，特征之间实现互补，提高了分类精度。在海冰类型方面，前两种分类方法中，白冰的生产者精度均较低，固定冰的用户精度较低，主要是由于白冰与固定冰的特征相近，导致部分白

冰被分类为固定冰，这与主观评价的结论一致。基于纹理特征的分类方法中，初生冰的生产者精度较低，结合主观评价结果，基于纹理特征的分类结果中，部分初生冰被误分为海水。

各期数据分类结果精度见表 9.6.8。

表 9.6.8　　**HY-1C/1D CZI 影像海冰分类精度评价表**

时间(月.日)	总体精度/%	κ 系数	时间(月.日)	总体精度/%	κ 系数
12.24	91.25	0.89	1.23	85.43	0.81
12.26	90.61	0.82	1.26	81.69	0.79
12.27	89.24	0.84	1.27	86.14	0.81
12.29	89.98	0.82	1.28	84.22	0.83
12.30	84.32	0.79	1.29	89.91	0.85
1.2	93.11	0.87	2.8	80.26	0.79
1.3	81.23	0.79	2.13	81.64	0.79
1.4	82.24	0.79	2.15	93.45	0.89
1.8	89.47	0.83	2.16	89.76	0.82
1.11	92.35	0.87	2.19	91.91	0.82
1.13	80.05	0.77	2.20	92.93	0.82
1.15	85.43	0.81	2.21	80.54	0.79
1.16	80.69	0.88	2.22	89.03	0.83
1.17	91.14	0.87	2.24	87.85	0.85
1.19	84.22	0.79	2.25	85.21	0.81
1.20	90.91	0.80			

通过混淆矩阵精度评价发现，总体精度达到 80% 以上，κ 系数在 0.75 以上，总体属于偏高以上水平。

9.6.4.2　实测数据精度验证

1. 葫芦岛沿岸精度验证

将葫芦岛地区 4 个海冰监测点数据以及无人机航飞得到的影像数据作为验证数据，与本项目分类结果进行对比，如表 9.6.9 和表 9.6.10 所示。

表 9.6.9　　**基于海冰监测点数据精度评价表(龙回头、兴城红海滩)**

时间(月.日)	龙回头			兴城红海滩		
	实测冰厚/cm	实地海冰类型	本项目海冰类型	实测冰厚/cm	实地海冰类型	本项目海冰类型
12.21	2	初生冰	初生冰	3	初生冰	初生冰
12.22	2	初生冰	初生冰	3	初生冰	初生冰
12.24	4	初生冰	初生冰	10	初生冰	初生冰
12.26	5	初生冰	初生冰	10	初生冰	初生冰
12.27	10	初生冰	初生冰	10	初生冰	初生冰

续表

时间 (月.日)	龙回头			兴城红海滩		
	实测冰厚/cm	实地海冰类型	本项目海冰类型	实测冰厚/cm	实地海冰类型	本项目海冰类型
12.29	8	初生冰	初生冰	8	初生冰	初生冰
12.30	3	初生冰	初生冰	8	初生冰	初生冰
1.2	9	初生冰	初生冰	12	灰冰	灰冰
1.3	8	初生冰	初生冰	12	灰冰	灰冰
1.4	10	初生冰	初生冰	15	灰冰	灰冰
1.8	3	初生冰	初生冰	3	初生冰	初生冰
1.11	8	初生冰	初生冰	5	初生冰	初生冰
1.13	8	初生冰	初生冰	6	初生冰	初生冰
1.15	5	初生冰	初生冰	15	灰冰	灰冰
1.16	1	初生冰	初生冰	15	灰冰	灰冰
1.17	5	初生冰	初生冰	10	灰冰	初生冰
1.19	6	初生冰	初生冰	15	灰冰	灰冰
1.20	10	初生冰	初生冰	15	灰冰	灰冰
1.23	15	灰冰	灰冰	15	灰冰	灰冰
1.26	5	初生冰	初生冰	10	灰冰	初生冰
1.27	10	初生冰	初生冰	15	灰冰	灰冰
1.28	10	初生冰	初生冰	10	灰冰	灰冰
1.29	10	初生冰	初生冰	10	灰冰	灰冰
2.8	10	初生冰	初生冰	10	初生冰	初生冰
2.13	10	初生冰	初生冰	10	初生冰	初生冰
2.15	10	初生冰	初生冰	8	初生冰	初生冰
2.16	5	初生冰	初生冰	5	初生冰	初生冰
2.19	10	初生冰	初生冰	5	初生冰	初生冰
2.20	8	初生冰	初生冰	10	初生冰	初生冰
2.21	10	初生冰	初生冰	8	初生冰	初生冰
2.22	10	初生冰	初生冰	8	初生冰	初生冰
2.24	8	初生冰	初生冰	5	初生冰	初生冰
2.24	2	初生冰	初生冰	3	初生冰	初生冰

表9.6.10　**基于海冰监测点数据精度评价表(沙后所、望海寺)**

时间 (月.日)	沙后所			望海寺		
	实测冰厚/cm	实地海冰类型	本项目海冰类型	实测冰厚/cm	实地海冰类型	本项目海冰类型
12.21	8	初生冰	初生冰	5	初生冰	初生冰
12.22	8	初生冰	初生冰	5	初生冰	初生冰
12.24	10	初生冰	初生冰	10	初生冰	初生冰
12.26	10	初生冰	初生冰	8	初生冰	初生冰
12.27	10	初生冰	初生冰	5	初生冰	初生冰

续表

时间 （月.日）	沙后所			望海寺		
	实测冰厚/cm	实地海冰类型	本项目海冰类型	实测冰厚/cm	实地海冰类型	本项目海冰类型
12.29	10	初生冰	初生冰	4	初生冰	初生冰
12.30	10	初生冰	初生冰	4	初生冰	初生冰
1.2	8	初生冰	初生冰	6	初生冰	初生冰
1.3	12	灰冰	灰冰	10	初生冰	初生冰
1.4	12	灰冰	灰冰	6	初生冰	初生冰
1.8	8	初生冰	初生冰	2	初生冰	初生冰
1.11	10	灰冰	初生冰	2	初生冰	初生冰
1.13	10	灰冰	初生冰	2	初生冰	初生冰
1.15	10	灰冰	初生冰	3	初生冰	初生冰
1.16	10	灰冰	初生冰	3	初生冰	初生冰
1.17	15	灰冰	灰冰	5	初生冰	初生冰
1.19	15	灰冰	灰冰	5	初生冰	初生冰
1.20	15	灰冰	灰冰	8	初生冰	初生冰
1.23	15	灰冰	灰冰	5	初生冰	初生冰
1.26	12	灰冰	灰冰	5	初生冰	初生冰
1.27	10	灰冰	初生冰	5	初生冰	初生冰
1.28	10	灰冰	初生冰	5	初生冰	初生冰
1.29	10	灰冰	初生冰	10	初生冰	初生冰
2.8	10	灰冰	初生冰	5	初生冰	初生冰
2.13	8	初生冰	初生冰	10	初生冰	初生冰
2.15	10	初生冰	初生冰	10	初生冰	初生冰
2.16	10	初生冰	初生冰	10	初生冰	初生冰
2.19	10	初生冰	初生冰	10	初生冰	初生冰
2.20	10	初生冰	初生冰	10	初生冰	初生冰
2.21	10	初生冰	初生冰	10	初生冰	初生冰
2.22	10	初生冰	初生冰	10	初生冰	初生冰
2.24	10	初生冰	初生冰	8	初生冰	初生冰
2.24	5	初生冰	初生冰	2	初生冰	初生冰

通过对比可以发现，本项目分类结果整体符合实际情况，但是在兴城红海滩和沙后所海域，于1月11日—2月8日出现12天的差别，实际量测为灰冰时，分类结果为初生冰，整体精度达到90.6%。

2. 盘锦大辽河入海口精度验证

本项目利用无人机航飞测量对盘锦大辽河入海口海冰分类进行精度评价，无人机航飞每周获取1次影像数据，同时结合外业人员实际冰厚测量结果进行精度评价，如表9.6.11所示。

通过与无人机航飞数据对比可以发现，本项目分类结果整体符合实际情况，于1月13日出现1

天的差别,实际量测为灰冰时,分类结果为初生冰,整体精度达到90.9%。

表9.6.11　　　　　　　　　　基于无人机航飞测量精度评价表

时间(月.日)	盘锦海域		
	实测冰厚/cm	实地海冰类型	本项目海冰类型
12.24	6	初生冰	初生冰
12.29	6	初生冰	初生冰
1.4	10	初生冰	初生冰
1.8	13	灰冰	灰冰
1.13	9	灰冰	初生冰
1.19	15	灰冰	灰冰
1.27	14	灰冰	灰冰
2.8	15	灰冰	灰冰
2.13	15	灰冰	灰冰
2.19	7	初生冰	初生冰
2.25	6	初生冰	初生冰

3. 白沙湾海域精度验证

本项目利用无人机航飞测量对白沙湾海域进行精度评价,无人机航飞每周获取1次影像数据,同时结合外业人员实际冰厚测量结果进行精度评价,如表9.6.12所示。

表9.6.12　　　　　　　　　　基于无人机航飞测量精度评价表

时间(月.日)	白沙湾海域		
	实测冰厚/cm	实地海冰类型	本项目海冰类型
12.24	3	初生冰	初生冰
12.29	6	初生冰	初生冰
1.4	3	初生冰	初生冰
1.8	4	初生冰	初生冰
1.13	12	灰冰	初生冰
1.19	15	灰冰	灰冰
1.27	14	灰冰	灰冰
2.8	15	灰冰	灰冰
2.13	15	灰冰	灰冰
2.19	11	灰冰	初生冰
2.25	6	初生冰	初生冰

通过与无人机航飞数据对比可以发现,本项目分类结果整体符合实际情况,但1月13日和2月19日出现2天的差别,实际量测为灰冰时,分类结果为初生冰,整体精度达到81.8%。

综上,通过多重精度验证之后,说明基于卫星遥感数据监测海冰精度较高,适用于大范围的海冰监测。

9.7 特征变化规律和影响因素分析

为了进一步分析我省海域2021—2022年海冰特征规律,需要进行多因素影响分析。黄海海域范围较大,因国界影响,这里仅以辽东湾海域为例,进行海冰冰情特征和影响因素分析。通过绘制海冰外缘线分布图、海冰外缘线离岸距离变化图和海冰面积变化图,分析海冰外缘线和海冰面积的变化规律;利用各期影像的结冰信息计算辽东湾海域的结冰概率,以量化海冰发展规律。并且分析海冰冰情与海水深度、海水温度、气温和风速等影响因素之间的关系,充分探究海冰变化机理。

9.7.1 辽东湾海冰冰情等级分析

根据国标《中国海冰冰情预报等级》,辽东湾冰情分为5个等级:轻冰年(1级)、偏轻冰年(2级)、常冰年(3级)、偏重冰年(4级)、重冰年(5级)。冰情等级通过海湾的最大海冰外缘线离岸距离(最大海冰外缘线)确定,具体冰情等级划分见表9.7.1。

表9.7.1　　　　　　　　　　　　　海冰冰情等级划分标准

冰级	1级	2级	3级	4级	5级
最大海冰外缘线(海里)	<45	45~60	61~80	81~110	>110

一般来说,等级越高,结冰范围越大,冰情越重;反之,等级越低,结冰范围越小,冰情越轻。通过分析多期海冰外缘线离岸距离,最终确定2021—2022年辽东湾地区海冰冰情等级为2级偏轻冰年。

9.7.2 海冰外缘线距离和海冰面积变化规律分析

通过绘制每期影像海冰外缘线,判断其离岸距离,同时计算海冰面积,得到各期影像海冰外缘线距离和面积变化情况如图9.7.1所示。

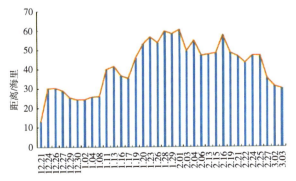
(a)海冰外缘线离岸距离变化图

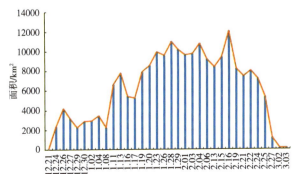
(b)海冰面积变化图

图9.7.1　不同时期海冰外缘线距离和面积变化情况图

根据图 9.7.1 中海冰外缘线距离变化情况分析，受冬季寒潮影响，辽东湾北部沿岸海域于 12 月 21 日开始结冰，海冰发展速度缓慢，辽东湾海域海冰外缘线离岸最大距离为 13.26 海里；之后气温明显降低，冰情快速发展，在 1 月 28 日达到最大距离 59.68 海里；之后随着气温的变化，海冰范围逐渐减小，到 3 月 3 日达到最短距离 30 海里，然后逐渐消失。整个过程呈现由小变大，再由大变小的特征，中间经历几个起伏变化过程。

9.7.3 海冰类型变化分析

统计每期分类结果图中各类型海冰面积情况，如图 9.7.2 所示。2021 年 12 月海冰类型以初生冰为主，灰冰很少，没有白冰。1 月到 2 月中旬初生冰仍占据很大面积，此时灰冰逐渐变多，间有白冰出现，但白冰面积一直不是很大。2 月下旬冰情得到缓解，白冰和灰冰逐渐融化，3 月上旬的海冰类型均为初生冰，直到融冰。整体来说，辽东湾海冰类型以初生冰为主，灰冰次之，白冰较少，白冰一般在 1 月和 2 月上旬的盛冰期出现，且常分布在海冰中心密集处。

根据海冰面积变化情况分析，辽东湾海冰面积和外缘线距离变化存在一定的相似性，都是由小到大、再变小，直至海冰消融。

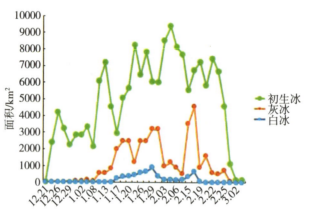

图 9.7.2　辽东湾各类型海冰面积变化图

9.7.4 海冰结冰概率分析

为了进一步量化海冰发展规律，提出海冰结冰概率，即像素位置处的结冰天数与该位置总结冰天数的比值，利用结冰概率的高低反映海冰的发展变化情况。首先需要获取研究区域内的结冰信息，将 2021—2022 年间 42 期影像按照时间递增顺序排列，t 为影像时序索引，当像素为初生冰、灰冰和白冰时，像素属性赋值为 1（判断为海冰），否则为 0，计算公式如下：

$$\mathrm{PT}_{xyt} = \begin{cases} 1 & (\mathrm{Pt}_{xyt} \in U_t) \\ 0 & (\mathrm{Pt}_{xyt} \in U_t) \end{cases}$$

其中，(x, y) 为像素格点位置坐标，PT_{xyt} 为第 t 期影像 (x, y) 处像素的属性值，U_t 为第 t 期影像内初生冰、灰冰、固定冰和白冰区域。

(x, y) 处像素结冰次数的属性值，即像素结冰的总期数 PT_{xyt} 为：

$$\mathrm{PT}_{xyt} = \sum_{1}^{T} \mathrm{Pt}_{xyt}$$

进一步分析辽东湾海冰的空间分布规律,根据各期影像的海冰分类结果,计算辽东湾海域的结冰概率:

$$PS_{xy} = \frac{PT_{xy}}{T}$$

其中,PS_{xy} 为 (x,y) 处像素的结冰概率,T 为影像总期数。像素属性值的大小反映了该位置结冰的次数和难度,属性值越高表示该位置易于结冰,结冰次数越多;属性值越低表示结冰次数越少,结冰难度越大。

对于 HY-1C/1D 影像,根据 PS_{xy} 公式在 Matlab 中计算得到整个辽东湾的结冰概率信息,如图 9.7.3 所示。结冰概率的高低可以反映海冰的发展变化情况,进一步量化海冰发展规律。由图 9.7.3 可知,辽东湾内部结冰概率由北部沿岸区域向深水区域逐渐减小;结冰概率在 0.4 以上的海区(图中绿色、黄色和红色海区),接近海湾面积的 1/4 左右,为主要结冰区域;结冰概率在 0.2~0.4 之间的海区(图中浅蓝色海区),接近海湾面积的 1/4 左右,也较易结冰;结冰概率低于 0.2 的海区(图中深蓝色海区),只有在海冰冰情在 3 级以上才会结冰;结冰概率由高到低的过渡也反映了一年中海冰生消的演变轨迹,海冰最先由辽东湾湾底及其两侧沿岸区域产生,随着温度的降低,逐渐向海湾中轴线发展,但海冰发展速度存在差异,西侧海冰发展速度慢于东侧,导致东侧结冰概率高于西侧。

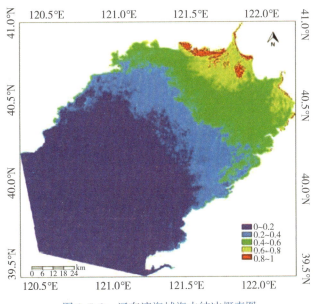

图 9.7.3 辽东湾海域海水结冰概率图

9.7.5 海水深度影响分析

海水深度是影响海冰发展速度的重要因素。一般来说,海水深度越大,海冰增长速度越慢,海水越浅,海冰增长速度越快。本项目中使用的水深数据来自美国国家海洋和大气管理局(National Oceanic and Atmospheric Administration,NOAA)国家地球物理数据中心(National Geophysical Data Center,NGDC)开发的 ETOPO 2022 全球地形模型,可免费下载,该模型包含了全球陆地地形和海洋水深数据,被设计用于海啸预警、海底建模及海洋循环预测,是目前海洋地球物理研究中使用最广泛的数据之一。

从 ETOPO 2022 全球地形模型下载格式为 exportImage.tif 的水深数据，在 ArcGIS 中基于 Conversion Tools—From Raster—Raster to Point 转换成点图层，操作界面如图 9.7.4(a)所示，对生成的 point 图层添加 X、Y 坐标信息，基于 3D Analyst Tools—Data Management—TIN—Create TIN 构建 TIN，再基于 3D Analyst Tools—Conversion—From TIN—TIN Domain 勾画 TIN 数据区域，操作界面如图 9.7.4(b)所示。

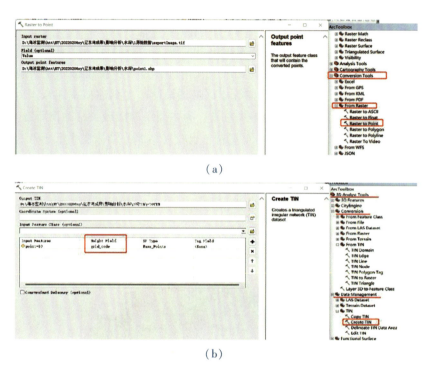

(a)

(b)

图 9.7.4 水深数据处理操作界面图

通过上述操作得到辽东湾海水深度图，如图 9.7.5 所示。分析水深对海冰发展阶段的影响，当

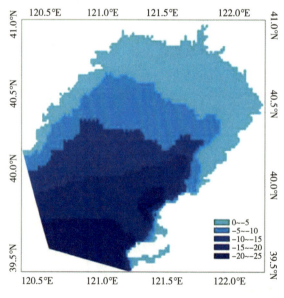

图 9.7.5 辽东湾海域海水深度图

海水深度在-10~0m时，海冰首先向深水区及左右两侧同深度区域发展；当海水深度在-20~-10m之间时，东侧、西侧海岸海水深度由沿岸向海湾中轴线方向逐渐加深，两侧区域海冰由浅水区向深水区发展，呈现纵向发展轨迹，但东侧等深线密集，东部区域海冰出现由东北向西南，由东南向西北两个方向发展，使得东部海冰发展速度快于西部，此阶段辽东湾海冰呈"几"字形发展；当海水深度大于-20m时，海水深度过大，导致结冰现象较少。

9.7.6 其他因素影响分析

葫芦岛市自然资源事务服务中心提供了葫芦岛沿岸望海寺海冰监测点、龙回头海冰监测点、兴城红海滩海冰监测点、兴城沙后所海冰监测点共4个监测点2021—2022年的实测数据，包括每周实测风速、气温、海冰表面温度、海冰盐度、冰下水温、海水盐度等，同时提供了葫芦岛沿岸十余年的海冰厚度和气温、水温的相关数据。对每种因素，将每周7日数据取平均值作为实测值，分别建立它们与海冰厚度的相关关系，如图9.7.6所示。

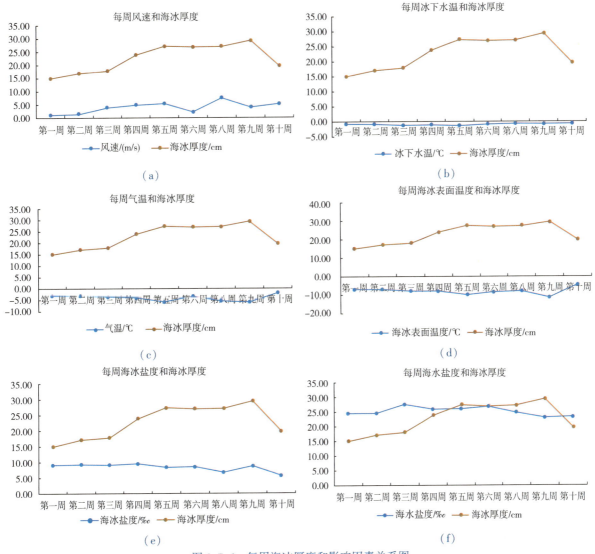

图 9.7.6 每周海冰厚度和影响因素关系图

通过图9.7.6可以看出,(a)中风速虽然具有一定的随机性,但是随着风速的增加,海冰厚度随之增加。(b)中冰下水温由于冰的影响,变化幅度极小,与海冰厚度相关性较低。(c)、(d)中气温和海冰表面温度变化幅度较小,但是随着气温的降低,海冰厚度随之增加,具有一定的负相关关系。(e)、(f)中随着盐度的降低,海冰厚度随之增加。

通过葫芦岛沿岸实测数据的分析,海水结冰最主要的原因是大气与海水的热力耦合作用使表层海水温度降低至冰点,也就是温度影响最大。分析葫芦岛海域逐日气温、海温和海冰厚度的关系(如图9.7.7所示),可以看出它们具有一定的负相关关系:随着气温、海水温度的降低,海冰逐渐增厚;随着气温、海水温度的上升,海冰厚度明显减小。

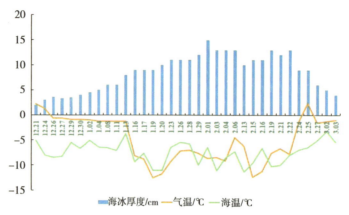

图9.7.7　每日海冰厚度和气温、海温变化图

分析葫芦岛沿岸近十年的海冰厚度和气温、水温的相关关系,如图9.7.8所示,通过多年的持续观测分析,气温和海冰厚度关系非常密切。

整体来说,盐度和温度对海冰厚度具有较高的影响。辽东湾海域周围分布着辽河、凌河等河流,大量淡水流入,导致海水盐度降低,表层海水盐度一般在28~30,而近岸河口区海水盐度通常在27以下。海水盐度低于相同纬度海域,受无机盐的影响,该处的海水冰点高于其他位置,使得辽东湾更易结冰。温度是海水结冰的主要因素,可以说气温的降低幅度和低温持续时间直接影响到海冰形成、发展和消融的全过程。

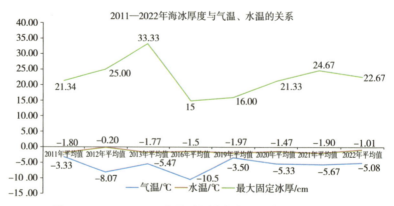

图9.7.8　2011—2022年海冰厚度与气温、水温的关系图

9.8 图件制作

本项目主要成果图件包括：每期海冰分类图件、每期海冰范围图件、每期海冰距离图件。

9.8.1 海冰分类图件

本项目在2021—2022年的海冰监测项目中，基于海冰分类算法，持续制作了多期海冰监测成果图件，记录了海冰从初冰期—盛冰期—消融期的整个过程，形成了丰富的图件信息，实现了海冰的大尺度监测，直观展现了我省海域海冰分布情况，方便海洋预警部门进行及时的预警播报。

9.8.2 海冰距离图件

国家卫星海洋应用中心提供了我省海域的海冰截至点、基准点、国家基准线和基准线数据，其中基准点包括葫芦岛沿岸、锦州沿岸、盘锦沿岸、营口沿岸、黄海北部和中心共8个，海冰截至点6个，用于判断当日海冰外沿线位置，国家基准线和基准线配合基准点进行距离量测。

9.8.3 海冰范围图件

依据每日海冰分布情况，绘制海冰范围图。

9.9 成果提交归档

成果类型包括影像成果、图件成果、验证成果、文字成果等。

1. 影像成果

海冰初期日至末期日所获取并处理的所有卫星影像成果；
海冰初期日至末期日所有海冰分类成果。

2. 图件成果

每期海冰分类图件；
每期海冰范围影像图件；
每期海冰距离影像图件。

3. 验证成果

所有实测验证数据。

4. 文字成果

包括但不限于技术设计书、技术总结等（*.doc格式）。

9.10　总结与展望

本项目依托卫星遥感技术开展了全省海域的海冰分类，形成了多期监测图件，对涉海部门开展海冰灾害防范预警工作提供了有力参考，通过开展2021—2022年辽宁省海域海冰分类工作可以得出如下结论：

（1）光学卫星数据可实现大范围的海冰监测。相比于传统的海冰监测手段，光学卫星数据有着快速、实时、可大范围监测的优势，在海冰分类中应用较为广泛。本项目基于HY-1C/1D光学数据实现了辽宁省海域大范围的海冰分类，分类整体精度在80%以上，满足辽宁省海域海冰监测要求。但光学数据有时会因为云雨天气造成数据缺失，无法实现有效分类，造成海冰监测不连续，因此，未来我们会加入多源卫星数据，如GF系列、Landsat系列以及SAR卫星数据，实现连续性的大范围海冰监测。拓宽海冰监测手段，丰富海冰监测成果。

（2）样本选取直接决定分类精度。本项目充分结合海冰类型划分准则、实测数据和影像光谱特征选取海冰样本，并基于分类方法进行海冰分类。海冰样本直接影响后续的海冰分类精度，因此，必须保证样本具有较大的类间相似性和较小的类内分离性。未来我们会建立辽宁省海域海冰类型样本库，为今后我省海冰监测智能化提取提供丰富的数据基础，同时为国家其他区域海冰监测提供丰富的参考数据。

（3）可根据海冰分类结果判断海冰厚度。本项目实现了多期海冰分类，根据海冰分类结果可推算出海冰的厚度区间，判断海冰厚度的分布情况。海冰厚度是重要的海冰冰情特征，也是较难获取的参数之一，仅利用区间不能定量化反演海冰厚度，因此，未来我们会加入现场实测冰厚数据，实现海冰厚度的精确反演。

（4）得出了辽东湾海冰变化规律和影响因素。通过辽东湾海冰变化规律和影响因素分析得出，辽东湾2021—2022年冰情等级为2级偏轻冰年。从海冰分布来看主要从沿岸开始向深水区扩展，沿岸海冰较厚，东侧海冰厚度高于西侧，通过分析海水深度、海水温度、气温、风速、盐度等因素对辽东湾海冰的影响，得出影响海冰厚度最关键的因素是气温。未来我们会通过气象数据来预测海冰的发展态势，判断海冰变化趋势，为启动海冰应急方案、发布海冰预警以及涉海部门的海洋防灾减灾工作提供决策依据。

本项目紧密结合卫星遥感数据在我省自然资源领域中的应用需求开展，目前项目已经实现了成果转化，应用到涉海部门日常的预警预报工作中。但是对于多期海冰分类来说，工作量较大。目前，我中心正在建设全省海冰监测业务化平台、海洋生态环境监测平台，整合平台资源，节省工作量，提高工作效率。平台建成后可应用到省内沿海各市的日常预警监测以及海洋生态环境监测工作中，具有很好的推广价值。

第 10 篇
盘锦湿地时空变化监测与分析

王 峰

10.1 案例说明

2022年11月10日,第二批"国际湿地城市"颁证仪式在日内瓦举办。《湿地公约》秘书处为来自13个国家的25个新晋"国际湿地城市"颁发认证证书,其中包括安徽合肥、山东济宁、重庆梁平、江西南昌、辽宁盘锦、湖北武汉和江苏盐城7个中国城市。

盘锦位于辽河入海口,是东亚-澳大利西亚候鸟迁徙的重要中转站和目的地,也是全球黑嘴鸥最大种群的繁殖地。各级政府高度重视盘锦湿地的保护修复工作,把湿地保护作为生态文明建设的重要内容。本案例介绍原辽宁省基础地理信息中心在2015年完成的盘锦湿地监测项目。

2013年10月,辽宁省启动了全省地理国情普查工作,2014年1月,完成了盘锦市域地理国情普查数据的采集整理和统计分析工作。数据成果包括高分辨率卫星影像、地表覆盖数据和地理国情要素数据等。为了推进普查成果的应用,原辽宁省基础地理信息中心2015年6月立项,收集了盘锦市全域2013年、2008年、2003年的航空影像及第二次土地调查数据,结合刚刚完成的地理国情普查数据成果,开展了盘锦湿地时空变化监测与分析工作。

项目主要完成了3项工作:一是建立盘锦湿地监测的内容和指标;二是采用内外业相结合的方式,采集制作三期监测数据;三是对监测数据进行统计分析。

项目在立项时考虑了以下4个方面的问题:

(1)地理国情普查成果事实上已经形成了地表覆盖的本底数据,属于基础性成果数据,数据采集精度已经达到米级,它是今后开展各类专题性国情监测的基础和前提。湿地监测属于专题性监测,其监测内容和技术指标应该在地理国情普查成果的基础之上进行细分或综合,并保持一定的协调性。

(2)盘锦是沿海城市,有大约118km长的海岸线,由于盘锦海域滩涂地势平坦,很难准确识别盘锦市的海陆边界线,加上航空摄影的时相不同、填海造地以及潮汐的影响,三期监测数据的瞬时海陆边界线不可能一致,因此在进行数据采集和统计分析之前,要统一和明确说明各年代的监测区域。因盘锦市行政区划面积中包含潮间带,所以本项目监测区域面积数据与盘锦市行政区划面积无须保持一致。

(3)项目开展的时间是2015年,采集2013年的监测数据时,有地理国情普查影像数据、矢量数据和野外核查照片的基础,也可以到实地进行核实,能够保证数据的准确性。对于2008年和2003年

王峰,正高级工程师、主任,辽宁省地理空间成果应用中心。

的监测数据采集，通过2013年、2008年、2003年航空影像同区域的纹理比较，结合第二次土地调查数据、1∶10000地形图数据，也可以逆向确定前两个时期数据对应的地物类型。

（4）为了有针对性地开展盘锦湿地的统计分析工作，项目结合《辽宁省主体功能区规划》《辽宁双台河口国家级自然保护区总体规划（2011—2020年）》的相关要求，指出了盘锦湿地保护中存在的具体问题，为省市两级政府在盘锦湿地管理方面提供准确翔实的空间数据支撑。

项目在启动阶段，编写了项目可行性研究报告；在监测数据采集阶段，编写了项目技术设计书；在数据统计阶段，编写了统计分析报告；在项目验收阶段，编写了项目工作报告和技术报告。本案例综合了上述文档的主要内容，并重新进行了梳理取舍，以保证案例的完整简洁。

由于项目是在2015年完成的，因此案例中关于盘锦市的介绍、行政区划、海岸线及湿地保护区的称呼、范围、保护政策等，现在都已经或可能发生了变化，案例中均不作调整。

10.2 项目背景

10.2.1 湿地简介

湿地与森林、海洋一起并称为全球三大生态系统，与人类的生存、繁衍、发展息息相关。湿地是自然界最富生物多样性的生态景观和人类最重要的生存环境之一，对维护人类的生存环境起着重要的作用。依据《湿地公约》中的定义，湿地包括天然的、人工的、永久的、阶段性的、流动的、静止的，淡水的或咸水的水域、江河、湖泊、水库、沼泽、湿原、泥炭地、山地草原、极地苔原、冻土等，以及低潮时水深不超过6m的海洋水域，如河口三角洲、海洋沿岸、红树林、珊瑚礁等。

湿地具有多种独特功能，不仅为人类提供大量生活和生产资料，如食物、原材料和水资源等，而且对保护环境、维护生态平衡、保护生物多样性、蓄滞洪水、涵养水源、补充地下水源、稳定海岸线、控制土壤侵蚀、保墒抗旱、吸化毒污、降解污染、净化空气、调节气温及湿度等都起着极其重要的作用，还为野生动植物提供必不可少的生息场所，因此有"天然蓄水库""地球之肾""生物生命的摇篮"等美誉。

10.2.2 盘锦市自然地理概况

盘锦市位于辽宁省西南部，地处辽河三角洲中心地带。东、东北邻鞍山市辖区，东南隔大辽河与营口市相望，西、西北邻锦州市辖区，南临渤海辽东湾。地理坐标为北纬40°39′—41°27′、东经121°25′—122°31′，辖区面积4085km^2，地势平坦，多水无山，地面海拔平均高度4m，年平均气温9.2℃。

盘锦市于1984年建市，辖盘山县、大洼县、双台子区、兴隆台区两县两区，总人口128万，是辽宁省城镇化率最高的城市。盘锦市地处辽西、辽南交通要道，京沈、沈大、盘海营高速公路、秦沈高速铁路、沟海铁路贯穿全境。盘锦距沈阳桃仙国际机场163km，到大连周水子国际机场287km，乘动车组至北京仅需200分钟，距鲅鱼圈港122km。

盘锦市资源丰富，有中国第三大油田——辽河油田，年产原油1200万吨，天然气9亿m^3，是全国最大的稠油、高凝油生产基地和重要石化工业基地；有全国集中连片最大面积的水稻田10.6万公顷，年产水稻100万吨，是全国重要的水稻主产区和优质稻米生产基地，也是中国北方重要的稻米集散地；有世界最大的苇田，年产芦苇50万吨；有118km海岸线，20万公顷滩涂湿地，还有16万公顷淡水水面,年产鱼蟹等水产品25万吨,是中国北方最大的河蟹人工孵化和养殖基地;地下还有丰富的温泉、井盐等资源,素有"鱼米之乡"的美称。

10.2.3 盘锦湿地现状及保护

盘锦湿地是我国暖温带最年轻、最广阔、保护最完整的湿地,包括芦苇沼泽、浅海海域、河流和库塘、水稻田等湿地类型。盘锦湿地最有价值的区域基本上都在辽宁双台河口自然保护区内,保护区范围见图10.2.1,图中红色范围为核心区,黄色范围为缓冲区,蓝色范围为实验区。

图10.2.1 保护区范围示意图

辽宁双台河口自然保护区位于辽东湾北部盘锦市境内的双台子河入海口处,地理坐标为东经121°28′09.74″—122°00′23.92″、北纬40°45′00″—41°08′49.65″,成立于1985年,经盘锦市人民政府批准为市级保护区;1987年经辽宁省人民政府批准为省级自然保护区;1988年经国务院批准晋升为国家级自然保护区。保护区所辖范围包括东郭苇场和大洼县境内的赵圈河苇场。依据2010年编制完成的《辽宁双台河口国家级自然保护区总体规划(2011—2020年)》,保护区总面积为80000公顷,是以丹顶鹤、黑嘴鸥等多种珍稀水禽和河口湿地生态系统为主要保护对象的野生动物类型自然保护区。2004年,双台河口湿地被列为《国际重要湿地保护区名录》,被评为"中国最美的六大湿地"之一。

保护区内湿地以芦苇、碱蓬等植物群落为主,植物种类较为简单,维管束植物约为150种,其中抗盐喜湿种类占60%以上,并有野大豆等濒危保护物种,其生物生产力极高,据调查,芦苇的产量受土壤和灌水管理的影响而不尽相同,平均为5.7吨/公顷,最高产量可达10吨/公顷。

保护区内湿地是多种鸟类的重要栖息地。据调查统计,现记录到鸟类267种,其中水禽就有107种,内有国家一级保护鸟类9种,二级保护鸟类36种,其中旅鸟占鸟类种数的一半左右,留鸟20多种,其余为夏候鸟80余种和冬候鸟11种。

随着国家生态建设工作的不断加强,省市两级政府对盘锦湿地保护给予了高度重视,林业部门和环保部门都为湿地保护做了大量工作。1994年盘锦市政府批准出台了《辽宁双台河口国家级自然保护区管理办法》《盘锦市人民政府关于严禁在双台河口自然保护区内乱采乱捕活动的通告》，将保护区的建设和管理工作纳入了法制轨道；2000年，盘锦市政府成立了"盘锦市自然保护区协调工作领导小组"，为整个辽河三角洲的持续发展奠定了组织基础。为了保护盘锦湿地生态环境，开展湿地恢复工程，合理开发湿地资源，实现可持续利用，必须摸清家底，掌握盘锦湿地的地表覆盖现状，探究湿地的地表变化规律。

10.3 资料收集与分析

10.3.1 2013年0.5m分辨率DOM数据

2013年原辽宁省测绘地理信息局组织开展了全省0.2m分辨率航空摄影，并制作1∶2000正射影像图（DOM），影像拍摄时间为2013年10—11月。为了方便数据采集，将DOM数据的分辨率重采样至0.5m。

平面基准：1980西安坐标系；高斯-克吕格投影，按3°带分带，中央经线为123°。

10.3.2 2013年盘锦市地理国情普查数据

包括盘锦市地表覆盖分类数据和地理国情要素数据，范围见图10.3.1，采用2000国家大地坐标系，地理坐标。

10.3.3 2008年辽宁省第二次土地调查数据

包括0.5m分辨率DOM数据，航摄时间为2007—2008年间，拍摄季节为8—10月，并利用此成果制作了1∶10000土地利用数据，数据情况见图10.3.2。

平面基准：1980西安坐标系；高斯-克吕格投影，按3°带分带，中央经线为123°。

图10.3.1 盘锦市国情普查数据图

图10.3.2 辽宁省第二次土地调查数据图

数据分类与代码如表10.3.1所示。

表 10.3.1　　　　　　　　　　　第二次土地调查数据分类与代码表

序号	地类编码	地类名称	序号	地类编码	地类名称
1	012	水浇地	15	113	水库水面
2	013	旱地	16	114	坑塘水面
3	021	果园	17	115	沿海滩涂
4	023	其他园地	18	116	内陆滩涂
5	031	有林地	19	117	沟渠
6	032	灌木林地	20	118	水工建筑用地
7	033	其他林地	21	122	设施农用地
8	043	其他草地	22	123	田坎
9	101	铁路用地	23	125	沼泽地
10	102	公路用地	24	201	城市
11	104	农村道路	25	202	建制镇
12	105	机场用地	26	203	村庄
13	106	港口码头用地	27	204	采矿用地
14	111	河流水面	28	205	风景名胜及特殊用地

10.3.4　2003 年正射航空影像数据

1∶10000 分幅的真彩色 DOM，1980 西安坐标系，中央经线 123°，分辨率 1m，中间缺 3/4 幅 1∶10000 图，图名为 K51G067032，在作业时通过 2003 年 DLG 数据进行补充。摄影时间为 2003 年 10 月，如图 10.3.3 所示。

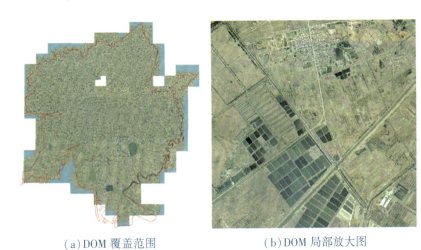

(a) DOM 覆盖范围　　　　(b) DOM 局部放大图

图 10.3.3　盘锦市 2003 年正射航空 DOM 数据图

10.4 监测范围

综合考虑城镇化进程和人类活动对湿地区域变化的影响，盘锦湿地监测既要分析湿地范围和景观格局的变化，也要分析其成因，城镇化进程和人类活动是其中最重要的因素。因此，在湿地监测项目中，将监测分为两个层次：一是将监测范围扩大到盘锦市的全市域，对城乡居民地、交通、构筑物等要素一起进行监测，分析它们对湿地变化的影响；二是对双台河口自然保护区内部进行监测。

10.4.1 盘锦市域监测面积的确定

盘锦市陆地边界比较明确，但盘锦市同时还是临海城市，有大约118km长的海岸线。由于利用光学影像很难准确识别盘锦市的海陆边界线，加上航空摄影的时相不同、填海造地以及潮汐的影响，三期监测数据的海陆边界线不可能做到完全一致。因此，为了三期的基本统计分析数据能够相互比较，在没有明显变化的情况下，自然的海陆边界线在三期监测数据中保持不变，以2013年航空影像上采集的海陆边界线为准。人工边界线在光学影像上具有较高的光谱反射率，较容易获取，在实际作业中对照不同时期的影像进行采集。河口边界线一般以河口地貌形态划定，即在河口突然展宽处、岸线向海突出的点与陆地岸线顺势连接起来，形成一条包络线，作为河口与海洋的分界线。河口岸线在三期监测数据中保持不变，以2013年航空影像上采集的河口岸线为准。

基于上述海陆边界线的采集原则，确定了三期监测数据中盘锦市的海陆边界线：2003年、2008年、2013年。统计了2003年、2008年和2013年盘锦市域监测面积的大小与变化情况，见表10.4.1。

表10.4.1　　盘锦市域监测面积的大小及变化表

年份	市域监测面积/km²	比上一期增加面积/km²
2003年	3749.01	—
2008年	3753.42	4.41
2013年	3820.48	67.06

盘锦市新增陆域主要集中在辽东湾新区、盘锦石油装备产业园。

10.4.2 盘锦市行政区划变化情况

项目收集了盘锦市2008年第二次土地调查中的境界数据和2013年第一次全国地理国情普查中的境界数据，具体见图10.4.1。从图中可以看出，盘锦市的行政区划变化比较大，特别是盘山县与兴隆台区的管辖范围变化尤其明显，原处于盘山县的双台河口国家级自然保护区的大部分区域现在归属兴隆台区，同时，行政区划的剧烈变化也给统计带来了困难，按县域进行三个年代的监测数据对比分析并没有实际意义。故监测数据统计分析工作仅在市域层次上开展。

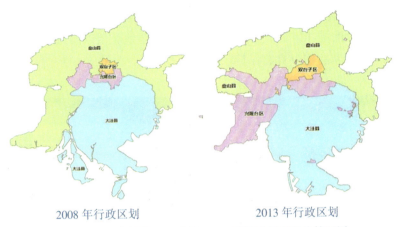

2008年行政区划　　　　　　　　2013年行政区划

图 10.4.1　盘锦市 2008 年与 2013 年行政区划变化情况图

10.4.3　自然保护区功能区划介绍

在《辽宁双台河口国家级自然保护区总体规划(2011—2020 年)》中,给出了保护区的范围和功能区边界坐标,分为两部分,即北部芦苇沼泽区和南部河口滩涂区。其中北部以芦苇沼泽为主的区域面积为 53439.1 公顷,南部以河口滩涂为主的区域面积为 26560.9 公顷。其中,核心区面积 29580.4 公顷,占保护区面积的 37%;缓冲区面积 18332.4 公顷,占保护区面积的 23%;实验区面积 32087.2 公顷,占保护区面积的 40%。如图 10.4.2 所示。

图 10.4.2　双台河口自然保护区功能区划图

双台河口自然保护区的核心区由三部分组成。A_1 核心区位于保护区西部芦苇沼泽区,范围包括东部苇场的大流子分场、罗家分场、八仙分场、三道沟分场、酒壶嘴分场等,面积为 6920.7 公顷。A_2 核心区位于保护区东部芦苇沼泽区,范围包括赵圈河苇场五干北的小台子、干鱼沟、四合铺等管理区,面积为 5607.6 公顷。A_3 核心区位于保护区南部沿海滩涂和河口浅海海域,面积为 17052.1 公顷。

缓冲区设置在核心区与实验区之间,其主要功能是对核心区进行缓冲性保护。与核心区相对应,双台河口保护区的缓冲区也由三部分组成,总面积为 18332.4 公顷。B_1 缓冲区位于 A_1 核心区周围,主要包括东郭苇场的南屁分场、北屁分场、孙家流子分场等,面积为 10448.4 公顷,全部为芦苇沼泽湿地。B_2 缓冲区位于 A_2 核心区的周围，范围包括赵圈河苇场三干北的向阳管区、五干南的芦苇沼泽，面积为 1746.4 公顷。B_3 缓冲区位于 A_3 核心区的周围，湿地类型以河口水域、滩涂为主，面积为 6137.6 公顷。图 10.4.3 为双台河口自然保护区界碑图。

图 10.4.3　双台河口自然保护区界碑图

保护区范围内除核心区、缓冲区以外的其他区域区划为实验区，即北部实验区和南部实验区。主要包括缓冲区外围的芦苇沼泽、养殖区南部外围的滩涂、双台子河河道和部分河口海域，总面积为 32087.2 公顷，其中北部芦苇沼泽实验区面积为 28716.0 公顷，南部养殖区南滩涂实验区面积为 3371.2 公顷。

10.4.4　保护区监测范围

A_3 核心区、B_3 缓冲区与南部实验区位于保护区南部沿海滩涂、河口水域和河口浅海海域，经常全部或部分处于被海水淹没的状态，从光学影像上难以获得滩涂的全貌。因此在本项目中，自然保护区的监测范围仅为 A_1、A_2 核心区，B_1、B_2 缓冲区与北部实验区，以沼泽湿地为主。

由于北部实验区的西部边界按照规划提供的经纬度坐标数据进行采集，与盘锦市的境界线存在重复交叉，为了工作方便，北部实验区的西部边界以盘锦市的境界线为准，同时北部实验区的东部边界根据走势沿道路、沟渠或田埂进行分界。界线处理后的自然保护区的监测范围见图 10.4.4。

图 10.4.4　自然保护区监测范围图

保护区核心区、缓冲区与北部实验区的规划面积与调整后的监测面积数据比对见表10.4.2。从表中可以看出，核心区、缓冲区的规划面积与监测面积相差很小，面积误差主要集中在北部实验区，其原因上面已经提到，是由于实验区西部边界和东部边界的调整。

表10.4.2　　　　　　　　　　　　规划面积与监测面积数据比对

分区		规划面积/hm²	监测面积/hm²	误差/%
总计		53439.1	54048.77	1.14
核心区(A)	小计	12528.3	12498.15	-0.24
	A_1	6920.7	6886.57	
	A_2	5607.6	5611.58	
缓冲区(B)	小计	12194.8	12226.47	0.26
	B_1	10448.4	10482.88	
	B_2	1746.4	1743.59	
北部实验区		28716.0	29324.15	2.12

10.5　作业依据

1. 政策性依据

(1)《关于加强湿地保护管理的通知》(国办发〔2004〕50号);

(2)《湿地保护管理规定》国家林业局2013年5月;

(3)《辽宁省湿地保护条例》2007年;

(4)《中国湿地保护行动计划》2000年;

(5)《辽宁双台河口国家级自然保护区总体规划(2011—2020年)》;

(6)《辽宁省主体功能区规划》(省发展和改革委2014年下发)。

2. 技术性依据

(1) GB/T 26535—2011《国家重要湿地确定指标》;

(2) GB/T 24708—2009《湿地分类》;

(3) GB/T 21010—2007《土地利用现状分类》;

(4) GB/T 27648—2011《重要湿地监测指标体系》;

(5)《全国湿地资源调查与监测技术规程》(试行本);

(6)《辽宁省湿地资源调查技术实施细则》辽宁省林业厅2010年;

(7) GDPJ 01—2013《地理国情普查内容与指标》;

(8) GDPJ 03—2013《地理国情普查数据规定与采集要求》;

(9) GDPJ 02—2013《地理国情普查基本统计技术规定》;

(10) GDPJ 06—2013《遥感影像解译样本数据技术规定》;

(11) CH/T 1004—2005《测绘技术设计规定》;

(12) CH/T 1001—2005《测绘技术总结编写规定》;
(13) GB/T 24356—2009《测绘成果检查与验收》;
(14) GB/T 18316—2008《数字测绘成果质量检查与验收》。

10.6 工作内容与技术流程

工作内容主要包括湿地监测内容与技术指标的建立、盘锦湿地监测数据制作以及盘锦湿地监测数据分析。总体技术流程见图 10.6.1。

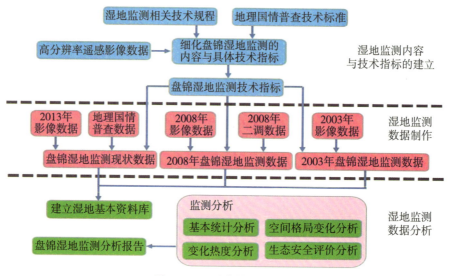

图 10.6.1 总体技术流程图

1. 湿地监测内容与技术指标的建立

按照湿地监测相关技术规程要求,结合辽宁省地理国情普查的内容与指标,利用高分辨率的遥感影像数据,对盘锦湿地监测的内容与具体技术指标进行细化。

2. 盘锦湿地监测数据制作

(1) 将 2013 年 1∶2000 正射影像数据重采样至 0.5m 分辨率,并重新分幅;
(2) 将 2003 年、2008 年覆盖盘锦全市域的影像数据和矢量数据进行坐标系转换;
(3) 提取盘锦全市域 2008 年第二次土地调查数据;
(4) 将盘锦市地理国情普查数据进行提取、分类,并重新采集全市域 212 幅 2003 年、2008 年、2013 年三期监测数据。

3. 盘锦湿地监测数据分析

在已制作完成的 2013 年、2008 年和 2003 年三期湿地监测数据的基础上,进行盘锦市域三期监测数据的基本统计分析;结合《辽宁省主体功能区规划》和《辽宁双台河口国家级自然保护区总体规划(2011—2020 年)》,针对盘锦湿地保护的相关要求,开展保护区湿地监测数据的时空变化分析,以及空间格局变化分析、变化热度分析、生态安全评价分析。

10.7 湿地监测内容与技术指标建立

10.7.1 地理国情普查数据地表覆盖本底数据

通过地理国情普查，已经建立了地表覆盖的本底数据，经统计，盘锦市地表覆盖共包括 10 个一级类、32 个二级类、57 个三级类，二级分类与面积占比见表 10.7.1。

表 10.7.1　　　　　　　　　　**盘锦市地表覆盖二级分类与面积占比表**

一级	二级	占比/%	一级	二级	占比/%
耕地	水田	36.472	道路	无轨的道路路面	1.732
	旱地	7.028		有轨道路路面	0.105
园地	果园	0.153	构筑物	硬化地表	1.962
	苗圃	0.228		水工设施	0.081
	其他园地	0.001		温室、大棚	1.088
林地	乔木林	2.008		固化池	0.447
	灌木林	0.015		工业用地	0.219
	绿化林地	0.420		其他构筑物	0.011
	人工幼林	0.287	人工堆掘地	露天采掘场	0.003
草地	天然草地	26.310		堆放物	0.041
	人工草地	0.132		建筑工地	1.033
房屋建筑区	多层房屋建筑区	0.720		其他人工堆掘地	0.009
	低矮房屋建筑区	4.456	荒漠与裸露地表	泥土地表	4.910
	废弃房屋建筑区	0.004		沙质地表	0.002
	多层独立房屋建筑	0.038	水域	水面	9.920
	低矮独立房屋建筑	0.152		无水渠道	0.013

10.7.2 样本区选取与样本分析

按照 1∶10000 标准地形图分幅，选取了 7 幅有代表性的图幅，覆盖了湿地监测的重点区域、湿地监测外围的乡镇、自然村、中心城区、人工湿地、水库和岸线。

在选取的 7 个图幅中，以 2013 年影像数据和地理国情普查数据为基础，针对不同的地表覆盖分类建立典型样本区，表 10.7.2 为部分地表覆盖类型的样本区。在 2013 年的影像数据中叠加了地表覆盖分类数据，在 2008 年的影像数据中叠加了第二次土地调查数据，用以比较两种矢量数据的不同采集要求。

表 10.7.2　部分地表覆盖类型的样本区表

地表覆盖类型	2013 年影像数据	2008 年影像数据	2003 年影像数据
连片的水田			
连片的旱地			
居民地中的旱地			
湿地内的采油用地			
湿地草地和水域			
建制镇			
晒盐池			

通过对影像样本的分析，结合地表覆盖分类数据和第二次土地调查数据，可以得出以下一些结论：

（1）影像数据、地表覆盖分类数据、第二次土地调查数据三者之间相互比较，可以看出，第二次土地调查数据将居民用地分为城市用地、建制镇用地、村庄用地，采集时只按照外围房屋建筑采集范围，包括其中的交通、绿化和工业设施等，而地理国情普查中的地表覆盖分类数据就采集得更为细致。因本项目主要研究城镇化进程和人类活动对湿地的影响，综合考虑成本及时间因素，将地理国情普查的房屋建筑区进行综合采集。

（2）由于将双台河口湿地监测的范围扩大到盘锦市的全市域，因此无法给出一个统一的采集指标，在湿地重点监测区范围内，指标可以更细致一些。但要保证在三期不同影像上数据采集的指标完全一致。

（3）从2013年的影像上，可以区分纯芦苇湿地草地、碱蓬湿地草地和其他湿地草地，但要进行野外核查。在确定了2013年的纯芦苇湿地草地、碱蓬湿地草地和其他湿地草地纹理后，通过2013年、2008年、2003年航空影像同区域的纹理比较，结合第二次土地调查数据、1∶10000地形图数据也可以逆向确定前两个时期的湿地类型。

10.7.3 湿地监测分类及技术指标

依据上面的地表覆盖分类，结合相关技术依据中的湿地分类，建立盘锦市湿地监测的内容与技术指标。

对湿地监测的地表覆盖分类进行必要的细化，如在一级类草地中，增加二级类湿地草地，并细分为纯芦苇湿地草地、碱蓬湿地草地和其他湿地草地；将二级类水面细分为海面、河流、池塘、水产养殖场等。有些地表覆盖分类要素占盘锦市域监测面积的比重太小，对湿地的影响微乎其微，可以适当地将该要素综合到大类中。经过上述调整，基本上建立了盘锦湿地监测的数据分类框架，具体见表10.7.3。湿地监测数据采集技术指标见附表。

表 10.7.3 湿地监测分类表

代码	类别	代码	类别
0100	耕地	0700	构筑物
0110	水田	0760	盐田
0120	旱地	0770	工业用地
0200	园地	0790	其他构筑物
0300	林地	0800	人工堆掘地
0400	草地	0830	建筑工地
0410	天然草地	0890	其他人工堆掘地
0480	湿地草地	0900	裸露地表
0481	纯芦苇湿地草地	0980	滩涂
0482	碱蓬湿地草地	0990	其他荒漠与裸露地表
0483	其他湿地草地	1000	水域
0420	人工草地	1010	河渠
0500	居民用地	1011	河流

续表

代码	类别	代码	类别
0510	城市用地	1012	运河、沟渠
0520	建制镇用地	1013	河口水域
0530	村庄用地	1030	库塘
0600	交通	1031	水库
0601	道路	1032	水产养殖场
0610	铁路	1039	其他库塘
		1040	海面

10.8 湿地监测数据采集制作

10.8.1 湿地监测空间数据采集方法

盘锦湿地监测空间数据的采集按3个阶段进行。

首先，制作盘锦湿地的现状数据库，即参照2013年0.5m分辨率真彩色DOM航空影像，按照地理国情普查数据与盘锦湿地监测数据分类框架之间的对应关系，将普查数据转换为监测数据，并对各类湿地进行详细的采集，再进行外业实地核查、内业编辑整理后形成盘锦湿地现状数据。

其次，制作2008年湿地监测数据，即以2008年0.5m分辨率真彩色DOM数据为基础，参考第二次土地利用调查数据，经影像解译处理，制作2008年盘锦湿地数据，由于无法实地核查，在制作过程中，需要参考已采集的湿地现状数据（2013年）。

最后，制作2003年湿地监测数据。以2003年1m分辨率真彩色DOM数据为基础，参照2008年和2003年影像之间的纹理关系，通过影像解译处理，制作2003年盘锦湿地数据。

具体的盘锦湿地监测空间数据采集流程见图10.8.1。

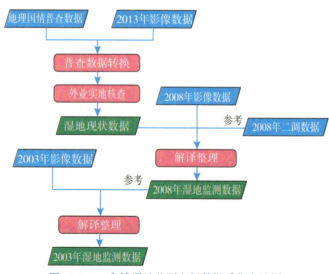

图10.8.1 盘锦湿地监测空间数据采集方法图

10.8.2 2013年监测数据采集制作

10.8.2.1 地理国情普查数据转换

盘锦湿地监测以地理国情普查数据为基础,因此,需建立监测指标和地理国情普查内容及指标的对应关系,将普查数据转换为监测数据。湿地监测项目选取地理国情普查成果中的地表覆盖数据,国情要素中的水系面及水系线要素。其中地表覆盖数据需要进行对应关系的转换。

地理国情普查地表覆盖数据共包括10个一级类、32个二级类、57个三级类,湿地监测内容与指标的一级类与国情普查数据相对应,二级类与三级类需要通过对应关系进行转换。如果表中所列类别上级类能直接对应转换,则不详细列出下级类。

具体的地理国情普查数据转换对照见表10.8.1。

表10.8.1 地理国情普查数据转换对照表

转换前代码	转换前类别	转换后代码	转换后类别
0110	水田	0110	水田
0120	旱地	0120	旱地
0750	温室、大棚		
0200	果园	0200	园地
0300	林地	0300	林地
0410	天然草地	0410	天然草地
0420	人工草地	0420	人工草地
0510	多层及以上房屋建筑区	0510	城市用地
0540	多层及以上独立房屋建筑区		
0520	低矮房屋建筑区	0530	村庄用地
0550	低矮独立房屋建筑		
0601	有轨道路	0601	道路
0610	铁路	0610	铁路
0710	硬化地表	0790	其他构筑物
0720	水工设施		
0761	游泳池		
0790	其他构筑物		
0763	晒盐池	0760	盐田
0762	污水处理池	0770	工业用地
0769	其他固化池		
0770	工业设施		
0810	露天采掘场	0890	其他人工堆掘地
0820	堆放物		

续表

转换前代码	转换前类别	转换后代码	转换后类别
0830	建筑工地	0830	建筑工地
0900	荒漠与裸露地表	0990	其他荒漠与裸露地
1012	无水渠道	0980	滩涂
1001	水面	1000	水域

10.8.2.2 数据采集

转换后的地表覆盖数据需要对指标中湿地相关的地类进行详细的采集，利用2013年0.5m分辨率航空影像进行人工解译。主要工作及采集要求如下：

(1) 大部分非湿地地类最小图斑实地面积为3000m^2，小于指标的地类就近归到相邻地类中。

(2) 耕地等连片区域内部地块之间的田埂、小路、水渠、林带等狭长条带，如果宽度在10m(含)以下，或者连片达不到相应类型的采集要求的，可以就近归并到相邻的耕地类型中。

(3) 对于道路、河渠、房屋周围等单排行树，树冠不明显，未成片或成带区域的可归入相邻地类；大片耕地中零星、未成片的树木，按照就近就大原则归入相邻地类。

(4) 湿地草地三级类通过影像纹理判断，并通过外业调绘核实。纯芦苇湿地草地偏棕色，能完全覆盖地表，纹理均匀。碱蓬湿地草地更偏深棕色，不能完全覆盖地表，纹理不均匀，多在海边、河口附近。图10.8.2为纯芦苇湿地草地与碱蓬湿地草地的内业影像判别示意图。

图10.8.2 纯芦苇湿地草地与碱蓬湿地草地的内业影像判别图

(5) 县区级以上城市用地，采集主、次干道作为道路路面并保持连续，路面宽度大于25m的道路，在TYPE属性中填写"主要街道"，小于25m的道路属性填写"低等级街道"。其余房屋建筑区采集外轮廓，构成城市用地。

(6) 中心城区其他构筑物只采集连片超过5000m^{2}的广场用地、工业用地、体育场、停车场(在监测数据中均为0790)，采集连片超过3000m^{2}的绿化用地、建筑用地，面积大于指标但图斑宽度小于15m的狭长图斑不采集。

(7) 乡镇级居民地，采集与外界道路相连的主、次干道为道路路面，其余支线路面与房屋一起采集外围轮廓作为建制镇用地。

(8) 村级居民地，采集与外界道路相连的主干道为道路路面，其余穿过村庄的道路均与房屋一起，采集围墙外轮廓线作为村庄用地。村庄内部狭长的耕地归为村庄用地。

(9) 居民用地中包括小于采集指标的耕地、绿地、设施用地等。

(10) 道路采集宽度大于10m的路面，尽量保证县级以上道路的路面连续，对于起主要连通作用的道路，可以适当放宽指标采集。

（11）盘锦地区较多晒盐池，连片的晒盐池内部的狭长草地等地类不单独采集，只采集晒盐池外轮廓面。

（12）盘锦湿地范围内有较多油井，面积较小，在湿地重点区域内构筑物类别的指标缩小为 $400m^2$。

（13）通过对应关系将所有的沙质及泥质地表归类为滩涂，根据影像进行具体判断，对归类错误的地类进行改正。

（14）《辽宁省湿地资源调查技术实施细则》中的湿地分类把永久性河流、季节性或间歇性河流归类为河流湿地，把运河、输水河（包括沟、渠）归类为人工湿地。因此，在地表覆盖采集时区分河流、沟渠、水库、池塘等，参照普查数据中的国情要素属性对水体进行区分。

10.8.2.3 外业调绘底图制作

利用湿地监测数据，叠加 2013 年的 DOM 数据，按照 1∶10000 标准分幅（城市地物密集区按照 1∶5000 标准分幅）进行统一的符号配置和图廓整饰，并对作业中有疑问的图斑、无法填写的属性项利用 TAG 属性项进行标注，输出纸质的工作底图，作为外业调查与核查工作的基础。

图廓整饰包括图号、公里格网、调绘编号、核查者、检查者和接边者、调绘日期等。由于影像色彩、明暗度等不同，实际符号和颜色根据具体情况进行调整。

10.8.2.4 外业实地核查

盘锦市地理国情普查数据已于 2013 年末进行了外业核查。因此，此次湿地监测项目只对内业编辑存在疑问的图斑进行核查，但湿地重点区域须详细核查，具体要求如下：

（1）对内业采集的地表覆盖分类的类型、边界、属性等信息进行外业实地核查，发现和更正判读采集过程中的错误，检验内业判读解译的正确率。补充完善内业判读工作中无法确定的、存在疑问的或信息内容不完整的地理国情要素或地表覆盖分类的类型、边界、属性等内容。图 10.8.3 为外业核查调绘的示意图。

图 10.8.3 外业核查调绘图

（2）对湿地地类的类型进行调绘。湿地草地调查植物类型，并调绘其边界。对湿地内芦苇、碱蓬等类型的湿地植物进行拍照，对照 2013 年影像数据形成解译样本。图 10.8.4 为外业核查时拍摄的芦苇和碱蓬湿地草地的照片样例。

芦苇　　　　　　　　　　　　　　碱蓬

图 10.8.4　湿地草地类型图

(3) 解释样本要求每类湿地植被采集 5 个样点左右, 采样类型具有典型性, 分布均匀合理, 保证采样点分类与覆盖分类的一致性, 文件命名和属性内容参考地理国情普查《遥感影像解译样本数据技术规定》。样本点的分布见图 10.8.5。

图 10.8.5　样本点分布示意图

(4) 对新增或发生变化的地表覆盖分类图斑进行补调或补测。根据既定的野外判别标准, 结合专业人员的知识和经验, 现场判别覆盖类型、地物边界、地物属性等内容, 根据实际采用的外业调查方法准确记录调查信息。

10.8.2.5　数据整理

依据外业核查结果对采集的湿地数据进行编辑整理, 图层命名与地理国情普查一致。以行政区域为单位拼接。

注意处理好要素间的关系, 各层要素叠加后其关系应保持协调一致, 保证数据拓扑关系的正确性, 拓扑容限值 0.001m。

如果外业调查成果是补测数据, 可直接用于数据的新增、更新, 并注意处理好与相关要素的协调关系; 如果外业调查成果需利用 DOM 进行空间定位, 要素的采集精度应满足相关规定要求。

根据属性结构要求对数据进行整理, 并填写湿地类型属性。最终整理形成 2013 年湿地现状数据库。

10.8.3　2008年、2003年监测数据制作

利用2013年湿地数据与2008年影像叠加进行解译整理，形成2008年湿地监测数据。解译过程中，参考2008年土地调查数据，并根据2013年湿地数据及影像的特征进行采集。国情要素水系根据影像进行采集，并参考2008年土地调查数据填写属性。利用同样的方法进行2003年湿地监测数据的制作，参考数据为2003年地形图数据。数据的编辑整理要求与2013年数据相同。

在2008年影像上，纯芦苇湿地草地呈亮绿色，碱蓬湿地草地呈暗绿色，纹理不均匀。在2003年影像上，纯芦苇湿地草地呈米黄色，碱蓬湿地草地呈灰白色或暗红色，纹理不均匀。纯芦苇湿地与碱蓬湿地的区分见图10.8.6。

湿地草地等实在从影像上无法判断三级类界线的地类，采集至二级类。

建筑工地如无法区分，均归为其他人工堆掘地。

2008年　　　　　　　　　　　　　　　2003年

图10.8.6　影像中纯芦苇湿地与碱蓬湿地的区分图

10.9　盘锦市域三期监测数据统计分析

10.9.1　盘锦市地表覆盖基本统计

在进行盘锦市监测数据采集时，对于不同区域，矢量数据采集的标准并不一致。例如，对湿地保护区中的内容进行了细化，在草地一级类中，除了天然草地和人工草地之外，又增加了湿地草地一个二级类，并在湿地草地之下又细分了纯芦苇湿地草地、碱蓬湿地草地和其他湿地草地。另外，在采集2008年、2003年地表覆盖数据时，由于参照的是2013年的海陆边界线，且拍摄时相不同，数据中有一部分是海面，在统计之前要进行处理。

针对盘锦市域的地表覆盖统计，如果地表覆盖的类别不统一，就得不出宏观的、准确的统计结果。因此，首先对三期的地表覆盖数据进行如下处理：

(1) 将所有的湿地草地中的三级类归并为天然草地。

(2) 将河流、沟渠与河口水域等三级类归并为河渠。

(3) 将水库、水产养殖场、其他库塘等三级类归并为库塘。

(4) 将2008年、2003年矢量数据中的海面类型归并到滩涂或附近地物的类型。

经上述处理后，再对三期数据的地表覆盖情况进行对比分析，图10.9.1为2003年、2008年、2013年盘锦市的地表覆盖示意图。

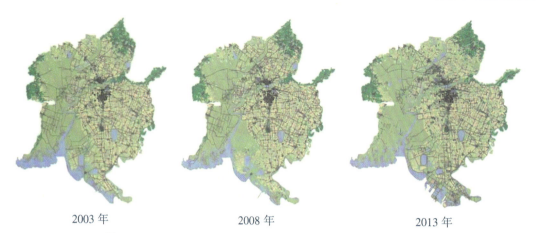

2003 年　　　　　　　　　2008 年　　　　　　　　　2013 年

图 10.9.1　2003 年、2008 年、2013 年盘锦市的地表覆盖情况图

表 10.9.1 为 2003 年、2008 年、2013 年盘锦市的地表覆盖数据统计。

表 10.9.1　**2003 年、2008 年、2013 年盘锦市的地表覆盖数据统计表**

编码	用地类型	面积/hm²		
		2003 年	2008 年	2013 年
0110	水田	148724.24	149884.84	143546.64
0120	旱地	29536.80	29174.16	29464.96
0200	园地	1358.54	1502.36	973.19
0300	林地	6095.71	8147.54	7190.86
0410	天然草地	99573.82	96983.26	101606.05
0420	人工草地	321.04	433.50	1462.86
0510	城市用地	4095.07	4156.88	4163.70
0520	建制镇用地	3138.05	3206.58	3499.24
0530	村庄用地	16998.76	17332.02	18579.23
0601	公路	3363.54	3486.86	4888.07
0610	铁路	223.20	263.32	411.67
0760	盐田	1973.09	1966.02	1547.34
0770	工业用地	2546.48	3097.35	3989.72
0790	其他构筑物	1990.42	2418.23	3712.79
0830	建筑工地	487.34	893.82	3765.69
0890	其他人工堆掘地	24.11	52.89	153.31
0980	滩涂	15156.98	12104.67	12779.44
0990	其他荒漠与裸露地表	1447.23	2355.71	1644.35
1010	河渠	13128.24	13793.83	15027.98
1030	库塘	24718.29	24090.92	23641.59
	总计	374901	375342	382048

10.9.2 盘锦市地表覆盖变化情况

由于填海造地等原因，盘锦市域的陆地面积一直在增长，为了准确地反映2003年至2013年间盘锦市地表覆盖的变化，利用2003年的盘锦界线对2008年和2013年的地表覆盖数据进行处理，保证三期数据的总面积完全一致，为374901公顷。表10.9.2为2003年、2008年和2013年三个时相的各类用地面积统计表。

表10.9.2　　**2003年、2008年、2013年盘锦各类用地面积统计表**

编码	用地类型	面积/hm²		
		2003年	2008年	2013年
0110	水田	148724.24	149884.84	143287.34
0120	旱地	29536.80	29174.16	29447.32
0200	园地	1358.54	1502.36	973.19
0300	林地	6095.71	8147.54	7190.50
0410	天然草地	99573.82	96952.82	100618.64
0420	人工草地	321.04	433.50	1404.19
0510	城市用地	4095.07	4156.88	4163.70
0520	建制镇用地	3138.05	3206.58	3499.24
0530	村庄用地	16998.76	17331.30	18535.99
0601	公路	3363.54	3482.67	4757.81
0610	铁路	223.20	263.32	411.67
0760	盐田	1973.09	1966.02	1547.34
0770	工业用地	2546.48	3097.35	3982.04
0790	其他构筑物	1990.42	2415.04	3398.17
0830	建筑工地	487.34	892.87	3363.11
0890	其他人工堆掘地	24.11	52.89	134.88
0980	滩涂	15156.98	11760.01	9528.23
0990	其他荒漠与裸露地表	1447.23	2355.71	1576.56
1010	河渠	13128.24	13737.03	14394.95
1030	库塘	24718.29	24090.64	22686.37
	总计	374901		

下面对2003—2013年盘锦市主要的用地面积统计数据进行简要的分析。
1）人类活动的增加
人类活动涉及数据类型中的城市用地、建制镇用地、村庄用地、工业用地、其他构筑物、建筑工地和其他人工堆掘地,将这些用地类型的面积进行合并,可以得到 2003 年人类生产生活面积为 29280.23 公顷,2008 年面积为 31152.91 公顷,2013 年面积为 37077.13 公顷。2003—2008 年面积增加了 1872.68 公顷,2008—2013 年面积增加了 5924.22 公顷,可以从侧面反映人类活动的增加。

2) 水田面积的波动

从表 10.9.2 中可以看出,盘锦市水田面积在 2003 年为 148724.24 公顷,2008 年面积为 149884.84 公顷,2013 年面积为 143287.34 公顷。2003—2008 年面积增加了 1160.6 公顷,2008—2013 年面积又减少了 6597.5 公顷。

为了说明 2008—2013 年间的水田用地的流向情况,将这 5 年间水田面积减少在 10 公顷以上的区域提取出来,见图 10.9.2。从图中可以看出,水田减少在 10 公顷以上的区域主要集中在城市周边,由于近些年的城市建设,占用了周边的水田。

3) 天然草地面积的波动

分析表 10.9.2 中的数据,天然草地在 2003 年面积为 99573.82 公顷,2008 年面积为 96952.82 公顷,2013 年面积为 100618.64 公顷。2003—2008 年面积减少了 2621 公顷,2008—2013 年面积又增加了 3665.82 公顷。

为了说明 2008—2013 年间的天然草地的流向情况,将这 5 年间天然草地面积增加在 20 公顷以上的区域提取出来,见图 10.9.3。从图中可以看出,天然草地增加主要集中在海边及城市、乡镇周边,主要有 4 个方面的原因:一是海边滩涂逐渐增高,露出水面,被草地覆盖;二是由于近些年的城市建设,占用了周边的水田,但没有及时开工建设,土地被草地覆盖;三是填海造地,填海后的土地没有及时开工建设,时间长了长满了野草;四是原来是旱地,现在撂荒了,被野草覆盖。

图 10.9.2　2008—2013 年水田用地流向示意图　　图 10.9.3　2008—2013 年天然草地流向示意图

4) 其他数据分析

其他用地类型的数据比较正常,旱地、园地、林地波动幅度比较小,人工草地、公路、铁路的面积一直在增加,盐田的面积持续减少,符合当前的社会发展规律。

滩涂的面积持续减少,由于滩涂本身比较难于界定,且三个时期拍摄的时相不同和季节不同,滩涂数据不一定准确。除去以上因素,滩涂减少的一个原因是原有的滩涂露出水面,长出了芦苇,数据采集时,按芦苇草地处理。

河渠和库塘面积一个持续增加,另一个持续减少,但总面积基本相等。

5) 典型区域分析

下面再选择 3 个典型区域,分别从不同的角度分析地表覆盖的变化情况以及对湿地的影响,位置见图 10.9.4。第一块区域位于湿地保护区供水河流的上游。从图 10.9.5、图 10.9.6 中可以看出

2008—2013年之间建筑用地与工业用地的增长情况。目前的供水原则是先生活后工业生产，其次是水田和养殖用水，然后才是供应湿地，保证芦苇生产。随着建筑用地与工业用地的增长，必然导致城市生活和工业用水迅速增加，在这种形势下，湿地供水更趋于紧张。

图10.9.4　3个典型区域位置示意图

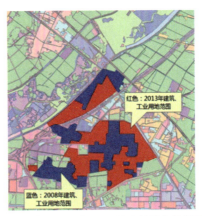

图10.9.5　建筑用地与工业用地的扩张情况图（一）

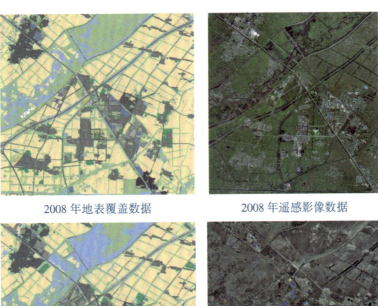

2008年地表覆盖数据　　　　　　2008年遥感影像数据

2013年地表覆盖数据　　　　　　2013年遥感影像数据

图10.9.6　建筑用地与工业用地的扩张情况图（二）

第二块区域位于湿地保护区附近，展现了2003—2013年水稻田不断扩张、芦苇草地不断减少的情况。由于水田属于人工湿地，而芦苇草地属于天然湿地，水田与芦苇的转换导致了湿地质量的下降。水稻田扩张情况见图10.9.7。

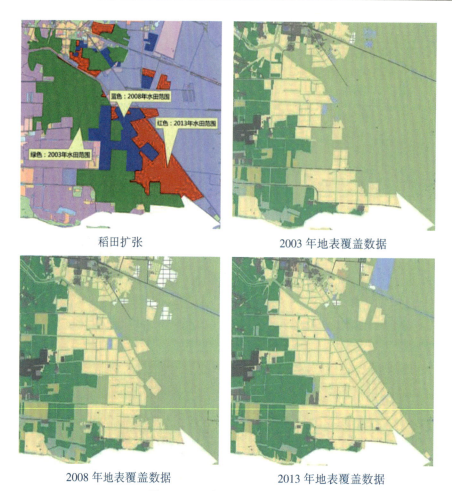

图 10.9.7 水稻田扩张情况图

第三块区域位于双台河口附近,展现了 2003—2013 年双台河口中间滩涂、水域逐渐变成陆地的情况。这种情况主要是由于河道径流量减少,造成河水携带的大量泥沙淤积于河口处,入海河口变化导致河口湿地发生局部变化,部分地区湿地严重旱化,见图 10.9.8、图 10.9.9。

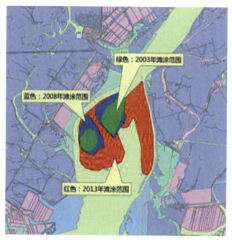

图 10.9.8 滩涂逐渐变成陆地示意图(一)

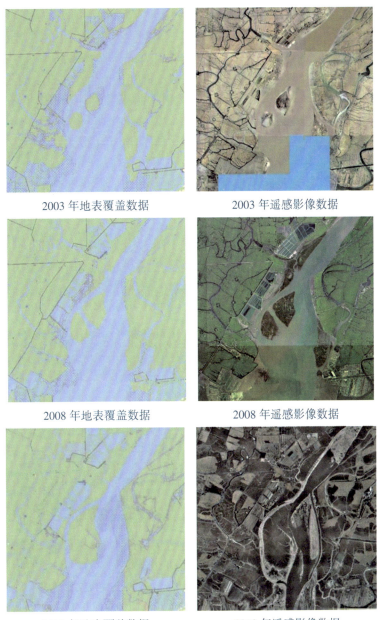

2003 年地表覆盖数据　　　　2003 年遥感影像数据

2008 年地表覆盖数据　　　　2008 年遥感影像数据

2013 年地表覆盖数据　　　　2013 年遥感影像数据

图 10.9.9　滩涂逐渐变成陆地示意图(二)

10.10　双台河口自然保护区监测数据统计分析

10.10.1　2013 年保护区内部地表覆盖现状

依据《辽宁省主体功能区规划》和《辽宁双台河口国家级自然保护区总体规划(2011—2020 年)》的相关要求,有针对性地开展地表覆盖的现状分析。

10.10.1.1　辽宁省主体功能区规划中的相关要求

《辽宁省主体功能区规划》中,要求对禁止开发区进行强制性保护,其中,有两部分内容适合双台河口国家级自然保护区。

1. 自然保护区

(1)按核心区、缓冲区和实验区分类管理。核心区，严禁任何生产建设活动；缓冲区，除必要的科学实验活动外，严禁其他任何生产建设活动；实验区，除必要的科学实验以及符合自然保护区规划的旅游、种植业和畜牧业等活动外，严禁其他生产建设活动。

(2)按核心区、缓冲区、实验区的顺序，逐步转移自然保护区的人口。绝大多数自然保护区核心区应逐步实现无人居住，缓冲区和实验区也应较大幅度减少人口。

(3)交通、通信、电网等基础设施要慎重建设，能避则避，必须穿越的，要符合自然保护区规划，并进行保护区影响专题评价。新建公路、铁路和其他基础设施不得穿越自然保护区核心区，尽量避免穿越缓冲区。

2. 湿地及湿地公园

(1)不得开展影响湿地生态系统基本功能和超出湿地资源再生能力或者给湿地野生动植物物种造成破坏性伤害的活动。

(2)在湿地开展生产经营和生态旅游活动，应向有关主管部门提交保护方案，并在适度范围内进行，遵守有关规定。

(3)严格控制开发占用自然湿地，凡是列入国际重要湿地和国家重要湿地目录，以及位于自然保护区内的自然湿地，一律禁止开垦占用或随意改变用途。

(4)禁止开展与保护湿地生态系统不符的生产活动。

10.10.1.2 双台河口自然保护区总体规划中的相关要求

在《辽宁双台河口国家级自然保护区总体规划(2011—2020年)》中，将保护区分为重点保护区域和一般保护区域。重点保护区域包括核心区和缓冲区，不安排任何影响生态环境或有可能破坏生态环境的建设内容；一般保护区域包括实验区，保护区必要的建设内容均安排于此。具体要求为：

(1)核心区的主要作用是保护区内的自然生态环境和自然资源，保持其生态系统和物种不受人为干扰，在自然状态下演替和繁衍，保证核心区的完整和安全。

核心区全部为天然湿地，包括芦苇沼泽、河流水域、滩涂三种湿地类型，适宜保护对象的栖息与繁殖，可以充分发挥湿地生态系统整体功能，A_1、A_2核心区是保护对象最重要的停歇、栖息、觅食的区域。

该区域严格禁止油气开采和其他生产活动，禁止渔业捕捞，并通过引水工程控制区内水位，从根本上改善保护对象的整体生存环境。核心区不得新修建道路。

(2)B_1、B_2缓冲区位于核心区周围，缓冲区的作用是缓解外界压力，防止人为活动对核心区的影响，对核心区生态环境的保护具有必不可少的意义。该区内可进行有组织的科研、教学、考察等工作，严格禁止除苇田生产以外的其他一切生产经营活动。

(3)实验区位于缓冲区周围，是保护区进行科学实验与科学研究、宣传教育与科学普及的重要场所。

一般保护经营范围严格控制在实验区内，以改善自然生态环境和合理利用自然资源、人文资源，发展经济为目的。主要内容包括自然保护管理设施、科研设施、生态旅游设施的配置，自然保护管理活动、科研监测与教学实习活动、生态旅游等综合利用活动的开展等。

10.10.1.3 地表覆盖现状分析

结合上述相关要求，分别对保护区的核心区、缓冲区和实验区进行地表覆盖现状分析。

1. 核心区

图 10.10.1 为 2013 年保护区核心区的地表覆盖示意图,占绝大部分面积的是芦苇草地和河流。

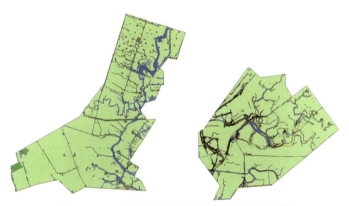

图 10.10.1　保护区核心区的地表覆盖示意图

表 10.10.1 为 2013 年保护区核心区的地表覆盖统计数据。

表 10.10.1　**保护区核心区的地表覆盖统计数据表**

编码	用地类型	面积/hm²	占比/%
0110	水田	54.11	0.43
0410	天然草地	29.87	0.24
0481	纯芦苇湿地草地	11261.02	90.10
0482	碱蓬湿地草地	0.57	0.00
0483	其他湿地草地	0.63	0.01
0530	村庄用地	11.06	0.09
0601	公路	40.32	0.32
0610	铁路	0.39	0.00
0770	工业用地	30.97	0.25
0790	其他构筑物	1.51	0.01
0890	其他人工堆掘地	2.67	0.02
0980	滩涂	4.55	0.04
0990	其他荒漠与裸露地表	408.17	3.27
1011	河流	435.23	3.48
1012	运河、沟渠	61.68	0.49
1032	水产养殖场	31.88	0.26
1039	其他库塘	123.53	0.99
	总计	12498.15	

图 10.10.2 展示了全部可能存在问题的区域,包括水田、房屋、工业用地、硬化地表、铁路、水产养殖场和人工堆掘地。

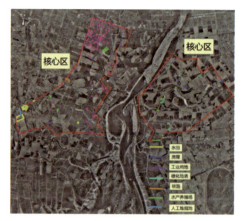

图 10.10.2　保护区核心区内可能存在问题的区域图

对这些问题进行了初步的统计,统计结果如表 10.10.2 所示。

表 10.10.2　　　　　　　　　　　　保护区核心区问题统计结果表

代码	图斑个数	面积/hm²	油井用地块数		其他工业用地块数
			使用	废弃	
水田	7	54.11			
村庄用地	25	11.06			
铁路	1	0.39			
工业用地	112	30.97	37		75
			采油机 41 口	采油机 4 口	
硬化地表	3	1.51			
其他人工堆掘地	1	2.67			
水产养殖场	43	31.88			

表 10.10.3 是一些问题区域的截图及简要的文字说明。

表 10.10.3　　　　　　　　　　　　问题区域的截图及简要的文字说明

核心区内,水田共有 7 个图斑,面积为 54.11hm²,主要位于核心区的边界	在核心区内,房屋共有 25 个图斑,面积为 11.06hm²

续表

 核心区内共有水产养殖池塘 43 块，面积为 31.88hm²	 核心区内共有硬化地表 3 块，面积为 1.51hm²
 核心区内有一段窄轨铁路，主要用于运输收割的芦苇	 核心区内共有工业用地 112 块，面积为 30.97hm²，主要集中在核心区的北部，其中的 37 块有正在使用的采油机 41 口，废弃的采油机 4 口，其他 75 块区域用途不详。涉及道路长 33.25km

在核心区内，从当时拍摄的影像上可以清晰地看出芦苇收割的情景，见图10.10.3。核心区内芦苇湿地的面积为11262.22hm²，经计算，芦苇收割的面积为4126.92hm²，约占整个芦苇湿地面积的1/3。

图 10.10.3　保护区核心区内芦苇收割的影像及收割范围图

2. 缓冲区

图10.10.4为保护区缓冲区的地表覆盖示意图，占绝大部分面积的是芦苇草地和河流、沟渠、库塘。

图 10.10.4　保护区缓冲区的地表覆盖示意图

表 10.10.4 为保护区缓冲区的地表覆盖统计数据。

表 10.10.4　　　　　　　　　　保护区缓冲区的地表覆盖统计数据表

编码	用地类型	面积/hm²	占比/%
0110	水田	111.38	0.91
0120	旱地	3.48	0.03
0410	天然草地	97.18	0.79
0420	人工草地	0.45	0.00
0481	纯芦苇湿地草地	10951.88	89.58
0482	碱蓬湿地草地	2.63	0.02
0483	其他湿地草地	6.01	0.05
0530	村庄用地	21.57	0.18
0601	公路	67.95	0.56
0610	铁路	7.54	0.06
0770	工业用地	115.97	0.95
0790	其他构筑物	6.37	0.05
0890	其他人工堆掘地	47.05	0.38
0980	滩涂	104.65	0.86
0990	其他荒漠与裸露地表	35.17	0.29
1011	河流	171.96	1.41
1012	运河、沟渠	164.82	1.35
1032	水产养殖场	109.71	0.90
1039	其他库塘	200.69	1.64
	总计	12226.46	

图 10.10.5 展示了全部可能存在问题的区域，包括水田、旱地、房屋、工业用地、硬化地表、铁路、水产养殖场和人工堆掘地。

图 10.10.5　保护区缓冲区内可能存在问题的区域图

对这些问题进行了初步的统计，统计结果如表 10.10.5 所示。

表 10.10.5　　　　　　　　　　　　**保护区缓冲区问题统计结果表**

代码	图斑个数	面积 /hm²	油井用地块数		其他工业用地块数
			使用	废弃	
水田	20	111.38			
旱地	3	3.48			
村庄用地	37	21.57			
铁路	1	7.54			
工业用地	398	115.97	168 采油机 191 口	采油机 51 口	230
硬化地表	13	6.37			
其他人工堆掘地	3	47.05			
水产养殖场	126	109.71			

表 10.10.6 是一些问题区域的截图及简要的文字说明。

表 10.10.6　　　　　　　　　　　　**问题区域的截图及简要的文字说明表**

缓冲区内水田共有 20 个图斑，面积为 111.38hm²	缓冲区内旱地共有 3 个图斑，面积为 3.48hm²

续表

 缓冲区内房屋共有 37 个图斑，面积为 21.57hm²	 缓冲区内共有硬化地表 13 块，面积为 6.37hm²
 缓冲区内共有工业用地 398 块，面积为 115.97hm²，主要集中在缓冲区的北部，其中的 168 块有正在使用的采油机 191 口，废弃的采油机 51 口，其他 230 块区域用途不详。涉及道路长 97.70km	 缓冲区内共有水产养殖池塘 126 块，面积为 109.71hm²

3. 实验区

图 10.10.6 为保护区实验区的地表覆盖示意图，包括芦苇草地、水田和河流、沟渠、库塘、水产养殖场等。

图 10.10.6　保护区实验区的地表覆盖示意图

表 10.10.7 为保护区实验区的地表覆盖统计数据。

表 10.10.7　　保护区实验区的地表覆盖统计数据

编码	用地类型	面积/hm²	占比/%
0110	水田	3554.79	12.12
0120	旱地	294.89	1.01
0200	园地	1.88	0.01
0300	林地	476.00	1.62
0410	天然草地	843.48	2.88
0420	人工草地	0.86	0.00
0481	纯芦苇湿地草地	16789.53	57.25
0482	碱蓬湿地草地	526.87	1.80
0483	其他湿地草地	80.16	0.27
0530	村庄用地	246.82	0.84
0601	公路	193.10	0.66
0610	铁路	9.25	0.03
0760	盐田	10.79	0.04
0770	工业用地	309.69	1.06
0790	其他构筑物	71.70	0.24
0830	建筑工地	48.71	0.17
0890	其他人工堆掘地	13.28	0.05
0980	滩涂	670.32	2.29
0990	其他荒漠与裸露地表	256.63	0.88
1011	河流	2404.62	8.20
1012	运河、沟渠	348.10	1.19
1032	水产养殖场	1679.41	5.73
1039	其他库塘	493.45	1.68
	总计	29324.15	

图 10.10.7 展示了全部可能存在问题的区域，包括水田、旱地、房屋、工业用地、硬化地表、铁路、水产养殖场和人工堆掘地。

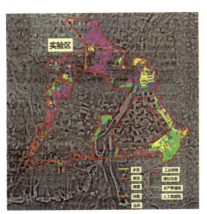

图 10.10.7　保护区实验区内可能存在问题的区域图

对这些问题进行了统计，统计结果如表 10.10.8 所示。

表 10.10.8　　　　　　　　　　保护区实验区问题统计结果

代码	图斑个数	面积/hm²	油井用地块数		其他工业用地块数
			使用	废弃	
水田	221	3554.79			
旱地	51	294.89			
村庄用地	190	246.82			
铁路	1	9.25			
盐田	3	10.79			
工业用地	879	309.69	573 采油机 1433 口	采油机 71 口	306
硬化地表	63	71.7			
其他人工堆掘地	4	13.28			
水产养殖场	661	1679.4			

表 10.10.9 是一些问题区域的截图及简要的文字说明。

表 10.10.9　　　　　　　　　　问题区域的截图及简要的文字说明

实验区内水田共有 221 个图斑，面积为 3554.79hm²

实验区内旱地共有 51 个图斑，面积为 294.89hm²

实验区内房屋共有 190 个图斑，面积为 246.82hm²

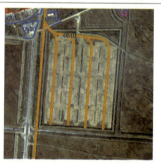

实验区内有窄轨铁路，主要用于运输收割的芦苇，面积为 9.25hm²

10.10.2 保护区周边环境的变化

利用自然保护区北部实验区的边界,向外做5km的缓冲区,分析5km范围内地表覆盖的变化。

1. 周边水田面积的变化情况

2003—2013年,双台河口保护区周边水田面积不断增加,仅在盘锦市境内保护区周边5km范围内,水田面积从2003年的18756.27hm²上升到2013年的19671.57hm²,导致保护区内苇田用水被周边农业用水挤占,需要人工灌溉来维持。

图10.10.8为2003—2013年北部实验区边界外5km范围内的水田变化情况,其中浅绿色表示2003年已有的水田,黄色表示2004—2008年内增加的水田部分,红色表示2008—2013年内增加的水田。

图10.10.8 保护区周边水田扩张示意图

表10.10.10为北部实验区边界外5km范围水田面积的增加统计数据。

表10.10.10 北部实验区边界外5km范围水田面积的增加统计数据表

年份	水田面积/hm²	比上一期增加面积/hm²
2003	18756.27	—
2008	19323.67	567.4
2013	19671.57	347.9

2. 周边人类活动区域的变化情况

随着保护区周边社区的人口、经济、自然环境条件发生变化,周边社区开发活动的加剧对保护区的人为干扰也在增加,导致保护区的保护压力增大。

通过对2003—2013年北部实验区边界外5km内的建制镇用地、村庄用地、工业用地、建筑工地、其他构筑物的面积进行汇总统计,来体现10年来人类活动的情况,图10.10.9为人类活动区域面积增加示意图,其中浅绿色表示2003年已有的活动区域,黄色表示2004—2008年内增加的活动区域，红色表示 2008—2013 年内增加的活动区域。

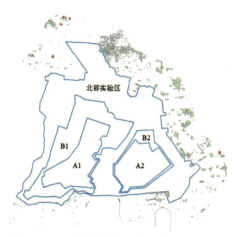

图 10.10.9　人类活动区域面积增加示意图

图 10.10.10 为人类活动区域面积增加放大图。

图 10.10.10　人类活动区域面积增加放大图

表 10.10.11 为北部实验区边界外 5km 范围人类活动区域面积增加的统计数据。

表 10.10.11　　北部实验区边界外 5km 范围人类活动区域面积增加的统计数据表

年份	人类活动区域面积/hm²	比上一期增加面积/hm²
2003	2332.25	—
2008	2472.03	139.78
2013	2765.18	293.15

3. 保护区南部海水养殖区的变化情况

双台河口湿地地势低洼平坦、地面天然坡度很小，排水沟渠、潮沟密布。10 年来，由于海水养殖区的不断扩大，致使湿地内河道、沟渠、潮沟堵塞，功能退化，海水涨潮时不能顺利、及时进入湿地，湿地排水也不通畅，天然湿地原有的水循环系统受到破坏，湿地水环境发生变化。

图 10.10.11 分别以 2013 年影像和地表覆盖数据为基础,展示了 2003—2013 年 10 年间海水养殖区的变化情况。

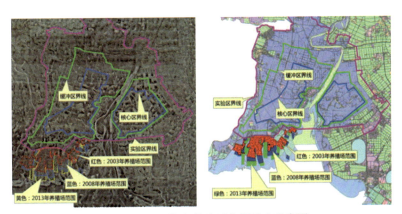

图 10.10.11　海水养殖区范围扩大示意图

表 10.10.12 为海水养殖区 10 年来面积增加的统计数据。

表 10.10.12　**海水养殖区 10 年来面积增加的统计数据表**

年份	海水养殖区面积/hm²	比上一期增加面积/hm²
2003	2614.77	—
2008	3769.11	1154.34
2013	4818.16	1049.05

10.10.3　2003—2013 年保护区内部地表覆盖变化情况

利用 ArcGIS 软件将 2003—2013 年保护区三期监测数据符号化,采用三级分类代码,然后利用 ArcGIS 的统计分析功能进行了地表覆盖面积统计。

图 10.10.12 为 2003 年、2008 年、2013 年保护区的地表覆盖示意图。

2003 年　　　　　　　　2008 年　　　　　　　　2013 年

图 10.10.12　保护区的地表覆盖示意图

表 10.10.13 为 2003 年、2008 年和 2013 年三个时相的保护区各类用地面积统计表。

表 10.10.13　　　　　　　　**2003 年、2008 年、2013 年保护区各类用地面积统计表**

编码	用地类型	面积/hm²		
		2003 年	2008 年	2013 年
0110	水田	3172.36	3454.92	3720.28
0120	旱地	1020.14	751.85	298.63
0200	园地		6.36	1.88
0300	林地	204.92	369.13	476.00
0410	天然草地	824.22	879.34	970.52
0420	人工草地	0.45	1.20	1.31
0481	纯芦苇湿地草地	39022.35	38743.38	39002.17
0482	碱蓬湿地草地	561.50	776.30	530.07
0483	其他湿地草地		14.29	86.81
0530	村庄用地	237.98	237.37	279.45
0601	公路	269.97	273.95	301.38
0610	铁路	21.85	21.84	17.18
0760	盐田		17.97	10.79
0770	工业用地	359.36	412.31	456.64
0790	其他构筑物	52.25	59.70	79.57
0830	建筑工地		0.55	48.71
0890	其他人工堆掘地			62.99
0980	滩涂	887.10	200.67	779.52
0990	其他荒漠与裸露地表	793.98	851.50	699.97
1011	河流	3975.38	3933.56	3011.82
1012	运河、沟渠	419.19	503.87	574.61
1032	水产养殖场	1423.65	1627.16	1821.00
1039	其他库塘	802.14	911.54	817.66
	总计		54048.77	

表 10.10.14 为 2003—2008 年和 2008—2013 年两个时间段的各类地表覆盖类型用地面积变化统计表。

表 10.10.14　　　　　　　　**保护区各类地表覆盖类型用地面积变化统计表**

编码	用地类型	2003—2008 年面积/hm²	2008—2013 年面积/hm²
0110	水田	282.56	265.36
0120	旱地	−268.29	−453.22
0200	园地	6.36	−4.48
0300	林地	164.21	106.87

续表

编码	用地类型	2003—2008 年面积/hm²	2008—2013 年面积/hm²
0410	天然草地	55.12	91.18
0420	人工草地	0.75	0.11
0481	纯芦苇湿地草地	−278.97	258.79
0482	碱蓬湿地草地	214.8	−246.23
0483	其他湿地草地	14.29	72.52
0530	村庄用地	−0.61	42.08
0601	公路	3.98	27.43
0610	铁路	−0.01	−4.66
0760	盐田	17.97	−7.18
0770	工业用地	52.95	44.33
0790	其他构筑物	7.45	19.87
0830	建筑工地	0.55	48.16
0890	其他人工堆掘地	0.00	62.99
0980	滩涂	−686.43	578.85
0990	其他荒漠与裸露地表	57.52	−151.53
1011	河流	−41.82	−921.74
1012	运河、沟渠	84.68	70.74
1032	水产养殖场	203.51	193.84
1039	其他库塘	109.4	−93.88

《辽宁省主体功能区规划》中有明确规定，对于自然保护区，应按核心区、缓冲区、实验区的顺序，逐步转移自然保护区的人口。绝大多数自然保护区核心区应逐步实现无人居住，缓冲区和实验区也应较大幅度减少人口。对于湿地及湿地公园，要严格控制开发占用自然湿地，凡是列入国际重要湿地和国家重要湿地目录以及位于自然保护区内的自然湿地，一律禁止开垦占用或随意改变用途。

从表 10.10.14 中可以看出，10 年间保护区受人类生产生活的影响日益加剧，保护区内水田、房屋用地、工业用地、构筑物、建筑工地的面积持续增加，水产养殖的面积逐步扩大。

10.10.4 保护区空间格局变化分析

除了研究湿地保护区不同时间段内各种地表覆盖类型的面积变化外，还需要研究不同时间段内各种地表覆盖类型之间转化的空间分布。

1. 地表覆盖转移分析工具

使用 ArcGIS 的空间分析工具，通过 Model Builder 搭建了地表覆盖转移的分析工具，模型如图 10.10.13 所示。

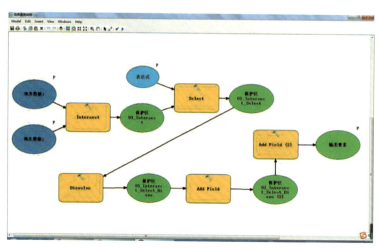

图 10.10.13　地表覆盖转移分析工具流程图

该模型的运行原理是使用两期地表覆盖数据做叠加分析,将两期数据对应空间上的重叠部分合并为一条记录,然后使用选择工具提取重复数据中地表覆盖类型不一致的部分,就是地表覆盖发生变化的区域,最后通过融合工具将空间变化方向一致的数据融合为一个要素,就能得到两种地类之间变化的面积,每条记录代表一种地类变化。该数据的属性表导出至 Excel 中使用数据透视表可以制作成地表覆盖转移矩阵。

2. 保护区地表覆盖转移数据

图 10.10.14 中有颜色的区域是 2003—2008 年、2008—2013 年间自然保护区地表覆盖类型发生变化的区域,每一种颜色表示一种地表覆盖变化类型。

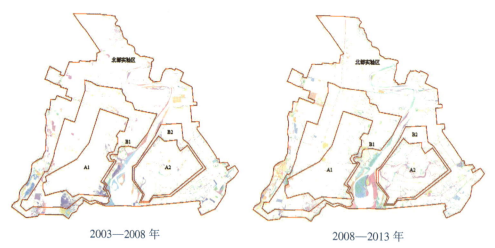

2003—2008 年　　　　　　　　　　2008—2013 年

图 10.10.14　2003—2008 年、2008—2013 年保护区内的地表覆盖变化图

3. 保护区内湿地草地数据变化分析

湿地草地是保护区内的重点监测对象,针对湿地草地,单独制作了 2003—2008 年以及 2008—2013 年的空间变化分布图,图 10.10.15 为湿地草地 2003—2008 年、2008—2013 年的空间变化分布图。

图 10.10.16 展示了 2003—2008 年主要的湿地草地资源转换为其他地表覆盖类型的情况(图中数

字单位：hm²）。

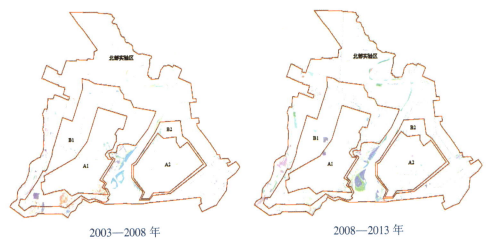

2003—2008 年　　　　　　　　　2008—2013 年

图 10.10.15　2003—2008 年、2008—2013 年保护区内湿地草地空间分布变化图

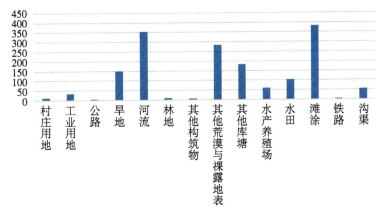

图 10.10.16　2003—2008 年保护区内湿地草地转化柱状图

图 10.10.17 展示了 2008—2013 年主要的湿地草地资源转换为其他地表覆盖类型的情况（图中数字单位：hm²）。

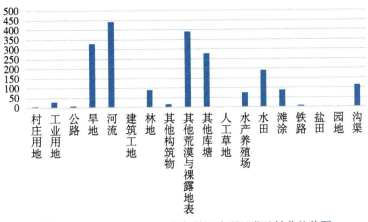

图 10.10.17　2008—2013 年保护区内湿地草地转化柱状图

10.10.5 保护区变化热度分析

基于现有的三期地表覆盖分类数据进行更深层次的数据挖掘，将监测结果中变化图斑的面积作为主要属性进行热度数据分析，制作专题地图，直观地展现湿地变化的集中区域和集中程度，反映出湿地资源变化的剧烈程度。

热度分析模型的运行原理为两期地表覆盖数据的叠加分析，将两期数据对应空间上的重叠部分合并为一条记录，然后使用选择工具提取重复数据中地表覆盖类型不一致的部分，就是地表覆盖发生变化的区域。将这些数据分配到统计单元当中，就能得到每个统计单元地表覆盖发生变化的具体面积，通过这个值做符号化的渲染就能得到对应的热度分析地图。

湿地变化热度分析的技术路线见图 10.10.18。

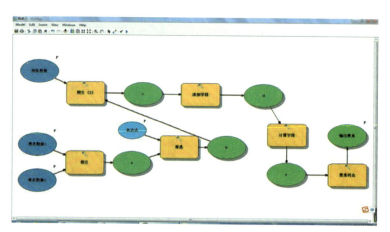

图 10.10.18　湿地变化热度分析工具流程图

在热度分析之前需要先确定基本的统计单元大小，也就是统计面积变化的基本格网大小。确定基本统计单元大小的基本要求是不影响面积的统计和计算，用不同大小的格网去覆盖 2013 年的保护区，格网面积与真实面积的误差统计如表 10.10.15 所示。

表 10.10.15　　　　　　　　　　　　　不同格网面积统计结果误差表

地表覆盖类型	格网误差				
	10m 格网误差/%	20m 格网误差/%	50m 格网误差/%	100m 格网误差/%	250m 格网误差/%
水田	0.0020	0.0026	0.0107	0.0156	0.0459
旱地	0.0005	0.0058	0.1280	0.1732	0.3689
园地	0.0165	0.0132	0.8024	0.1859	8.1629
林地	0.0308	0.0289	0.1723	0.2245	0.8225
天然草地	0.0017	0.0138	0.0129	0.0198	0.1576
人工草地	0.0147	0.0221	1.9390	2.6567	6.4336
城市用地	0.8020	0.8172	0.1529	0.4737	2.5526
建制镇用地	0.0184	0.1004	0.1497	0.0218	1.9429

续表

地表覆盖类型	格网误差				
	10m 格网误差/%	20m 格网误差/%	50m 格网误差/%	100m 格网误差/%	250m 格网误差/%
村庄用地	0.1650	0.1692	0.2619	0.2874	1.0074
公路	0.1058	0.0761	1.7292	0.8419	0.6371
铁路	0.0152	0.9614	1.6196	1.8625	6.2751
盐田	0.0608	0.1594	0.0059	0.6683	2.9993
工业用地	0.0675	0.0869	0.2200	0.9845	1.3089
其他构筑物	0.0156	0.1621	0.0550	0.7597	2.7013
建筑工地	0.0498	0.1233	0.4447	1.6603	2.0198
其他人工堆掘地	0.1759	0.4058	2.0810	3.4634	10.3122
滩涂	0.0233	0.0363	0.0598	0.3651	1.1847
其他荒漠与裸露地表	0.0003	0.3465	0.1261	1.1595	5.0195
河渠	0.0063	0.0247	0.1213	0.3060	1.8933
库塘	8.6787	8.7223	8.7332	8.5332	11.0343
总计	10.2509	12.2779	18.8256	24.6630	66.8798

从上表可以看出，格网越小误差越小，所以应该尽量减小格网的尺寸。但是格网越小统计数据时消耗的数据存储空间和计算时间越多，使用 20m 格网的时候各种地类的面积统计误差基本上在 1% 以下，所以 20m 的格网比较适合热度分析和其他涉及需要统计单元的分析。

图 10.10.19 为保护区 2003—2008 年、2008—2013 年变化热度分析地图。

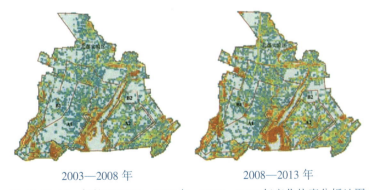

2003—2008 年　　　　　　2008—2013 年

图 10.10.19　保护区 2003—2008 年、2008—2013 年变化热度分析地图

由图 10.10.19 可以看出，盘锦湿地保护区核心区地类变化情况相对较稳定，缓冲区次之，实验区的地类变化则十分剧烈，大片的区域地类变化在两个时间跨度上都非常明显。同时，核心区 A_2、缓冲区 B_2 范围内也有较多的地类变化出现。

10.10.6　保护区湿地生态安全评价分析

湿地生态安全评价是对湿地系统安全素质优劣的定量描述，指在湿地受到一个或多个威胁因素影响后,对湿地系统生态安全性以及由此产生的不利后果出现的可能性进行的评估。基于景观格局的生态安全分析,有助于认识自然与人为干扰对景观生态安全的影响。

在自然、人为干扰下,景观一般由单一、连续和均质的整体向复杂的、不连续和异质的斑块镶嵌体变化,选取与干扰密切相关的景观破碎度、景观分离度和景观优势度通过空间加权叠加的方法来构建景观干扰指数,定量地反映景观受干扰程度。

首先需要计算以下几个景观指数:

1)优势度指数 H_i

$$H_i = -\sum_{i=1}^{m}(P_i \times \ln P_i)$$

H_i 在景观级别上等于各斑块类型的面积乘以其值的自然对数之后的和的负值。$H_i=0$ 表明整个景观仅由一个斑块组成;H_i 增大,说明斑块类型增加或各斑块类型在景观中呈非均衡化趋势分布。

H_i 是一种基于信息理论的测量指数,在生态学中应用很广泛。该指数能反映景观异质性,特别对景观中各斑块类型非均衡分布状况较敏感,即强调稀有斑块类型对信息的贡献,这也是它与其他多样性指数的不同之处。在比较和分析不同景观或同一景观不同时期的多样性与异质性变化时,H_i 也是一个敏感指标。如在一个景观系统中,土地利用越丰富,破碎化程度越高,其不定性的信息含量也越大,计算出的 H_i 值也就越高。

2)破碎度指数 C_i

$$C_i = \frac{\sum N_i}{\sum A_i}$$

A_i 是第 i 种景观要素的总面积;N_i 是第 i 种景观要素的总斑块数。

景观破碎度是指景观被分割的破碎程度,景观破碎程度与自然资源保护密切相关,许多生物种要求有一定面积的生境才能生存下去。同时,景观破碎度指数在一定程度上可以反映人类活动对景观格局的影响。本项目采用平均斑块面积作为衡量景观破碎程度的指标,通过两期景观斑块平均面积及斑块数的比较,可以看出景观破碎化程度的变化情况。

3)分离度指数 F_i

$$F_i = \frac{D_i}{S_i}$$

其中,$D_i = \frac{1}{2}\sqrt{\frac{n}{A}}$,$S_i = \frac{A_i}{A}$。$D_i$ 为斑块的分离度;S_i 为景观类型的面积指数;A_i 为斑块类型 i 的面积;A 为景观的总面积;i 为斑块类型;n 为斑块的总个数。

景观分离度指某一景观类型中不同斑块个体分布的分离程度。

得到以上湿地景观指数后,通过对三种指数的空间加权叠加,可以得到湿地保护区的景观干扰指数,公式为:

$$U_i = aC_i + bF_i + cH_i$$

式中:U_i 为景观类型干扰度,C_i 为景观类型破碎度,F_i 为景观类型分离度,H_i 为景观类型优势度,a、b、c 分别为破碎度、分离度和优势度的权重。权重反映了各指数对景观所表征的生态环境不同的影响程度,借鉴相关研究成果并结合湿地保护区的实际情况,综合分析各景观指数对生态环境的贡献大小,在干扰度的计算中认为破碎度指数最重要,其次为分离度和优势度,其权重分别为 0.5、0.3 和 0.2。

根据本项目采集的数据计算相应生态干扰度指标 U_i。2003 年、2008 年、2013 年保护区的景观干扰度指数示意图如图10.10.20所示。

2003 年　　　　　　　　　　2008 年　　　　　　　　　　2013 年

图 10.10.20　景观干扰度指数示意图

三个时期各地表覆盖类型的景观干扰度统计数据见表10.10.16。

表 10.10.16　　　　　　**2013 年、2008 年、2003 年景观干扰度指数统计表**

用地类型	2013 年干扰度	2008 年干扰度	2003 年干扰度
水田	0.164	0.158	0.068
旱地	0.052	0.060	0.144
园地	0.381	0.091	
林地	0.049	0.056	0.207
天然草地	0.087	0.076	0.168
人工草地	0.554	0.489	0.858
纯芦苇湿地草地	0.200	0.200	0.000
碱蓬湿地草地	0.051	0.055	0.164
其他湿地草地	0.084	0.030	
村庄用地	0.169	0.131	0.301
公路	0.040	0.032	0.187
铁路	0.041	0.015	0.209
盐田	0.074	0.049	
工业用地	0.534	0.530	0.671
其他构筑物	0.162	0.258	0.460
建筑工地	0.053	0.598	
其他人工堆掘地	0.025		
滩涂	0.077	0.053	0.161
其他荒漠与裸露地表	0.095	0.085	0.162
河流	0.140	0.165	0.041
沟渠	0.191	0.176	0.306

续表

用地类型	2013年干扰度	2008年干扰度	2003年干扰度
水产养殖场	0.169	0.140	0.162
其他库塘	0.487	0.459	0.519

通过以上数据可以看出，2003—2008年盘锦湿地自然保护区内部的人为干扰程度还比较正常，但2008—2013年的干扰度偏高，说明在2008—2013年五年间，人类活动对盘锦湿地自然保护区的地表景观格局影响比较剧烈。

10.11　附表

本篇附表请扫二维码查看。

第 11 篇
基于高分影像的农村道路普查与建库

周涌波 董 山

11.1 项目概述

11.1.1 项目来源

为全面掌握湖北省普通公路路网现状，摸清农村经济发展过程中对公路建设的新需求，科学合理地编制普通公路发展规划，深入推进"四好农村路"建设，湖北省交通运输厅于2020年组织开展普通公路基础数据专项调查工作。经公开招投标，辽宁新发展交通集团有限公司中标。

11.1.2 项目内容

本项目主要工作内容包括：
(1) 普通国省干线调查；
(2) 统计库内、库外农村公路；
(3) 道路及附属设施信息采集；
(4) 农村公路基础数据建库。

11.1.3 作业范围

本项目作业区域是湖北省咸宁市、黄石市、随州市、孝感市、黄冈市、十堰市、襄阳市和神农架林区，普查的农村公路总里程约156877km。

11.1.4 农村公路现状

1. 农村公路统计基础数据尚不完善

经过连续多年的规模化建设，湖北省农村公路里程规模达到 $2.41×10^5$ km，农村路网通达通畅水

周涌波，正高级工程师，总裁，辽宁新发展交通集团有限公司。
董山，讲师，辽宁工程技术大学测绘与地理科学学院。

平显著提升。但从 2006 年至今，湖北省一直没有统一组织开展农村公路普查工作，因统计填报口径、城镇化发展等原因，部分农村公路基础数据不准确，与实际状况不符，在一定程度上制约着农村公路的管理和发展。

2. 新改建农村公路电子地图数据尚不完善

"十三五"期间，湖北省建立了农村公路建设规划项目库，涵盖了精准扶贫产业路、撤并村通硬化路、20 户以上自然村通畅等 6 类工程。2018 年又开展了农村公路提档升级工程。但部分项目缺少路线走向、起止位置坐标等数据，无法全部准确地落实在电子地图上，难以有效核查项目实际完工情况，需要全面补充完善。

3. 未来农村公路建设需求尚不清晰

随着农村经济的快速发展和精准扶贫政策的深入推进，各地对农村公路建设不断提出新的更高需求，需要将村组之间的、断头的、循环的建设项目纳入规划。但目前自然村数量、点位，以及现有农村道路基本状况等信息都未准确掌握，往往需要耗费大量的人力物力对个别项目进行现场核实。

11.1.5 主要数据资料

1. 高清遥感影像数据

获取的遥感影像时间为 2018 年 1 月至 2019 年 10 月，面积约为 $2\times10^5 km^2$，分辨率为 0.8m。

2. 基础电子地图数据

获取截至 2018 年底湖北省行政界线(省级、市级、县级、乡级和村级)、县区点位、乡镇点位、行政村点位、自然村点位、水系、铁路、兴趣点等信息。

3. 交通专题地图数据

收集整理截至 2018 年底湖北省辖区内高速公路、国道、省道、县道、乡道、村道、等外道路等线性数据以及桥梁、隧道等点位数据，并收集获取县、乡、村公路台账、统计年报数据、地图册等。

11.2 基本技术要求

11.2.1 作业依据

1. 政策性依据

(1)《交通运输部关于推进"四好农村路"建设的意见》；
(2)《省政府关于印发湖北省综合交通公路水运部分四个三年攻坚工作方案(2018—2020 年)的通知》；
(3)《湖北省"四好农村路"三年攻坚工作方案(2018—2020 年)》；
(4)《省交通运输厅关于印发湖北省"四好农村路"三年攻坚战实施方案(2018—2020 年)的通知

(鄂交农〔2018〕221号)》；
(5)《厅党组专题会纪要》；
(6)《湖北省人民政府办公厅关于进一步加强全省农村公路养护管理工作的意见》；
(7)《推进智慧交通发展行动计划(2017—2020年)》；
(8)《农村公路建设管理办法》；
(9)《公路养护工程管理办法》；
(10)《交通运输信息化"十三五"发展规划》；
(11)《湖北省公路水路交通运输信息化"十三五"发展规划》；
(12)《湖北省综合交通运输"十三五"发展规划》。

2. 技术性依据

(1)《全国农村公路基础数据和电子地图更新方案》；
(2)《全国农村公路基础数据和电子地图更新办法》；
(3)《公路养护统计报表制度》；
(4)JTG B01—2014《公路工程技术标准》；
(5)JTG 2111—2019《小交通量农村公路工程技术标准》；
(6)JTG/T C21-02—2014《公路工程卫星图像测绘技术规程》；
(7)GB 21139—2007《基础地理信息标准数据基本规定》；
(8)GB/T 1568—2008《遥感影像平面图制作规范》；
(9)JT/T 132—2014《公路数据库编目编码规则》；
(10)GB/T 917—2017《公路路线标识规则国道编号》；
(11)GB/T 920《公路路面等级与面层类型代码》；
(12)GB/T 2260《中华人民共和国行政区划代码》；
(13)GB/T 10114《县以下行政区划代码编制规则》；
(14)GB/T 11708《公路桥梁命名编号和编码规则》；
(15)GB/T 18731—2002《干线公路定位规则》；
(16)JT/T 301—2019《公路交叉分类与编码规则》；
(17)JTJ/T 066—98《公路全球定位系统(GPS)测量规范》；
(18)JTG H11—2004《公路桥涵养护技术规范》；
(19)GB/T 13923—2006《基础地理信息要素分类与代码》；
(20)GB/T 9386—2008《计算机软件测试文档编制规范》；
(21)GB/T 14394—2008《计算机软件可靠性和可维护性管理》；
(22)GB/T 18316—2008《数字测绘成果质量检查与验收》；
(23)《软件开发和服务项目价格构成及评估方法》；
(24)《中国软件行业软件工程定额标准(试行)》。

11.2.2 成果主要技术指标和规则

1. 坐标系统

采用2000国家大地坐标系(CGCS2000，经纬度地理坐标)，以度为单位，经纬度坐标保留8位小数。

2. 时间系统

公路地理空间数据、属性数据、CCD 影像数据、语音、视频数据的记录采用 UTC 时间系统，系统内部自动同步，输出结果采用 UTC 时间。各数据与 UTC 同步到 0.1ms。

3. 数据单位要求

以千米(km)为单位的保留 3 位小数，米(m)为单位的保留 2 位小数，年份统一用 4 位数字表示。以"人""个""处"等为单位的数量指标，统一要求准确到个位数。

4. 路段分段划分要求

路段依据行政区划、乡镇、技术等级、路面类型、重复路段、断头路、城管路段、项目类型等属性要求划分。详细参见《全国农村公路基础数据和电子地图更新方案》和《公路数据库编目编码规则》。

5. 数据精度指标要求

(1)农村公路路网线位几何精度：平原地区相对精度 1~3m，山区相对精度 2~5m，绝对精度要求优于 1∶25000 比例尺地形图精度。

(2)农村公路属性信息准确率：内业核对属性误差小于 10%，经过外业核查验证后，农村公路路网数据成果属性误差小于 5%。

(3)各核查专题图分辨率：以行政村为单位，制作电子专题图集，专题图的分辨率与所用的遥感影像空间分辨率一致。

(4)路网数据保持完整性与逻辑一致性。

(5)线状要素质量要求：线性拓扑关系合理，无冗余、重复线段；无悬挂或过头现象；同一条公路线不能断开；公路线不能穿越建筑物等实体。

6. 地形分类要求

(1)平原、微丘：平原指地形平坦，无明显起伏，地面自然坡度一般在 3°以下的地形；微丘指地面坡度在 20°以下，相对高差在 100m 以下的地形。

(2)山岭、重丘：山岭指地形变化复杂，地面坡度大部分在 20°以上的地形；重丘指连绵起伏的山丘，具有深谷和较高的分水岭，地面自然坡度一般在 20°以上的地形。

7. 普查单元要求

湖北省农村公路普查工作基本普查单元为县级行政辖区。依据湖北省最新的行政区划资料，本项目作业区共 52 个普查单元。普查工作采用县级行政区域界线作为普查工作界线。普查工作界线仅用于工作分区和面积统计汇总，不作为权属和行政区划界线依据。

8. 路线编码规则

路线编码采用行政等级代码(1 位)+三位编号(3 位)+县级行政区划代码(6 位)进行编码，见图 11.2.1，县道、乡道、专用公路和村道均设计 10 位编码。行政等级代码分别为：县道(X)、乡道(Y)、专用公路(Z)及村道(C)；三位编号要保证在一个县级普查单元范围内没有重复，当一个县级普查单元范围内同一行政等级路线数量超过999条时，可以使用大写字母（A~Z）进行编号（如A01、A02……）；对于穿越两个或两个以上县级行政区划的道路，以起点所在县级行政区划代码编码，且保证该路线编码在所穿越的其他行政区域保持不变。

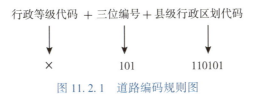

图11.2.1 道路编码规则图

对于在2018年交通专题地图数据中已进行了路线编码的农村公路，如果经核实正确，且仅进行了空间位置修正，则为了保持数据的延续性，沿用已有的路线编码，不再重新编码。对于新增采集的道路，在县级行政区划范围内统一重新编码，但要保证不与已有的道路编码重复。

9. 路段划分规则

路段分段划分基本原则：符合以下条件之一，均须进行分段，保证路段序列号在同一路线（指路线编码相同的路线）内没有重复，但不要求连续，并保持路段起讫点桩号的连续性。但考虑到农村公路数量较大，更新工作中在遵循分段原则的同时，不要划分过细。

(1) 行政区划发生变化：路线经过的乡（镇）及乡（镇）以上行政区域的辖区发生变化时须分段；
(2) 技术等级发生变化：路线的技术等级发生变化时须分段，技术等级分为：高速公路、一级公路、二级公路、三级公路、四级公路和等外公路；
(3) 路面类型发生变化：路线的三种基本路面类型，即："沥青混凝土路面""水泥混凝土路面""简易铺装路面"，以及"未铺装路面"中细分的"砂石路面""石质路面""渣石路面""砖铺路面"和"无路面"和"砼预制块"共9种路面类型发生变化时，原则上须分段；
(4) 重复路段：一条路线与另一条或几条路线重复的路段须分段；
(5) 断头路：一条路线的断头路部分须分段；
(6) 城管路段：由市政（城建）部门负责管养的部分须分段；
(7) 当年已安排了建设项目的部分须分段。

对于在2018年交通专题地图数据已有的农村公路中经核实正确，且仅进行了空间位置修正，则沿用原有路线的路段划分起止点。对于新增采集的道路，路段划分依据以上规则及实际情况执行，尽量避免划分过细。

10. 重复路段登记原则

重复路段是指两条及多条路线共同使用的路段，为保证每条路线各路段之间的连续性，每条路线中的该路段均需在道路统计表中进行标注登记，"是否为重复路段"项的登记原则为：

(1) 共同使用该路段的多条路线中，道路行政等级最高的路线中的该路段视为非重复路段，"是否为重复路段"项选择填写"否"；其他路线对应的该路段视为重复路段，"是否为重复路段"项选择填写"是"。

(2) 若共同使用该路段的多条路线中，同为最高道路行政等级的路线有两条或两条以上，则需选择一条路线编号最小的路线对应的该路段为非重复路段，"是否为重复路段"项选择填写"否"，其他路线对应的该路段视为重复路段，"是否为重复路段"项选择填写"是"。

(3)在路段更新表中,如果"是否为重复路段"中填写"是"时,需要在"所重复路段编号"中填写该重复路段中被确定为非重复路段的路段序列号,同时在"所重复路线编码"中填写被确定为非重复路段的路段所属路线的路线编码。即填写该重复路段中行政等级最高路线的路段序列号和路线编码或同为最高行政等级线路中路线编号最小路线的路段序列号和路线编码;如果所重复路段为国道或省道,则只填写路线编号即可。

11. 路段起讫点地名命名原则

(1)以路段起讫点所处或最近的地理位置命名;
(2)相连的两个路段,下一路段的起点名称与上一路段的讫点名称尽量保持一致;
(3)对于不靠近建制村的路段起(讫)点,可选择附近的标志性地物名称作为起(讫)点地名,周边没有明显标志的可用里程值作为起(讫)点地名。

12. 调查成果标准

1)矢量数据成果

(1)农村道路矢量数据成果。主要数据图层分别为:LX_X(县道线路)、LX_Y(乡道线路)、LX_C(村道线路)、LX_Z(专用公路线路)、LX_W(路网外线路)。矢量成果格式为SHP数据格式,坐标系为CGCS2000地理坐标系,矢量数据按照县、乡、村三级联动组织,即村里上报乡镇,乡镇审核,审核不通过打回,通过后上报县区进行审核。

(2)农村道路附属设施矢量数据成果。主要数据图层分别为:QL(桥梁)、SD(隧道)、QL_W(路网外桥梁)、SD_W(路网外隧道)、FWSS_FWQ(服务区)、FWSS_YHZ(养护站)、FWSS_JTCS(交通厕所)。矢量成果格式为SHP数据格式,坐标系为CGCS2000地理坐标系,矢量数据按照县、乡、村三级联动组织。

(3)农村道路其他矢量数据成果。主要数据图层分别为:XZC(行政村点位)、ZRC(自然村点位)、ZTD_NLYC(国有农林场点位)、ZTLX_TDSJ(提档升级专题)、ZTLX_NLYC(国有农林渔场专题)。矢量成果格式为SHP数据格式,坐标系为CGCS2000地理坐标系,矢量数据按照县、乡、村三级联动组织。

2)属性报表数据成果

基于矢量数据成果,根据统计年报技术标准要求,利用属性字段信息和信息化平台统计功能,更新或建立专题属性报表数据成果。按照要素类型输出制作统计报表,统计报表主要依据统计单元按照统计要素编制,例如:提档升级专题数据报表、通往国有农林场路网属性等,按照各级行政区划输出统计报表并分别组织存储。

属性报表数据能和矢量记录一一对应,例如里程数等于GIS图形上线段的长度,在逻辑上保持一致。

3)文档成果

主要包括技术类文档、验收类文档、路网基本情况说明文档等文档资料。路网基本情况说明按照县、乡、村行政区划分别说明。

4)图件编制成果

为了更直观快捷地反映农村公路路网及附属设施建设情况,专门编制以市、县区、乡镇为单位的交通现状图、各类专题电子图件,通过合理的设计、直观的地图表达,展示本次调查数据成果。

11.3 技术路线

根据本次调查工作的实际需要，制定了"四大阶段、九个步骤"的标准化工作流程，见图 11.3.1。技术特点如下：

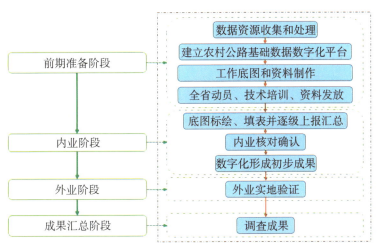

图 11.3.1　项目总体技术流程图

（1）高精度。首次在湖北全省范围内采用 0.8m 高分辨率遥感影像数据开展公路基础数据调查，与传统的仅仅基于矢量数据相比，精度更高、空间位置更精准，路线、桥梁、隧道与周边路域环境的关系更加形象、直观，图 11.3.2 为采用高分辨率遥感影像进行公路普查。

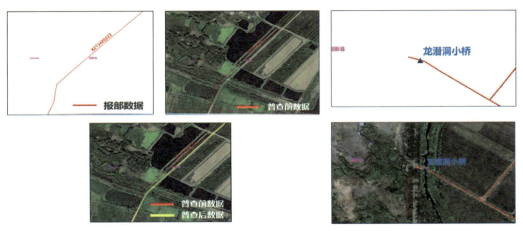

图 11.3.2　高分辨率遥感影像用于普查示意图

（2）新融合。高度融合移动互联网、全球卫星导航系统（GNSS）、遥感（RS）、地理信息系统（GIS）、大数据、软件工程等技术，借助信息化手段，研发了 1 个平台 6 套软件系统，见图 11.3.3。新技术解决了公路行业的基础数据普查问题，实现数据从填报、内业审核、比对确认、外业验证到数字化成果对比、统计、输出的全过程管理。在新基建浪潮中，为交通基础设施的数字化，提供了一种新思路。

图 11.3.3　新技术融合示意图

(3) 多源数据集成。广泛收集行政区划界线、行政村、自然村、水系等基础地理信息要素和铁路、高速公路、普通公路、桥隧点位等交通行业要素空间数据、2019 年底报部台账表格、各市（州）、县区地图等多源数据，见图 11.3.4。对数据进行空间校正、纠偏等处理，形成统一为 CGCS2000 坐标系的空间基准，并与高清遥感影像数据进行集成，形成图幅内容丰富、主题表达突出、色彩鲜明和谐、符号清晰形象的工作底图，乡镇、村委会工作人员借助该工作底图开展数据填报工作。

(4) 五级联动。数据普查涉及自省至村五级行政单位，与公路行业管理紧密相连，关乎民生，牵动民心，需要省、市、县、乡、村五级联动，需要各级政府和行业管理部门的共同支持，数据成果才能符合实际情况，才能满足百姓出行需要。

图 11.3.4　多源数据集成图

(5) 库内、库外相结合。数据普查包含库内、库外两大任务 14 项专题，见图 11.3.5。各专题之间要相互结合，综合考虑、统筹兼顾，保证数据空间位置不重复、不遗漏，不符合原则的不采纳、不入库。

图 11.3.5　库内、库外相结合示意图

(6) 图属互联。各专题的空间数据、属性信息和上传的照片建立紧密关联、相互匹配，实现图上

定位、图属互查、照片观阅等实时查询、及时改正等功能，提升数据填报、比对、确认的可视化程度，提高工作效率，确保数据填报质量，如图11.3.6所示。

图 11.3.6　图属互联示意图

（7）内外业协同。通过网页版、移动端两套软件系统，明确内业、外业工作人员任务分工，实现内业、外业工作流程的无缝衔接、工作人员的协同作业，实现数据的互联共享、及时同步、内外业协同，如图11.3.7所示。

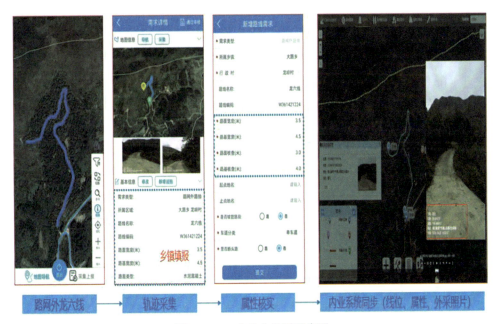

图 11.3.7　内外业协同示意图

（8）更新快。采用此技术路线，可以对新建的道路进行增量更新，通过内业数据软件系统和移动App实现数据的快速采集、属性填写和照片上传，数据更新如图11.3.8所示。

图 11.3.8 数据快速采集更新示意图

11.4 工作流程及调查方法

主要包括 4 个阶段、9 大步骤，即前期准备阶段、核对调查阶段、审核确认阶段、成果整理验收阶段 4 个阶段，资料数据处理、组织准备技术培训、工作底图制作、路网数据内外业调查、数据上图及属性编辑、审核确认及勘误、建立数据库及信息系统、成果整理归档、检查验收 9 个步骤，图 11.4.1 为调查工作流程。

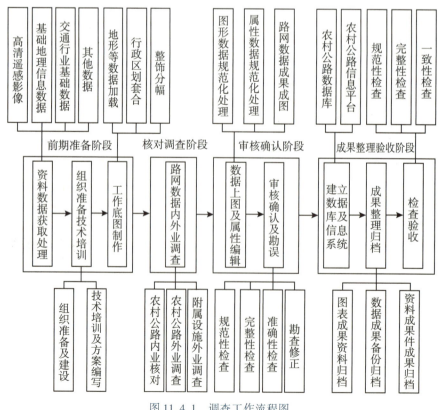

图 11.4.1 调查工作流程图

11.4.1 资料数据处理

11.4.1.1 正射影像图制作

采用控制点密集匹配方法利用近 1.4 万个控制点对遥感影像进行几何校正、色彩处理、影像融合、影像裁切与镶嵌、元数据生产和质量检查等，形成坐标系统 CGCS2000、空间位置真实、精准无偏移的工作底图。

正射影像生产流程如图 11.4.2 所示，图 11.4.3 为几何校正操作示意图，图 11.4.4 为影像镶嵌处理示意图。

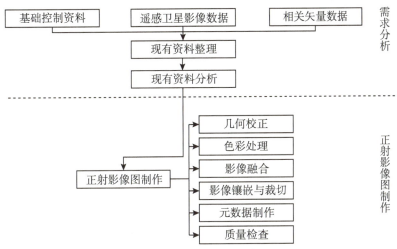

图 11.4.2　正射影像图制作流程图

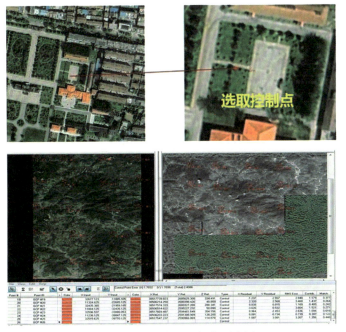

图 11.4.3　几何校正操作示意图

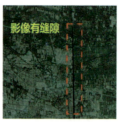

图 11.4.4　影像镶嵌处理示意图

11.4.1.2　统一空间基准

本项目数据源较多，坐标系统不统一，需要统一空间基准为 2000 国家大地坐标系（地理坐标系，经纬度格式，度为单位）。不统一的数据通过坐标转换、投影变换等方式统一空间基准。

11.4.2　组织准备技术培训

湖北省农村公路数据专项普查工作是利用卫星遥感技术实现省级农村公路现状普查，涉及的层面广、技术难度大。因此，需要做好顶层设计、组织管理和技术培训工作。由省厅农村公路处成立项目工作专班，各县市区成立普查工作领导小组。省厅工作专班负责全省任务安排、工作协调、质量管控、技术问题处理和检查验收工作。各县市区领导小组具体负责项目协调配合。

为了高效完成项目，由省厅项目专班组织多轮技术培训会议，对辽宁新发展交通集团有限公司和各县市区项目参与人员进行技术培训，做好技术准备工作。

11.4.3　调查工作底图制作

以行政村为普查单元，在高分辨率遥感影像基础上，套合内业解译后的农村公路数据，经过要素添加、颜色渲染、符号制作、字段标绘、地图整饰、地图汇编、地图输出、地图打印等工作，以适宜的制图尺寸和规格，编制调查工作底图。

制作流程如图 11.4.5 所示，完成的工作底图如图 11.4.6 所示。

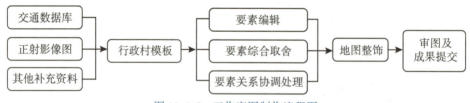

图 11.4.5　工作底图制作流程图

11.4.4　路网数据内外业调查

普查工作底图制作完成后，下发至普查单元交通运输部门，交通运输部门依据已有的农村道路及附属设施信息统计表，组织相关人员完成农村道路及附属设施的初步核对和资料补充工作，核对结果在调查工作底图上做好记录和标记，对于补充要素进行上图定位处理。对于存在疑问的道路及附属设施，标记后进行重点外业调查核实。

图 11.4.6　工作底图

11.4.4.1　农村公路内业核对采集

基于普查单元最新的遥感影像数据，叠加套合 2018 年交通专题地图数据，对农村道路进行内业采集；对套合时与影像存在空间位置偏差的农村道路进行线形、线位修正；对电子地图道路数据与影像不符的地方进行标记，待外业核实后删除或修改；对于有影像支持，符合道路采集要求的农村道路进行勾绘更新采集，并进一步核实调查。

此外，依据业主单位提供的道路信息统计表，组织专业技术人员与交通运输局以及乡镇公路办负责人完成农村道路的初步核对工作，核对结果分别做好记录和标记，能初步上图的附属设施，进行上图处理。标记存在疑问的道路，进行重点外业调查核实。通过初步核实比对，将路网内的农村道路逐条逐段落实到矢量数据中，并完善相关属性信息。对路网外的农村道路进行核对上图，核对中存在疑问、上图不清的，进行标记待外业核实后处理。

农村道路内业解译采集工序中相关采集标准和处理要求如下：

1）交通专题地图数据与已有影像不套合的情况处理

以遥感影像纹理为基础，对不套合的道路线形和线位进行修正处理（如图 11.4.7 所示），尽可能与道路中心线套合一致，必要时外业采集地理坐标，做进一步检核确认。

图 11.4.7　电子地图与遥感影像套合不一致示意图

2）交通专题地图数据与影像纹理不符的情况

由于各种原因，有时存在道路与影像纹理不符的情况，如图 11.4.8 所示，即存在道路数据，缺少道路纹理支持。对上述道路或者路段进行标注（属性字段），在初步审核及外业调查中，进行重点核查。如果经初步审核或外业核查后，道路确实存在，结合交通专题地图数据或外业采集数据，进行整理上图。如果初步审核或外业核查后，道路不存在，则删除处理，但要建立删除说明属性字段。

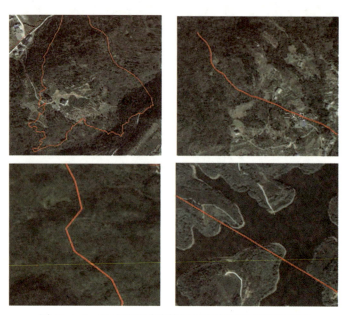

图 11.4.8　电子地图道路数据与影像纹理不符示意图

3）交通专题地图无道路数据而影像纹理有道路的采集情况

如果 2018 年交通专题地图数据叠加最新的遥感影像后，存在影像有道路纹理特征，但专题地图无数据的情况，如图 11.4.9 所示，则可能有以下两种原因：

图 11.4.9　没有电子地图数据的道路影像示意图

（1）该道路或者路段属于新增道路，需要参考采集要求和指标，进行更新采集。

(2)该道路或者路段的宽度或者长度不符合采集要求，没有采集。或者该道路或者路段不属于交通路网内道路，没有采集。

针对以上情况，在内业数据采集阶段，对有道路纹理支持的路段，首先采集长度和路面宽度指标上图，然后再根据外业核查情况区分归类。

4）重复路段处理的规定

重复路段，指在路网数据中，两条及以上不同等级的道路（国道、省道、县道、乡道、村道）在部分路段重复的现象，见图11.4.10。对于重复路段的采集，要求在重复路段，空间位置必须完全重合，并在重复的起止点进行打断处理。同一等级的道路，原则上不存在重复路段。

图11.4.10　重复路段不套合情况示意图

11.4.4.2　农村公路外业调查

在完成普查单元农村道路及附属设施的室内初步核对补充后，对有疑问的农村道路及附属设施进行外业调查，主要包括道路走向、位置坐标、路线名称、路线编号、所在行政区划代码、起点名称、止点名称、起点桩号、止点桩号、里程、技术等级、面层类型、路基宽度、路面宽度、是否城管路段、是否断头路段、重复路段（包括路线编号、起点桩号、终点桩号）、修建年度、修建单位、备注等属性。必要时，对新增的道路及附属设施利用GNSS RTK测量手段进行实地补测采集。

本项目外业调查工作主要利用外业调查App进行。外业调查App是一个典型的外业移动GIS，采用内置GNSS模块的平板电脑作为系统运行平台。移动终端GNSS打开后，电子地图上自动显示操作人员所处位置和地理坐标。通过该系统，操作人员可以直接在电子地图上绘制线状地物（道路）以及点状地物（桥梁、涵洞、隧道等），也可以直接根据GNSS采集点和线保存到SHP文件中，数据保存时设置相应的约束条件，减少人工计算工作量和人为判断误差。移动终端与PC机连接之后直接进行数据传输，减少繁重的内业计算和处理工作量。该软件具有以下6个功能模块。

1. 数据采集

1）手动采集

手动采集功能是指在移动终端展示的电子地图上操作进行线状和点状地物采集。点状地物直接在电子地图上手动绘制一个点，线状地物在电子地图上手动绘制多个点，由点成线，完成采集，如图11.4.11所示。

2）轨迹采集

轨迹采集充分利用移动终端的GNSS定位功能，随着位置移动，自动绘点成线。适合长距离移动采集。采集的同时自动测算出线路长度，如图11.4.12所示。

图 11.4.11　手动采集示意图

图 11.4.12　轨迹采集示意图

2. 数据编辑

(1) 空间位置编辑：在原有地图图层的点状和线状地物上进行更改，如图 11.4.13 所示。

图 11.4.13　空间位置编辑示意图

(2) 属性编辑：在原有地图图层的点状和线状地物上修改 SHP 属性值，如图 11.4.14 所示。

3. 属性查看

通过在地图上选中已导入的图层查看线状(例如道路)和点状地物(例如桥梁、涵洞、隧道等)的空间位置和属性详情，如图 11.4.15 所示。

图 11.4.14　属性编辑示意图

图 11.4.15　属性查看示意图

4. 数据搜索

通过线状或点状地物的任意属性(例如路线名称、路线编码关键字)查询符合条件的要素,并在地图上展示,如图 11.4.16 所示。

图 11.4.16　数据搜索示意图

5. 地图测量

在地图上进行长度和面积测量,避免人工实地操作,方便快捷,如图 11.4.17 所示。

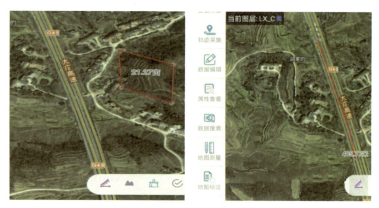

图 11.4.17　地图测量示意图

6. 地图标注

在地图上进行点、线、面标注，方便在外业采集时进行标记，如图 11.4.18 所示。

图 11.4.18　地图标注示意图

11.4.4.3　附属设施外业采集

在普查单元农村道路内业初步审核和外业调查核实阶段，根据农村道路附属设施的采集内容和要求，同步进行交通附属设施的外业采集工作。

附属设施核实重点：对于 2018 年基础电子地图数据原有的交通附属设施（桥梁、隧道），应该先与收集的基础数据台账初步比对核实，再进行外业更新调查核实。对于新增的桥梁、隧道、服务区（驿站）、养护站（工区）、交通厕所等设施，首先以普查单元交通运输部门提供的台账清单为准，在清单范围内采集，对于没有台账清单的，则根据采集标准，通过外业实地采集位置，并利用调查 App 进行标绘，同时录入相关属性数据。避免盲目扩大采集范围，同时注意收集附属设施的相关属性信息。

11.4.5　数据上图属性编辑

依据外业调查采集的 GNSS 数据和 App 调查成果，利用 ArcGIS 等软件，对采集的农村公路和交通附属设施数据进行上图整理和属性录入。主要包括农村道路的增加和删除，新增道路的路线确定，交通附属设施的分层分类整理。录入编辑收集的属性数据，最后按照电子地图更新要求，分别整理各图层数据，形成普查单元农村道路及其附属设施的初步成果。

11.4.6 数据审核确认勘误

在形成的初步调查成果中，按照两级质量检查的原则，对内业采集、外业调查的过程进行检查确认，保证成果质量。对形成的统计图表册，须与当地交通运输部门进行再次审核确认，尽可能地降低错误，对仍然不确定的疑问，进行必要的外业核实和检查。

11.4.7 数据建库

11.4.7.1 建库数据处理流程

由于数据范围广、内容多，原始数据内容无法直接在信息化平台上使用，需要在接入平台时进行数据校验、数据整理和数据入库。按照成果数据要求，将检查、汇总整理后的数据成果入库，形成县、乡、村级农村公路矢量、属性数据库以及专题数据库。

1. 数据校验

数据汇集后，需要进行数据的检查校验。检查校验的内容包括基本检查、属性检查和图形检查。

2. 数据整理

数据整理包括数据提取、格式处理、数据组织重构、一致性处理、对象化处理、质量检查6个过程。

其中数据主要分为点状要素、线状要素、面状要素，数据格式均为 ArcGIS 的 SHP 格式。

3. 数据入库

数据入库前，首先对数据质量进行检查，包括图形数据几何精度和拓扑检查、属性数据完整性和正确性检查、图形和属性数据一致性检查、接边精度和完整性检查，检查合格的数据方可入库；其次是各种数据的入库，包括矢量数据、影像数据、元数据等；而次是数据组织与测试。

11.4.7.2 农村公路基础数据库建库管理系统

建库管理系统可实现路网、路网资产数据的导入、导出、编辑、校验、查询、分析等功能，并确定了整个农村公路信息化数据的标准。系统支持多数据源的质检、无损导入，数据格式包括常用的 SHP、Excel 等格式。系统能够实现路线数据自动检查，支持多方面的空间拓扑关系校验、属性校验、重复数据检验。

建库管理系统界面如图 11.4.19 所示，主要包含二维基础功能地图模块、图层管理模块、数据导入模块、数据导出模块、查询统计模块、数据编辑模块、数据备份与还原模块、系统管理模块等。

1. 基础功能

主要包括放大、缩小、测量、漫游、全图、清除、鹰眼。用于对二维地图进行操作，达到想要的浏览视图结果。

图 11.4.19 建库管理系统主界面图

2. 图层管理

图层管理主要是显示所有加载的路网数据和路网资产数据名称和在地图上显示的符号颜色。图层管理实现了地图上数据显示/隐藏控制,支持以表格形式显示当前图层数据,支持数据的图层定位和数据导出。

3. 数据检查

数据检查是指通过拓扑关系检查、属性检查进行包括路线与路线之间、路线与路网资产之间以及路线同其他路网资产之间的检查。对数据进行属性完整性、规范性、逻辑一致性检查,检查不合格者不予录入数据库。

对检查出的问题数据可进行浏览与修改,如图 11.4.20 所示。

图 11.4.20 数据检查示意图

4. 数据导入

数据导入主要包括 SHP 导入、Excel 导入、全库拓扑检查。

SHP 和 Excel 数据导入是按行政区划和数据类型同时筛选再入库的,其目的是保证数据正确性和数据质检时的稳定性，方便用户区域化管理。数据导入包括路网、路网资产数据的质检入库，其中路网、路网资产数据的更新为实体级更新，发现变更的路网、路网资产数据要写入历史库。

数据更新入库分为两种情况：一为新图入库，是指将数据库中存在的所有数据删除后，再进行数据的入库，保证数据的完整性；二为更新入库，是指将检查后的数据与数据库数据一一比较，将原来的数据修改更新，包含字段属性和空间位置的更新。

成果数据导入：对符合数据标准的 SHP 和 Excel 格式路网数据和路网资产数据进行入库更新，先对路线数据进行检查，根据检查结果预览，对工程资料进行入库。

5. 数据编辑

数据编辑功能主要是对系统中的路网和路网资产数据进行编辑。数据编辑主要包括两个方面，一是编辑数据的属性字段，并检查字段数据值是否符合标准规范；二是编辑数据的空间位置，完成修改后还需要进行空间位置拓扑分析检查。

6. 查询汇总

实现对导入的路网数据、资产数据的浏览、点击查询、多种条件的组合统计汇总分析等。可在地图上定位查询结果。根据查询对象的属性信息，可在地图中定位出具有此属性信息的路网和路网资产数据，并高亮显示，方便用户查看。

数据查询提供如下功能：

(1) 点查询：可以在地图上查询获取路网和路网资产数据的属性信息。例如点击村道路段数据，可得到路段相关属性信息如路线名称、路线编号；点击桥梁可得到相关桥梁信息，如桥梁名称、长度、荷载等，如图 11.4.21 所示。

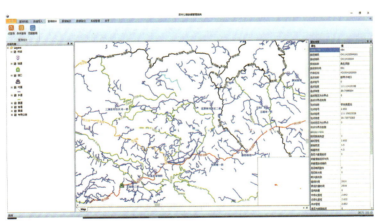

图 11.4.21　点查询功能图

(2) 条件查询：输入要查询的关键字，选择对应的查询条件，点击查询后显示查询结果的数量和对应属性信息；点击任一结果可在地图上定位到相应位置，并且支持空间数据 SHP 文件导出和 Excel 表格数据导出，如图 11.4.22 所示。

(3) 范围查询：选择要查询的数据，在地图上绘制要查询的范围，支持多边形、矩形、圆形三种绘制方式，点击查询后显示查询结果列表和对应数据属性信息；点击某一条数据可在地图上定位到该数据位置，并且支持空间数据 SHP 文件导出和 Excel 表格数据导出，如图 11.4.23 所示。

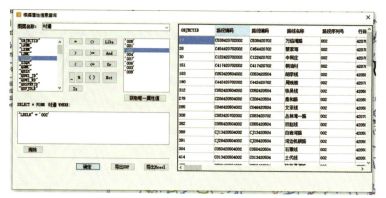

图 11.4.22 条件查询功能图

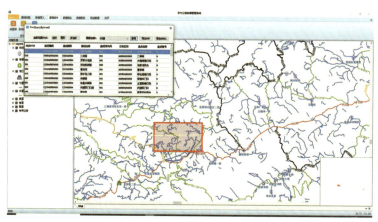

图 11.4.23 范围查询功能图

7. 图表输出

数据输出主要包括打印输出、制图输出、SHP 输出、GDB 输出、MXD 输出，系统支持多种方式输出，方便用户获得自己想要的数据输出结果。

8. 质检规则设置

质检规则设置主要包含非空、取值范围、数值范围、唯一、字段、字段精度、字段类型、字段长度、拓扑关系(相交、重叠、交叉)、接边规则。通过质检规则设置并检查路网和路网资产数据可以保证整个农村公路数据的标准性和正确性，如图 11.4.24 和图 11.4.25 所示。

图 11.4.24 质检规则设置选项图

图 11.4.25　质检规则设置界面图

11.4.8　成果资料整理归档

1. 矢量数据成果

提交 LX_X.shp（县道）、LX_Y.shp（乡道）、LX_C.shp（村道）、QL.shp（桥梁）、SD.shp（隧道）、FWQ.shp（服务区）、YHZ.shp（养护站）、JTCS.shp（交通厕所）、XZC.shp（行政村）、ZRC.shp（自然村）等矢量数据。

2. 属性报表数据成果

基于矢量数据成果，根据统计年报技术标准要求，更新或建立现有路网专题调查、现有路网桥梁专题调查、现有路网隧道专题调查、路网外农村道路专题调查、路网外农村道路桥梁专题调查、路网外农村道路隧道专题调查、养护服务设施专题调查、2018—2019 年农村公路提档升级类建设规划项目专题调查、其他专题调查等各专题属性报表数据成果，属性报表数据和矢量记录一一对应，在逻辑上保持一致。

3. 文档成果

文档材料包括调查过程记录填表、技术方案、培训手册、问题汇编、验收报告、路网基本情况说明等技术类、验收类、说明类文档资料。

4. 图件编制成果

为了更直观快捷地反映农村公路路网及附属设施建设情况，编制以行政村、乡镇、县区及地市为单位的交通现状电子专题图。

5. 涉密成果整理

完成农村公路数据普查过程中的涉密成果资料的整理、提交。

6. 数据库成果

形成县、乡、村级农村公路矢量、属性数据库和专题数据库,同时包括数据技术标准规范文档、数据管理与维护文档、数据更新规范文档。

11.4.9 普查工作检查验收

参照交通运输部制定的《全国农村公路基础数据和电子地图更新方案》,对农村公路数据普查结果、数据库及信息化建设完成情况,从成果资料的完整性、正确性、规范性等方面进行检查验收。

(1)检查验收的内容:工作保障落实情况、农村公路数据成果完成情况。

(2)检查验收的方法:内业查看、内业检测、外业抽样检测,重点检查调查成果的真实性、完整性和规范性。

(3)检查验收处理:对不符合政策要求和技术标准的成果,及时提出处理意见并督促整改完善,整改完成后再申请验收,检查验收工作完成后应建立检查验收工作档案。

11.5 组织实施

11.5.1 前期准备阶段

(1)自动化工作底图制作:制作了近30000张工作底图、30000套调查表,图11.5.1为输出工作底图现场。

图 11.5.1 输出工作底图

(2)分层级项目技术培训:开展了市、县、乡三级培训近800场、印发培训资料4700余套、培训人数超过3.5万人,分级培训如图11.5.2所示。

(3)高质量调查技术手段:结合项目要求研发了普通公路基础数据调查、移动采集端等配套软件,形成1个平台6套系统,从定位、定性和定量三个层面逐路线、逐点位、逐专题、逐地区地开展数据核对工作,数据调查与核对如图11.5.3所示。

图 11.5.2 分级培训

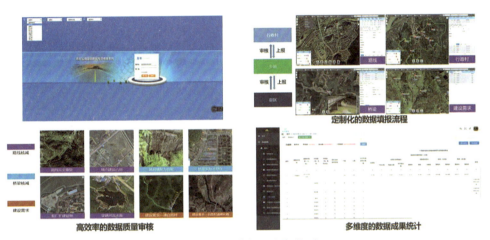

图 11.5.3 数据调查与核对

(4)强有力组织协调保障：省厅向各县市下发了《关于开展全省普通公路基础数据专项调查的通知》，明确了调查组织形式、责任分工及有关要求，为项目的顺利开展提供了坚实的保障，图 11.5.4 为组织协调资料。

图 11.5.4 组织协调保障

11.5.2 调查阶段

(1)全面调查：内业和外业工作共投入了约 400 名技术人员、400 余台电脑、200 台采集设备、93 台车辆，车辆总行驶里程约 $1.12×10^6$ km；对调查专题进行线位、点位、铺装、宽度、照片等现场调查(量测与采集)，内外业共收集路线、桥梁等照片 20 余万张，如图 11.5.5 所示。

图 11.5.5　外业现场调查

(2)技术服务：提供现场指导、电话回复、微信群及 QQ 群回复等服务方式，根据工作群记载，累计回复市、县、乡、村提出的各类问题 2 万余条次。图 11.5.6 为技术支持现场。

图 11.5.6　技术支持

(3)督导督办：省厅农村公路处工作专班多次前往宜昌市、十堰市、孝感市、恩施州、咸宁市、襄阳市等地市现场督导协调，下发工作简报，通报专项调查工作的质量情况、进展情况，确保调查工作顺利进行。

在内外业调查的基础上，经地市州、县区、乡镇和行政村交通部门、普查专班人员确认后，完成了普查区域内库内普通公路、库外农村道路及附属设施的成果统计汇总工作。形成了 14 类专题成果，制作了"一村一图一表一说明"，如图 11.5.7 所示。

图 11.5.7 "一村一图一表一说明"示意图

11.6 项目生产组织管理

本项目中标后,公司按照生产需要成立项目组织机构,确定项目负责人和技术负责人,成立项目技术中心、数据处理中心、内外业调查中心、质量监管中心、后勤保障中心和安全生产中心。项目组织机构设置详见图 11.6.1。

其中,项目技术中心设置技术咨询组、现场技术督导组和项目培训组;数据处理中心设置三个小组,分别为遥感影像数据处理组、基础地理信息处理组、交通要素信息处理组;内外业调查中心分为内业调查组和外业核查组;系统开发中心分为调查软件保障组、数据库建设组和平台建设组。

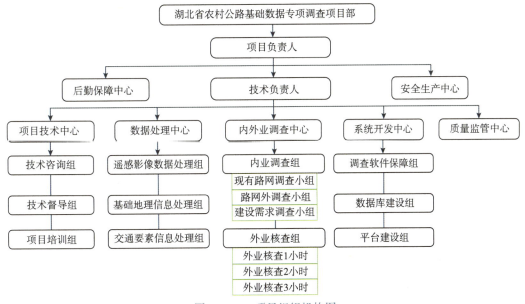

图 11.6.1 项目组织机构图

11.6.1 落实任务明确责任

按照明晰分工、专项负责的原则,对项目进行分层管理。项目负责人对外负责沟通协调、对内分管安全生产中心和后勤保障中心，技术负责人分管项目技术中心、数据处理中心、内外业调查中心、系统开发中心和质量监管中心。组织落实和责任落实保证了项目的正常开展。

11.6.2 加强安全生产管理

1. 保障人员设备安全

本项目工作量大，工期长，路上车辆多，作业中加强安全生产教育，强化安全组织管理，保证了人员、设备的安全。

2. 保障成果数据安全

（1）制定成果保密制度。为切实保障涉密测量成果的安全，维护国家安全和利益，防止泄密事件发生，严格遵守《中华人民共和国保守国家秘密法》《中华人民共和国测绘成果管理条例》等相关规定。

（2）加强数据安全管理。项目承担单位在生产过程中严格执行《中华人民共和国保守国家秘密法》《测绘地理信息管理工作国家秘密范围的规定》，所有资料专人管理，数据存储设备齐全，数据及时备份，进出各种资料有记录清单，废弃的纸质资料由专人定点销毁，数据文件不在互联网上发送，不用的数据及时删除。

11.6.3 项目质量保障措施

项目完善两级检查，坚持小组检查与公司检查，两级检查独立进行，保证质量控制有效。

11.6.3.1 统一标准，制定作业技术规范

项目开展前期在全省选择具有代表性的黄石市阳新县率先开展试点工作，总结试点经验。根据试点情况、结合县市交通局的需求及建议，制定了《湖北省普通公路基础数据专项调查项目数据专项调查专业技术设计书》，如图11.6.2所示，明确了工作内容、技术路线、作业流程、成果要求，为普查工作提供了具有操作性的工作指南。

图 11.6.2　制定作业技术规范资料图

11.6.3.2 统一流程，信息化提升作业效率

统一项目实施流程，利用现代信息技术，研发数据普查成套软件，如图 11.6.3 所示，实现作业环节信息化，数据管理"无纸化"。数据采集、内业比对、外业验证到数字化成果统计汇总全过程实现标准化管理，进而提高作业效率。

图 11.6.3　数据普查软件截图

11.6.3.3 加强技术指导，规范化作业流程

技术支持单位分批次开展内部培训，做到能上手、可培训，并派遣数十个培训小组，为各个县区参与人员以面对面的形式开展软件系统操作、村镇草图绘制和表格填报等技术知识培训工作，如图 11.6.4 所示。提供线上、线下多种形式的技术指导，编制常见问题汇编，列举图文并茂的典型案例；录制系统功能操作视频，并存储至系统中，遇到问题可随时进行查看。

图 11.6.4　项目培训与指导

11.6.3.4 三级确认，数据方可入库

数据填报后，由县区、乡镇、村委会公路管理人员、技术人员和技术服务单位面对面就普查结果进行逐专题、逐线位、逐点位的确认；对核增、核减的路线、桥隧等进行重点审核，形成共识；

确定的内容入库，不确定的内容列入外业调查清单；逐一比对上传的桥梁照片与属性，不满足要求的照片重新采集和上传。数据确认工作现场如图11.6.5所示。

图11.6.5　数据确认

11.6.3.5　四层把关，终得数据成果

数据经内业检查、外业检查、成果检查、数据汇总校核4个层次的把关合格后，最终形成全省普通公路基础数据库成果，如图11.6.6所示。

图11.6.6　数据检查入库相关环节示意图

11.6.4　项目生产进展情况

按照本项目合同约定，公司制订了完备的生产计划并组织实施，历时半年完成项目全部工作内容，表11.6.1为项目进度。

表11.6.1　　　　　　　　　　　　　　项目进度表

任务名称	5月	6月	7月	8月	9月	10月	11月
前期资料收集整理	■						
组织准备及技术培训	■						
工作底图制作及道路提取		■					

续表

任务名称	5月	6月	7月	8月	9月	10月	11月
内业核对及外业调查			■	■	■		
数据整理上图			■	■	■		
审核确认及勘误修正			■	■	■		
建设数据库					■	■	
检查验收							■
成果整理和资料上交							■

11.7 成果提交

本项目成果包括农村道路及附属设施信息统计表、说明和相关图件。主要包括农村道路现状图、农村道路统计表及相关说明。对项目调查形成的过程资料、成果资料数据，例如矢量数据成果、属性报表数据成果、文档成果、图件编制成果、数据库成果等按照要求整理、归档、备案，并做好涉密成果的保密管理工作。至2020年11月，项目资料已全部提交委托方。成果资料名称和提交形式详见表11.7.1。

表11.7.1　　　　　　　　　　　　项目成果表

提交项	说明	介质	备注
项目数据文件	遥感影像、全省农村公路矢量数据（SHP格式）、数据库等	电子	硬盘1套
基础资料	项目详细实施方案、培训手册等	纸质/电子	纸质2套 电子档1套
项目管理文档	项目计划书、质量控制计划、用户培训计划、质量总结报告、调查进度月报	纸质/电子	
数据管理文档	数据技术标准规范文档、数据管理与维护文档、数据更新规范文档	纸质/电子	
项目验收资料	项目开工报告、项目实施报告、项目检查报告、使用的全部软件工具的列表、软件操作手册	纸质/电子	

第 12 篇
沈阳市地理市情分项指标监测

黄 欣

12.1 项目概况

12.1.1 监测背景

2018 年 9 月，习近平总书记在辽宁考察，主持召开深入推进东北振兴座谈会。总书记指出"科学统筹精准施策，构建协调发展新格局。要更好支持生态建设和粮食生产，巩固提升绿色发展优势。要贯彻绿水青山就是金山银山、冰天雪地也是金山银山的理念。加快统筹山水林田湖草治理，使东北地区天更蓝、山更绿、水更清"。

2021 年 4 月，沈阳市人民政府印发《沈阳市国民经济和社会发展第十四个五年规划和二〇三五年远景目标纲要》，其中明确提出"要尊重保护自然生态、生态环境持续改善、城乡绿化覆盖率显著提高、推进以人为核心的新型城镇化建设"。

2021 年 10 月，沈阳市商务局等 12 部门联合印发《沈阳市一刻钟便民生活圈建设实施方案》，提出沈阳市按照"以人为本、以商为引、因地施策、创新驱动、商居和谐、政企融合、多规合一"的原则，以建成区生活圈 100%覆盖、居民满意度 90%以上、连锁店占比 40%以上为目标，在"十四五"期间，建设一批布局合理、业态齐全、功能完善、智慧边界、规范有序、服务优质、商居和谐的便民生活圈。

沈阳市地理市情分项指标监测对于全面获取和掌握沈阳市地表自然、生态环境以及城市发展建设等基本情况，制定和实施城市发展战略与规划、优化城市空间格局和各类资源配置，推进生态保护与修复、推进新时代东北振兴等具有重要意义。

沈阳市地理市情分项指标监测以常态化监测为导向，以摸清沈阳市绿化建设、农业种植、河流、湖泊等自然资源家底，掌握城镇化发展现状，揭示其分布特征与变化规律为目的，开展 2021 年沈阳市地理市情分项指标监测工作。监测时段为 2020 年 9 月至 2021 年 8 月。

黄欣，正高级工程师，项目总监，沈阳市勘察测绘研究院有限公司。

12.1.2 监测目标

2021年沈阳市地理市情分项指标监测的目标是完成监测区的植被覆盖、绿化覆盖、水域覆盖、城镇化发展四项指标的监测任务。通过与上一年度监测数据比对，对监测区内2021年的现状及变化情况进行动态监测、统计分析，客观准确地反映地理环境要素的时空分布，并揭示其变化发展规律。

12.1.3 监测范围

2021年沈阳市地理市情分项指标监测范围以四环为中心区域3037km²国土范围，此范围包括沈阳市所辖的沈河区、和平区、铁西区（包括经济技术开发区）、大东区、皇姑区、浑南区、于洪区、沈北新区及苏家屯（部分地区）9个区。具体地理位置为东经123°00′—123°48′，北纬41°30′—42°12′。

12.2 技术要求

12.2.1 技术依据

（1）GDPJ 02—2013《地理国情普查基本统计技术规定》；
（2）CH/T 1004—2005《测绘技术设计规定》；
（3）GQJC 01—2020《地理国情监测数据技术规定》；
（4）GQJC 03—2020《地理国情监测内容与指标》；
（5）GQJC 08—2020《地理国情监测外业工作底图制作技术规定》；
（6）GDPJ 12—2013《地理国情普查内业编辑与整理技术规定》；
（7）GDPJ 14—2014《基础地理信息数据整合处理技术规定》；
（8）GQJC 05—2020《地理国情监测数字正射影像生产技术规定》；
（9）GB/T 13923—2006《基础地理信息要素分类与代码》；
（10）GB/T 917—2017《公路路线标识规则和国道编号》；
（11）GB/T 25344—2010《中华人民共和国铁路线路名称代码》；
（12）GB/T 50563—2010《城市园林绿化评价标准》；
（13）GB 50137—2011《城市用地分类与规划建设用地标准》；
（14）GB 50180—2018《城市居住区规划设计标准》；
（15）CJJ/T 85—2017《城市绿地分类标准》；
（16）《沈阳市一刻钟便民生活圈建设实施方案》；
（17）《沈阳市国土空间总体规划（2021—2035年）》（草案）；
（18）GQJC 07—2020《地理国情监测外业调查技术规定》；
（19）CH 1016—2008《测绘作业人员安全规范》；
（20）CH/T 1001—2005《测绘技术总结编写规定》；
（21）GQJC 11—2020《地理国情监测检查验收与质量评定规定》；
（22）GB/T 24356—2009《测绘成果质量检查与验收》；
（23）GQJC 09—2020《地理国情监测成果资料汇交与归档基本要求》。

12.2.2 成果主要技术指标

1. 数学基础

平面坐标系：2000 国家大地坐标系。

高程基准：1985 国家高程基准。

投影与分带方式：分幅数据采用高斯-克吕格投影，3°分带，中央子午线 123°。

2. 数据格式

成果资料包括数据成果、报告成果、图册成果、文档成果等，成果规格见表 12.2.1。

表 12.2.1　　　　　　　　　沈阳市地理市情分项指标监测成果规格表

成果资料	成果格式
数据成果	ArcGIS gdb
报告成果	docx、pdf
图册成果	jpg
文档成果	docx、pdf

12.3 技术路线

2021 年沈阳市地理市情分项指标监测是以监测区域内 2021 年第三季度 0.5m 高分辨率遥感影像数据为主要数据源，利用已有的沈阳市地理市情监测数据、2018 智慧沈阳时空信息云平台数据、基础测绘成果等资源，收集、整合多种专题数据，采用自动与人机交互影像处理、多源信息辅助判读解译、外业核实、空间数据库建模、统计数据空间化、多源数据融合、空间量算、地理计算、空间统计等技术与方法，运用高新技术和装备，内外业相结合，通过统计、比对和综合分析，完成对监测区的植被覆盖、绿化覆盖、水域覆盖、城镇化发展 4 项指标的监测任务。总体框架如图 12.3.1 所示。

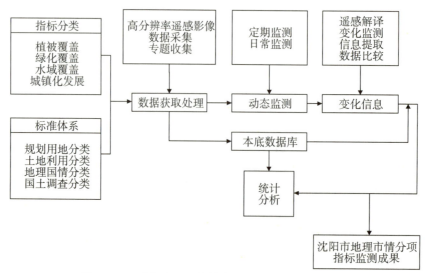

图 12.3.1　沈阳市地理市情分项指标监测总体框架图

总体技术流程如图 12.3.2 所示。根据任务工作量和项目工期要求，分析掌握的资料、作业效率等情况，制定项目管理制度、工作进度计划，以成果质量优秀为目标，加强项目管理，保证工期进度，制定严格有效的质量控制措施。

项目实施按照任务安排，分为前期准备、数据采集与整理、统计分析与报告编制、成果整理等工序：

(1) 前期准备：包括技术设计书编制、审核、修订。

(2) 数据采集与整理：包括数据库设计、专题信息收集，监测数据采集、外业调查与核查、数据入库工作。

(3) 统计分析与报告编制：包括统计分析、监测报告编制、图册编制工作。

(4) 成果整理：包括项目成果整理与提交工作。

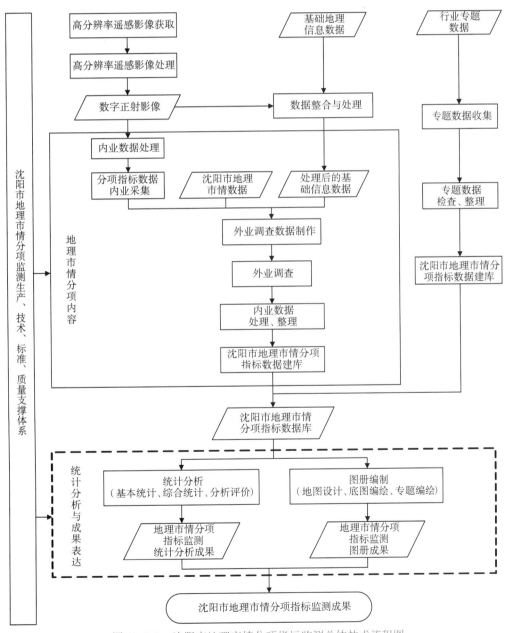

图 12.3.2　沈阳市地理市情分项指标监测总体技术流程图

12.4 组织实施

12.4.1 工作进度安排

项目进度安排如下：
2021 年 12 月完成技术准备；
2022 年 3 月完成数据采集更新与建库；
2022 年 5 月完成统计分析和成果编制。
具体进度安排见表 12.4.1。

表 12.4.1　　　　　　　　　沈阳市地理市情分项指标监测任务工期表

工作内容	2021 年			2022 年				
	10	11	12	1	2	3	4	5
前期准备	■	■						
调研分析，起草技术设计，组织意见征询和评审	■	■						
组织技术实验，成立领导小组，落实经费		■						
数据采集与整理			■	■	■			
完成数据库设计，开展专题信息收集			■	■				
监测数据采集，外业调查与检查，数据入库准备					■	■		
统计分析						■	■	■
开展统计分析						■	■	■
形成检测报告和图册							■	■
成果整理								■

12.4.2 工作流程

2021 年沈阳市地理市情分项指标监测项目的工作步骤依次为资料收集整理、DOM 数据生产、内业数据采集与提取、外业调查与核查、数据检查与数据库建设、统计与分析评价、图册编制。

12.4.2.1 数据整理与资料收集

数据整理与资料收集是开展地理市情分项指标监测的基础性工作，主要包括 2020 年沈阳市地理市情分项指标监测数据、基础地理信息数据、遥感影像资料。此项工作要考虑数据的权威性、时效性和延续性。

1. 数据整理

基础地理信息资料包括：参考遥感影像、参考 DEM、2019 年和 2020 年沈阳市地理市情分项指标监测数据库、大比例尺基础地形图数据、第三次全国国土调查数据、2020年变更调查数据、2021年行政区域界线数据、2021年医院、学校、居住小区、养老院、休闲娱乐设施等专题数据。

2. 资料收集

向相关部门收集资料，涉及沈阳市统计局、沈阳市民政局等单位。针对获得资料格式多样化的特点，采取"先分类整理，再定位上图，后反馈核实"的方法，整理出可利用的表格数据和上图资料。主要数据内容包括：

（1）人口数据。

沈阳市统计局官网发布的"第七次全国人口普查沈阳市常住人口数据"，现势性为2020年底，且不含街道人口数据。由于本年度未收集到2021年的人口数据，因此本次人口数据统计分析（除苏家屯区）使用第七次人口普查数据完成，且统计单元不包含街道级行政区；其中苏家屯区监测范围为苏家屯部分地区，因此未采用统计局发布的苏家屯区全域人口数据，继续采用上年度苏家屯人口数据，以街道为最小统计单元，以保障数据统计的准确性。

（2）道路命名公告资料。

沈阳市民政局官网公布的道路命名公告。公告中描述的道路位置、坐标、名称等信息，可作为综合交通网络要素监测的权威数据，命名公告如图12.4.1所示。

图12.4.1　沈阳市民政局官网道路命名公告示意图

（3）2021年沈阳市行政区划界线数据。

2021年沈阳市行政区划界线数据以2016年沈阳市民政部门主持编制的《沈阳市行政区域界线详图集》数据成果为基础，将2021年沈河区、浑南区行政区划界线勘界成果作为更新依据，形成最新版沈阳市行政区域界线数据。数据权威、准确，为城镇化发展要素采集与统计分析工作提供重要依据。

以上数据经严格空间关联定位，并由数据提供单位反馈核实无误后，用于监测要素的提取及统计分析研究。

12.4.2.2　DOM数据生产

本次分项指标监测采用了2021年第三季度0.5m分辨率的卫星遥感影像生产DOM数据，其生产过程主要包括影像正射纠正、影像融合、匀光匀色、影像镶嵌、切片制作，生产涉及的影像处理软件有PhotoMatrix、WorldView、EPT、ArcGIS等，具体生产流程如图12.4.2所示。

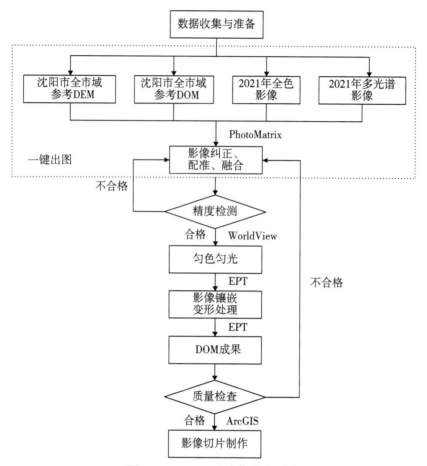

图 12.4.2　DOM 生产作业流程图

1. 资料准备

(1) 覆盖监测范围的 2021 年第三季度 0.5m 分辨率的原始卫星遥感影像，包括全色和多光谱影像；

(2) 沈阳市地理市情监测影像(2013 年第二季度 0.2m 分辨率的 DOM)；

(3) 2019 年 9—10 月沈阳市 1m 格网的高精度的数字高程模型数据。

2. 影像纠正、配准与融合

本项目采用 PhotoMatrix 进行影像纠正、配准与融合工作，主要包括匹配转点、平差定向、正射纠正、影像融合 4 部分。

1) 匹配转点

利用 2021 年第三季度 0.5m 分辨率的卫星全色和多光谱影像，自动匹配出与参考影像(沈阳市地理市情监测影像)同名的点。

2) 平差定向

对匹配点进行区域网平差，解算出每景影像的定向参数。由于使用的是基于参考影像提取的控制点，因此平差方式选择"连接点+参考控制点"。

3) 正射纠正

对全色影像和多光谱影像进行正射纠正处理，影像纠正误差不大于两个像素。

4）影像融合

将正射纠正后的卫星全色影像、多光谱影像进行融合处理。融合后影像色彩自然、层次丰富、反差适中、纹理清晰、无影像拉花和重影现象，且影像色彩与多光谱影像的色彩基本一致。

以上 4 个步骤在 PhotoMatrix 软件中可定制成一键处理流程，如图 12.4.3 所示。

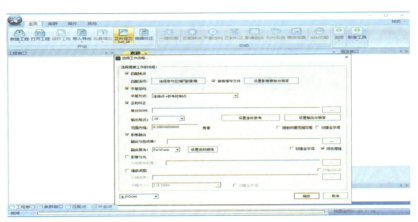

图 12.4.3　PhotoMatrix 软件一键处理流程示意图

3. 匀色处理

匀色处理工作采用了 WorldView 软件，通过对多光谱影像的线性调整、色彩均衡、彩色合成处理，对全色影像的线性调整、图像匀光、色彩均衡处理，保证了不同时期影像色调一致、色彩接近真实地物，避免了曝光过度、影像细节信息损失等问题，匀光匀色效果如图 12.4.4 所示。

图 12.4.4　匀光匀色前后对比示意图

4. 影像镶嵌

采用 EPT 软件自动生成镶嵌线，再对镶嵌线进行人工编辑。镶嵌成果接边处色彩过渡自然、合理，无重影和拉花现象。解决样例如下：

镶嵌区内存在云雾覆盖的影像，采用人工编辑镶嵌线，合理避让云雾。处理前后对比图如图 12.4.5 所示。

图 12.4.5　影像云雾遮盖处理前后对比图

针对镶嵌线穿过人工地物问题，采用人工编辑镶嵌线，合理避让，保持了镶嵌结果人工地物的完整性和合理性。处理前后对比如图 12.4.6 所示。

图 12.4.6　人工地物不完整问题处理前后对比图

5. 影像切片制作

由于原始影像数据量大，使用时占据较大内存，会极大影响数据处理的效率，因此为方便数据的读取和显示，本项目采用影像切片作为数据生产底图，以提升影像数据显示速度与生产效率。

切片的制作使用 ArcGIS 软件生成多层级的影像金字塔，应用 ArcGIS 中的 Catalog 模块建立镶嵌数据集，利用 ArcMap 配置 mxd 文件，用 Server 发布服务并进行切片，具体流程、软件操作界面与成果示意图如图 12.4.7~图 12.4.9 所示。

图 12.4.7　ArcGIS 发布影像切片流程图

12.4.2.3　内业数据采集与提取

根据分项指标监测要求，内业信息采集与提取包括植被、绿化、水域覆盖分类采集、城市空间格局要素、综合交通网络要素及宜居生活圈要素收集整理与采集。

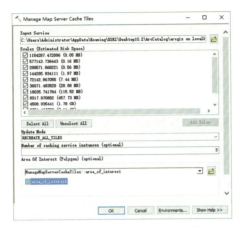

图 12.4.8　ArcGIS 制作切片示意图　　　　图 12.4.9　影像切片成果示意图

1. 植被、绿化、水域覆盖分类要素

依据空间要素采集内容规定，以 ArcGIS、EPS 等专业地理信息和地图制图软件为工作平台，对 2021 年监测影像数据进行遥感影像解译，并以 2020 年沈阳市地理市情分项指标监测数据库为参考，完成了植被、绿化、水域覆盖分类数据采集。采集情况如图 12.4.10 所示。

图 12.4.10　植被、绿化、水域覆盖分类数据采集情况图

2. 城市空间格局

本年度城市空间格局中的都市发展区主要依托于《沈阳市行政区域界线详图集》《沈阳市政区图》《沈阳市城区政区图》等，利用经沈阳市民政局审核后的行政区域界线数据成果，完成了都市发展区要素更新工作。

城市空间格局中的建成区，通过对 2020 年沈阳市地理市情分项指标监测建成区数据的分析，叠加 2021 年卫星影像，结合全国第三次土地调查数据，识别建成区的变化范围，更新建成区要素。本项目只更新开发建设和公共设施基本具备的地区。居住小区内房屋封顶，但其他配套设施未完工区域不予更新。如图 12.4.11 所示，其中红色区域配套设施不完备，不划入建成区。

3. 综合交通网络采集

在已有资料中提取了综合交通网络的空间位置、属性信息描述信息等专题数据。

利用 2020 年沈阳市地理市情分项指标监测综合交通网络数据，结合 2021 年监测影像，识别出新增道路的位置；根据外业调查与核查成果、道路命名公告等资料，确定了交通要素的空间位置与属

4. 宜居生活圈收集

在已有资料中提取了医疗机构、教育机构、休闲娱乐场所、养老机构等有关宜居生活圈要素的专题数据，如医院、学校、公园、广场、养老院等；采集了沈阳市一刻钟便民生活圈试点区，并录入试点名称等属性信息，沈阳市一刻钟便民生活圈试点区分布情况如图12.4.12所示。

图12.4.11　配套设施不完备区域示意图

图12.4.12　便民生活圈试点区分布图

12.4.2.4　外业调查与核查

对植被、绿化、水域覆盖分类信息进行外业调查与核查，完成对内业分类与提取的信息以及无法确定类型的地类图斑的核实确认和补调工作；对收集的专题信息进行核查，确定了都市发展区与变化道路的位置与属性信息，留下的资料和记录为使用成果的用户提供了判断数据质量的客观依据；宜居生活圈涉及的设施数据为收集的其他调查类项目数据，在原项目中已经调查核实，数据准确性和时效性能够满足要求。本年度外业调查与核查工作完成情况如下：

（1）外业调查与核查做到认真计划调查路线，严格遵守了"走到、看到、记到"的"三到"原则，保证核查信息采集全面、要素定性和位置准确、图斑划分合理、植被覆盖类型真实客观。

（2）外业根据《2021年度沈阳市地理市情分项指标监测技术设计书》的要求，利用平板电脑、地理国情监测内外业一体化系统对覆盖类型、地物边界、地物属性等内容进行核查，对内业标注的疑问图斑与属性项信息进行核查与确认，对疑问图斑进行拍照，将调绘结果标注在平板电脑中的准确位置，软件操作如图12.4.13所示。

图12.4.13　内外业一体化系统操作示意图

对植被、绿化、水域覆盖分类数据的疑问图斑进行了100%核查；对非疑问图斑、各种植被分类中面积较大的图斑按一定比例进行核查。当错误比例高于规定时，要增加核查比例，并找出原因，保证内业影像解译的准确性；对于满足分类指标而未分类的覆盖图斑进行调绘并分类；对内业分类错误的图斑进行校正，保证分类的正确性。

(3)对于车辆或人员无法进入调查的图斑，采用同类地物类比对、地理相关分析及调查、询问和参照相关专业资料等方法进行核查及判断。

12.4.2.5 数据建库与数据检查

1. 数据分层

监测数据库分别包括地表覆盖分类数据集、城市空间格局数据集、综合交通网络数据集，具体分层标准见表12.4.2。

表12.4.2　　　　　　　　　沈阳市地理市情分项指标监测数据库分层表

数据库名称	数据集名称	数据层名称	几何类型
2021年度沈阳市地理市情分项指标监测	地表覆盖分类	植被覆盖	面
		绿化覆盖	面
		水域覆盖	面
	城市空间格局	都市发展区	面
		主城区	面
		建成区	面
	综合交通网络	铁路	线
		公路	线
		城市道路	线
		乡村道路	线
		匝道	线

2. 空间要素分类

沈阳市地理市情分项指标监测空间要素分为5个一级类，20个二级类，30个三级类，具体内容与指标定义、要素采集、成果数据分层、空间要素分类参照《地理国情监测内容与指标》中表5.2。

3. 统计单元分类

按照行政区划与管理单元、自然地理单元两类统计单元，完成地理市情分项指标监测数据的统计分析工作。

1)行政区划与管理单元

县级行政区；乡镇(街道)级行政区；其他管理单元，包括建成区、监测区。

2)自然地理单元

自然地理单元分为高程带、坡度带、水域三类，依据GDPJ 02—2013《地理国情普查基本统计技术规定》，结合沈阳市地形特征划分，分类标准如下：

（1）高程带，分为<50m、[50m，100m)、[100m，200m)、[200m，500m)四个级别；

（2）坡度带，分为[0°，2°)、[2°，3°)、[3°，5°)、[5°，6°)、[6°，8°)、[8°，10°)、[10°，15°)、[15°，25°)、≥25°九个级别；

（3）水域，分为浑河、蒲河、细河、北沙河、九龙河五大河流，棋盘山水库、丁香湖、石佛寺水库、东湖、冬雪湖等湖泊水库。

各项统计分析指标的统计单元按表12.4.3执行。

表12.4.3 统计分析指标统计单元详表

序号	指标名称	统计单元
1	植被覆盖面积	乡镇(街道)级行政区、县级行政区、监测区、建成区、高程带、坡度带
2	人均植被覆盖面积	乡镇(街道)级行政区、县级行政区、监测区
3	植被覆盖率	乡镇(街道)级行政区、县级行政区、监测区、建成区、高程带、坡度带
4	植被覆盖构成比	乡镇(街道)级行政区、县级行政区、监测区
5	绿化覆盖面积	乡镇(街道)级行政区、县级行政区、监测区、建成区、高程带、坡度带
6	人均绿化覆盖面积	乡镇(街道)级行政区、县级行政区、监测区
7	绿化覆盖率	乡镇(街道)级行政区、县级行政区、监测区、建成区、高程带、坡度带
8	绿化覆盖构成比	乡镇(街道)级行政区、县级行政区、监测区
9	居住小区生态舒适度	监测区
10	水面面积占比	乡镇(街道)级行政区、县级行政区、监测区、高程带
11	岸线分形维数	水域
12	岸线发育系数	水域
13	生态用地转移	监测区
14	扩展强度指数	建成区
15	扩展速率	县级行政区、建成区
16	分形维数	建成区
17	紧凑度	建成区
18	道路长度	县级行政区、监测区
19	路网密度	县级行政区、监测区
20	人均拥有量	县级行政区、监测区
21	医疗生活圈覆盖率	县级行政区、监测区、一刻钟便民生活圈试点区
22	教育生活圈覆盖率	县级行政区、监测区、一刻钟便民生活圈试点区
23	养老生活圈覆盖率	县级行政区、监测区、一刻钟便民生活圈试点区
24	休闲娱乐生活圈覆盖率	县级行政区、监测区、一刻钟便民生活圈试点区
25	15分钟生活圈覆盖率	县级行政区、监测区、一刻钟便民生活圈试点区

4. 属性定义

属性项约束条件包括必选(M)、可选(O)和条件必选(C)三种类型。定义为必选(M)的属性项，有值的必须填写，不为空，确定没有值的填写缺省值；定义为可选(O)的属性项，数据源中有相应信息的尽可能填写，缺少信息的根据收集到的行业资料或外业调查资料填写，否则填写缺省值；定义为条件必选(C)的属性项，特定条件下的要素必须填写，非特定条件下的要素视为可选属性项。具体内容详见表12.4.4。

表12.4.4　　　　　　　　　必选项、可选项与条件必选项缺省值表

类型	必选(M)属性项缺省值	可选(O)属性项缺省值	条件必选(C)属性项缺省值
SHORT	-8,888	-9,999	-7,777
DOUBLE	-88,888,888	-99,999,999	-77,777,777
FLOAT	-8,888,888	-9,999,999	-7,777,777
TEXT	"/"或特殊规定	"-"或特殊规定	"\"或特殊规定

1) 地表覆盖分类

地表覆盖分类数据集属性定义标准见表12.4.5。

表12.4.5　　　　　　　　　地表覆盖分类数据集属性定义标准详表

数据集名称	要素内容	属性项	字段名称	类型	长度	约束条件	属性补充说明
地表覆盖分类	植被覆盖（面）	CC	地理市情监测分类码	Text	8	M	数据
		TAG	生产标记信息	Short	—	O	用于标记生产过程中与图斑状态有关的信息
		YEAR	更新时间	Text	10	M	标记数据的版本信息
		AREA	面积	Double	—	O	—
	绿化覆盖（面）	CC	地理市情监测分类码	Text	8	M	
		TAG	生产标记信息	Short	—	O	用于标记生产过程中与图斑状态有关的信息
		YEAR	更新时间	Text	10	M	标记数据的版本信息
		AREA	面积	Double	—	O	—
	水域覆盖（面）	CC	地理市情监测分类码	Text	8	M	
		TAG	生产标记信息	Short	—	O	用于标记生产过程中与图斑状态有关的信息
		YEAR	更新时间	Text	10	M	标记数据的版本信息
		AREA	面积	Double	—	O	

生产标记信息(TAG)取值范围为1~5，属性含义如下：

"1"表示该图斑经内业判读确定其覆盖类型；

"2"表示该图斑在内业判读中存在疑问或无法确定覆盖类型，需进行外业调查；

"3"表示该图斑经过了外业核查；

"4"表示该图斑类型处于变化中，需在下一次监测时做重点检查；

"5"表示该图斑经过标准时点核准工作。

2）城市空间格局

城市空间格局数据集属性定义标准见表 12.4.6。

表 12.4.6　　　　　　　　　　城市空间格局数据集属性定义标准详表

要素集名称	要素内容	属性项	描述	数据类型	长度	约束条件
城市空间格局	都市发展区（面）	NAME	名称	Text	64	M
		CC	地理市情监测分类码	Text	8	M
		GB	基础地理信息分类码	Text	16	M
		AREA	面积	Double	—	O
	主城区（面）	NAME	名称	Text	64	M
		CC	地理市情监测分类码	Text	8	M
		GB	基础地理信息分类码	Text	16	M
		AREA	面积	Double	—	O
	建成区（面）	NAME	名称	Text	64	M
		CC	地理市情监测分类码	Text	8	M
		GB	基础地理信息分类码	Text	16	M
		AREA	面积	Double	—	O

3）综合交通网络

综合交通网络数据集属性说明如下：

线路编码（道路编号）（RN）：依据 GB/T 25344、GB/T 917 的相关规定填写。遇到重复路段时，该属性项优先填写最高等级的线路编码，同等级的优先填写编号小的线路编码，重复路段的其他路段编号均填写在重复路段编号（RNP）属性项中。

建成日期（BLDTM）：格式为 YYYY-MM-DD，精确到年，不确定的部分填充 0。如"2019 年"可表示为"2019-00-00"。

是否高架（ELEVT），取值范围为 0~6，含义如下：

"0"表示不是高架，默认值为 0；

"1"表示高架，且高架两侧、下方均无并行的地面道路；

"2"表示高架，且仅高架单侧有并行的地面道路；

"3"表示高架，且高架两侧均有并行的地面道路，高架下方无并行地面道路；

"4"表示高架，且高架两侧、下方均有并行的地面道路；

"5"表示高架，且在高架下方及单侧有并行地面道路；

"6"表示高架，且仅在高架下方有并行地面道路，而两侧无并行地面道路。

重复路段编号（RNP）：依据 GB/T 25344、GB/T 917 的相关规定填写；存在多个重复路段编号时，用"/"分开。

路宽（Width）：包括车行道及应急车道，含不宽于10m的隔离带，不含两侧的人行道及车行道与人行道之间的隔离带，不含路堤、路堑。

车道数（Lane）：按照实际划定的正规机动车道数填写，不含应急车道和非机动车道。不划车道的道路，按每车道3.5m的宽度标准进行推算，即用机动车道路面宽度除以3.5后，取商的整数部分作为车道数的取值。一般情况下，双向通行道路的合理车道数量按偶数取值。

数据库成果地理市情监测分类码、生产标记信息、更新时间、面积等全部属性定义严格按照以上标准执行。

数据质量检查包括空间参考系、位置精度、属性精度、完整性检查、逻辑一致性等几个方面。采取"程序检查为主，人工检查为辅"的方法进行数据入库和成果管理，主要是利用 EPS 软件进行空间位置、图形的逻辑关系检查，再由人工定位错误，逐一排查全部错误并修改，确保数据库成果的合理性。

依据《第一次全国地理国情普查质量管理办法》要求，对植被、绿化、水域覆盖分类过程成果进行检查与抽查，全面了解和掌握工程过程质量情况，发现分类生产过程中存在的质量问题和技术偏差，及时进行改正。

对要素分类数据，进行质量检查，组织数据入库，建立沈阳市地理市情分项指标数据库。同步进行数据库管理，实现了数据检查、输入输出、数据处理、数据表达、查询统计、数据更新、历史数据管理和安全管理等功能。

12.4.2.6 图册编制

以植被覆盖、绿化覆盖、水域覆盖、城镇化发展空间数据及统计分析成果为基础，编制了沈阳市地理市情分项指标监测图册，包括城市空间格局、综合交通网络、绿化覆盖的监测区分布图、植被覆盖的监测区与分区分布图，直观展示了分项指标监测要素的空间分布情况与重要统计分析成果。图册编制使用的软件主要有 WJ-III 地图工作站、Coreldraw、ArcGIS、Photoshop 等，各软件操作示意图如图 12.4.14～图 12.4.16 所示。

图册内各图幅表示方法统一协调，图幅的配置和图例规格一致；地图内容准确，要素表示清晰、明了；各图幅比例尺合理，并保持了各图幅内容之间的视觉平衡。

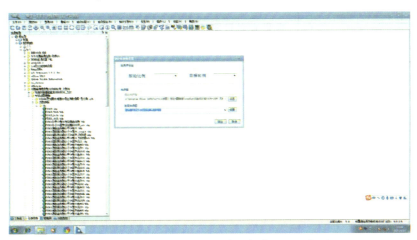

图 12.4.14　WJ-III 地图工作站操作界面示意图

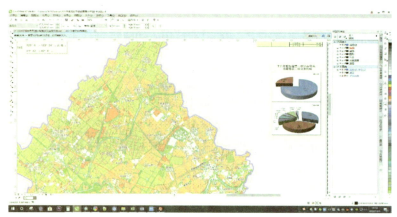

图 12.4.15 Coreldraw 编制界面示意图

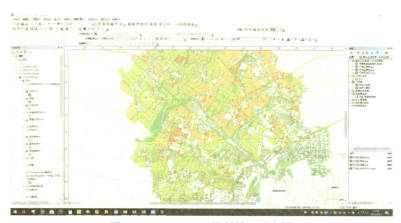

图 12.4.16 ArcGIS 编制界面示意图

12.5 分项指标基本统计

以历年沈阳市地理市情分项监测数据为基础,结合社会、经济等专题数据,基于不同统计单元,对植被覆盖、绿化覆盖、水域覆盖、城镇化发展四项指标进行了统计与分析,并揭示发展趋势。统计分析采用的软件主要有地理国情普查基本统计分析软件,ArcGIS 以及 Excel 等。见图 12.5.1。

图 12.5.1 地理国情普查基本统计软件操作示意图

12.5.1 城镇化发展基本信息

12.5.1.1 城市空间格局

沈阳市都市发展区面积为 3036.814km²，主城区的面积为 501.85km²，2019 年建成区的面积为 702.58km²，2020 年建成区的面积为 707.57km²，2021 年建成区的面积为 723.33km²，2021 年建成区范围及变化情况如图 12.5.2 所示。

12.5.1.2 综合交通网络

针对对外交通、城市交通等方面，分别完成了铁路、公路、城市道路、乡村道路的道路长度、路网密度、人均拥有量三项指标的统计与综合性评价，揭示了交通建设的发展趋势与成效。

1）综合交通基本信息

近年来，沈阳市属于基础设施的大建设、大发展时期，交通建设在城市建设中占据主导地位。监测区道路交通包括铁路、公路、城市道路(不包含内部道路)、乡村道路和匝道。其中 2021 年监测区内匝道总长度为 263.473km，因其为车辆进出主干线与邻近辅路的附属接驳，未计入统计。2019 年监测区道路总长度达 8457.840km，路网密度达 2.785km/km²，道路人均拥有量为 1.154km/1000 人。2020 年监测区道路总长度达 8830.512km，路网密度达 2.908km/km²，道路人均拥有量为 1.205km/1000 人。2021 年度监测区道路总长度达 9565.541km(不含匝道)，路网密度达 3.150km/km²，道路人均拥有量为 1.306km/1000 人。2021 年监测区路网密度网格如图 12.5.3 所示，其中以 2.25km² 的正六边形网格为统计单元，监测区及各行政区道路网密度对比情况如图 12.5.4 所示。

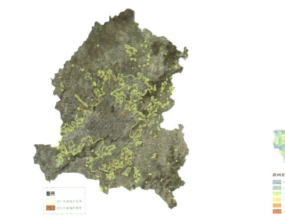
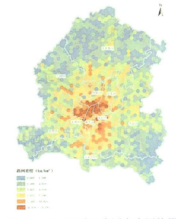

图 12.5.2 2021 年建成区范围及变化情况图　　图 12.5.3 监测区路网密度网格图

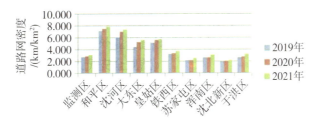

图 12.5.4 监测区及各行政区路网密度对比图

2021年道路相较于2019年和2020年，各区道路网密度均有所上升。

2）铁路基本信息

2020年监测区铁路总长度为439.117km，铁路网密度为0.145km/km²，铁路人均拥有量为0.060km/1000人。2021年监测区铁路总长度为439.112km，铁路网密度为0.145km/km²，铁路人均拥有量为0.060km/1000人。总体来看，2021年监测区铁路总长度、铁路网密度与2020年基本相同。2021年与2020年统计差异主要为拓扑处理等因素导致，不计入变化。与前两年相比，2021年监测区内铁路长度无变化。

3）公路基本信息

2019年监测区公路总长度为2395.496km，公路网密度为0.789km/km²，人均拥有量为0.327km/1000人。2020年监测区公路总长度为2280.012km，公路网密度为0.751km/km²，人均拥有量为0.311km/1000人。2021年监测区公路总长度为2280.439km，公路网密度为0.751km/km²，人均拥有量为0.311km/1000人。由于2020年、2021年专题资料中公路信息更加翔实，结合外业调查，部分公路重新分类为城市道路，导致公路长度减少，公路网密度、人均拥有量下降。监测区及各行政区公路网密度对比情况如图12.5.5所示。

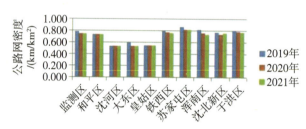

图12.5.5　监测区及各行政区公路网密度对比图

总体来看，2021年监测区公路长度，沈北新区、浑南区、于洪区、苏家屯区由于分布在城市外围，其公路长度均远大于中心城区，但由于行政区面积较大，公路网密度与中心城区差距不大。

4）城市道路基本信息

监测区城市道路包括快速路、主干路、次干路、支路、地铁、轻轨。2019年监测区城市道路总长为3606.944km，城市道路网密度为1.188km/km²，人均拥有量为0.492km/1000人。2020年监测区城市道路总长为4188.321km，城市道路网密度为1.379km/km²，人均拥有量为0.572km/1000人。2021年监测区城市道路总长为4470.830km，城市道路网密度为1.472km/km²，人均拥有量为0.610km/1000人。监测区及各行政区城市道路网密度对比情况如图12.5.6所示。

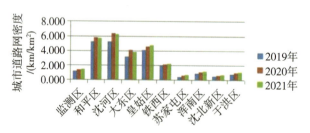

图12.5.6　监测区及各行政区城市道路网密度对比图

2021年监测区城市道路中，快速路、主干路、次干路、支路、地铁、轻轨长度分别为244.311km、1013.873km、1211.319km、1799.629km、138.466km、63.230km，占城市道路总长度的比重分别为 5.46%、22.68%、27.09%、40.25%、3.10%、1.41%。地铁方面，监测区内共开通一号、二号、九号、十号 4 条线路，实现监测范围内各行政区全覆盖。监测区及各行政区城市道路网长度及密度对比情况如图 12.5.7、图 12.5.8 所示。

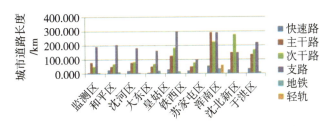

图 12.5.7 监测区及各行政区城市道路长度对比图

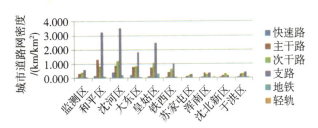

图 12.5.8 监测区及各行政区城市道路网密度对比图

5）乡村道路基本信息

2019 年监测区乡村道路总长度为 1955.912km，乡村道路网密度为 0.644km/km²，人均拥有量为 0.267km/1000 人。2020 年监测区乡村道路总长度为 1923.061km，乡村道路网密度为 0.633km/km²，人均拥有量为 0.262km/1000 人。2021 年监测区乡村道路总长度为 2375.156km，乡村道路网密度为 0.782km/km²，人均拥有量为 0.324km/1000 人。监测区及各行政区乡村道路网密度对比情况如图 12.5.9 所示。

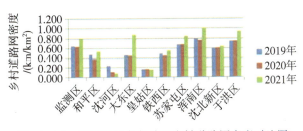

图 12.5.9 监测区及各行政区乡村道路网密度对比图

12.5.2 植被覆盖基本信息

从种植土地、林草覆盖两方面进行了统计与分析，完成了植被覆盖面积、人均植被覆盖面积、植被覆盖率、植被覆盖构成比四项指标的统计与分析，客观评价了城市植被分布及覆盖情况，为城市规划、环境保护等部门提供决策支持。

2019 年监测区植被覆盖面积为 2064.866km²。2020 年监测区植被覆盖面积为 2085.201km²。2021 年监测区植被覆盖面积为 2116.878km²。监测区及各行政区植被覆盖率对比情况如图 12.5.10 所示。

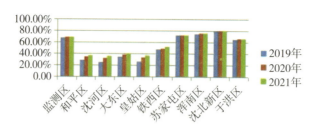

图 12.5.10　监测区及各行政区植被覆盖率对比图

2019 年监测区人均植被覆盖面积为 281.82m²。2020 年监测区人均植被覆盖面积为 284.59m²。2021 年监测区人均植被覆盖面积为 288.92m²。监测区及各行政区人均植被覆盖面积对比情况如图 12.5.11 所示。

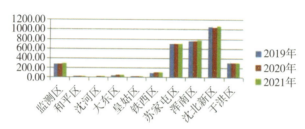

图 12.5.11　监测区及各行政区人均植被覆盖面积对比图

按照种植土地、林草覆盖一级类分别统计监测区植被覆盖面积，监测区植被覆盖一级类面积构成比情况如图 12.5.12 所示，植被覆盖一级类基本信息统计情况如表 12.5.1 所示。

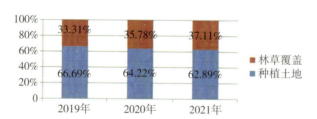

图 12.5.12　监测区植被覆盖一级类面积构成比情况对比图

表 12.5.1　　　　　　　　　监测区植被覆盖（一级类）面积及构成比统计表

植被覆盖类型	2019 年		2020 年		2021 年	
	面积/km²	构成比	面积/km²	构成比	面积/km²	构成比
种植土地	1377.054	66.69%	1339.219	64.22%	1331.333	62.89%
林草覆盖	687.811	33.31%	745.982	35.78%	785.546	37.11%
合计	2064.865	100.00%	2085.201	100.00%	2116.879	100.00%

2019 年监测区建成区的植被覆盖面积为 183.89km²，植被覆盖率为 26.21%。2020 年监测区建成区的植被覆盖面积为 227.775km²，植被覆盖率为 32.19%。2021 年监测区建成区的植被覆盖面积为 243.95km²，植被覆盖率为 33.73%。各年度建成区植被覆盖率对比情况如图 12.5.13 所示，各年度建成区植被覆盖率统计情况如表 12.5.2 所示。

图 12.5.13　各年度建成区植被覆盖面积及植被覆盖率对比图

表 12.5.2　　　　　　各年度建成区的植被覆盖面积及植被覆盖率统计表

统计区域	2019 年		2020 年		2021 年	
	植被覆盖面积/km²	植被覆盖率	植被覆盖面积/km²	植被覆盖率	植被覆盖面积/km²	植被覆盖率
建成区	183.890	26.21%	227.775	32.19%	243.953	33.73%

12.5.3　绿化覆盖基本信息

从林草覆盖方面进行了统计与分析，完成了绿化覆盖面积、人均绿化覆盖面积、绿化覆盖率、绿化覆盖构成比、居住小区生态舒适度五项指标的统计与分析，按不同统计单元分析评价了绿化覆盖分布情况，为城市园林建设、城市绿地规划、环境保护等工作提供现状基础及决策依据。

2019 年监测区绿化覆盖面积为 687.811km²；2020 年监测区绿化覆盖面积为 745.982km²；2021 年监测区绿化覆盖面积为 785.546km²。监测区及各行政区绿化覆盖率对比情况如图 12.5.14 所示。

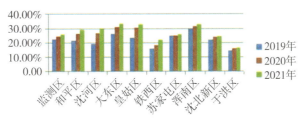

图 12.5.14　监测区及各行政区绿化覆盖率对比图

2019 年监测区人均绿化覆盖面积为 93.87m²。2020 年监测区人均绿化覆盖面积为 101.81m²。2021 年监测区人均绿化覆盖面积为 107.21m²。监测区及各行政区人均绿化覆盖面积对比情况如图 12.5.15 所示。

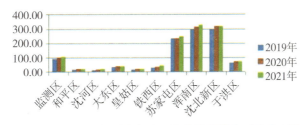

图 12.5.15　监测区及各行政区人均绿化覆盖面积对比图

按照林草覆盖的二级类乔木林、灌木林、乔灌混合林、疏林、绿化林地、人工幼林、稀疏灌草丛、天然草地、人工草地，分别统计绿化覆盖面积，则监测区绿化覆盖各类面积构成比情况如图 12.5.16 所示。

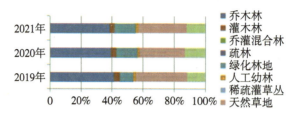

图 12.5.16　监测区绿化覆盖各二级类面积构成比情况

2019 年监测区建成区的绿化覆盖面积为 163.62km²，绿化覆盖率为 23.29%。2020 年监测区建成区的绿化覆盖面积为 208.35km²，绿化覆盖率为 29.29%。2021 年监测区建成区的绿化覆盖面积为 225.31km²，绿化覆盖率为 31.15%。监测区各年度建成区绿化覆盖面积及绿化覆盖率对比情况如图 12.5.17 所示，各年度建成区绿化覆盖面积及绿化覆盖率统计情况如表 12.5.3 所示。

图 12.5.17　监测区各年度建成区绿化覆盖面积及绿化覆盖率对比图

表 12.5.3　　　　　　　　监测区建成区的绿化覆盖面积及绿化覆盖率统计表

统计区域	2019 年		2020 年		2021 年	
	绿化覆盖面积/km²	绿化覆盖率	绿化覆盖面积/km²	绿化覆盖率	绿化覆盖面积/km²	绿化覆盖率
建成区	163.62	23.29%	208.35	29.29%	225.31	31.15%

12.5.4　水面统计基本信息

从水域覆盖方面进行了统计与分析，完成了水面面积占比、岸线分形维数、岸线发育系数、生态用地变化四项指标的统计与分析，为政府打造河湖水系连通场景、多规合一中蓝线绿线的划定提供了翔实的数据基础和变化监测服务。2019 年监测区的水面总面积达 88.477km²，占比 2.91%。2020 年监测区的水面总面积达 92.852km²，占比 3.06%。2021 年监测区的水面总面积达 92.852km²，占比 3.06%。监测区及各行政区水面面积占比情况如图 12.5.18 所示。

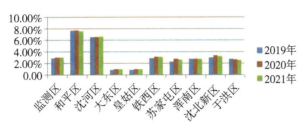

图 12.5.18　监测区及各行政区水面面积占比情况对比图

12.6　分项指标综合分析

12.6.1　城镇化发展

12.6.1.1　城市空间扩展

根据历年的建成区现状及变化，完成了扩展强度指数、扩展速率、分形维数、紧凑度四项指标的统计，并对城市发展与空间扩张等趋势演变特征进行了分析与评价。

城市空间扩展是城市化过程以及土地利用最为直接的表现形式，是城市化过程在空间布局与结构变化方面的综合反映。2015—2021 年，沈阳市城市建成区面积共增加了 76.70km²，年均增加 12.78km²，如表 12.6.1 所示。

表 12.6.1　　　　　　　　　　2015—2021 年城市建成区面积统计表

年份	2015 年	2016 年	2017 年	2018 年	2019 年	2020 年	2021 年
面积/km²	646.63	660.72	669.66	697.60	702.58	707.57	723.33

城市空间扩展情况主要是通过扩展强度指数和扩展速率两个指标来衡量。城市建成区扩展强度指数是指单位时间内城市建成区用地的扩展面积占其土地总面积的百分比，该指数将研究区内各空间单元的城市建成区用地平均增长速度进行标准化处理，用于比较不同研究时期城市土地利用扩展强度。城市建成区年均扩展速率是城市建成区在一定时间段内土地的扩展速率，表达监测区在一定时间段内城市建成区用地的数量变化情况，本项目取的年平均增长率。表 12.6.2 为沈阳市城市建成区扩展面积、扩展强度指数、扩展速率统计表。

表 12.6.2　　　　　　　　　　2015—2021 年城市建成区扩展变化统计表

年份	2015—2016 年	2016—2017 年	2017—2018 年	2018—2019 年	2019—2020 年	2020—2021 年	2015—2021 年
扩展面积/km²	14.09	8.94	27.94	4.98	4.99	15.76	76.70
扩展强度指数	0.46	0.29	0.92	0.16	0.16	0.52	0.42
扩展速率/%	2.18	1.35	4.17	0.71	0.71	2.23	0.71

如图12.6.1所示，2020—2021年沈阳市城市建成区扩展面积较上一年度有所增长，扩展强度指数为0.52，扩展速率为2.23%。结合影像分析，大部分小区建设速度加快，配套设施已完善，已达到建成区要求，城市建成区面积加速扩展。

图12.6.1　2015—2021年度城市建成区扩展变化图

将沈阳市城市建成区划分为8个方位（正北、东北、正东、东南、正南、西南、正西、西北），以建成区几何中心为原点，采用扇形分析法，分析建成区空间变化差异，从中可以发现：

2015—2016年西南、东北扩展速率最高，年平均增长率较大，发展较快；西北、正东、东南的扩展速率最低，年平均增长率较小，发展较慢。

2016—2017年东南、西北的扩展速率最高，年平均增长率较大，发展较快；正东、正西和东北的扩展速率最低，年平均增长率较小，发展较慢。

2017—2018年西南的扩展速率最高，年平均增长率最大，发展最快，东北和正东次之，正西和东南的扩展速率最低，年平均增长率较小，发展较慢。

2018—2019年正北的扩展速率最高，年平均增长率最大，发展最快，正西和东北次之，正南和东南的扩展速率最低，年平均增长率较小，发展较慢。

2019—2020年西南的扩展速率最高，年平均增长率最大，发展最快，正东和西北次之，正西和东北的扩展速率最低，年平均增长率较小，发展较慢。

2020—2021年正东的扩展速率最高，年平均增长率最大，发展最快，正南和西南次之，正西的扩展速率最低，年平均增长率较小，发展缓慢。

2015—2021年总体来看，西南的扩展速率最高，年平均增长率最大，发展最快，正东和东北次之，正西和东南的扩展速率最低，年平均增长率较小，发展较慢，其他方向的扩展速率居中，发展较平缓。

图12.6.2是根据2015—2021年扩展强度指数制成的城市建成区扩展雷达示意图。西南扩展强度指数最高，正南其次，主要是由于2017—2018年西南方向发展变化最大，使得这6年西南方向的扩展强度指数最高。总体来看，2015—2021年城市建成区向西南和正南方向积极推进，正东、东北方向次之，这也与沈阳市近年来的发展趋势相符合。

图12.6.2　2015—2021年城市建成区扩展雷达示意图

12.6.1.2 城市空间形态特征

分形维数是反映城市空间形态的重要指标，表征了城市边缘对空间的填充能力和边界不规则的复杂程度。分形维数越大，空间形态越不规则。图12.6.3为2015—2021年城市建成区分形维数变化。

2015—2021年，沈阳市城市建成区分形维数均小于1.5，说明城市建成区用地边界形态总体趋于规则、整齐。2015—2017年，分形维数逐渐降低，说明城市建设更多地受到规划控制，城市用地更加紧凑节约，城市周界复杂性减少，城市外围轮廓形状更加规则，处于一种稳定的发展状态，是一种较好的发展；2017—2021年分形维数有所上升，说明城市空间形态日益复杂，城市形状呈现出曲折、不规则趋势。这种变化有外部扩张的原因，也有内部改建的因素和城郊飞地区域开发建设的原因。

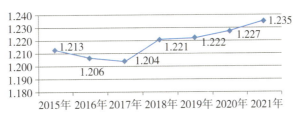

图12.6.3 2015—2021年城市建成区分形维数变化图

城市外围轮廓形态的紧凑度是反映城市空间形态的另一个非常重要的指标，紧凑度越大，形状越紧凑。通常认为，紧凑城市是尽可能充分利用已存在的城市空间的结果，是一种约束城市蔓延的有效方法。图12.6.4为2015—2021年城市建成区紧凑度变化情况。

图12.6.4 2015—2021年城市建成区紧凑度变化图

2015—2017年，由于城市建成区边界逐渐趋于稳定、规则，紧凑度也在逐年提升。2017—2021年紧凑度持续下降，是城郊个别飞地区域开发建设造成的。紧凑度的提高有利于缩短城市内各部分之间的联系距离，提高土地开发和资源利用的效率，降低城市的管理成本。

12.6.1.3 宜居生活圈分布特征

生活圈覆盖率是指一定时间范围内步行可到达某类公共服务设施的居住小区面积与研究区域居住小区总面积的比值。以居住小区为统计单元，完成了教育、医疗、养老、休闲娱乐设施的生活圈覆盖率、15min生活圈覆盖率五项指标的统计与分析，综合评价了城市生活宜居程度、各类型基础公共服务设施与道路规划布局合理性，为完善公共服务配套设施，营造可达性强、服务精准、功能复合、开放安全的宜居社区提供决策支持。

本次监测中，分别统计0~5min、6~10min、11~15min时间范围内的教育生活圈覆盖率、医疗生活圈覆盖率、养老生活圈覆盖率、休闲娱乐生活圈覆盖率。在此基础上对四类公共服务设施分布情况进行总体分析，通过15min生活圈覆盖率指标衡量各行政区与监测区的居民生活宜居程度。

指标计算使用的居住小区、教育设施、医疗设施、养老设施、休闲娱乐设施数据现势性为2021年9月，均采用ArcGIS的最短路径分析方法，即居住小区到不同设施的最短路径，以此来统计15min生活圈覆盖率情况，分析过程示意图如图12.6.5所示。

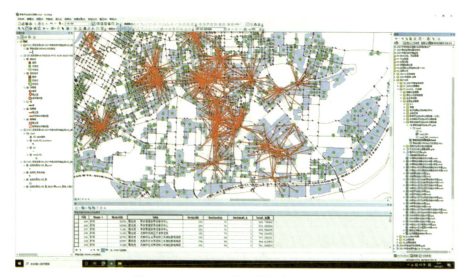

图12.6.5　ArcGIS最短路径分析示例图

本次监测区内的居住小区共计4387个，便民生活圈试点共计10个，其分布情况如图12.6.6所示。由图可以看出，四环范围外的居住小区较少，且分布零散；同时，便民生活圈试点均分布于四环范围内，因此本次宜居生活圈分析主要为四环范围内的居住小区。

图12.6.6　居住小区及便民生活圈试点分布图

1. 教育设施可达性分析

居住小区在一定时间范围内步行可到达所属行政区基础教育设施（幼儿园、小学、中学）的空间分布特征是基础教育设施规划布局的重要参考依据，教育生活圈覆盖率是衡量居民接受教育便捷程度的指标，2021年教育设施分布见图12.6.7，2021年监测区居住小区可达教育设施分布见图12.6.8。

图12.6.7　2021年教育设施分布图

图12.6.8　2021年居住小区可达教育设施分布图

从图12.6.8可以看出，城市二环范围内教育设施分布密集，二环至四环教育设施分布逐渐稀疏，其分布情况与居住小区的分布情况一致。因此，2021年居住小区可达教育设施分布情况，主要体现在城市二环范围内教育设施可达性整体很好，大部分居民均可步行15min内到达所属行政区教育机构。长白岛区域、浑南区金廊与浑河沿线、于洪区东部可达性较好，沈北新区与浑南区三环范围外可达性较差。2021年监测区0～15分钟教育生活圈覆盖率为70.61%，较2020年略有下降。

2. 医疗设施可达性分析

居住小区在一定时间范围内步行可到达医院（一、二、三级）的空间分布特征是医疗设施规划布局的重要参考依据，医疗生活圈覆盖率是衡量其布局合理性的重要指标，2021年医疗设施分布见图12.6.9，2021年监测区居住小区可达医疗设施分布见图12.6.10。

图12.6.9　2021年医疗设施分布图

图12.6.10　2021年居住小区可达医疗设施分布图

从图12.6.10可以看出，城市二环范围内、二环至三环范围内北部及西部医疗设施分布密集，其余地区医疗设施分布稀疏，其分布情况与居住小区的分布情况一致。因此，2021年居住小区可达医疗设施分布情况，主要体现在城市二环范围内、三环范围内北部与西部居住小区的整体就医便捷程度较好，浑河南岸整体就医便捷程度较北岸差。2021年监测区0～15min医疗生活圈覆盖率为60.49%，较2020年提高了10.24%。

3. 养老设施可达性分析

养老设施是指为老年人提供饮食起居、生活护理、文体娱乐活动等综合性服务的机构。养老机构主要包括老年社会福利院、养老院或老人院、老年公寓、护老院、护养院、敬老院以及托老所。

居住小区在一定时间范围内步行可到达养老设施的空间分布特征是养老设施规划布局的重要参考依据，养老生活圈覆盖率是衡量其布局合理性的重要指标，2021年养老设施分布见图12.6.11，2021年监测区居住小区可达养老设施分布见图12.6.12。

图 12.6.11　2021 年养老设施分布图　　图 12.6.12　2021 年居住小区可达养老设施分布图

从图12.6.12可以看出，城市一环范围内金廊沿线以东、二环至三环范围内西部区域养老设施分布密集，其余地区养老设施分布稀疏。因此，2021年居住小区可达养老设施分布情况，主要体现在养老设施的可达性分布不均衡，其中城市二环范围内养老设施的可达性较好，二环至三环范围内西部及西北区域养老设施可达性较好。浑河南岸养老设施可达性很差。2021年监测区0~15min养老生活圈覆盖率为32.47%，较2020年略有提升，二环范围内养老设施分布情况相对较好，但仍有需要补充建设之处，如金廊沿线北段的西侧地区。

4. 休闲娱乐设施可达性分析

休闲娱乐设施是指城市中向公众开放的，以游憩为主要功能，有一定的游憩和服务设施，同时兼具健全生态、美化景观、科普教育、应急避险等综合作用的绿化用地。本次监测中，休闲娱乐设施主要包括公园与广场。

居住小区在一定时间范围内步行可到达休闲娱乐设施的空间分布特征是休闲娱乐设施规划布局的重要参考依据，休闲娱乐生活圈覆盖率是衡量其布局合理性的重要指标，2021年休闲娱乐设施分布见图12.6.13，2021年监测区居住小区可达休闲娱乐设施分布见图12.6.14。

2021年居住小区可达休闲娱乐设施分布情况，主要体现在城市二环范围内、三环范围内西部休闲娱乐设施的可达性较好，二环外浑河沿岸休闲娱乐设施可达性较好。2021年监测区0~15min休闲娱乐生活圈覆盖率为42.06%，较2020年略有提升。由于市内五区为城市老城区，其居住小区的配套休闲娱乐设施较完善。浑河沿线由于沿河公园的建设，周边居民整体休闲、娱乐活动较方便，浑河西部与东部、三环方向建设进度较慢。三环范围外南部地区、苏家屯西北部地区休闲娱乐设施相对较好，中央公园附近居民休憩较方便。浑南区、沈北新区、铁西区东部休闲娱乐设施建设稍显不足，浑南区、沈北新区可增设大型休闲娱乐公园等的设施，提升区域内部居民休闲娱乐便捷程度与多样性。

图 12.6.13　2021 年休闲娱乐设施分布图

图 12.6.14　居住小区可达休闲娱乐设施分布图

4. 15min 生活圈可达性分析

本次监测规定，满足 15min 生活圈标准的居住小区为教育、医疗、养老、休闲娱乐设施均可步行 15min 之内到达。15min 生活圈覆盖率越高，说明城市公共服务设施及道路的建设与布局越合理，交通越便捷，居民生活宜居程度越高；反之则越不合理，需优化配置、合理布局。

居住小区可达丰富度是指在 15min 生活圈范围内，居民可到达的公共服务设施类别数，如某小区丰富度为 4，则该小区在 15min 内可到达四类公共服务设施。丰富度越高，说明居住小区配套设施越齐全，居民生活幸福指数越高，反之则需要补充某类公共服务设施。

2021 年监测区 15min 生活圈居住小区可达丰富度分布见图 12.6.15。通过 2021 年居住小区可达丰富度分布图可以看出，在居住小区周边 1000m 步行范围内，四类基础公共服务设施齐全的居住小区主要分布在城市二环内部、三环内部西侧及苏家屯西北部；浑河南岸及沈北新区南部居住小区可达丰富度较差，这与养老生活圈分布较为相似，说明可通过增设养老设施提高部分居住小区可达丰富度。2021 年监测区满足 5min 生活圈的居住小区分布在市内五区，居民生活基本公共服务设施配套较齐全。沈北新区、浑南区近年来建设开发速度加快，居住小区及常住人口迅速增加，但居民配套公共服务设施建设明显滞后，应根据实际设施配套短板，因地制宜增设公共服务设施，提高居住小区可达丰富度，提升公共服务设施服务水平、居民生活便捷度与满意度。

图 12.6.15　2021 年居住小区可达丰富度分布图

12.6.2 生态用地变化分析

生态用地分为基础性生态用地和功能性生态用地两部分。基础性生态用地包括种植土地、林草覆盖和水域；功能性生态用地包括人工水域和人工绿地；人工水域主要为水渠，人工绿地主要为绿化林地、绿化草地、护坡灌草及其他人工草被。监测区 2015—2021 年生态用地总共增加了 12.29km²，其中人工绿地的变化量最大，增加了 85.15km²，林草覆盖的变化量最小，增加了 0.22km²。种植土地的人均占有面积变化最大，减少了 11.82m²。

2015—2021 年监测区范围内生态用地总体变化分布如图 12.6.16 所示，生态用地与其他地类之间的转换主要分布在中心城区，生态用地内部的转换主要分布在中心城区以外。生态用地转化总计面积为 1496.49km²，其中种植土地的转出面积最大，为 552.32km²，林草覆盖仅次于种植土地，转出面积为 453.66km²。种植土地的转入面积最大，为 477.41km²，主要为内部二级类之间的转入转出。生态用地转化为其他用地的面积为 346.78km²，其他用地转化为生态用地的面积为 346.67km²，由此可以看出，2015—2021 年生态用地的转入转出呈持平状态。如图 12.6.17 所示，中心城区植被覆盖率低于外围城区。沈北新区的植被覆盖率最高，高于监测区平均水平，浑南区和苏家屯区其次，其他地区的植被覆盖率均低于监测区平均水平，沈河区的植被覆盖率最低。监测区人均植被覆盖面积最大的是沈北新区，其次是浑南区和于洪区，由于中心城区人口密度较大，植被覆盖率较低，因而与外围城区的人均植被覆盖面积差距更加突出。

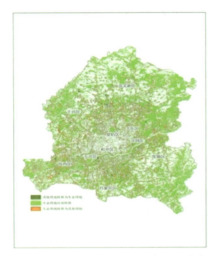
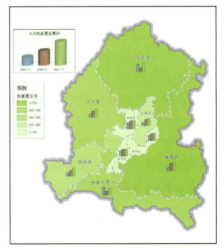

图 12.6.16　2015—2021 年生态用地变化图　　图 12.6.17　各年度人均植被覆盖面积分布对比图

图 12.6.18 为各行政区 2021 年的植被覆盖分类情况，中心城区的林草覆盖占比较大，外围城区的种植土地占比较大。

图 12.6.19 为城区范围居住小区生态舒适度（距居民小区 1km 范围植被覆盖）情况，可以看出中心城区的居住小区植被覆盖面积较低，生态舒适度较差，越靠近城区外围植被覆盖面积越高，绿化程度越高，生态舒适度也越好，更加适宜人类居住。如近年新建设开发的长白岛、浑河沿线、浑南新城区域生态舒适度明显优于市内五区，建议加快老旧小区改造步伐，实现居住小区内部及周边"应绿尽绿"。

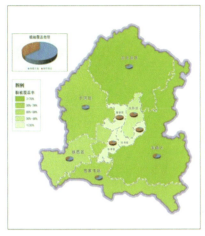 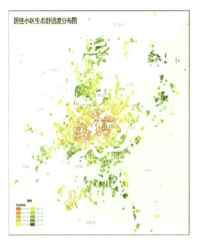

图 12.6.18　植被覆盖类型分布饼状图　　图 12.6.19　城区居住小区生态舒适度分布图

12.6.3　水系分布与分析

2019—2021 年水面变化主要分布在浑河、石佛寺水库、蒲河和棋盘山水库区域,如图 12.6.20 所示。根据 2019—2021 年监测区内主要河流和湖泊水库的统计,从图 12.6.21、图 12.6.22 可以看出,2019—2021 年,监测区内除蒲河与北沙河外的主要河流的水面面积均有所增长。浑河的水面面积变化最大,细河其次。除棋盘山水库、石佛寺水库外的湖泊水库水面面积均有所增长。丁香湖的水面面积变化最大,棋盘山水库其次。

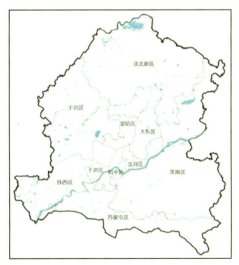

图 12.6.20　2021 年水系分布图

2020—2021 年,除蒲河、九龙河外的主要河流水面面积均有所增加,水面面积变化最大的是细河。主要湖泊水库中,丁香湖、棋盘山水库的水面面积有所增加,其中石佛寺水库的水面面积变化最大。

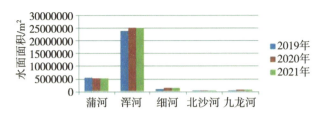

图 12.6.21　2019—2021 年监测区主要河流的水面变化情况对比图

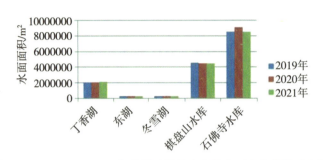

图 12.6.22　2019—2021 年监测区湖泊水库的水面变化情况对比图

岸线分形维数描述水系岸线的复杂程度，可以反映人类对河流岸线的干扰情况，分形维数越小，则人为干预越大。如图 12.6.23 所示，2019—2021 年，监测区内主要河流中，浑河、细河岸线分形维数均有小幅度下降，可能是人类活动对岸线的影响增大导致。2020—2021 年，监测区内浑河、细河、九龙河的岸线分形维数保持不变，说明人类对这三条河流的治理仍在继续，蒲河、北沙河的岸线分形维数有所上升，说明人类活动对岸线的影响有所减小。

如图 12.6.24 所示，2019—2021 年丁香湖、石佛寺水库的岸线分形维数略有下降，东湖与冬雪湖趋于稳定，说明人类对丁香湖、石佛寺水库加强了治理。

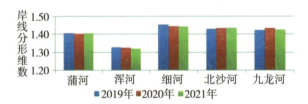

图 12.6.23　2019—2021 年监测区主要河流的岸线分形维数对比图

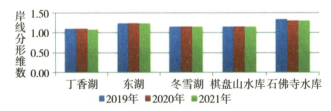

图 12.6.24　2019—2021 年监测区湖泊水库的岸线分形维数对比图

岸线发育系数反映水系岸线的发育情况，岸线越复杂，则其沿岸的生态环境多样性越高。如图 12.6.25、图 12.6.26 所示，2020—2021 年，蒲河、细河、北沙河的岸线发育系数有所增大，其他主要河流持续减小。2020—2021 年石佛寺水库、棋盘山水库的岸线发育系数略有增加，生态多样性提高。2019—2021 年监测区主要河流的岸线发育系数整体大于湖泊水库，说明河流沿线的生态环境多样性优于湖泊水库。

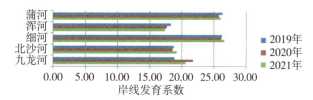

图 12.6.25　2019—2021 年监测区主要河流的岸线发育系数对比图

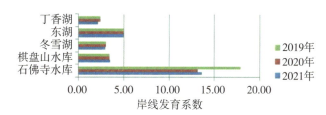

图 12.6.26　2019—2021 年监测区湖泊水库的岸线发育系数对比图

12.7　过程控制

2021 年度沈阳市地理市情分项指标监测技术复杂，涉及多个部门协同作业，因此，工作实施的全过程采取了有效的质量管理措施，贯彻"质量第一、务实高效"的方针，制定了一系列具有针对性的项目质量管理制度及检验规定，确保项目总体目标的实现。项目实施过程中，对监测成果实行"二级检查、一级验收"，以确保监测成果质量。

为确保监测生产成果质量达到设计要求，设立项目负责、技术负责、质量负责，分工明确，责任到人；各级检查人员在生产作业过程中同步进行过程检查，项目完成后进行最终质量检查。

在生产准备前期，对参与生产的作业人员、各级检查人员、技术管理人员，进行必要的全员培训，掌握技术与质量要求，熟悉工艺流程和关键技术环节。

（1）加强质量检查人员及作业人员对地理市情分项指标监测项目重要性的认识，增强质量意识。

（2）按照作业组、部门两级检查控制程序，完成各工序的检查工作，规范各工序成果的标准性和统一性，确保成果合格后再转下一道工序。

（3）通过阶段性总结、现场会议、项目组沟通等形式，统一生产人员对有关技术标准的正确认识和理解。

（4）加强各生产作业部门之间的技术交流、沟通、学习，依靠科技创新和技术进步，做到项目优质、按时、按量完成。

12.7.1　质量控制措施

1. 质量控制

（1）质量控制实行"两级检查、一级验收"制度。两级检查分别由作业组和生产部门负责，最后提交质检部门验收。

(2)各工序设置了关键必要的检验点,本工序质量检查合格后方可投入下一工序开展工作,避免质量问题造成的多工序返工。

(3)为加强项目管理,确保成果质量达到设计要求,各级质检机构有专人对检查发现的问题进行汇总,并及时组织质检人员相互交流,保证了检查尺度的一致性。各级检查员均记录检查发现的质量问题,并提出了明确的处理意见。

2. 技术方法

(1)人工对照检查:通过人工目视检查核对监测要素,从而判断检查内容的正确性。

(2)程序自动检查:编制检查程序,利用空间数据的图形与属性、图形与图形、属性与属性之间的逻辑关系和规律,检查数据中存在的错误。

(3)人机交互检查:利用检查软件,将可疑点检查出来,再采用人机交互检查方法,人工判断是否正确。

3. 检查内容

(1)分类数据是否完整,是否有遗漏。
(2)各分类要素是否正确。
(3)各分类要素表示是否合理,分类要素之间的相互关系是否合理。
(4)分类数据是否接边,包括位置和属性接边。
(5)监测报告成果检查。
(6)图册成果检查。

12.7.2 数据安全措施

项目以文字、图形、图像等方式,反映城市特定时期各方面空间分布及数量、质量、联系和规律,包含了基础地理信息数据的基本要素,因此,地理市情分项指标监测属于国家基础测绘工作的重要组成部分,数据安全至关重要,如果失泄密,将会损害国家安全。因此,在生产过程中严格执行了《中华人民共和国保守国家秘密法》及《测绘地理信息管理工作国家秘密范围的规定》,所有资料由专人管理,数据存储设备齐全,数据及时备份,各种资料进出都有记录清单,废弃的纸质资料由专人定点销毁,数据文件不得网上发送,过程数据及时清除。

12.8 成果质量

监测成果经一、二级质量检查,成果质量合格。技术质量部门于2021年12月至2022年5月对该项目成果进行了内、外业跟踪检验,并出具了《2021年度沈阳市地理市情分项指标监测检验报告》(沈勘质检〔2022〕第(502)号),检验批成果质量合格,空间参考系、位置精度、属性精度、完整性、逻辑一致性、时间准确度、表征精度、附件质量均满足规范及项目技术设计要求。

12.9 成果提交

2021年度沈阳市地理市情分项指标监测成果包括数据成果、报告成果、图册成果和文档成果。

1. 数据成果

2021年度沈阳市地理市情分项指标监测数据成果包括2021年分项监测指标现状及变化情况，具体包含地表覆盖分类、城市空间格局、综合交通网络3个要素数据集，植被覆盖、绿化覆盖、水域覆盖、都市发展区、主城区、建成区、铁路、公路、城市道路、乡村道路、匝道11个要素。

2. 报告成果

(1)《2021年度沈阳市地理市情分项指标监测报告——监测区》；
(2)《2021年度沈阳市地理市情分项指标监测报告——和平区》；
(3)《2021年度沈阳市地理市情分项指标监测报告——沈河区》；
(4)《2021年度沈阳市地理市情分项指标监测报告——皇姑区》；
(5)《2021年度沈阳市地理市情分项指标监测报告——铁西区》；
(6)《2021年度沈阳市地理市情分项指标监测报告——大东区》；
(7)《2021年度沈阳市地理市情分项指标监测报告——于洪区》；
(8)《2021年度沈阳市地理市情分项指标监测报告——浑南区》；
(9)《2021年度沈阳市地理市情分项指标监测报告——沈北新区》；
(10)《2021年度沈阳市地理市情分项指标监测报告——苏家屯区(部分地区)》。

3. 图册成果

(1)《2021年度沈阳市城市空间格局分布图》；
(2)《2021年度沈阳市综合交通网络分布图》；
(3)《2021年度沈阳市绿化覆盖分布图》；
(4)《2021年度沈阳市植被覆盖分布图》；
(5)《2021年度沈阳市植被覆盖分布图——和平区》；
(6)《2021年度沈阳市植被覆盖分布图——沈河区》；
(7)《2021年度沈阳市植被覆盖分布图——皇姑区》；
(8)《2021年度沈阳市植被覆盖分布图——铁西区》；
(9)《2021年度沈阳市植被覆盖分布图——大东区》；
(10)《2021年度沈阳市植被覆盖分布图——于洪区》；
(11)《2021年度沈阳市植被覆盖分布图——浑南区》；
(12)《2021年度沈阳市植被覆盖分布图——沈北新区》；
(13)《2021年度沈阳市植被覆盖分布图——苏家屯区(部分地区)》。

4. 文档成果

(1)《2021年度沈阳市地理市情分项指标监测技术设计书》；
(2)《2021年度沈阳市地理市情分项指标监测检验报告》；
(3)《2021年度沈阳市地理市情分项指标监测技术总结》；
(4)《2021年度沈阳市地理市情分项指标监测工作总结》。

12.10 成果应用

2022年7月，地理市情分项指标监测项目通过验收，验收专家组验收意见如下：

项目提交资料齐全、完整、规范；采用的基础资料现势性强，影像数据分辨率高，监测技术指标符合设计要求；完成了监测区的绿化覆盖、城镇化发展、植被覆盖、水域覆盖4项指标的监测任务；在项目开展过程中，实行了全过程、全覆盖监理，严格执行了测绘产品质量检查验收规定；项目完成了合同约定的各项任务。

通过开展本年度常态化监测，摸清了沈阳市监测区内绿化建设、农业种植、河流、湖泊等自然资源家底，掌握了城镇化发展现状，揭示了其分布特征与变化规律，达到了分项指标监测项目的既定目标。

沈阳市地理市情分项指标监测成果，可为政府提供多元化的监测信息。数据成果可为耕地种植监测、生态保护修复效果评价、国土空间规划实施及监督、城市管理、城乡建设等提供准确翔实的地理市情现状数据与变化信息，可为城市信息模型（CIM）、城市体检、一网统管、多规合一等平台建设提供基础数据。

第 13 篇
数字测绘成果质量检查与验收

赵向方

13.1 检查验收概述

测绘成果质量是指测绘成果满足测绘技术标准和规范要求，同时满足用户使用需求的一系列特性、特征。测绘成果质量是测绘成果的生命，不仅关系到测绘成果应用到具体工程中的质量和安全，还关系到政府相关部门管理决策的科学性和准确性，而且还可能涉及国家主权、安全和利益。因此，保障测绘成果质量是极其重要的，质量管控应贯穿于生产和服务的整个过程。

13.1.1 法律法规对测绘成果质量的要求

《中华人民共和国测绘法》第三十九条规定："测绘单位应当对完成的测绘成果质量负责。县级以上人民政府测绘地理信息主管部门应当加强对测绘成果质量的监督管理。"

第六十三条规定："违反本法规定，测绘成果质量不合格的，责令测绘单位补测或者重测；情节严重的，责令停业整顿，并处降低测绘资质等级或者吊销测绘资质证书；造成损失的，依法承担赔偿责任。"

《测绘地理信息质量管理办法》第二十条规定："测绘地理信息项目实行'两级检查、一级验收'制度。作业部门负责过程检查，测绘单位负责最终检查。过程成果达到规定的质量要求后方可转入下一工序。必要时，可在关键工序、难点工序设置检查点，或开展首件成果检验。项目委托方负责项目验收。基础测绘项目、测绘地理信息专项和重大建设工程测绘地理信息项目的成果未经测绘质检机构实施质量检验，不得采取材料验收、会议验收等方式验收，以确保成果质量；其他项目的验收应根据合同约定执行。"

第二十二条规定："测绘单位对其完成的测绘地理信息成果质量负责，所交付的成果，必须保证是合格品。测绘单位应建立质量信息征集机制，主动征求用户对测绘地理信息成果质量的意见，并为用户提供咨询服务。"

第三十四条规定："测绘单位提供的测绘地理信息成果存在质量问题的，应及时进行修正或重新测制；给用户造成损失的，依法承担赔偿责任，测绘地理信息行政主管部门给予通报批评；构成犯罪的，依法追究刑事责任。"

赵向方，正高级工程师，站长，辽宁省测绘产品质量监督检验站。

《辽宁省测绘市场管理办法》第十七条规定："测绘单位应当执行国家测绘技术规范和标准，建立测绘成果质量管理体系，并接受自然资源主管部门的监督检查。自然资源主管部门应当定期组织对测绘成果质量进行检查，并依法向社会公布测绘成果质量检查结果。"

以上系列法律法规都对测绘成果质量及管理作出了具体的规定，因此，保障测绘成果质量是我们从事测绘工作各类人员的必然要求。

13.1.2 现行的测绘成果质量检查验收标准

国家颁布了系列测绘地理信息成果质量检查、验收和评定标准，分为国家级标准和行业标准。

1. 具有代表性的国家级标准

（1）GB/T 24356—2023《测绘成果质量检查与验收》；

（2）GB/T 18316—2008《数字测绘成果质量检查与验收》；

（3）GB/T 19996—2017《公开版纸质地图质量评定》；

（4）GB/T 41149—2021《基础地理信息数据质量要求与评定》；

（5）GB/T 41454—2022《实景影像数据产品质量检查与验收》。

2. 常用的行业标准

（1）CH/T 1020—2010《1∶500　1∶1000　1∶2000 地形图质量检验技术规程》；

（2）CH/T 1021—2010《高程控制测量成果质量检验技术规程》；

（3）CH/T 1022—2010《平面控制测量成果质量检验技术规程》；

（4）CH/T 1023—2011《1∶5000　1∶10000　1∶25000　1∶50000　1∶100000 地形图质量检验技术规程》；

（5）CH/T 1024—2011《影像控制成果质量检验技术规程》；

（6）CH/T 1025—2011《数字线划图（DLG）质量检验技术规程》；

（7）CH/T 1026—2012《数字高程模型质量检验技术规程》；

（8）CH/T 1027—2012《数字正射影像图质量检验技术规程》；

（9）CH/T 1028—2012《变形测量成果质量检验技术规程》；

（10）CH/T 1029.1—2012《航空摄影成果质量检验技术规程　第1部分：常规光学航空摄影》；

（11）CH/T 1029.2—2012《航空摄影成果质量检验技术规程　第2部分：框幅式数字航空摄影》；

（12）CH/T 1029.3—2012《航空摄影成果质量检验技术规程　第3部分：推扫式数字航空摄影》；

（13）CH/T 1033—2014《管线测量成果质量检验技术规程》；

（14）CH/T 1034—2014《测绘调绘成果质量检验技术规程》；

（15）CH/T 1035—2014《地理信息系统软件验收测试规程》；

（16）CH/T 1039—2018《空中三角测量成果检验技术规程》；

（17）CH/T 1041—2018《卫星导航定位基准站网检查与验收》；

（18）CH/Z 1044—2018《光学卫星遥感影像质量检验技术规范》；

（19）CH/T 1049—2021《合成孔径雷达卫星遥感原始数据质量检验技术规程》；

（20）CH/T 1050—2021《倾斜数字航空摄影成果质量检验技术规程》；

（21）CH/Z 1051—2021《2000 国家大地坐标系转换成果质量检查与验收》；

（22）CH/T 3023—2019《机载激光雷达数据获取成果质量检验技术规程》；

(23) CH/T 9024—2014《三维地理信息模型数据产品质量检查与验收》。

13.1.3 检查验收的基本方法

测绘成果质量检查验收主要依据项目合同、项目设计书或专业技术设计书等文件规定进行，根据国家现行的质量检查验收规范中规定的质量元素、质量子元素和检查项进行检查。质量检查的基本方法有内业检查和外业检查。

内业检查主要有计算机程序自动检查、人机交互检查和人工检查三种方法。在实际工作中，三种方法同时使用。主要对数据类型、计算质量、逻辑一致性、属性精度、有向点(线)、要素遗漏、影像质量、资料质量等进行核实检查。

外业检查指检查人员到野外实地测量、巡视检查来评定成果的数学精度、地理精度等。评定数学精度时可以使用质量可靠的高精度数据进行评定，也可以采用同精度的方法进行评定。

13.1.4 检查验收的一般流程

提交委托质检机构检查验收的成果，必须是生产单位自检合格后的成果。根据 GB/T 18316—2008《数字测绘成果质量检查与验收》、GB/T 24356—2023《测绘成果质量检查与验收》相关规定，成果质量检验工作的一般流程为：检查前准备→确定抽查成果→确定批量→确定样本量→样本抽取→成果质量检验→单位成果质量评定→样本质量评定→批成果质量判定→编制检验报告。

数字化测绘成果质量检查与验收的内容和要求基本相同，核心参照的规范是 GB/T 18316—2008《数字测绘成果质量检查与验收》和 GB/T 24356—2023《测绘成果质量检查与验收》。

下面以 1∶10000 地形图更新与建库项目成果的质量检查与验收为例，详细介绍数字化测绘成果质量检查验收的内容。

13.2 测区概述

13.2.1 项目自然概况

作业区介于东经 122°07′—125°48′，北纬 40°27′—43°30′，包括抚顺市全域、本溪市、辽阳市、铁岭市大部分地区和沈阳市、鞍山市、丹东市、营口市的部分地区。作业区西北与内蒙古自治区毗邻、东部和北部与吉林省接壤，南临渤海湾和辽东半岛，属北温带大陆性季风气候，年平均降水量为 500~1000mm。地势地貌特征为东高西低，包括平地、丘陵地、山地和高山地。主要山脉有哈达岭、龙岗山、千山、老秃顶子山、莫日红山等。

作业区内水网丰富，有浑河、太子河、辽河、蒲河、招苏台河、清河、柳河、北沙河、海城河、苏子河等河流以及大伙房水库、观音阁水库、清河水库、柴河水库、汤河水库、葠窝水库等。

作业区内主要铁路有京哈高速铁路、沈大高速铁路、沈大铁路、沈丹铁路、沈吉铁路、沈山铁路等；高速公路有京哈高速、鹤大高速、丹阜高速、沈吉高速、沈海高速、丹锡高速、辽中环线高速、抚通高速、辽开高速、平康高速等；主要国道有 G101 京沈线、G102 京抚线、G201 鹤大线、G202 黑大线、G229 饶盖线、G230 通武线、G304 丹霍线、G506 集本线等；主要省道有 S106 沈环线、S202 傅桓线、S107 十灯线、S205 抚丹线、S201 平桓线、S309 青营线、S305 柞本线等。

13.2.2　工作任务及完成时限

2022 年更新任务作业区涉及 1∶10000 地形图 2184 幅，约占全省总图幅数的 33%，具体生产工作由 7 家单位完成。

省测绘产品质量监督检验站于 2022 年 5 月 20 日—12 月 15 日完成项目验收工作，并按照不同的生产单位分别出具检验报告。

13.2.3　项目特点

2022 年 1∶10000 地形图更新方法是利用 2021 年度经过验收合格的卫星遥感数字正射影像图，结合最新的专题数据，对 1∶10000 数字线划图的地物进行更新；基于经过验收合格的最新数字高程模型成果自动提取高程点、等高线要素，对 1∶10000 数字线划图的地貌进行更新。

专题数据主要有国家统计局公布的统计用区域代码和城乡代码成果、辽宁省民政厅编制的《辽宁省行政区划手册2020》、2021 年度辽宁省基础性地理国情监测项目的地表覆盖及地理国情要素数据库成果以及辽宁省 2020 年度国土变更调查项目数据库成果等。

13.3　基本技术要求

13.3.1　提交验收资料要求

项目生产单位提交验收的成果须完整，符合技术设计要求，且须是生产单位最终检查结论为合格的成果。

提交验收的成果资料主要包括：

(1) 按设计要求完成的成果数据。数字线划图、数字正射影像图及对应元数据；外业调绘底图；外业补测数据；图幅结合表等。

(2) 生产时使用的参考资料。需更新的原始数字线划图；更新地物用的数字正射影像图；更新地貌用的数字高程模型或数字地表模型；收集的各种权威专题资料，如行政界线、交通数据、水利数据等。

(3) 文档资料。技术设计书及技术补充规定等；技术总结、工作总结等；检查报告、最终检查记录、精度统计表、首件产品验证报告等。

13.3.2　检查验收的要求

(1) 检查验收时所使用的仪器应经法定检验机构检定合格，并在检定有效期内。
(2) 检验要对抽样样本进行详查，根据需要及成果特点和样本质量情况，对样本外成果进行概查。
(3) 质量问题应记录在检查记录上，检查记录应清晰，不能随意更改、增删，质量问题描述应完整、明确、规范，质量错误类别应明确，检查记录上应有检验人员的签名和检查日期。
(4) 数字线划图、数字正射影像图的计分方法、质量评定等按 GB/T 18316 的规定执行。

13.3.3 检查验收主要依据

（1）GB/T 18316—2008《数字测绘成果质量检查与验收》；
（2）GB/T 24356—2009《测绘成果质量检查与验收》；
（3）CH/T 1025—2011《数字线划图(DLG)质量检验技术规程》；
（4）CH/T 1034—2014《测绘调绘成果质量检验技术规程》；
（5）CH/T 1027—2012《数字正射影像图质量检查技术规程》；
（6）《2022年度1∶10000地形图更新与建库项目设计书》及其中引用的生产技术规范；
（7）《辽宁省1∶10000基础地理信息数据库DLG入库数据生产规定》(辽宁省自然资源事务服务中心发布，2021年修订)以及其他补充说明材料等。

13.4 检验方法与组织

13.4.1 技术路线

根据《2022年度1∶10000地形图更新与建库项目设计书》技术要求和上文"检查验收主要依据"中列出的规范和文件，编制该项目的检查验收实施方案。针对不同的质量元素和检查项，利用实地检验、核查比对分析的方法，采用计算机辅助检查、人机交互检查和人工检查的手段，对样本进行详查，对样本外成果进行概查。对检查出来的质量问题，依据质量评分规则和方法，经综合统计分析后，评定样本成果质量等级，评判批成果质量等次，出具成果质量检验报告和整理资料归档。

13.4.2 人员情况

为保障省级1∶10000更新与建库项目有效开展，成立专项工作组，根据项目规模，合理配备检验人员。专项工作组设有项目负责人、技术负责人、质量检查员以及资料管理员、保密管理员等。质检人员分成4个组，每组2人。

13.4.3 检验设备

投入主要硬件有：GNSS接收机4台、电脑9台、外业用车4台。
投入主要软件有：ArcGIS软件、IGCES信息化地理信息产品检查与评价系统、数字正射影像成果质量检验系统、CASS软件等。

13.4.4 时间安排

根据生产单位上交成果的时间和成果数量，按照项目工期要求，科学合理制订验收工作时间计划。同时，根据检查情况，合理增减检验人员，确保项目整体工期。由于疫情等不可抗力原因导致延误的，工期顺延。

13.4.5 安全生产

在质量检查验收过程中，认真贯彻国家安全生产法律法规，严格执行《测绘作业人员安全规范》，切实落实安全生产责任。遵守疫情防控政策，落实"四方"责任，没有发生安全生产和疫情防控的责任事故。

13.5 检验实施

13.5.1 组成检验批

2022年参与我省1∶10000地形图更新与建库项目的生产单位有7家，根据各单位承担的任务量划分检验批，各批数量见表13.5.1。

13.5.2 确定样本量

根据GB/T 24356要求，通过检验批批量，确定详查样本量，各批详查样本量见表13.5.1。数字正射影像图的详查样本与数字线划图的详查样本一致。

表13.5.1　　　　　　　　　　　数字线划图批量、样本量表

生产单位	第一批(幅)	样本量(幅)	第二批(幅)	样本量(幅)
单位1	103	11	104	11
	110	11	110	11
单位2	139	12	137	12
单位3	148	13	143	13
单位4	145	13	144	13
单位5	151	13	151	13
单位6	150	13	150	13
单位7	151	13	148	13

注：图幅总数：2184幅，样本总数：198幅。

13.5.3 抽取样本

（1）根据成果类型及特点采用简单分层随机抽样的方式进行抽样。

（2）在对数字线划图进行简单分层随机抽样时，将批成果按不同作业部门、地形类别、自然地理人文状况（水系、植被、地貌、居民地、行政区等要素分布特征）、作业方式、资料源等因素分层，根据批量，按比例随机抽取。

（3）提取技术设计书、技术总结、检查报告、结合表、图幅清单等相关附属资料。

(4)抽取样本时,原则上不少于2人。样本一经确定,不得擅自更换,并填写抽样单,样例见附件5(篇后二维码)。

13.5.4 数字线划图检查内容及方法

根据测绘成果的内容与特点,分别采用详查和概查的方式进行检验。详查是指根据单位成果的质量元素及检查项,按照有关规范、技术标准和技术设计的要求逐个检验并评定质量。概查是指对影响成果质量的主要项目和带倾向性的问题进行的一般性检查,当概查成果中出现 A 类错漏,判定概查为不合格。

13.5.4.1 详查

1. 内容指标

省测绘产品质量监督检验站在参照 GB/T 18316 和 GB/T 24356 的基础上,根据项目设计书具体的技术质量要求,制定了符合我省 1:10000 地形图生产实际的成果质量指标和错误分类表。

质量指标包括8个质量元素、19个质量子元素和45个检查项,详细内容见附件1(篇后二维码)。

错漏分类包括三类,即 A 类、B 类和 C 类,A 类错漏属于影响成果正常使用的,B 类错漏属于一定程度影响成果正常使用的,C 类错漏属于轻微影响成果正常使用的,错漏分类详见附件2(篇后二维码)。

根据附件1、附件2规定的检查内容,对抽取的样本成果质量进行详查,详细、准确、规范地记录检查过程中发现的质量问题,检查记录见附件6(篇后二维码)。

2. 检验方法

1)空间参考系
(1)利用程序或人机交互方式检查坐标系统和高程基准在系统配置中录入的正确性。
(2)利用程序或人机交互方式检查地图投影参数、角点和格网坐标。
2)位置精度
(1)平面精度。
①每个样本图幅一般采集独立地物点、线状地物交叉点、地物明显的角点与拐点等 20~50 个检测点,利用野外实测和高精度 DOM 成果提取等方式获取检测点坐标,通过与成果中同名点比较,按规定方法统计计算平面位置中误差。
②利用人工方式对照原始 DLG 底图以及 DOM 等资料,核查分析成果中点、线、面要素平面位置是否存在几何位移。
③利用程序或人机交互方式检查与相邻图幅线状、面状要素矢量接边的正确性。
(2)高程精度。
①利用野外实测、精度不低于被检成果的数字线划图或 DEM、DSM 等,获取明显地物点和地貌特征点高程,每个样本图幅一般采集 20~50 个高程检测点,通过与成果中同名点、等高线插求点比较,按规定方法统计计算高程注记点和插求点中误差。
②利用人工方式与上一版图幅 DLG 成果比对,核查分析等高距的一致性。
3)属性精度
(1)利用人机交互方式对照调绘片、专题资料等核查水系、居民地及设施、交通、管线、境界、地貌、植被与土质、注记等要素分类代码值和属性值的正确性。

（2）利用程序自动检查与相邻图幅线状、面状要素属性接边的正确性。

4）完整性

利用人机交互方式对照调绘片、专题资料等核查水系、居民地及设施、交通、管线、境界、地貌、植被与土质、注记等要素是否有多余、遗漏或放错层。

5）逻辑一致性

（1）利用程序检查数据集定义的正确性，检查属性项名称、类型、长度、个数、顺序等的正确性。

（2）利用程序和人机交互的方式检查数据文件存储组织、格式、命名的正确性，检查数据文件有无丢失、遗漏、无法正常打开读取的情况。

（3）利用程序和人机交互方式检查是否存在重复采集的要素，应该重合的要素是否严格重合，是否存在不合理的伪节点、悬挂点，面要素是否闭合，相交点是否存在应打断而未打断，是否存在不合理的面重叠或裂隙，相同属性面是否分割为多个相邻面等。

6）时间精度

利用人工方式核查分析生产过程中使用的各种资料和成果是否符合现势性要求。

7）表征质量

（1）对照调绘底图、DOM等资料，核查成果中点、线、面要素几何表达的正确性。

（2）利用程序采用人机交互的方式检查线状和面状要素的几何异常，如极小不合理的面、极短不合理的线、回头线、自相交、粘连、抖动等。

（3）对照调绘底图、DOM等资料，比对、核查分析要素取舍与技术设计和图式规范的符合性，综合取舍指标掌握的准确性，要素图形概括的正确性，能否准确表达实地的地理特征以及地物的局部细节，地物特征是否丢失、变形，要素关系和方向特征的正确性、合理性、协调性等，如道路穿越水系的关系、等高线不能与静止水面相交等。

（4）利用人工方式，对照设计书和图式规范、调绘底图、DOM、专题资料等检查符号和注记规格、配置的合理性和注记内容的正确性。

（5）利用人机交互的方式，对照设计书和图式规范，检查图廓外整饰内容的完整性和正确性，检查内图廓线、公里网线的正确性。

8）附件质量

（1）利用程序和人机交互方式检查元数据项的个数、名称、顺序等的正确性。

（2）利用人工方式核查分析各种资料的齐全性、规整性，特别是检查技术总结中技术问题处理方式的合理性和正确性，检查报告内容的全面性、规范性。

13.5.4.2 概查

1. 内容指标

根据实际情况，对样本外成果进行概查，概查主要从以下5个方面进行：

（1）成图范围：核查成图范围是否正确，测图区域内有无漏测情况。

（2）空间参考系：核查数据的平面坐标系统、高程基准、地图投影参数、图幅分幅的正确性。

（3）逻辑一致性：核查数据概念一致性、格式一致性、拓扑一致性。

（4）时间精度：核查分析生产中使用的各种资料是否符合现势性要求。

（5）其他重要问题：重点关注的检查项以及详查发现的普遍性、倾向性问题。例如，几何位移、矢量接边、分类正确性、属性精度、多余、遗漏、符号、注记、整饰等。

2. 检验方法

采用与详查相同的方式方法，对样本外图幅进行概查。概查一般只记录 A、B 类错漏和普遍性质量问题。

13.5.4.3 典型质量问题样例

1. 空间参考系

例如图号 K51G0*907*，本图幅为 41°带，中央子午线为 123°，高斯投影，送检成果中带号、中央子午线错误，如图 13.5.1 所示。

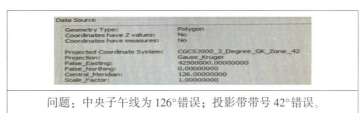

问题：中央子午线为 126°错误；投影带带号 42°错误。

图 13.5.1　空间参考录入错误

2. 位置精度

(1)平面精度中采集精度不符合技术要求，如图 13.5.2 所示。

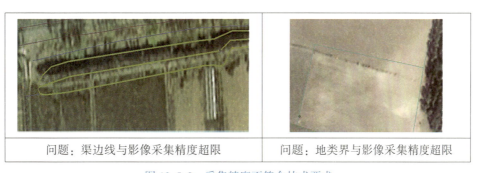

问题：渠边线与影像采集精度超限　　问题：地类界与影像采集精度超限

图 13.5.2　采集精度不符合技术要求

(2)图幅接边不符合要求，如图 13.5.3 所示。

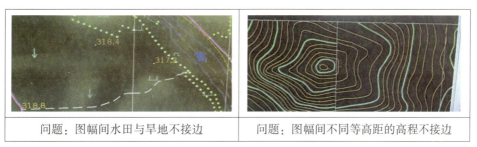

问题：图幅间水田与旱地不接边　　问题：图幅间不同等高距的高程不接边

图 13.5.3　接边精度不符合技术要求

3. 属性精度

(1)漏地物属性代码，如图 13.5.4 所示。

图 13.5.4　漏地物属性代码

(2)影像分类代码错误，如图 13.5.5 所示。

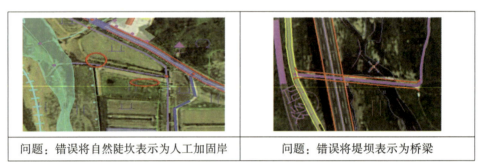

图 13.5.5　影像分类代码错误

(3)数据 TYPE 值不在枚举范围内，如图 13.5.6 所示。

图 13.5.6　地物属性代码错误

(4)必填属性项未填写，如图 13.5.7 所示。

图 13.5.7　必填属性项漏填

4. 完整性

(1)要素多余错误，如图 13.5.8 所示。

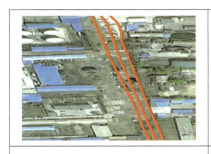  

| 问题：影像及实地无河流 | 问题：农村街区内的饲养场(粉色)不表示 | 问题：小型矿区内的大车路(粉色)不表示 |

图 13.5.8　地物表示多余

(2) 要素遗漏错误，如图 13.5.9 所示。

| 问题：漏绘等级公路上的涵洞 | 问题：依据调绘数据此处漏采集行道树 |

图 13.5.9　地物遗漏

5. 逻辑一致性

(1) 概念一致性：成果中存在两个相同的矢量图层，不正确，如图 13.5.10 所示。
(2) 格式一致性：元数据格式错误，应为 XX.mdb，如图 13.5.11 所示。

| 问题：存在相同的道路面层 RoadPy | 问题：元数据文件后缀名为 txt 错误 |

图 13.5.10　概念一致性错误　　　图 13.5.11　格式一致性错误

(3) 拓扑一致性：不应打断处出现打断、悬挂等现象，如图 13.5.12 所示。

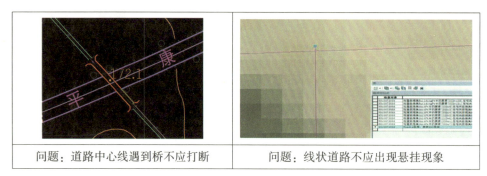

图 13.5.12　拓扑一致性错误

6. 表征质量

(1) 几何表达错误。

按图式规定，用双线表示的道路通过堤顶时，双线路符号表示至堤端，堤用路堤表示；用单线表示的道路通过堤顶时，单线路表示至堤端，堤顶上不表示单线路符号；面状路堤与半依比例尺涵洞或道路相交时，路堤应断开表示，如图 13.5.13 所示。

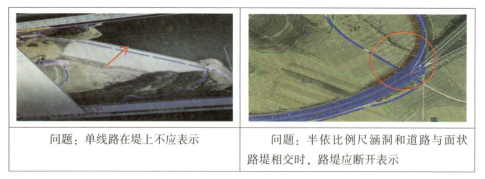

图 13.5.13　几何表达错误

(2) 几何异常：如极小的不合理面或极短线、折刺、回头、粘连、自相交、抖动等，如图 13.5.14 所示。

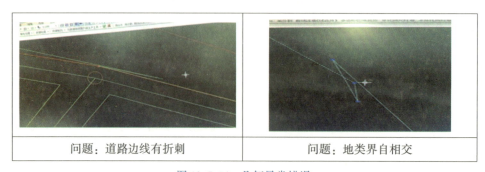

图 13.5.14　几何异常错误

(3) 地理表达：综合取舍不符合规范和设计要求，如图 13.5.15 所示。

图 13.5.15　地理表达错误

(4) 符号注记：注记不符合规范和设计要求，如图 13.5.16 所示。

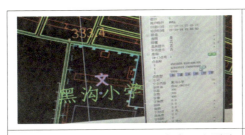 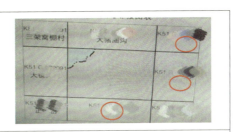

图 13.5.16　注记错误

7. 附件质量

元数据中常见的典型错误整理如下：
(1) 图廓角点坐标、图幅面积小数点缺位不正确，应为小数点后 3 位，而元数据中保留 2 位；
(2) 椭球半径单位选取错误，应用"千米"表示，即：6371.137，而元数据中选用"米"表示，即：6371137；
(3) 调绘日期、二级检查日期等为必填项，而元数据中为空，即漏填。

13.5.4.4　质量问题处理

检查与验收过程中发现的各种质量问题，作业单位均应修改或返工。质检机构应复查，并在检查记录中做好记载或标记。在作业单位提交验收的 2022 年 1∶10000 地形图更新与测绘项目 DLG 成果中，没有出现批成果质量不合格的现象。

13.5.5　数字正射影像图检查内容及方法

13.5.5.1　详查

1. 内容指标

根据 GB/T 18316、CH/T 1027 内容指标的规定和项目设计书的具体要求，结合下载的原始卫星影像实际，制定符合数字正射影像图生产实际的成果质量指标和错误分类表。

质量指标包括 6 个质量元素、11 个质量子元素和 20 个检查项，详细内容见附件 3(篇后二维码)。

错漏分为 A 类、B 类、C 类三类，详细内容见附件 4(篇后二维码)。

根据附件 3、附件 4 规定的检查内容，对抽取的样本成果质量进行详查，详细、准确、规范记录检查过程中发现的质量问题。

2. 检验方法

1)空间参考系

利用人机交互的方式，与同名图幅的 1∶10000 数字线划图成果进行套合，检查数据的平面坐标系统、高程基准、地图投影参数、图幅分幅的正确性。

2)位置精度

(1)利用同名 1∶10000 数字线划图的平面位置检测点坐标，统计同名 1∶10000 数字正射影像图成果的平面位置精度，评定样本成果的平面位置中误差。

(2)利用程序自动检查重叠区域处同名点的平面位置是否符合限差要求。

3)逻辑一致性

利用程序自动检查数据文件存储、组织的符合性，数据文件格式、文件命名的正确性，数据文件有无缺失、多余，数据是否可读。

4)时间精度

利用人工检查的方式检查原始资料的现势性是否符合要求，检查成果数据的现势性是否符合要求。

5)影像质量

(1)利用程序自动检查影像地面分辨率是否符合要求。

(2)利用程序自动检查影像起止点坐标是否正确。

(3)利用人工目视检查色彩特征、影像噪声、信息丢失方面的问题。

色彩特征主要检查影像是否存在色调不均匀、明显失真、反差明显的区域，影像是否色彩自然、层次丰富，影像是否存在明显拼接痕迹，拼接处影像亮度、色调是否一致，和相邻图幅接边处影像的亮度、反差、色彩是否均衡一致，影像是否模糊错位；影像噪声主要检查影像是否存在噪声、污点、划痕、云及云影、烟雾、雪等；信息丢失主要检查影像因数据处理造成的纹理不清、清晰度差的现象，是否存在因亮度及反差过大导致的信息丢失，是否存在大面积噪声和条带，是否存在校正造成的数据丢失、地物扭曲、变形、漏洞等现象，影像拼接处是否存在重影、模糊、错位或纹理断裂现象等。

6)附件质量

(1)利用程序和人机交互方式检查元数据项的个数、名称、顺序等的正确性以及各项内容填写的正确性、完整性。

(2)利用人工方式核查分析各种资料的齐全性、规整性，特别是检查技术总结中技术问题处理方式的合理性和正确性以及检查报告内容的全面性、规范性。

13.5.5.2 概查

1. 内容指标

根据实际情况，对样本外成果进行概查，概查主要从以下 6 个方面进行。

(1) 成图范围：核查成图范围是否正确，是否存在漏测、多测情况；
(2) 空间参考系：核查大地基准、高程基准、地图投影参数的正确性；
(3) 逻辑一致性：核查数据格式的一致性；
(4) 时间精度：核查分析生产中使用的各种资料是否符合现势性要求；
(5) 影像质量：检查影像地面分辨率、影像起止点坐标的正确性；
(6) 详查发现的普遍性、倾向性问题。

2. 检验方法

采用与详查相同的方式方法，对样本外图幅进行概查。概查一般只记录 A、B 类错漏和普遍性质量问题。

13.5.5.3　典型质量问题样例

1. 空间参考系

影像空间参考中的平面坐标信息不正确，应包含中央子午线信息，如图 13.5.17 所示。

图 13.5.17　空间参考系信息不完整

2. 影像质量

(1) 色彩特征：不同景拼接处色彩差异明显，不符合要求，如图 13.5.18 所示。

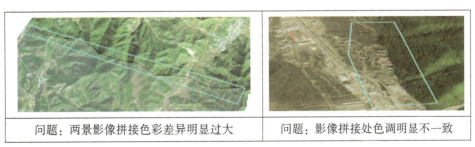

图 13.5.18　影像间拼接处色差不符合要求

(2) 影像噪声：影像上有大量雪、云等覆盖遮挡，不符合影像质量要求，如图 13.5.19 所示。
(3) 信息丢失：因数据处理造成影像模糊、纹理不清、存在条带、地物变形漏洞等，如图 13.5.20 所示。

图 13.5.19　影像有雪、云等噪声

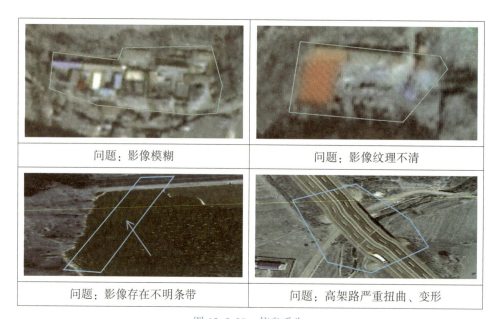

图 13.5.20　信息丢失

3. 附件质量

元数据：字段长度、单位名称录入等不正确、不规范，如图 13.5.21 所示。

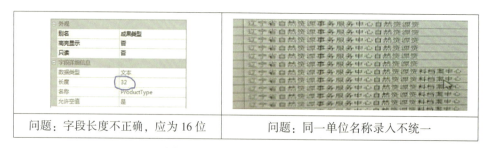

图 13.5.21　元数据中信息有误

13.5.5.4　质量问题处理

质量检查过程中发现的各类问题，作业单位均应修改或返工；对已修改的问题均应进行复查并在检查记录中做好标记。在本年的测绘成果中，没有出现不合格批成果。

13.5.6 质量评定

13.5.6.1 质量评定原则

（1）详查的样本成果需进行质量评分，评定等级分为优、良、合格和不合格四级；概查只按合格和不合格两级进行评定。

（2）批成果质量采用合格、不合格进行判定。

（3）当样本成果中检出 A 类错漏或不符合检查项时，不计算样本成果得分，直接评定样本成果质量不合格。

（4）样本成果质量水平以百分制进行评分，分值取小数点后一位。

13.5.6.2 质量评分的方法

1. 符合性评定法

针对部分质量元素（质量子元素、检查项）按照符合性进行判定时，符合要求时计 100 分，不符合要求时直接判定单位成果质量不合格，其他质量元素不用计算得分。例如，空间参考系、等高距、逻辑一致性、整饰等质量元素及检查项均采用符合性评定法评定。

2. 错误率赋分法

针对部分质量子元素（检查项），统计汇总该质量子元素（检查项）错误个数或面积，计算该质量子元素（检查项）的错误率（r），按下面的公式计算分值。

$$\begin{cases} r = \dfrac{n}{N} \times 100\% \\ S_i = 60 + \dfrac{40}{r_0}(r_0 - r) \quad 0 < 4 \leqslant r_0 \\ S_i = 0 \quad r > r_0 \end{cases}$$

式中，n——质量子元素（检查项）错误个数或面积之和；

N——图幅内要素总个数或总面积；

r_0——极重要要素为 0，重要要素为 0.05%，一般要素为 0.3%；

S_i——质量子元素（检查项）最后分值。

3. 分段直线内插法

涉及中误差的质量子元素或检查项（通常所说的数学精度），按照表 13.5.2 的规定采用分段直线内插的方法计算质量分数。

表 13.5.2　　　　　　　　　　　　　　**数学精度评分标准表**

数学精度值	质量分数
$0 \leqslant M \leqslant 1/3 \times m_0$	$S = 100$ 分
$1/3 \times m_0 < M \leqslant 1/2 \times m_0$	90 分 $\leqslant S <$ 100 分

续表

数学精度值	质量分数
$1/2 \times m_0 < M \leq 3/4 \times m_0$	75 分 ≤ S < 90 分
$3/4 \times m_0 < M \leq m_0$	60 分 ≤ S < 75 分

$$M = \pm\sqrt{m_1^2 + m_2^2}$$

式中：m_0——允许中误差的绝对值；

　　　m_1——规范或技术设计书中要求的成果中误差；

　　　m_2——检测中误差（高精度检测时取 $m_2 = 0$）；

　　　M——成果中误差的绝对值；

　　　S——质量分数（分数值根据数学精度的绝对值在所在区间进行内插）。

13.5.6.3　单位成果质量评定

根据详查和概查的结果，按照 GB/T 18316《数字测绘成果质量检查与验收》中"4.4 质量评定指标"的要求和评分方法，计算单位成果质量元素、质量子元素和检查项的分值，进而计算单位成果的最后得分，并按照表 13.5.3 对单位成果质量等级进行评定。

表 13.5.3　　　　　　　　　　　　**单位成果质量等级评定标准表**

检查方式	评定条件	质量等级
详查	90 分 ≤ S ≤ 100 分	优
详查	75 分 ≤ S < 90 分	良
详查	60 分 ≤ S < 75 分	合格
详查	S < 60 分或成果质量元素出现不合格或位置精度检查中粗差比例大于 5%	不合格
概查	无 A 类错漏和不符合项，且 B 类错漏 ≤ 3 个	合格
概查	出现 A 类错漏或不符合项，或 B 类错漏 > 3 个	不合格

13.5.6.4　批成果质量判定

根据详查和概查的单位成果质量情况，并按照表 13.5.4 的评定条件，判定批成果质量。

表 13.5.4　　　　　　　　　　　　**批成果质量判定标准表**

质量等级	评定条件
合格	详查和概查中均未发现不合格的单位成果
不合格	1. 详查或概查中发现不合格单位成果 2. 不能提交批成果的技术性文档（如设计书、技术总结、检查报告等） 3. 提交的数据范围不完整 出现上述三种情况之一种或多种时，判定批成果不合格

13.5.7 编制报告

检验报告的格式和内容按照 GB/T 18316 的规定执行。

检验报告一式四份，每份报告均须手签字，不能复印替代。

13.5.8 资料整理

(1) 整理资料交接单、检查记录、检测数据、样本、检验报告等；
(2) 复印生产单位提交的设计书、检查报告、技术总结等；
(3) 按照单位质量管理体系要求，整理各种资料。

13.6 质量综述

13.6.1 数字线划图

利用 1m 分辨率卫星遥感正射影像对 1:10000 数字线划图地物进行更新，经过质检站近两年利用 LNCORS 站野外实地采集检测点的方式，经 248 幅样本检测统计，平面位置精度总体为图上 ±0.12~0.35mm 之间，优于规定 ±0.5mm 的精度要求。所以，生产的方式方法是切实可行的，改变了传统用航空摄影立体更新 1:10000 比例尺地形图的方式，节省了成本、提高了效率。

利用机载 LiDAR 获取的点云数据，按照相关技术规程生产，并经质检站质检合格的 1:10000 DEM 成果，利用软件自动提取高程点并生成等高线，经过光滑处理以及地物关系处理后，完成对 1:10000 数字线划图地貌的更新。经过生产单位和质检站利用 LNCORS 站获取野外实地检测点的高程，经过对 248 幅样本检测统计，1:10000 DEM 成果完全满足 1:10000 数字线划图高程精度指标要求。

经质检站检查验收，通过综合评定、评判，我省 1:10000 数字线划图更新与建库项目成果，7 个生产单位成果的空间参考系、位置精度、属性精度、完整性、逻辑一致性、时间精度、表征质量、附件质量等质量元素均符合项目技术设计及相关规定的要求。总体 198 幅单位成果质量合格率 100%，良级品率 72.7%，优级品率 16.2%，批成果质量合格。

某生产单位样本成果质量情况见表 13.6.1。

13.6.2 数字正射影像图

从 1:10000 数字线划图成果的检查验收的结果可以看出，利用卫星遥感影像生产的数字正射影像图质量满足生产 1:10000 数字线划图的要求，特别是数学精度和影像质量满足生产技术规定和质量要求。

目前，我省全域范围内，每年上下半年各更新 1 次 1m 分辨率卫星遥感正射影像数据，重点地区实现 0.5m 分辨率卫星遥感正射影像数据全覆盖，为我省实现 3 年更新全域 1:10000 数字线划图提供了重要保障。

表 13.6.1　批成果中样本质量评分汇总表

图幅号	质量元素							质量评定	
	空间参考系	位置精度	属性精度	完整性	逻辑一致性	时间精度	表征质量	附件质量	得分	等级
K51G05＊03＊	100	86.8	88.9	100	97.6	100	97.6	90.5	86.8	良级品
K51G05＊05＊	100	96.8	92.7	100	98.9	100	97.8	95.3	92.7	优级品
…………
K51G05＊04＊	100	98.6	76.0	100	96.4	100	79.4	95.3	76.0	良级品
样本平均质量得分及等级									82.1	良级品

13.7　质量管理存在的问题与应对方法

国家各级测绘管理部门一直高度重视测绘成果质量情况，切实加强对测绘资质单位的监管，同时测绘资质单位的质量意识不断增强，测绘成果质量有了明显的提高，但仍然存在一些问题。

13.7.1　存在的主要问题

(1) 质量主体责任意识不强。《测绘法》规定："测绘单位应对完成的测绘成果质量负责"。《测绘地理信息质量管理办法》第二十二条规定："测绘单位对其完成的测绘地理信息成果质量负责，所交付的成果，必须保证是合格品"。但是，通过近几年的测绘成果质量监督检查发现，有些单位落实主体责任不到位，有些单位主要领导对质量在单位发展中的作用估计不足，对质量控制不能做到"抓常、常抓"。

(2) 质量体系运行不到位。部分测绘单位质量管理仍处于粗放阶段，测绘单位质量管理需下大力气持续建设。一些单位质量管理制度程式化套路化，操作手册"写而不做，做而不写"，缺乏落地的全流程质量管控措施。如技术设计书编写简单堆砌，放之四海皆能用，就是没有针对具体项目实际作出有针对性的操作规定，不能很好地指导作业。有些单位质量控制走形式，缺少两级检查记录，部分项目没有编制质量检查报告。还有相当数量的项目技术总结不是全面回顾项目开展过程、总结技术设计的执行情况，不是系统地总结项目怎么做的、做到什么程度，成果使用当中应注意什么问题，而是大篇幅复制规范和技术设计内容，不知所云。

(3) 两级检查制度落实不到位。有些生产单位质量检验专职机构不健全，质检人员配备不足，质量负责人缺乏质量管理能力，两级检查组织不到位，成果自查不规范，缺少成果质量的客观评定。有些生产作业人员对项目设计理解肤浅，沿用有缺陷的习惯做法，工序操作不规范，成果自查不认真。专职质量检验人员对二级检查规定掌握不到位，抽取样本数量不足，成果质量参数检验不全面，质量评定标准执行偏松，检验记录不全，质量参数统计难以溯源。此外，有些单位在修改质检站检查验收指出的具体问题时，经质检站复查后，仍然存在整改不到位、不彻底的情况，甚至出现反复修改多次的情况。

13.7.2　影响测绘成果质量的主要因素

在实际测绘生产过程中，对测绘成果质量造成影响的因素有很多。在实施阶段影响质量的主要因素有管理因素、人的因素、技术装备因素和环境因素等。

（1）管理因素。测绘生产单位质量管理体系是否健全有效、执行是否全面到位，各部门职责是否明晰并严格落实，是否制定相应的奖惩措施，否则测绘成果质量难以保障。

（2）人的因素。测绘生产单位的领导干部、项目负责人、技术负责人、质量负责人和作业人员，他们是影响测绘成果质量的主要因素，特别是领导者的质量意识、技术质量负责人的质量意识、责任意识和技术水平、作业人员的质量意识、责任意识和实际工作能力都会直接影响到测绘成果质量。

（3）技术装备因素。技术路线、作业流程、质量控制要求、实际中投入软硬件的合理性和适用性对成果质量有一定的影响，同时，也影响项目的进度。在技术装备相对固定的情况下，进度和质量也会相互影响。

（4）环境因素。作业时间、作业区的位置等，飞行时间、工期要求、实地交通地形地貌等实际情况都会对成果质量产生影响。

13.7.3 提高成果质量的主要措施

从影响质量的因素看，需要采取多方面的措施来提高成果质量，具体可以总结归纳为两个方面，即组织措施和技术措施。此外，经济措施也是控制质量的一种常用手段。

（1）组织措施方面。一是建立健全单位质量管理体系，并有效运行，设置专门的质量管理部门或设置专职质量管理和检查人员，明确岗位职责，认真落实"两级检查"制度。二是加强人员队伍建设，有针对性地经常性开展技术质量培训，提高全员技术水平，特别是单位技术负责人和质量负责人须具有掌控项目技术质量的能力和水平。三是质量管理者务必树立质量责任意识，加强对生产各环节中人的监督，及时掌握各类人员的技术能力水平和质量责任意识。

（2）技术措施方面。一是技术设计书的编制要有针对性和可操作性，切实能够指导作业。坚决防止"边设计边生产、无设计就生产"的错误习惯。设计书一旦确定，必须严格执行。二是编制质量控制措施，对影响质量的各类因素加以分析并采取相应措施，重点做好事前控制和事中控制，加强全过程质量管理。三是不断提高利用软件控制成果质量的能力，有规则的、重复性的质量元素或检查项，尽可能用计算机软件进行质量控制，确保相应质量元素或检查项质量可查、可控。

（3）经济措施方面。要树立以"奋斗者"为本的用人导向，形成"既能干活、又能活干好"勇争先进的工作氛围，建立"奖优罚劣"的奖惩机制，对那些业务能力强、工作态度好、成果质量优的优秀职工进行奖励，讲好"奋斗者"的故事。

13.8 附件

附件1：1∶10000数字线划图成果质量指标
附件2：1∶10000数字线划图成果质量错误分类
附件3：1∶10000数字正射影像图成果质量指标
附件4：1∶10000数字正射影像图成果质量错误分类
附件5：抽样单
附件6：测绘成果检验记录
附件请扫右侧二维码查看。